普通高等教育"十一五"国家级规划教材

物理量测量

（第五版）

主　编　袁文峰　王家政　张静华　刘瑞金
编　委　耿　雪　郝子文　孙　艳　刘玉金　李　强
盛爱兰　穆晓东　王　军　杨赞国　王立刚
赵玉辉　吴　兵　孙玉萍　贾福超　周　通
主　审　袁长坤　荣　玮

科学出版社

北　京

内 容 简 介

本书根据《高等工业学校物理实验课程教学基本要求》编写而成，立意新颖，突出物理量的测量.全书分章节介绍了测量误差与数据处理，力学量、热学量与波动特征量测量，电磁学量测量，光学量测量，综合性实验，设计性实验；书末附表还给出了常用物理量表.书中列出的不同层次的实验，内容比较全面，强调学生基本测量技能的培养和科学观念、科学行为的养成教育.

本书可作为高等学校工科各专业本、专科及理科类学生的物理实验教材，也可供成人教育学院、函授大学和职工大学选用或参考.

图书在版编目(CIP)数据

物理量测量/袁文峰等主编.—5版.—北京：科学出版社，2019.1
普通高等教育“十一五”国家级规划教材
ISBN 978-7-03-060232-9

Ⅰ.①物… Ⅱ.①袁… Ⅲ.①物理量-测量-高等学校-教材 Ⅳ.①O4-34

中国版本图书馆CIP数据核字(2018)第292738号

责任编辑：窦京涛 / 责任校对：郭瑞芝
责任印制：赵 博 / 封面设计：华路天然工作室

科学出版社出版
北京东黄城根北街16号
邮政编码：100717
http://www.sciencep.com
北京中科印刷有限公司印刷
科学出版社发行 各地新华书店经销
*
2004年11月第 一 版 开本：720×1000 1/16
2019年 1 月第 五 版 印张：28 3/4
2025年 1 月第二十二次印刷 字数：580 000

定价：55.00元
(如有印装质量问题，我社负责调换)

第五版前言

物理量是构成物理知识的基础，也是反映物质现象、演绎物理规律的基本单元.在探索、验证、研究物质世界的性质和规律中，物理实验不可或缺，极其重要.物理实验通常以物理量的测量，从量的角度反映客观事物的性质，量度物质属性和描述其运动状态，从这个意义讲，物理量测量是物理实验的基础与根本.

《物理量测量》一书自出版以来，已历经四次修订.历次修订都十分重视“厚实基础，注重综合，与时俱进，注重创新”，具体表现为每次修订都十分重视充实基础物理实验，如力学量、热学量、波动学量、电磁学量、光学量的测量；历次修订都注意加强综合性物理实验；贴近社会时代发展，及时引进新的实验项目内容；越来越注重学生创新研究能力的培养，不断改进设计研究性实验内容.该书内容覆盖面广，实验内容由浅入深，实验项目按照基础性、综合性、设计研究性进行设计；实验仪器种类多，可以给学生提供广阔的实践研究平台；对标新工科要求，注重内涵和质量的提高，为大力培养和提高学生的实践能力提供了一个有效的工具.

较前四版，新版的显著特点是：随着实验仪器的更新，改进充实了部分基础性实验，如(惯性秤实验，不良导体的导热系数测量，金属比热容测量，弦振动研究，空气绝热指数测量)等实验项目；增加了数字电路的实验内容(如数字电表原理与万用表设计)；光学量测量方面，改进了分光计的调节与使用、迈克耳孙干涉实验、透明材料折射率测量等实验项目；继续加大综合性实验内容，增加了太阳能电池基本特性研究、多普勒效应综合实验、偏振光综合实验、光敏传感器光电特性测试实验、温度传感器测试与半导体制冷控温实验等实验项目；进一步梳理了设计研究性实验，使其内容更趋合理科学，有效地提高了学生的设计能力和研究水平.

本次修订由袁文峰、王家政、张静华、刘瑞金任主编，编委有耿雪、郝子文、孙艳、刘玉金、李强、盛爱兰、穆晓东、王军、杨赞国、王立刚、赵玉辉、吴兵、孙玉萍、贾福超、周通.

袁长坤和荣玮教授对本书的编辑和修订提出了很多宝贵的意见和建议，并受邀担任本书的主审.

本书编写过程中参考和借鉴了其他兄弟院校的相关教材，在此表示衷心感谢！

由于编者水平所限，书中的疏漏和不当之处在所难免，敬请读者不吝指正.

编　者

2018 年 9 月于山东理工大学

第五版前言

第四版前言

所谓物理实验，其实就是使用仪器仪表对相关物理量进行测量，不论是基础物理实验还是近代物理实验，概莫例外.有的物理量可以直接测量，有的物理量需要间接测量.通过物理量测量，可以验证物理学规律；也可以通过物理学规律，来创新物理量的测量方法.后者对培养学生的科学素养可能更为重要.

《物理量测量》一书出版以来，已经历三次修订.可以看出，以往历次修订都十分重视充实基础物理实验，如力学量、热学量、电磁学量、光学量的测量；历次修订都注意适当加强近代物理及综合性实验；历次修订越来越注重学生的创新能力培养，越来越注重设计性和应用性实验.该书实验项目内容覆盖面广，实验内容由浅入深，涉及实验仪器品种多，给学生提供实践研究的空间，对学生进行技能的培养和训练，使其养成良好的实验习惯和严谨的科学作风.

较前三版，新版的显著特点，是进一步加强了设计创新性实验.例如增加了光电设计及创新应用性实验 5 个（光照度计测量光照度、光功率计测量光照度、PSD 位移测量、光电转速里程测量、光电传感器的特性测量），光电探测综合实验 3 个（光敏电阻特性测试、光电二极管特性测试、光电三极管特性测试），光纤压力传感器测压力，以及感应式落球法测量液体黏度系数、用千分表法测量金属线膨胀系数、用悬丝耦合弯曲共振法测量金属材料杨氏模量、声速综合实验的研究等实验项目.让学生在掌握了大量的基础性试验的训练后，能有充足的设计性实验项目供他们选择，充分发挥学生动手和思考能力，进一步培养学生的自主研究能力，提高学生的设计水平和创新素质.

此次修订由袁长坤、张静华、袁文峰、王家政任主编，编委有耿雪、郝子文、闫兴华、刘玉金、李强、盛爱兰、穆晓东、土军、杨赞国.

荣玮教授对本书的编辑和修订提出了很多宝贵的意见和建议，并受邀担任本书的主审.

由于编者水平所限，错误在所难免，敬请读者指正.

编　者

2014 年 9 月于山东理工大学

第三版前言

《物理量测量》一书，从开始以《物理实验教程》为名出版，并在工科类大学投入使用，至今已经历了17个年头.期间经过更名及几次修订，使本书立意更加科学，内容更趋完善，编排更为合理，受到同行专家的好评.

我们知道，大学物理实验不只是对物理学理论的简单应用，也不只是对传统物理实验项目的机械重复，最重要的是让学生熟悉基本的科学仪器的使用方法，掌握常规物理量的测量方法，在此基础上设计物理量的测量方法和编制实验程序.概言之，大学物理实验承担了对学生进行科学实验的基础训练的功能.我们这次修订就是以进一步使学生得到科学实验训练为目的，除了更新一些必要的实验项目外，着力加强了设计性实验.本书由修订前的11个设计性实验项目增加到17个，覆盖了力学、热学、电磁学、光学和近代物理学.这样不仅可以方便实验指导教师增加设计性实验，同时也扩大了学生选择设计性实验项目的余地.

此次再版由袁长坤任主编，王家政、张静华、袁文峰任副主编，参加编写的有耿雪、郝子文、闫兴华、刘玉金、李强、盛爱兰、穆晓东、王军、杨赞国.

荣玮教授对本书的编辑和修订提出了很多宝贵的意见和建议，并受邀担任本书的主审.

在本书编写和修订过程中，得到了科学出版社及山东理工大学有关部门的鼎力支持和热情帮助，征求了许多实验指导教师的意见，也借鉴了兄弟院校的宝贵经验，在此一并致以诚挚的谢意.

由于编者理论水平和实践经验有限，书中疏漏和不妥在所难免，诚望读者不吝指教.

编　者

2012年11月于山东理工大学

第二版前言

科学实验大多要涉及物理量的测量,在工程技术中,测量物理量的大小也是必不可少的.因此,对于理工科的学生来说,物理量测量是培养学生科学行为、训练学生基本技能不可或缺的重要课程之一.

大学物理实验教材《物理量测量》出版以来,以其新颖的立意,宽泛的内涵,系统而全面的内容受到使用者的青睐,在教学实践中收到了较好的效果.

随着科学技术的不断进步,仪器设备的更新换代,物理量测量的方法也不断得以改进.为了适应测量方法的改进,编者认为有必要对原书进行修订,删去某些相对过时的内容,增加若干新的测量方法.例如,随着科学技术的发展,微位移测量技术也越来越先进,这次新增加的实验项目“霍尔元件传感器测量杨氏模量”,采用先进的霍尔位置传感器,利用磁铁和集成霍尔元件间位置的变化输出信号来测量微小位移,并将其用于梁弯曲法测杨氏模量的实验中.又如以往测量导热系数和比热大多采用稳态法,使用稳态法要求温度和热流量均要稳定,因而导致重复性、稳定性、一致性较差,测量误差大.为了克服稳态法测量误差大的问题,此次引进了“准稳态法测导热系数和比热”.再如“用硅压阻式力敏传感器测量液体的表面张力系数”,用硅半导体材料制成的硅压阻式力敏传感器灵敏度高、稳定性好,并可以使用数字电压表直接读数.

此次修订版由袁长坤任主编,王家政、郝子文、闫兴华任副主编.参加编写的有刘玉金、李强、盛爱兰、穆晓东、耿雪、王军、张静华、杨赞国、袁文峰.

本书由荣玮教授主审,他对本书的编写给予了极大的鼓励和支持.

全书编写中,采纳了物理实验中心多年来的实验教学改革及实践的成果,征求了许多实验指导教师的意见,也吸收了兄弟院校的宝贵经验,在此表示衷心的感谢.

由于编者水平有限,时间仓促,书中不妥和疏漏之处在所难免,敬请专家和读者不吝批评指正.

编　者
2009 年 7 月

第一版前言

世界是物质的，研究物质的基本结构和运动规律是物理学的任务.科学地、理性地、正确地研究物质世界的方法，就是伽利略首先倡导并身体力行的实验方法.迄今为止，在研究、验证、探索物质世界的性质和规律中，实验仍然是极其重要、不可或缺的手段.物理实验通常以测量物理量来验证物理定律或检测物质的性质.从这个意义上讲，物理实验就是对物理量的测量，大学物理实验也是如此.

在工科院校众多的实验课中，只有“大学物理实验”单独设课.这是因为“大学物理实验”课不是“大学物理”课的附属或延续，它具有自己独立、独特的教学目的和任务.仅就学习各种基本仪器的使用，掌握各种物理量的测量方法而言，它对理工类各专业学生今后的学习和工作都具有重要的意义.

当今任何重大科学发现或高技术的发展，只要与物质有关，都会与物理量测量或多或少相关联.无论是机械制造、交通运输、电子通讯，还是生命科学、考古学，甚至是历史学研究领域，只要是涉及自然科学的，无一不存在对物理量的测定问题.基于上述考虑，将《大学物理实验》定名为《物理量测量》以显示其宽泛、深厚的内涵.

本书是编者根据《高等工业学校物理实验课程教学基本要求》，以 1996 年出版的《物理实验教程》为基础，结合编者多年教学实践，修改补充而成.

全书共分 7 章.首先介绍了不确定度和误差处理，以及部分仪器的使用，然后以物理量测量为主线，介绍了力学量、热学量和波动特征量的测量，电磁学量测量，光学量测量和近代物理与综合性实验，以及设计性实验.教学中，不一定按教材中顺序进行.

在具体实验项目选取上，力求新颖、现代.在编写中，力求做到实验原理叙述清楚、计算公式推导完整、实验步骤简明扼要，以适应大学物理实验独立设课的要求.

本书由袁长坤任主编，武步宇、王家政、闫兴华任副主编.参加编写的有刘玉金、李强、盛爱兰、穆晓东、耿雪、王军等.

本书由荣玮主审.

编写中，参考了兄弟院校的有关教材，在此表示衷心感谢.

由于编者水平有限，疏漏和错误在所难免，恳请读者不吝批评指正.

编　者

2004 年 4 月

目　　录

绪　论

认识源于实践，又要得到实践的检验.科学实验是实践的重要形式之一，自然规律的认识与应用，无不与实验息息相关，其在科学研究和生产活动中，有着十分重要的作用.随着教学改革的深入，作为一门独立的实验课程，大学物理实验不再仅仅是对物理理论的简单应用和机械重复，而应当承担起对学生进行科学实验基础训练的功能.鉴于此，使学生掌握基本科学仪器的使用方法和常规物理量的测量方法，成为这种基础训练的重中之重，这也是开设“物理量测量”课程的目的所在.通过本课程的学习，为今后更高层次的科学实验研究打下牢固的基础，以适应新形势下的人才培养要求.

一、大学物理实验课程的地位

以物质的结构、运动规律以及相互作用为研究内容的物理学是建立在实验基础之上的，物理学是实验的科学，物理学概念的建立和规律的发现依赖于反复实验.物理实验的思想、方法、技术和仪器已经普遍运用于自然科学研究的各个领域和工程技术的各个部门.

大学物理实验是高等学校理工类学生进行科学实验基本训练的一门独立的必修基础课程，是学生进入大学后系统学习实验方法和实验技能的开端.它的教学目的在于使学生学习物理实验基础知识的同时，受到严格的科学训练，掌握初步的实验能力，养成良好的实验习惯和严谨的科学作风.

二、大学物理实验课程的基本任务

《高等院校理工科本科基础课程教学基本要求》明确提出了大学物理实验课程的基本任务：

(1) 通过对实验现象的观察、分析和对物理量的测量，学习物理实验知识，加深对物理学原理的理解.

(2) 培养与提高学生的科学实验能力，其中包括以下几方面.

① 能通过阅读实验教材或资料，做好实验前的准备.

② 能借助教材或仪器说明书正确使用物理实验仪器.

③ 能运用物理学理论对实验现象进行初步分析判断.

④ 能正确记录和处理实验数据,绘制曲线,分析实验结果,撰写合格的实验报告.

⑤ 能够完成简单的设计性与研究性内容的实验.

(3) 培养与提高学生的科学实验素养,要求学生具有理论联系实际和实事求是的科学作风,严肃认真的工作态度,主动研究的探索精神,遵守纪律、团结协作和爱护公共财产的优良品德.

三、大学物理实验课程的基本要求

(1) 对学生进行辩证唯物主义世界观和方法论的教育,使学生了解科学实验的重要性,明确物理实验课程的地位、作用和任务.

(2) 在整个实验过程中,教育学生养成良好的实验习惯,爱护公共财物,遵守安全制度,树立优良学风.

(3) 要求学生了解评定测量结果可靠性的基本知识和基本方法,具备正确处理实验数据的初步能力.

(4) 通过物理实验的基本训练,要求学生做到以下几点.

① 能够自行完成预习、进行实验和撰写实验报告等主要实验环节.

② 能够正确调试常用的实验装置,掌握基本的操作技术.

③ 了解物理实验中常见的实验方法和测量方法,能够进行基本物理量的一般测量和数据处理,了解常用仪器的性能,并掌握使用方法.

④ 通过一定数量的综合性实验,真正提高进行综合实验的能力.

⑤ 通过设计性与研究性实验,在实验方案的制订、测量仪器的选择和配置、测量条件的确定等方面得到基本训练.

⑥ 适当利用计算机进行一些模拟、仿真和实时数据采集的实验.

四、大学物理实验课程的基本教学环节

大学物理实验教学一般可分为实验预习、实验操作和撰写实验报告三个环节.

(一) 实验预习

实验预习是为实验操作做准备的,通过实验预习,应明确以下三个问题:做什么?怎么做?为什么?为此需要做到以下几点.

(1) 认真阅读实验指导书、参考资料等,对于验证性实验应充分理解与要验证的规律有关的概念、理论及物理过程;对于探索性实验更应充分熟悉与实验有关的知识及要研究的物理过程和期望得到的带有规律性的物理现象,明确实验目的与要求.

(2) 弄清实验中使用的基本仪器的构造原理、操作规程、读数原理和方法及注意事项.特别是注意事项,不仅要仔细看,还要牢记,否则会造成仪器损坏,甚至人身安全事故.

(3) 弄懂实验原理和实验方法.

(4) 拟定实验步骤、数据表格等.

(5) 完成预习思考题.

(二) 实验操作

实验操作是整个实验教学中最重要的一个环节,动手能力、分析问题和解决问题等能力的培养,主要在具体的实验操作时完成.在该环节中,学生要在教师指导下进行仪器的正确安装和调整,各种物理现象的仔细观察,实验原始数据的完整记录.为此要注意下述方面的问题.

(1) 掌握"三先三后"的原则,即先观察后测量,先练习后测量,先粗测后细测.

(2) 注意"三基",即实验的基本知识、基本方法和基本技能,抓住重点.

(3) 不要单纯追求实验数据,应学会分析实验问题.

(4) 实验中要贯彻"三严",即严肃的态度、严格的要求、严密的观测.遵守各项规章制度,注意安全.

(5) 实验原始数据经实验指导教师审核、签字后,方才有效,应认真对待实验原始数据,它将为以后的计算和问题分析提供宝贵的第一手资料.

(6) 离开实验室前,应自觉整理好仪器,关闭电源、水源,填写"仪器设备使用记录本"并做好实验室的卫生保洁工作.

(三) 撰写实验报告

写出合格的实验报告是培养科学实验能力的组成部分,是物理实验课程所应担负的具体的培养训练任务之一.实验报告是对实验工作的全面总结,既要全面,又要简单明了,应做到用词确切、字迹工整、数据完整、图表规范、结果明确.撰写实验报告的过程主要是对综合思维能力和文字表达能力的训练,也为日后在科学研究、工程实践等实际工作中撰写实验报告、研究成果报告、科技论文等打下基础,这种能力将直接影响以后从事科学与工程实践活动的工作能力和工作业绩.一份完整的实验报告应包括以下几个方面的内容.

(1) 实验名称.

(2) 实验目的.

(3) 实验原理,包括基本关系式,必要的电路、光路等简图以及数据表格.书写原理时不要照抄实验指导书,应用自己理解了的语言来概述.

(4) 仪器设备,包括型号、规格、参数等.

(5) 实验步骤,概括地写出实验进行的主要过程.

(6) 实验数据图表.

(7) 数据处理与误差分析.

(8) 实验结果,要给出完整的表达式,在观察现象或验证定律时,要写出实验结论.

(9) 问题讨论,包括对实验中现象的解释、对实验方法的改进与建议、作业题、实验后的心得体会等.

五、撰写实验报告,必须注意以下两个问题

(1) 不可把实验报告与实验指导书混为一谈.实验报告与实验指导书从语体到具体内容都有原则的区别.实验指导书向学生提出实验的任务、目的、要求,阐明实验原理,提供实验的思路和方法,告诉学生应该怎么做.而实验报告是在完成实验过程之后写出的总结,具体回答如何做,获得了什么结果,实验的意义价值何在.这些必须由实验者在实验后用自己的语言来归纳、总结.

(2) 实验报告的核心特征就是实事求是.因此,在实验报告中,对实验过程中所应记录的实验条件、实验现象、实验数据应严格如实地予以记录,对测量数据的有效位数不得随意增删.

第 1 章　测量误差与数据处理

1.1　测量、误差及不确定度

1.1.1　测量与误差

（一）测量

无论是研究物理现象、验证物理原理，还是研究物质特性等，都要进行测量.测量就是将被测物理量与一个选作计量标准单位的同类物理量进行比较的过程.

测量可分为直接测量与间接测量、等精度测量与非等精度测量.直接从仪器或量具上读出待测量的大小，为直接测量.例如，用米尺测量物体的长度，用天平测量物体的质量，用秒表计时等都是直接测量.如果待测量是由若干个直接测量值经过一定的函数关系运算后获得的，则为间接测量.例如，测量物体的密度时先测出物体的体积和质量，再用公式计算出物体的密度.物理实验中的测量多数是间接测量.等精度测量是在相同测量条件下对同一物理量进行的多次重复性测量，非等精度测量是在不相同测量条件下对同一物理量进行的多次重复性测量.

（二）误差

每一个实验者都希望测量的结果能符合客观实际.但在实际测量中，由于测量仪器、测量方法、测量条件和测量人员等因素的影响，不可能使测量值与客观存在的真值完全相同，测量结果的量值与真值之间总存在一定的差值.此差值称为该测量值的测量误差.

真值（X）：被测量在其所处的确定条件下，客观具有的量值.

误差（Δx）：测量值（x）与真值（X）之差，又称绝对误差，即

$$\Delta x = x - X$$

相对误差（E_r）：绝对误差（Δx）与真值（X）的比值，即

$$E_r = \frac{\Delta x}{X} \times 100\%$$

误差按其特征和表现形式可以分为系统误差、随机误差和过失误差三类.

1. 系统误差

在同一条件下多次测量同一量时，误差的大小和方向保持恒定，或在条件改变时，误差的大小和方向按一定规律变化，这种误差称为系统误差，其特点是具有确

定的规律.系统误差来源于以下几个方面:①由实验理论和实验方法不完善带来的误差,如由计算公式的近似性所引起的误差;②由仪器本身的缺陷或没有按规定条件使用仪器而造成的误差;③由环境条件变化所引起的误差;④由观测者生理或心理特点造成的误差,等等.

系统误差的确定性反映在测量条件一经确定,误差也随之确定,重复测量时,误差的绝对值和符号均保持不变.因此,在相同的实验条件下,多次重复测量不可能发现系统误差.对观测者来说,可能知道系统误差的规律及其产生的原因,也可能不知道.已被确切掌握了大小、规律和符号的系统误差,称为可定系统误差;对大小、规律和符号不能确切掌握的系统误差称为未定系统误差.前者一般可以在测量过程中采取相应措施予以消除或在测量结果中进行修正,而后者一般难以做出修正,只能估计出它的取值范围.

2. 随机误差

在同一条件下多次测量同一物理量时,每次出现的误差时大时小、时正时负,没有确定的规律,但总体来说,服从一定的统计规律,这种误差称为随机误差.它的特点是单个具有随机性,而总体服从统计规律.随机误差的这种特点使我们能够在确定条件下,通过多次重复测量来发现,而且可以根据相应的统计分布规律来讨论它对测量结果的影响.

3. 过失误差

测量时,由观测者不正确地使用仪器、粗心大意观察错误或记错数据而引起的误差称为过失误差.它实际上是一种测量错误,这种数据应当剔除.

(三) 测量的精密度、准确度和精确度

精密度、准确度和精确度是评价测量结果好坏的三个概念,但其涵义却有所不同,使用时应加以区别.

测量的精密度高,是指测量数据比较集中,偶然误差较小,但系统误差的大小不明确.

测量的准确度高,是指测量数据的平均值偏离真值较少,测量结果的系统误差较小,但数据分散的情况,即偶然误差的大小不明确.

测量的精确度高,是指测量数据集中在真值附近,即测量的系统误差和偶然误差都比较小.精确度是对测量的系统误差与偶然误差的综合评定.

如图 1.1.1 所示是以打靶时弹着点的情况为例,说明这三个词的意义.图(a)表示射击的精密度高但准确度差;图(b)表示射击的准确度高但精密度差;图(c)表示精密度和准确度均较好,即精确度高.

影响测量结果精度的主要因素有时是偶然误差,有时是系统误差.一般情况下,测量的误差是偶然误差和系统误差的总和.

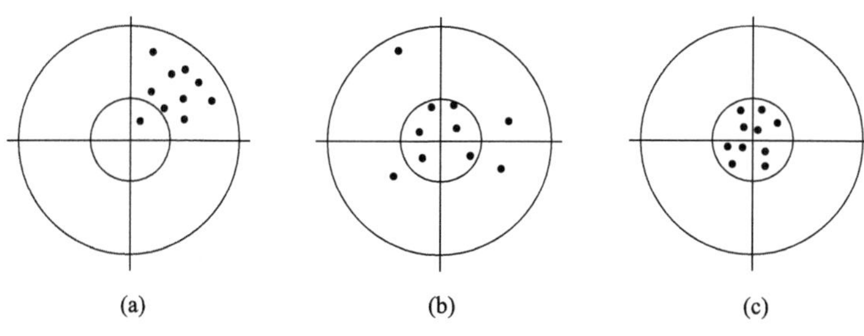

图 1.1.1　弹着点分布情况

1.1.2　误差的处理

（一）随机误差的处理

1. 随机误差的统计规律

理论和实践都证明，当测量次数足够多时，一组等精度测量数据的随机误差服从一定的统计规律，最常见的一种统计规律是正态分布（高斯分布）.若横坐标为误差 x，纵坐标为误差出现的概率密度函数 $f(x)$，则正态分布曲线如图 1.1.2 所示，其数学表达式为

$$f(x)=\frac{1}{\sqrt{2\pi\sigma}}\mathrm{e}^{-\frac{(x-\mu)^2}{2\sigma 2}} \tag{1.1.1}$$

式中

$$\mu=\lim_{n\to\infty}\frac{\sum\limits_{i=1}^{n}x_i}{n}$$

$$\sigma=\lim_{n\to\infty}\sqrt{\frac{\sum\limits_{i=1}^{n}(x_i-\mu)^2}{n}} \tag{1.1.2}$$

式中，σ 为总体标准误差.

图 1.1.2 中阴影部分的面积就是随机误差在 $\pm\sigma$ 范围内的概率，即随机误差落在 $(-\sigma,+\sigma)$ 区间中的置信概率 $P=68.3\%$；误差落在 $(-2\sigma,+2\sigma)$ 区间中的置信概率 $P=95.4\%$；误差落在 $(-3\sigma,+3\sigma)$ 区间中的置信概率 $P=99.7\%$.可见测量值的误差超出 $\pm3\sigma$ 范围的情况几乎不会出现，我们把 3σ 称

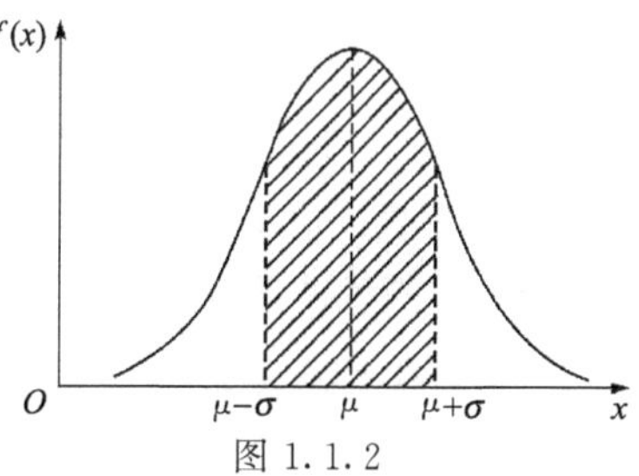

图 1.1.2

为极限误差.由此可知,标准误差 σ 是一个统计特征值,它表明一组等精度测量数据的随机误差的概率分布情况.如图 1.1.2 所示曲线下的总面积不变,曲线形状取决于 σ 值的大小,σ 小,曲线陡,绝对值小的误差出现的机会多,测量数据集中,精密度高.可见 σ 反映了测量值的离散程度.

2. 随机误差的估算

在实际测量中,测量的次数总是有限的,而且被测量的真值是未知的,因此,标准误差只具有理论价值,对它的实际处理只能进行估算.

设在一组测量值中,n 次测量的测量值分别为 $x_1, x_2, \cdots, x_n$,由统计原理可知,其真值的最佳估计值 x_0 是能使各次测量值与该值之差的平方和为最小的那个值,即 $f(x)=\sum_{i=1}^{n}(x_i-x_0)^2$ 有最小值.

$$\frac{\mathrm{d}f(x)}{\mathrm{d}x_0}=-\sum_{i=1}^{n}2(x_i-x_0)=0$$

$$x_0=\frac{1}{n}\sum_{i=1}^{n}x_i=\bar{x}$$

即算术平均值 $\bar{x}$ 最接近真值.

我们将各次测量值 x_i 与算术平均值 $\bar{x}$ 之差称为该次测量的残差,为

$$\mu_i=x_i-\bar{x}$$

因为我们只知道 μ_i 而不知道 Δx_i,所以,我们只能用残差代替误差计算.此时,总体标准误差的估计值为

$$S=\sqrt{\frac{\sum_{i=1}^{n}\mu_i^2}{n-1}}=\sqrt{\frac{\sum_{i=1}^{n}(x_i-\bar{x})^2}{n-1}} \tag{1.1.3}$$

式中,S 为总体标准误差 σ 的估计值,称为实验标准偏差.式(1.1.3)称为贝塞尔公式,它表示一测量列中各测量值所对应的标准偏差.

从统计意义上讲,$\bar{x}$ 应比每一个测量值 x_i 都更接近于真值.经理论推导得到平均值的实验标准偏差 $S(\bar{x})$ 为

$$S(\bar{x})=\sqrt{\frac{\sum_{i=1}^{n}(x_i-\bar{x})^2}{n(n-1)}}=\frac{S}{\sqrt{n}} \tag{1.1.4}$$

(二) 系统误差的处理

1. 系统误差的发现

发现系统误差是消除和修正系统误差的前提,应从系统误差的来源着手分析.

(1) 理论分析法.测量过程中因理论公式的近似性等原因造成的系统误差常常可以从理论上做出判断并估计其量值,如伏安法测电阻.

(2) 实验对比法.对被测量的物理量采用实验方法对比、测量方法对比、仪器对比、测量条件对比来研究其结果的变化规律,从而发现可能存在的系统误差.

(3) 数据分析法.分析多次测量的数据分布规律来发现系统误差.

2. 系统误差的减小和修正

(1) 通过理论公式引入修正值.

(2) 消除系统误差产生的因素.

(3) 改进测量原理和测量方法.

1.1.3　测量结果的不确定度

测量不但要得到被测量的最佳估计值,而且对其可靠性也应做出评定.不确定度是与测量结果相联系的一种参数,用于表征测量值可能的分散情况,也就是因测量误差的存在而对被测量结果不能肯定的程度.不确定度小,测量结果可信赖程度高;不确定度大,测量结果可信赖程度低.

测量不确定度一般由若干分量组成.原则上可以分为 A,B 两类.

(一) 不确定度 A 类分量

不确定度 A 类分量是指可以采用统计方法计算的不确定度.

在物理实验教学中约定 A 类不确定度取实验标准偏差,因此可以像计算标准偏差那样,用贝塞尔公式计算被测量的 A 类不确定度 u_A,即

$$u_A = S(\bar{x}) \tag{1.1.5}$$

(二) 不确定度 B 类分量

不确定度 B 类分量是指用非统计方法求出或评定出的不确定度.评定 B 类不确定度常用估计方法,估计要适当,需要确定分布规律,同时要参照标准,更需要估计者的实践经验、学识水平,因而不同的估计者可能有不同的结论.

在物理实验教学中约定 B 类不确定度是测量仪器的误差,仪器的误差限一般在仪器的说明书中注明,指在正确使用仪器的条件下,测量值和被测量的真值之间可能产生的最大误差 $\Delta_{仪}$.如给出的误差 $\Delta_{仪}$ 的范围在$[-a,+a]$,估计误差概率分布是均匀分布,根据均匀分布理论,其不确定度 B 类分量 u_B 为

$$u_B = \Delta_{仪} \tag{1.1.6}$$

在教学中,我们约定,正确使用仪器时的仪器误差限 $\Delta_{仪}$ 可按如下原则来确定.

(1) 对可估读测量数据的仪器,$\Delta_{仪}$ 为最小刻度的一半.

比如,米尺的最小刻度为 1mm,则米尺的 $\Delta_{仪}=0.5\text{mm}$.

(2) 对不可估读测量数据的仪器,$\Delta_{仪}$为仪器的最小分辨的读数.

比如,分辨率为 0.05mm 的游标卡尺,则其 $\Delta_{仪}=0.05\text{mm}$;分辨率为 0.02mm 的游标卡尺,则其 $\Delta_{仪}=0.02\text{mm}$;分辨率为 30″和 1′的分光计,其 $\Delta_{仪}$分别为 30″或 1′;各类数字式仪表,$\Delta_{仪}$为仪器的最小读数.

(3) 对有仪器说明书或注明仪器精度等级的仪器,$\Delta_{仪}$按仪器说明书计算.

比如,螺旋测微器(0～50mm),$\Delta_{仪}=0.004\text{mm}$;电磁仪表(指针式电流表、电压表),$\Delta_{仪}=AK\%$($A$ 为量程,K 为仪表精度等级).

(三) 合成不确定度

考虑到误差来源主要有两部分:由统计方法计算的 A 类不确定度 u_A和由于仪器误差等因素而用非统计方法评定的 B 类不确定度 u_B,且 A 类和 B 类不确定度是相互独立的,故其合成不确定度为

$$u_c=\sqrt{u_A^2+u_B^2} \tag{1.1.7}$$

相对不确定度为

$$E_r=\frac{u_c}{x}\times 100\% \tag{1.1.8}$$

1.1.4 直接测量结果的不确定度

(一) 单次测量结果的不确定度计算

因单次测量不存在不确定度 A 类分量,故单次测量的合成不确定度就等于不确定度 B 类分量.

(二) 多次测量结果的不确定度计算

对 A 类不确定度主要讨论多次等精度测量条件下,读数分散对应的不确定度,并且用贝塞尔公式计算 A 类不确定度.对 B 类不确定度,主要讨论仪器不准所对应的不确定度,然后求两类不确定度的“方和根”,得到合成不确定度.

例 1.1.1 用螺旋测微器测量小钢球的直径,五次测量值分别为 5.499mm、5.550mm、5.499mm、5.498mm、5.498mm.试求其合成不确定度.

解 $u_A=S(\bar{d})=0.00037(\text{mm})$

螺旋测微器的误差限为 0.004mm,即

$u_B=0.004\text{mm}$

$$u_c=\sqrt{u_A^2+u_B^2}=\sqrt{0.00037^2+0.004^2}=0.004(\text{mm})$$

1.1.5　间接测量结果的合成不确定度

间接测量的最佳估计值和合成不确定度是由直接测量结果通过函数式计算出来的.设间接测量的函数式为

$$N=F(x,y,z,\cdots)$$

式中,$x=\bar{x}\pm u_c(\bar{x})$,$y=\bar{y}\pm u_c(\bar{y})$,$z=\bar{z}\pm u_c(\bar{z})$,…

则间接测量量 N 的最佳估计值为

$$\bar{N}=F(\bar{x},\bar{y},\bar{z},\cdots)$$

函数 N 的全微分是

$$\mathrm{d}N=\frac{\partial F}{\partial x}\mathrm{d}x+\frac{\partial F}{\partial y}\mathrm{d}y+\frac{\partial F}{\partial z}\mathrm{d}z+\cdots$$

改微分号为不确定度符号,求其“方和根”得到间接测量量 N 的不确定度为

$$u_c(\bar{N})=\sqrt{\left(\frac{\partial F}{\partial x}\right)^2u_c^2(\bar{x})+\left(\frac{\partial F}{\partial y}\right)^2u_c^2(\bar{y})+\left(\frac{\partial F}{\partial z}\right)^2u_c^2(\bar{z})+\cdots}\tag{1.1.9}$$

特别地,当间接测量的函数式为积商形式(或含和差的积商形式)时,为使运算简便,可以先将函数式两边同时取自然对数,然后再求全微分,即

$$\frac{\mathrm{d}N}{N}=\frac{\partial \ln F}{\partial x}\mathrm{d}x+\frac{\partial \ln F}{\partial y}\mathrm{d}y+\frac{\partial \ln F}{\partial z}\mathrm{d}z+\cdots$$

同样改微分号为不确定度符号,求其“方和根”,便可得间接测量量 N 的相对不确定度:

$$E_r=\frac{u_c(\bar{N})}{\bar{N}}=\sqrt{\left(\frac{\partial \ln F}{\partial x}\right)^2u_c^2(\bar{x})+\left(\frac{\partial \ln F}{\partial y}\right)^2u_c^2(\bar{y})+\left(\frac{\partial \ln F}{\partial z}\right)^2u_c^2(\bar{z})+\cdots}\tag{1.1.10}$$

而间接测量量 N 的合成不确定度为

$$u_c(\bar{N})=\bar{N}E_r\tag{1.1.11}$$

常用函数的合成不确定度公式见表 1.1.1.

表 1.1.1　常用函数的合成不确定度公式

函数式	不确定度传递公式
$N=x+y$	$u_N=\sqrt{u_x^2+u_y^2}$
$N=x-y$	$u_N=\sqrt{u_x^2+u_y^2}$

续表

函数式	不确定度传递公式
$N=ax+by+cz$	$u_N=\sqrt{a^2u_x^2+b^2u_y^2+c^2u_z^2}$
$N=x\cdot y$	$u_N/N=\sqrt{(u_x/x)^2+(u_y/y)^2}$
$N=x/y$	$u_N/N=\sqrt{(u_x/x)^2+(u_y/y)^2}$
$N=x^ay^bz^c$	$u_N/N=\sqrt{a^2\ (u_x/x)^2+b^2\ (u_y/y)^2+c^2\ (u_z/z)^2}$
$N=\sin x$	$u_N=\|\cos x\|u_x$
$N=\ln x$	$u_N=u_x/x$

1.2 数据处理

1.2.1 测量结果的有效数字

在测量中,我们要取得测量结果除用数字表直接显示的数字外,都要我们从测量仪器或仪表上根据刻度读数,那么读到哪位才是适当的呢?在数据处理的过程中,要进行数值运算,通常会出现位数越乘越多或除不尽的情况,如何取舍而不影响结果呢?有些数据如 π、e,h,c 在计算中应取几位呢?测量的最后结果应保留几位数字呢?这些都是与测量结果的有效数字有关的问题.

(一)有效数字的定义

实际测量中测量结果都是含有误差的数值,对这些数值的尾数不能任意取舍,应反映出测量值的准确度.由于受到测量工具误差的制约,在测量读数时,只能读到它的最小分度值,在最小分度值以下还要再估读一位数字.例如,用刻度尺测量某物体的长度为 12.6mm,从刻度尺读出的最小分度值的整数部分 12 是准确数字,最小分度下估计读出的末位数字 6 是欠准确的,是测量工具误差或相应不确定度所在的一位,称为存疑数字.因此测量结果的若干位准确数字和最后一位存疑数字的全体称为有效数字.

有效数字位数反映了测量结果的准确度,位数越多,准确度越高.测量结果取几位有效数字是件严肃的事,不可任意取舍,如用最小分度是毫米(mm)的刻度尺测得某物体的长度恰好是 15mm,应记录为 15.0mm 而不是 15mm,有效数字的位数与测量工具的最小分度值有关.对同一物理量,最小分度值越小,测量精度越高,有效数字位数越多.有效数字位数与小数点的位置无关.单位换算时,有效数字的位数不应发生变化.还应注意,表示小数点位置的“0”不是有效数字,数字中间或数字后面的零是有效数字,不能任意增减.

（二）有效数字的表示

有效数字的末位为估读数字，存在不确定性.当规定绝对不确定度的有效数字只取一位时，测量结果最后一位应与绝对不确定度所在的那一位对齐.如 $V=(32.56\pm0.08)\mathrm{cm}^3$ 中，测量值末位"6"应与不确定度 0.08 的"8"对齐.进行单位变换时，测量结果有时会变得很大或很小，数值表示与有效数字位数可能会发生矛盾.例 2.34cm，显然是用最小分度为毫米（mm）的刻度尺测量得到的，单位变换为 2.34cm＝0.0234m 是正确的，但变为 2.34cm＝23400μm 是错误的，为避免这种情况发生，通常采用科学表示法，应记为 $2.34\times10^4\mu\mathrm{m}$. 又如某人测得真空中光速为 299700km/s，不确定度为 300km/s，如记为（299700±300）km/s 是不正确的，应写成 $(2.997\pm0.003)\times10^5\mathrm{km/s}$.

（三）有效数字的运算规则

测量结果有效数字位数取几位取决于测量过程，而不取决于计算过程，运算时，不应随意扩大或减少有效数字位数，也不要认为计算出的结果位数越多越好.

1. 加减运算

设 $\phi=x+y+z+\cdots$，各分量的不确定度为 $\Delta x,\Delta y,\Delta z,\cdots$

先计算绝对不确定度 $\Delta_\varphi=\sqrt{\Delta_x^2+\Delta_y^2+\Delta_z^2+\cdots}$，计算过程中取两位，最后取一位；再计算 ϕ，其中各分量 $x,y,z,\cdots$位数取到和不确定度所在位相同或比不确定度所在位低一位；最后用绝对不确定度决定最后结果的有效数字.

若未标明 $\Delta x,\Delta y,\Delta z,\cdots$，运算中以各分量中估计位最高的为准，其他各分量的运算过程中保留到它下面一位，最后对齐．如计算

$$\phi=71.3-0.753+6.262+271$$

显然以 271 为准，其余比它多保留一位，即

$$\phi=71.3-0.8+6.3+271=347.8$$

最后与 271 取齐，即 $\phi=348$.

2. 乘除运算

设 $\phi=xyz\cdots$，各分量的不确定度为 $\Delta x,\Delta y,\Delta z,\cdots$

以有效数字位数最少的分量为准，其他各分量的有效数字取到比它多一位，计算 φ，结果也暂多保留一位；再计算不确定度，由不确定度决定最后结果有效数字的位数.

当未标明不确定度 $\Delta x,\Delta y,\Delta z$ 时，最后结果在最"保险"情况下可取到比上述最少位数的分量多一位，如计算

$$\varphi=\frac{39.5\times4.08437\times0.0065}{867.8}$$

式中，0.0065 的有效数字位数最少只有 2 位，运算中其余分量取三位，结果也可取三位，即

$$\varphi=\frac{39.5\times 4.08\times 0.0065}{868}=1.21\times 10^{-3}$$

3. 函数运算

设 $\phi=f(x,y,z,\cdots)$.

当直接测量值标明不确定度时，先用微分方法写出该函数的不确定度公式，再将直接测量值的不确定度代入公式，确定函数有效数字的位数.若直接测量值未标明不确定度，则在直接测量值的最后一位数上取 1 作为不确定度代入公式.例如，测得 $x=25.4$，求 $\ln x$.

对 $\ln x$ 求微分得误差公式为

$$\Delta(\ln x)=\frac{1}{x}\Delta_x$$

由于直接测量值 $x=25.4$ 未标明不确定度，应在 25.4 最后一位上取 1 作为不确定度，即 $\Delta=0.1$，所以 $\Delta(\ln x)=0.004$. 因此 ln 小数点后应保留至第三位，即

$$\ln x=\ln 25.4=3.235$$

在计算中，若有物理常数(如 c，h 等)和纯数学数字(如 π，e，$\sqrt{2}$ 等)参与运算，它们不影响运算结果中有效数字的位数.

4. 数值舍入规则

间接测量结果由直接测量值经过运算得到，在确定有效数字位数时，一般要舍去后面多余的数字，数值的舍入一般遵循“四舍六入五凑偶”的规则.

(1) 拟舍数字部分最左一位数字≤4，直接舍去，保留位不变.

(2) 拟舍数字部分最左一位数字≥6，则直接进一，即保留数字的末位数字加 1.

(3) 若拟舍数字部分最左一位的数字为 5，当 5 后边为非 0 数字时，则进一，即保留数字末位加 1；当 5 后边无数字或全为 0 时，则保留数字末位为奇数则进一，为偶数或 0 则舍弃.

例 1.2.1 将下列数字保留四位有效数字，舍入后为

3.14159→3.142　　2.72729→2.727

4.62050→4.620　　3.21750→3.218

对于测量结果不确定度的有效数字，采用只入不舍的规则.例如，计算得 $\Delta=0.0052\text{m}$，结果应表示为 $\Delta=0.006\text{m}$.

1.2.2 数据处理

数据处理的方法较多，常用的有列表法、作图法、逐差法、回归法等.

（一）列表法

在记录和处理数据时，常常将数据列成表格．数据列表可以简单而又明确地表示出有关物理量之间的关系，便于随时检查测量结果和运算是否合理，提高工作效率减少或避免错误，及时发现问题和分析问题，有助于找出一些物理量之间的规律性的联系等.有时也可以把中间主要的运算过程列出.

列表的主要要求是：简单明了，便于看出有关量之间的关系，便于处理数据；必须交代清楚表中各符号所表示的物理量的意义，并写明单位，单位写在标题栏中；表中的数据要正确反映测量结果的有效数字；写明表的标题或加上必要的说明.

（二）作图法

用作图法处理实验数据是数据处理中最常用的方法之一，通过它可以研究物理量之间的变化关系，找出规律．从图上可以由斜率、截距，用内插、外推、叠加、相减、相乘，求微商、求积分、求极值、求渐近线等方法去寻找或求出某些物理量的数值.用作图法还可以减小误差、发现误差或发现错误等.

作图的规则是：作图一定要用坐标纸，坐标纸的大小要根据测量结果有效数字的多少和结果的需要来定，一般不能太小；坐标原点不一定在图纸上，图线不要偏在图纸的一角或一部分；要标明图的名称和轴名、单位，在轴上每隔一定相等的间距按有效数字的数标明数值；可对图做必要的说明；图上标的实验数据点要用直尺尖笔画出，一般可用“＋”，当一张图上同时有两条以上曲线时，数据点必须用不同的符号标出，如用“○”、“×”、“△”等；图上连线要用直尺或曲线尺、曲线板；在连成光滑曲线时不一定通过所有的数据点，可使数据点在曲线两侧较合理的分布；在图上求直线斜率时，要选取线上相距较远的两点，不一定要取原来的数据点.

我们常常设法使作图的图线线性化，特别是在检验规律及求值时更是如此，图线线性化，主要是通过改变坐标轴所代表的物理量来实现的，如等温过程中气体压强与体积的关系.$pV=C$ 是一条双曲线，如果作 $p\text{-}\dfrac{1}{V}$ 图就成一直线了.又如，弦线中波长 $\lambda=\dfrac{1}{\nu}\sqrt{\dfrac{T}{\mu}}$，显示了 λ 与绳中张力 T 的关系，取对数，有

$$\lg\lambda=\frac{1}{2}\lg T-\frac{1}{2}\lg\mu-\lg\nu$$

则 $\lg\lambda$ 与 $\lg T$ 就呈线性关系了，如用双对数坐标作图是非常方便的.

再如电流衰减曲线 $I=I_{\circ}\exp(-\beta t)$，取对数，有 $\lg I=\lg I_{\circ}-\beta t$，作 $\lg I\text{-}t$ 图，则为一直线，用单对数坐标纸作图是很方便的.

（三）逐差法

在通常情况下，如果一元函数能写成多项式，即

$$y=a_0+a_1x$$

或

$$y=a_0+a_1x+a_2x^2$$

或

$$y=a_0+a_1x+a_2x^2+a_3x^3$$

而且自变量 x 是等间距变化的，则可以用逐差法处理数据.

用逐差法处理数据可以检验函数是不是多项式的形式，即把对应于各个自变量 x_i 的函数值 y_i 逐项相减（逐差），如果相减一次（一次逐差）得一常量，即说明 y 是 x 的一次函数；如果相减两次（二次逐差）得一常量，即说明 y 是 x 的二次函数，其余类推.

用逐差法处理数据还可以求得多项式的系数值.用逐差法求值时，必须把数据分成前后两部分，然后将前后两组的对应项相减.以线性函数 $y=a_0+a_1x$ 为例，设有 $2n$ 组数据

$$(x_1,y_1),(x_2,y_2),\cdots,(x_{2n},y_{2n})$$

其中

$$x_1=x,\quad x_2=2x,\quad \cdots,\quad x_{2n}=2nx$$

则有

$$\begin{aligned}
y_1&=a_0+a_1x\\
y_2&=a_0+a_1(2x)\\
y_3&=a_0+a_1(3x)\\
&\cdots\cdots\\
y_n&=a_0+a_1(nx)\\
y_{n+1}&=a_0+a_1(n+1)x\\
y_{n+2}&=a_0+a_1(n+2)x\\
y_{n+3}&=a_0+a_1(n+3)x\\
&\cdots\cdots\\
y_{2n}&=a_0+a_1(2n)x
\end{aligned}$$

隔 n 项相减，有

$$\delta y_i=y_{n+i}-y_i=a_1nx,\quad i=1,2,\cdots$$

共有 n 个 δy_i，因此 a_1 的平均值

$$\bar{a}_1=\frac{\overline{\delta y_i}}{nx}=\frac{1}{n^2x}\sum_{i=1}^{n}\delta y_i$$

把 $\bar{a}_1$ 代入每组数据，都可求得一个 a_0，共有 $2n$ 组，取平均，有

$$\bar{a}_0=\frac{1}{2n}\left(\sum_{i=1}^{2n}y_i-\bar{a}_1x\sum_{i=1}^{2n}i\right)$$

如果数据是奇数个，即有$(2n-1)$个，变将数据分成两半，前半多一项，隔 n 项逐差，有

$$\bar{a}_1=\frac{1}{n(n-1)x}\sum_{i=1}^{n-1}\delta y_i$$

$$\bar{a}_0=\frac{1}{2n-1}\left(\sum_{i=1}^{2n-1}y_i-\bar{a}_1x\sum_{i=1}^{2n-1}i\right)$$

对于二次式或二次以上的多项式，也可以写出其系数的普遍表达式来.

（四）回归法

最常用的回归方法是最小二乘法.下面介绍一种最简单的情况：一元线性回归.如果推断物理量 y 是 x 的线性函数，即

$$y=a_0+a_1x$$

测得一组 x，y 的数据 x_i；$y_i(i=1,2,\cdots,n)$，各测量数值是等精度的.用这一组数据，根据最小二乘法原理去求直线的经验方程，也就是令从直线上的一点到测得的数据点，其函数值（对同一 x_i）的偏差的平方和为极小，根据统计理论，有

$$a_0=\frac{\sum_{i=1}^{n}y_i\cdot\sum_{i=1}^{n}x_i^2-\sum_{i=1}^{n}x_i\cdot\sum_{i=1}^{n}x_iy_i}{n\sum_{i=1}^{n}x_i^2-\left(\sum_{i=1}^{n}x_i\right)^2}$$

$$a_1=\frac{n\sum_{i=1}^{n}x_iy_i-\sum_{i=1}^{n}x_i\cdot\sum_{i=1}^{n}y_i}{n\sum_{i=1}^{n}x_i^2-\left(\sum_{i=1}^{n}x_i\right)^2}$$

相关系数

$$r=\frac{n\sum_{i=1}^{n}x_iy_i-\sum_{i=1}^{n}x_i\cdot\sum_{i=1}^{n}y_i}{\left\{\left[n\sum_{i=1}^{n}x_i^2-\left(\sum_{i=1}^{n}x_i\right)^2\right]\left[n\sum_{i=1}^{n}y_i^2-\left(\sum_{i=1}^{n}y_i\right)^2\right]\right\}^{\frac{1}{2}}}$$

r 的值在$-1\sim+1$，它表示数据点接近直线的程度，r 值越接近$+1$或-1，说明 y 与 x 的线性关系越好.

下面举一个例子来说明.弹簧振子的周期为

$$T=2\pi\sqrt{\frac{m+m_0}{k}}$$

式中，m 是振子的质量；m_0是弹簧的等效质量；k 是弹簧的劲度系数.上式可变为

$$T^2=\frac{4\pi^2}{k}m+\frac{4\pi^2 m_0}{k}$$

与 $y=a_0x+a_1$相比

$$a_0=\frac{4\pi^2 m_0}{k},\quad a_1=\frac{4\pi^2}{k}$$

即 T^2与 m 是线性关系.测量数据如表 1.2.1.

表 1.2.1 测量数据表

i	1	2	3	4	5	6	7	8
m_i/g	0	5.00	10.00	15.00	20.00	25.00	30.00	35.00
T_i^2 /s^2	0.558	1.000	1.462	1.855	2.307	2.756	3.140	3.553

应用上面计算 a_1，a_0及 r 的公式，得

$$a_1=0.08571$$

$$a_0=0.5789$$

$$r=0.99978$$

该弹簧振子周期的经验公式为

$$T^2=0.08571m+0.5789$$

即

$$T=\sqrt{0.08571m+0.5789}$$

这种数据处理方法可以在带统计运算的计算器上进行，如果使用计算机，还可以进行更复杂的回归法数据处理.

第2章 力学量、热学量与波动特征量测量

2.1 力学、热学量测量基本知识

力学是研究物体机械运动的规律及其应用的学科，是各门自然科学中发展最早且最富有直观性的学科，是一切工程技术的理论基础.力学量测量的目的，是让学生掌握一些基本力学量(长度、质量、时间等)的测量方法，学习一些常用测量仪器和工具(游标卡尺、螺旋测微器、天平等)的使用，学习正确的数据处理方法，为后面热学量、电磁学量及光学量等物理量测量奠定良好基础.力学量测量一般比较简单直观，测量手段也不复杂，学生一开始就应持认真的态度，培养良好的作风，打下扎实的基础.

本节着重介绍力学测量的基础知识，也介绍一点热学基本物理量的测量及测量仪器的使用方法.

2.1.1 长度的测量

长度是最基本的物理量之一，而且其他一些物理量(如温度、压力、电流等)最终都是转化为长度而进行读数的.长度的国际单位制单位是米(m).

长度的直接测量，根据不同的精度要求，可采用各种不同的测量工具，下面一一介绍.

1. 米尺

将待测物体的两端与标准米尺进行直接比较，是最简单的长度测量方法.米尺的最小分度一般是1mm，观测者用眼睛估计，有可能以最小分度$\frac{1}{10}$格值即0.1mm精度直接读得长度值.

2. 游标卡尺

游标卡尺是在主尺上附带一个可以沿主尺移动的小尺(游标)，游标上的分度值x与主尺上的分度值y之间有一定的关系，一般使游标的全部P个分格的长度等于主尺的$(P-1)$个分格的长度，即

$$Px=(P-1)y$$

而主尺与游标上每个分格之差

$$\delta_x = y - x = \frac{y}{P}$$

称为游标的精度，也就是这种游标的最小读数值.它可以准确地估读到主尺最小分格值的$\frac{1}{P}$，主尺最小分格值为1mm，常用的游标有$\frac{1}{10}$，$\frac{1}{20}$，$\frac{1}{50}$.利用游标尺可以读到$\frac{1}{100}$mm这一位上.

3. 螺旋测微计

螺旋测微计是比游标卡尺更精密的长度测量仪器.在一根带有毫米刻度的测杆上，加工出高精度的螺纹，并配上与之相应的精制套筒，在套筒周界上准确地等分上刻度.套筒每转一周，测杆前进(或后退)一个螺距.例如螺距为0.5mm，而套筒上刻有50个分格，那么套筒每转一个分格，测杆沿轴线前进(或后退)了$\frac{0.5}{50}$mm即0.01mm.从而使沿轴线方向的微小长度用圆周上较大的弧度精确地表示出来.利用螺旋测微计，可以估读到$\frac{1}{1000}$mm这一位上.

4. 显微镜和望远镜

当被测物很小或由于各种原因实验者不能靠近待测物时，可借助于显微镜或望远镜将被测物的像放大或移近到人眼观测的适当距离，然后与标准米尺、精密测微螺杆等进行比较.

5. 光学干涉仪

利用光的干涉现象测量长度是最精密的方法，不同用途的干涉仪的测量精度可达到光波波长(0.1μm)的数量级.当然，随着近代光学技术的发展，还有一些测量长度的新仪器不断出现.

2.1.2 质量的测量

物体质量的测量，通常是以物体重量的测量代替，然后比较得出结果的.因为测量在同一地点进行，两物体重量相等，其质量必然相等.

物体重量的测量绝大多数用天平，也可用弹簧秤.

1. 天平

天平是一种等臂杠杆.它的主要部分是一条横梁，中点有一个支点，两端挂有秤盘，两边的横梁相对于支点是等臂的.当两端秤盘中放置的物体质量相等时，横梁保持稳定平衡.我们在其中一个秤盘中放上待测物，另一个秤盘中放上砝码，天平平衡时可以由比较法测量待测物的质量.

按照天平称量精确度进行分类：精确度低的称为物理天平，精确度高的称为分析天平.

2. 弹簧秤

弹簧秤是以胡克定律为基础设计的.当弹簧受到待测物的重量 G 的作用而伸长 Δx，则有

$$G=k\Delta x$$

k 是弹簧的劲度系数，对于某一特定弹簧，k 是一定值.因此，只要测出弹簧的伸长量，即可得到物体的重量或质量.应该指出的是，物体的重量随测量地点的变化而变化，要对待测物进行测量，应该对弹簧秤进行调整和定标.

2.1.3　时间的测量

时间的测量在现代科学领域及日常生活中是不可少的，根据测量精度的需要可用下面测量仪器：

(1) 秒表.秒表一般有机械表和电子表.它的原理和使用是大家所熟知的.

(2) 数字毫秒计.数字毫秒计的计时是以石英晶片控制的振荡电路的频率为标准，它有两种计量方法：

① 机控：用机械接触来控制开关的通和断，使毫秒计"开始计时"和"停止计时".

② 光控：利用光电信号来控制"开始计时"和"停止计时".它有两个功能不同的挡：S_1 挡和 S_2 挡.启用 S_1 挡时，连接毫秒计的两只光敏管任一管被遮挡的瞬间开始计时，遮挡结束的瞬间结束计时，所以 S_1 显示的时间就是遮挡光敏管的时间.启用 S_2 挡时，每遮挡一只光敏管，就改变一次计时状态.所以 S_2 挡所显示的时间是两次遮挡光敏管的时间间隔.

另外，数字毫秒计上还有手动和自动复位机构，可以在一次测量之后消去显示的数字.

2.1.4　温度的测量

温度测量是热学实验的基本测量之一.测量温度的仪器很多，如液体温度计、气体温度计、热电偶、电阻温度计、光测高温计等.

1. 液体温度计

它是利用液体受热后体积膨胀的原理作为测量手段.常用的测量物质有水银和酒精.水银应用最广,其测量温度范围在−39～375℃,最小分度值一般为0.1℃.

2. 热电偶

热电偶的测温原理是利用温差电动势和温度的关系为基础的,在温度范围不太大时,温差电动势 $\mathscr{E}_x$ 与两接触点的温度差成正比

$$\mathscr{E}_x=c(t-t_0)$$

用热电偶测量温度,可先作出电动势和温度的分度关系曲线,曲线的斜率为上式中的 c.然后利用这个关系曲线,当冷端的温度 t_0(常取冰点)已知的条件下就可确定热端的温度 t(待测温度).

热电偶测温的优点是测温范围广(−200～2000℃),灵敏度高.

3. 电阻温度计

电阻温度计有金属电阻温度计和半导体温度计.金属和半导体的电阻值都随温度的变化而变化,当温度升高 1℃时,有些金属的电阻要增加 4‰～6‰,某些半导体则减小 3%～6%,因此我们可以利用它们的电阻值随温度的变化来测量温度.电阻温度计的测量范围在−260～1000℃.

2.2 密度测量

2.2.1 游标卡尺、螺旋测微计与天平的使用

[实验目的]

(1) 掌握游标卡尺、螺旋测微计和物理天平的原理与使用.
(2) 测量物体的密度.
(3) 学习做记录和计算不确定度.

[实验原理]

如图 2.2.1 所示,一个物体的质量为 M,体积为 V,密度为 ρ,则按密度定义有

$$\rho=\frac{M}{V}$$

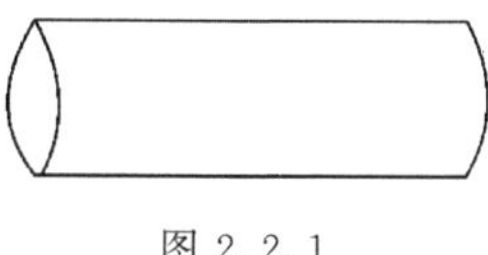

图 2.2.1

当待测物体是直径为 d，高度为 h 的圆柱体时，上式变为

$$\rho=\frac{4M}{\pi d^2 h}$$

一般说来，规则物体的规则程度，是以量具的精密度来判断的.如待测圆柱体用游标卡尺、螺旋测微计测量时，各个断面的大小和形状相比用米尺测量均有微小差异，为了精确测定圆柱体的体积，必须在它的不同位置对直径和高度进行多次测量，取直径和高度的算术平均值才能得到.

[实验仪器]

游标卡尺、螺旋测微计、物理天平、待测铜圆柱体.

1. 游标卡尺

游标卡尺又称游标尺.它是一种能够提高长度测量精密度的常用量具，游标卡尺由主尺和游标尺两部分组成.

如图 2.2.2 是使测量精密到$\frac{1}{10}$分格的游标(称为 10 分游标)的原理图.游标 V 是可沿主尺 AB 滑动的一段小尺，其上有 10 个分格，是将主尺的 9 个分格分成 10 等份而成的，因此游标上的一个分格的间隔等于主尺一分格的$\frac{9}{10}$.图 2.2.3 是使用 10 分游标测量的示意图.测量时将物体 ab 的 a 端和主尺的零线对齐，若另一端 b 在主尺的第 7 和第 8 分格之间，即物体的长度稍大于 7 个主尺格，设物体的长度比 7 个主尺格长 Δl，使用 10 分游标可将 Δl 测准到主尺一分格的$\frac{1}{10}$.如图 2.2.3 所示，将游标的零线和物体的末端 b 相接，查出与主尺刻线对齐的是游标上的第 6 条线，则

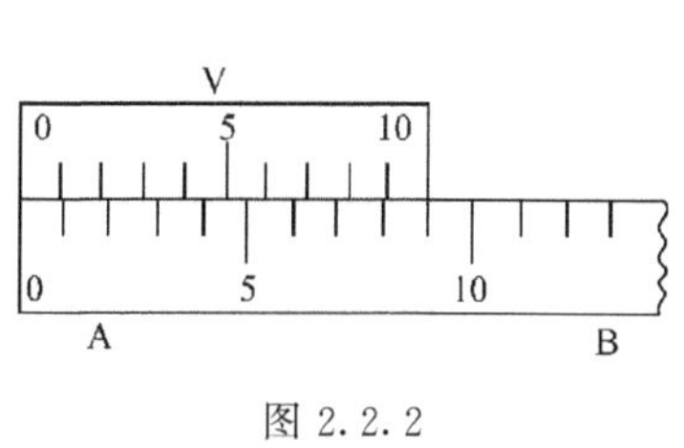

图 2.2.2

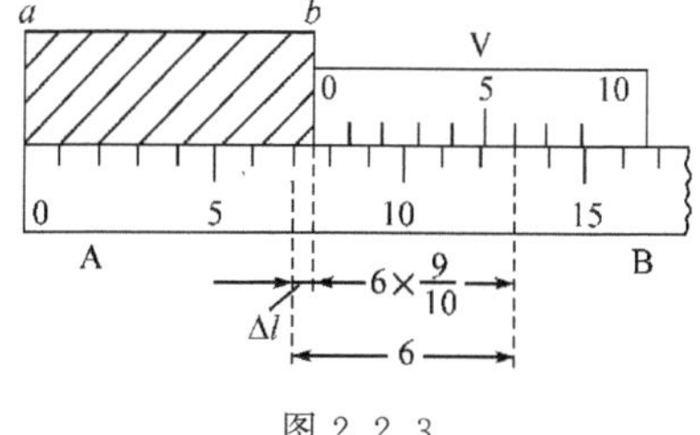

图 2.2.3

$$\Delta l=\left(6-6\times\frac{9}{10}\right)\text{主尺格}=6\left(1-\frac{9}{10}\right)\text{主尺格}$$

$$=6\times\frac{1}{10}\text{主尺格}=0.6\text{主尺格}$$

即物体长度等于 7.6 主尺格(如果主尺格每分格为 1mm 则被测物体的长度为 7.6mm).从图上可以看出,游标尺是利用主尺和游标上每一分格之差,使读数进一步精确的,此种读数方法称为差示法,在测量中具有普遍意义.

参照上例可知,使用游标尺测量时,读数分为两步:①从游标零线的位置读出主尺的整格数;②根据游标上与主尺对齐的刻线读出不足一分格的小数,两者相加就是测量值.

一般说来,游标是将主尺的$(n-1)$个分格,分成 n 等分(称为 n 分游标).如主尺的一分格宽为 x,则游标一分格宽为$\frac{n-1}{n}x$,二者的差 $\Delta x=\frac{x}{n}$是游标尺的精度值.如图 2.2.4 所示,使用 n 分游标测量时,如果是游标的第 k 条刻线与主尺某一刻线对齐,则所求的 Δl 值等于

$$\Delta l=kx-k\frac{n-1}{n}x=k\frac{x}{n}$$

即 Δl 等于游标尺的精度值$\frac{x}{n}$乘以 k.所以使用游标尺时,先要明确其精度值.

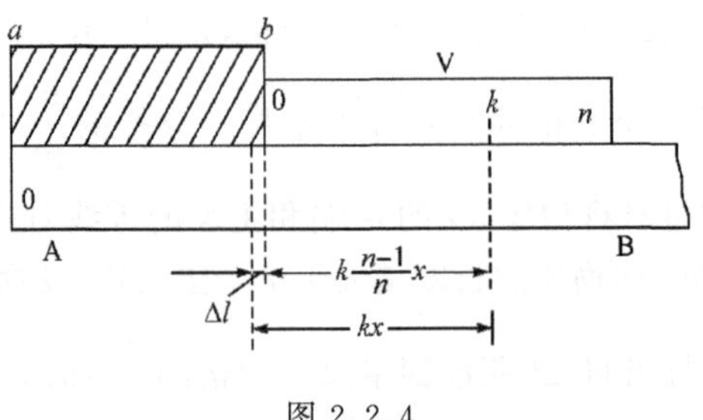

图 2.2.4

游标尺读数的精密程度取决于其精度值$\frac{x}{n}$.一般实用的游标有 n 等于 10、20 和 50 三种,其精度值即精密度分别为 0.1mm、0.05mm 和 0.02mm.

如图 2.2.5 所示,使用游标尺时,游标紧贴着主尺滑动,外量爪用来测量厚度和外径,内量爪用来测量内径,深度尺用来测量槽的深度,紧固螺钉用来固定量值读数.使用游标卡尺时,一手拿物体,另一手持尺,轻轻把物体卡住,应特别注意保护量爪不被磨损,不允许用游标尺测量粗糙的物体,更不允许被夹紧的物体在卡口

内挪动.

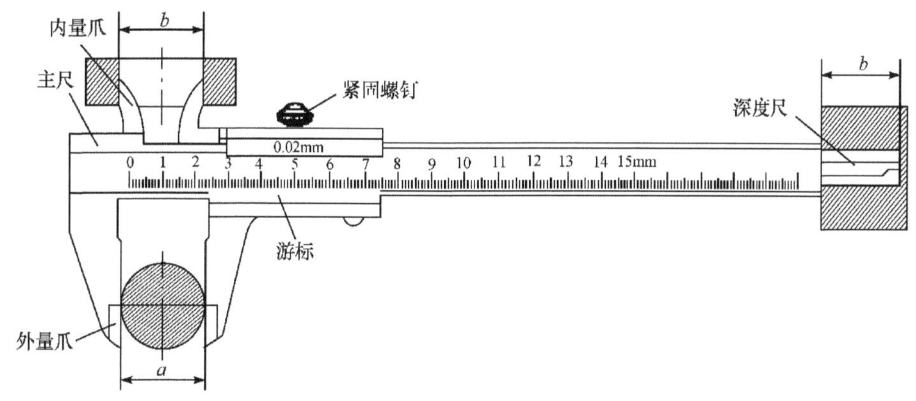

图 2.2.5

2. 螺旋测微计(千分尺)

螺旋测微计如图 2.2.6 所示,实验室中常用的量程为 25mm,仪器精密度是 0.001mm,即$\frac{1}{1000}$mm,所以又称为千分尺.图中 A 为测杆,它的一部分加工成螺距为 0.5mm 的螺纹,当它在固定套管 D 的螺套中转动时,将前进或后退,活动套管 C 和螺杆 A 连成一体,其周边等分为 50 个分格.螺杆转动的整圈数由固定套管上间隔 0.5mm 的刻线去测量,不足一圈的部分由活动套管周边的刻线去测量.所以用螺旋测微计测量长度时,读数也分为两步,即①从活动套管前沿的固定套管上,读出整圈数;②从固定套管上的横线所对活动套管上的分格数,读出不到一圈的小数,二者相加就是测量值.估计不确定度到 0.001mm 位上,如图 2.2.7 读数分别为 4.183mm、4.687mm 和 1.978mm.

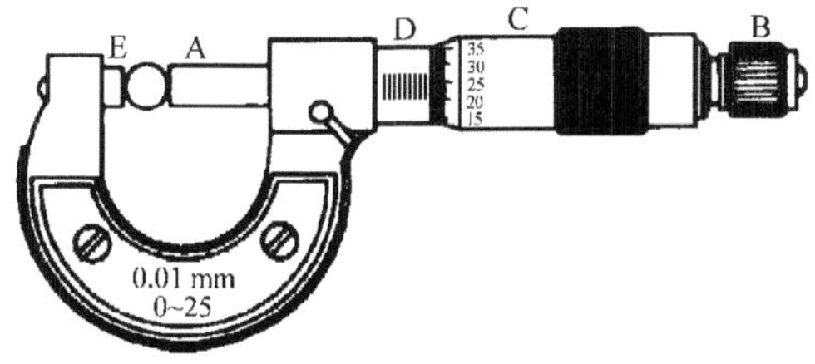

图 2.2.6

螺旋每转一周将前进(或后退)一个螺距,对于螺距为 x 的螺旋,如果转$\frac{1}{n}$周,螺旋将移动$\frac{x}{n}$.设一螺旋的螺距为 0.5mm,当它转动$\frac{1}{50}$圆周时,螺旋将移动$\frac{0.5}{50}$mm=

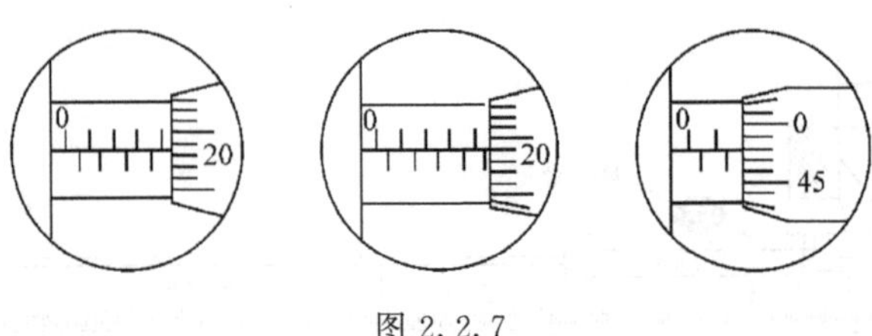

图 2.2.7

0.01mm，如果转动 3 圈又$\frac{24}{50}$圆周时，螺旋就移动 $3\times0.5\text{mm}+\frac{24}{50}\times0.5\text{mm}=1.5\text{mm}+0.24\text{mm}=1.74\text{mm}$.因此借助螺旋的转动，将螺旋的角位移转变为直线位移可进行长度的精密测量.这样的测微螺旋被广泛应用于精密测量长度工作中.

螺旋测微计的尾端有一棘轮装置 B，拧动 B 可使测杆移动，当测杆 A 与被测物（或砧台 E）相接后的压力达到某一数值时棘轮将滑动并有“咔咔”的响声，活动套管不再转动，这时就可读数.设置棘轮可保证每次的测量条件（对被测物的压力）一定，并能保护螺旋测微计精密的螺纹.

不夹被测物体而使测杆和砧台相接时，活动套管上的零线应当刚好和固定套管上的横线对齐.实际使用的螺旋测微计，由于调整的不充分或使用不当，其初始状态多少和上述不符，即有一个不等于零的零点读数.图 2.2.8 表示两个零点读数的例子.要注意它们的符号不同.每次测量之后，要从测量值的平均值中减去零点读数.

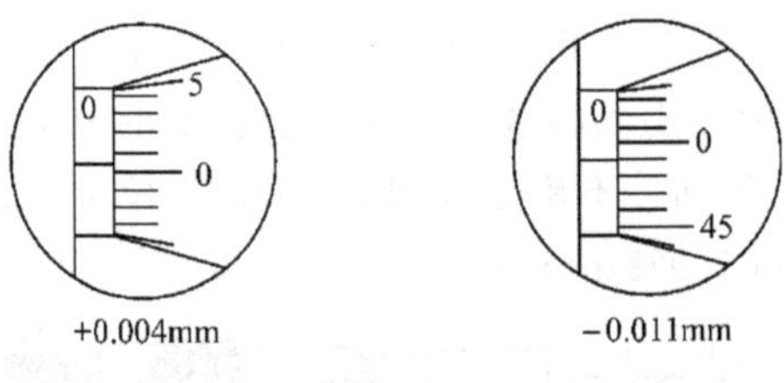

图 2.2.8

螺旋测微计用完后，应使测微螺杆与测砧之间有一空隙，避免热膨胀时损坏测微螺杆上的精密螺纹.

3. 物理天平

物理天平是实验中常用的一种称量质量的仪器.结构如图 2.2.9 所示，主要由底座 2、支柱 11、横梁 7 和秤盘 13 四大部分组成.横梁上有三个用玛瑙或钢制的刀口，中央刀口刀刃向下，两侧刀口刀刃向上.顺时针旋转升降手轮 15，玛瑙垫支起横梁.两侧刀口上的吊耳 5 下边悬挂秤盘 13.三刀口在同一水平面上组成等臂杠杆.当横梁被支起时，可进行称衡.不用时，逆时针转动升降手轮，横梁下降，由支架

4 托住，中央刀口与玛瑙垫分离.两侧刀口也由于秤盘落在底座上而减去负荷，保护刀口不受损伤.调节底盘水平螺丝 1 可使天平水平，即水平仪气泡在水平中央，指针 9 可在刻度牌 16 前摆动，平衡螺母 8 可调节空载平衡.天平横梁上刻有游码标尺并装有游码 6，游码每向右移动一个分度，即相当于在天平右盘上加放一与标尺分度值相同的砝码.通常游码标尺的分度值就是天平的感量值.天平的性能用称量和感量表示，称量或最大负载指天平的最大称量范围.天平感量是指天平指针偏转一小格需增加（或减少）的质量.感量的倒数为天平的灵敏度.常用物理天平的感量有 0.02g/格和 0.05g/格两种.

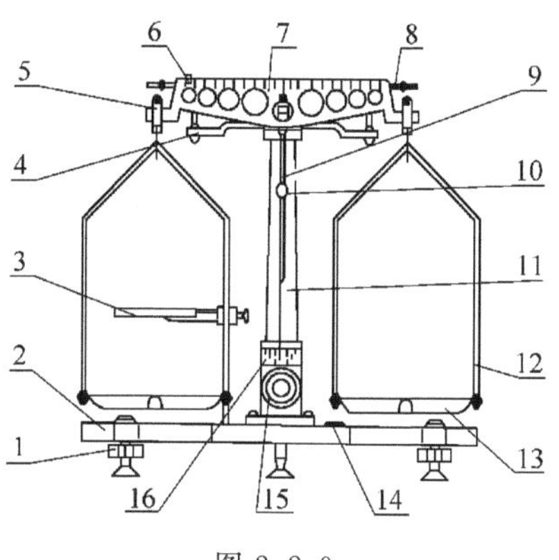

图 2.2.9

1. 调平螺钉；2. 底座；3. 托架；4. 支架；5. 吊耳；6. 游码；7. 横梁；8. 平衡调节螺母；9. 读数指针；10. 感量调节器；11. 支柱；12. 盘梁；13. 秤盘；14. 水准器；15. 升降手轮；16. 刻度牌

物理天平的使用方法如下：

（1）调水平.调节底座上的调平螺丝，或使水平仪中的气泡处在正中间.

（2）调平衡.先把游码移到 0 刻度线，转动升降轮，天平启动，指针便左右摆动.当指针在零刻线左右对称地摆动时，表明天平已达到平衡.否则应转动手轮止动天平（即横梁落在支架上）.调节平衡螺母的位置之后再启动天平，观察指针摆动情况，反复调节，直至天平平衡.

（3）称衡物体质量.待测物体放在左盘中央，先估计它的质量，用镊子夹适当的砝码放在右盘中央，启动天平，根据指针偏转方向判明轻重再调整砝码.调砝码时，一定要由重到轻，依次更换砝码，当指针偏转于零刻线左或右方时，可向左或右移动游码，使天平处于平衡.止动天平，将盘中砝码质量与游码所指数值相加即得被测物体质量.

（4）操作规则.使用天平必须遵守操作规则，以保证测量的准确性，保护天平的灵敏度.第一，待测物体的质量不得超过天平的称量.第二，不得在天平启动时加减砝码，移动游码，取放物体和调节平衡螺母.只有在判断天平哪一侧较重和是否平衡时，才能启动天平.第三，使用砝码一定用镊子夹取，不能用手拿，以免污染锈蚀，改变砝码质量，影响测量精度.用完后依序放在砝码盒内.

[实验内容]

（1）用游标卡尺测圆柱体高度 h，并选取不同的位置测量 5 次，记入表 2.2.1，取

算术平均值 $\bar{h}$.

(2) 用螺旋测微计测圆柱体的外径 d,选取不同的位置测 5 次,记入表 2.2.2,取算术平均值 $\bar{d}$.

(3) 用物理天平称该物体的质量 M 五次,记入表 2.2.3,取算术平均值 $\bar{M}$.

[数据处理]

表 2.2.1 测圆柱体高 h

游标卡尺(No.　　) 零点读数　　cm

	1	2	3	4	5	$\bar{h}$
h/cm						

表 2.2.2 测圆柱体直径 d

螺旋测微计(No.　　) 零点读数　　mm

	1	2	3	4	5	$\bar{d}$
d/cm						

表 2.2.3 测圆柱体质量 M

	1	2	3	4	5	$\bar{M}$
M/g						

圆柱体密度 ρ 的不确定度计算

$$\sigma_\rho=\bar{\rho}\sqrt{\left[\left(\frac{\sigma_M}{\bar{M}}\right)^2+\left(\frac{2\sigma_d}{\bar{d}}\right)^2+\left(\frac{\sigma_h}{\bar{h}}\right)^2\right]}$$

其中

$$\sigma_M=\sqrt{\sigma_{\bar{M}}{}^2+\left(\frac{\Delta M}{\sqrt{3}}\right)^2},\quad \sigma_d=\sqrt{\sigma_{\bar{d}}{}^2+\left(\frac{\Delta d}{\sqrt{3}}\right)^2},\quad \sigma_h=\sqrt{\sigma_{\bar{h}}^2+\left(\frac{\Delta h}{\sqrt{3}}\right)^2}$$

式中,ΔM、Δd、Δh 为仪器的极限误差,实验室给出;$\sigma_{\bar{d}}$、$\sigma_{\bar{h}}$、$\sigma_{\bar{M}}$ 分别是圆柱体直径 d、高 h 和质量 M 的算术平均值标准误差,用公式 $\sigma_{\bar{x}}=\sqrt{\dfrac{\sum_{i=1}^{n}(x_i-\bar{x})^2}{n(n-1)}}$ 求得.

测量结果 $\rho=\bar{\rho}\pm\sigma_\rho$.

[思考题]

(1) 使用螺旋测微计时,为什么用棘轮而不直接转动活动套筒去卡住物体?

(2) 从游标卡尺上读数时,怎样读出被测量的毫米整数部分?

(3) 使用物理天平的步骤和规则是什么?

(4) 给你下图所示的物体,请你正确选用量具测出各个部位的具体数值.自拟表格.

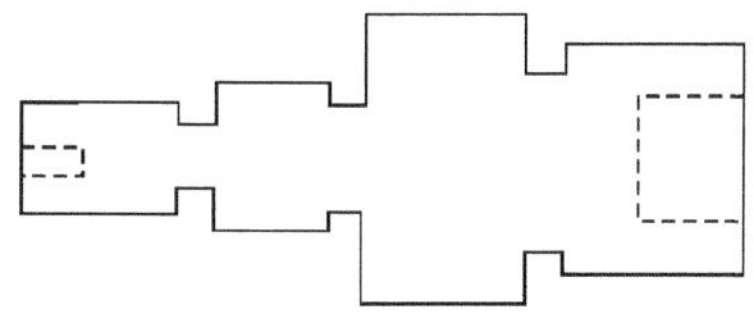

2.2.2　液体与不规则物体密度的测量

[实验目的]

(1) 学习正确使用物理天平和比重瓶.

(2) 掌握用比重瓶测定液体密度的原理.

[实验原理]

如要测定液体的密度,可先称出比重瓶的质量 M_0,然后再分两次将温度相同的(室温)待测液体和纯水注满比重瓶,称出纯水和比重瓶的总质量 M_1 以及待测液体和比重瓶的总质量 M_2.于是,同体积的纯水和待测液体的质量分别为 M_1-M_0 与 M_2-M_0,通过计算可得待测液体的密度

$$\rho=\frac{M_2-M_0}{M_1-M_0}\rho_0 \tag{2.2.1}$$

式中 ρ_0 为水的密度.

要是用比重瓶法来测量不溶于水的小块固体(其大小应保证能放入比重瓶内)的密度 ρ,可依次称出小块固体的质量 M_3,盛满纯水后比重瓶和纯水的总质量 M_1 以及装满纯水的瓶内投入小块固体后的总质量 M_4.显然,被小块固体排出比重瓶的水的质量是 $M_1+M_3-M_4$,排出水的体积就是质量为 M_3 的小块固体的体积.所以,小块固体的密度为

$$\rho=\frac{M_3}{M_1+M_3-M_4}\rho_0 \tag{2.2.2}$$

图 2.2.10

[实验仪器]

实验所用的比重瓶如图 2.2.10 所示.在比重瓶注满液体后,用中间有毛细管的玻璃塞子塞住,则多余的液体就会从毛细管中溢出,这样瓶内盛有的液体的体积就是固定的.

[实验内容]

(1) 将比重瓶注满纯水,塞上塞子,比重瓶内不能有气泡,瓶外用滤纸吸干.

(2) 注水时水面恰好达到毛细管顶部,用物理天平称出比重瓶和纯水的总质量 M_1.

(3) 将小块固体洗净,烘干,然后称出其质量 M_3.

(4) 将小块固体投入盛有纯水的比重瓶内,重复步骤(1),称出比重瓶,瓶内的纯水和小块固体的总质量 M_4.

(5) 洗净、烘干比重瓶(瓶内外都要干燥),称出其质量 M_0.

(6) 洗净、烘干比重瓶,再装满待测液体,称出待测液体和比重瓶的总质量 M_2.

[数据处理]

根据式(2.2.1)和式(2.2.2)计算待测液体与固体的密度.

自拟表格并进行误差分析.

[思考题]

(1) 假如待测固体能溶于水,但不溶于某种液体,现欲用比重瓶法测定该固体的密度,试写出原理及大致步骤.

(2) 用天平测定的各次质量的绝对误差都是±0.01g,水的密度绝对误差是±0.001g/cm^3,试由此估计 ρ 的绝对误差是多少?

2.3 惯性秤实验

惯性秤是测量物体惯性质量的一种装置.惯性秤用振动法比较反映物体运动的加速度的振动周期,进而确定物体的惯性质量的大小.如图 2.3.3 所示,将秤台和固定平台用两条相同的片状钢条连接起来,固定在铁架台上就是一个惯性秤.秤台上有一圆孔,用以放置待测物,也用以研究重力对惯性秤的影响.

[实验目的]

(1) 掌握用惯性秤测量物体质量的原理和方法.
(2) 测量物体的惯性质量,加深对惯性质量和引力质量的理解.
(3) 了解仪器的定标和使用.

[实验原理]

惯性质量和引力质量是两个不同的物理概念.万有引力方程中的质量称为引力质量,它是一物体与其他物体相互吸引性质的量度,用天平称衡的物体就是物体的引力质量;牛顿第二定律的质量称为惯性质量,它是物体惯性的度量,用惯性秤称衡的物体质量就是物体的惯性质量.

当惯性秤沿水平固定后,将秤台沿水平方向推开约 1cm,手松开后,秤台及其上面的负载将左右振动.它们虽同时受重力及秤臂的弹性恢复力的作用,但重力垂直于运动方向,与物体运动的加速度无关,而决定物体加速度的只有秤臂的弹性恢复力.在秤台上负载不大且秤台位移较小的情况下,实验证明可以近似地认为弹性恢复力和秤台的位移成比例,即秤台是在水平方向作简谐振动.设弹性恢复力 $F=-kx$(k 为秤臂的弹性系数,x 为秤台质心偏离平衡位置的距离).

根据牛顿第二定律,可得

$$(m_0+m_i)\frac{\mathrm{d}^2x}{\mathrm{d}t^2}=-kx \tag{2.3.1}$$

式中,m_0 为秤台的惯性质量;m_i 为砝码或待测物的惯性质量.用(m_0+m_i)除上式两侧,得出

$$\frac{\mathrm{d}^2x}{\mathrm{d}t^2}=-\frac{k}{m_0+m_i}x \tag{2.3.2}$$

此微分方程的解为 $x=A\cos\omega t$(设初相位为零).式中,A 为振幅;ω 为圆频率.将其代入(2.3.2),可得

$$\omega^2=\frac{k}{m_0+m_i}$$

因为 $\omega=\frac{2\pi}{T}$,所以

$$T=2\pi\sqrt{\frac{m_0+m_i}{k}} \tag{2.3.3}$$

设惯性秤空载时周期为 T_0，加负载 m_1 时周期为 T_1，加负载 m_2 时周期为 T_2，则从式(2.3.3)可得

$$T_0=\frac{4\pi^2}{k}m_0,\quad T_1^2=\frac{4\pi^2}{k}(m_0+m_1)$$

$$T_2^2=\frac{4\pi^2}{k}(m_0+m_2) \tag{2.3.4}$$

从上式中消去 m_0 和 k，得

$$\frac{T_1^2-T_0^2}{T_2^2-T_0^2}=\frac{m_1}{m_2} \tag{2.3.5}$$

此式表示，当 m_1 已知时，则在测得 T_0、T_1 和 T_2 之后，便可求出 m_2.实际上不必用上式去计算，可以用图解法从 T-m_i 或 T^2-m_i 图线上求出未知的惯性质量.

首先，测出空秤($m_i=0$)的周期 T_0，其次，将依次增加具有相同惯性质量的砝码并将其放在秤台上，测出相应的周期为 T_1，T_2，….用这些数据作 T-m_i 图线(图 2.3.1)和 T^2-m_i(图 2.3.2).测某物体的惯性质量时，可将其置于秤台上，测出其周期 T_j，从图线上查出 T_j 对应的质量 m_j，就是被测物的惯性质量.

惯性秤必须严格水平放置.否则，重力将影响秤台的运动，所得的 T-m_i 图线将不单纯地是惯性质量与周期的关系.

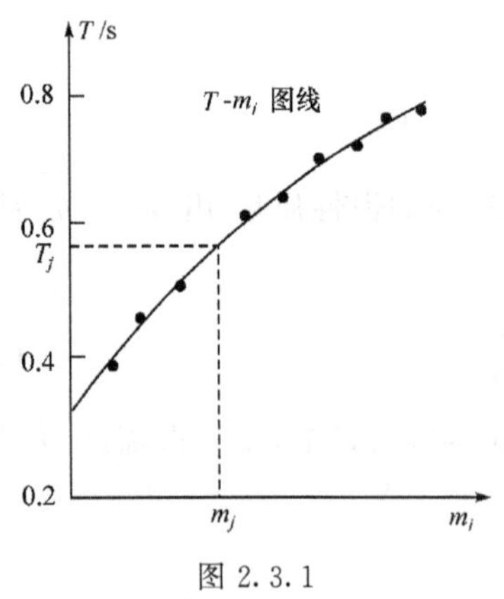

图 2.3.1

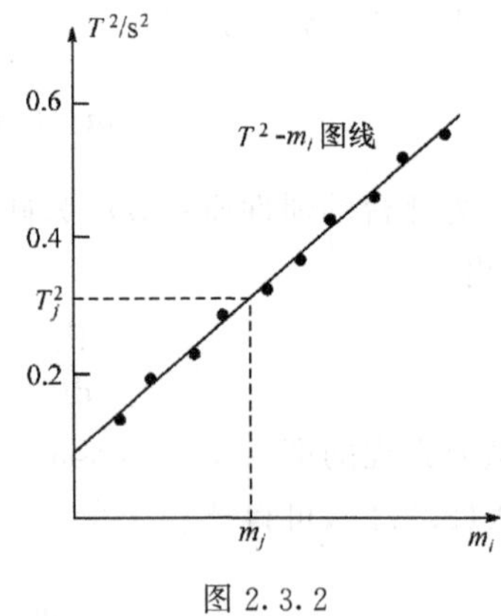

图 2.3.2

[仪器安装及调整]

(1) 按图 2.3.3 将立柱安装在三脚架上，用垫圈和六角螺母紧固.

(2) 固定座安装在立柱上用旋钮紧固，固定平台和固定座用螺栓连接，用球形手柄紧固.调节三脚架的水平螺栓，使平台水平.

(3) 吊杆旋入立柱顶端螺孔中，用滚花扁螺母紧固，挂钩装在吊杆一端.

(4) 仪器与用具：惯性秤、周期测定仪、定标用槽码(共 10 块)、待测圆柱体.

[实验内容与要求]

(1) 水平放置惯性秤，调整仪器.按图 2.3.3 装好惯性秤，调节秤台水平，分别测量惯性秤上加每个砝码(槽码)时的周期(将砝码插入秤台的砝码槽中)，若各个周期之间的差异不超过 1%，在此实验中可以认为它们具有相同的惯性质量.可以取一个砝码作为惯性质量单位.

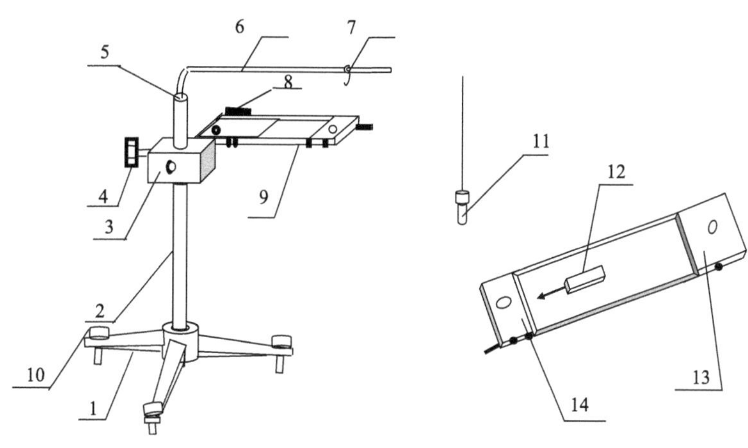

图 2.3.3

1. 三脚架；2. 立柱；3. 固定座；4. 旋钮；5. 滚花扁螺母；6. 吊杆；7. 挂钩；8. 球形手柄；9. 振臂；10. 水平螺栓；11. 待测圆柱体；12. 片状砝码；13. 固定平台；14. 秤台

(2) 周期的测量，将可万向调节的光电门支架上光电门的信号线与周期测定仪的“信号输入”端相连.按动“周期数/时间”键选择周期数，此实验选择周期数为 10，同时指示灯亮.调节光电门(图 2.3.4)，使惯性秤前端的挡光片位于光电门的正中间，用手将惯性秤前端扳开约 1cm，松开惯性秤使之振动，振动稳定后，按“开始测量”键，测量完毕，周期测定仪上显示周期数和时间即振动周期.每次测量都要将惯性秤扳开同样远.

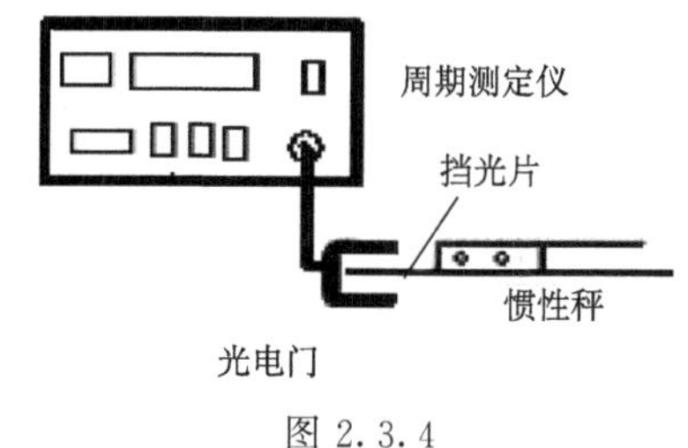

图 2.3.4

(3) 对惯性秤定标,作定标曲线.用周期测定仪先测量空载($m_i=0$)时的 10 个振动周期 T_{10}.然后逐次增加一个槽码,直到增加到 10 个,依次测量出十个振动周期,并求出每一振动周期 T 及 T^2.根据所测数据作 T^2-m_i 或 T-m_i 定标图线.

(4) 用惯性秤测量待测物的质量.将待测圆柱体置于秤台中间的孔中,测量振动周期 T_j,根据定标曲线求出其质量.

(5) 研究重力对惯性秤的影响. 水平放置惯性秤,待测圆柱体通过长约 50cm 的细线铅直挂在秤的圆孔中.此时圆柱体的重量由吊线承担.当秤台振动时,带动圆柱体一起振动,测量其周期.将此周期和前面的测量值进行比较,说明二者有何不同?

(6) 垂直放置惯性秤,使秤在铅直面内左右振动,插入定标槽码测量周期.将其和惯性秤在水平方向的振动周期进行比较,说明周期变小的原因.

(7) 将待测物放入秤台的圆孔,测量其周期,从 T-m_i 图上查出其惯性质量.

(8) 用物理天平称衡各砝码及待测物的引力质量(砝码与待测物的引力质量已标在其上).在惯性秤误差范围内(即对应$\pm 0.01T$ 的质量范围),从这些数据分析,你对惯性质量和引力质量可得出什么结论:①二者相等? ②互成比例? ③毫无关系?

[拓展内容]

1. 考查重力对惯性秤的影响

(1) 水平旋转惯性秤,待测物(圆柱体)通过长约 50cm 的细线铅直悬挂在秤的圆孔中(图 2.3.5),此时圆柱体的重量由吊线承担.当秤台振动时,带动圆柱体一起振动,测其周期.将此周期和前面的测定值进行比较,说明二者为何不同?

(2) 垂直旋转惯性秤,使秤在铅直面内左右振动,插入定标的槽码测周期.将其和惯性秤在水平方向的周期值进行比较,说明周期变小的原因.

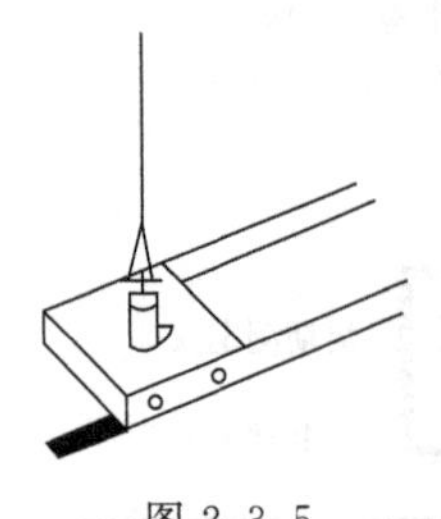

图 2.3.5

2. 研究惯性秤的线性测量范围

T^2 与 m 保持线性关系所对应的质量变化区域称为惯性秤的线性测量范围.由式(2.3.4)可知,只有在悬臂水平方向的倔强系数保持为常数时才成立.当惯性秤上所加质量太大时,悬臂将发生弯曲,k 值也将有明显的变化,T^2 与 m 的线性关系自然受到破坏.

按上述分析,检查所用惯性秤的线性测量范围.

[数据处理]

	0	m_1	m_2	m_3	m_4	m_5	m_6	m_7	m_8	m_9	m_{10}	待测圆柱体 m
m_i/g												
$\bar{T}_{10}$/ms												
$\bar{T}$/ms												
$\bar{T}^2$												

[注意事项]

(1) 严格水平放置惯性秤,以避免重力对振动的影响.

(2) 必须使砝码和待测物的质心位于通过秤台圆孔中心的垂直线上,保证在测量时有一固定不变的臂长.

(3) 秤台振动时,摆角要尽量小些(5°以内),秤台的水平位移在 1～2cm 即可,并且使各次测量时都相同.

(4) 由公式(2.3.3)可得

$$\frac{\mathrm{d}T}{\mathrm{d}m_i}=\frac{\pi}{\sqrt{k(m_0+m_i)}} \tag{2.3.6}$$

此即惯性秤的灵敏度,$\frac{\mathrm{d}T}{\mathrm{d}m_i}$越大,秤的灵敏度越高,分辨微小质量差异的能力越强.而$\frac{\mathrm{d}T}{\mathrm{d}m_i}$为 T-m_i 曲线上 m_i 点对应的斜率.从此式可以看出,要提高灵敏度,须减小 k 和 m_0,并且待测物的质量也不宜太大.

[思考题]

(1) 说明惯性秤称量质量的特点.

(2) 在测量惯性秤周期时,为什么特别强调惯性秤装置水平及摆幅不得太大?

(3) 惯性质量和引力质量有何不同?

2.4 物理摆实验

2.4.1 单摆法测重力加速度

[实验目的]

(1) 用单摆测量重力加速度.

(2) 了解测量中的主要误差来源,并设法减小它.

[实验原理]

当单摆的摆角很小(<5°)时,单摆的周期 T 可以用下式表示:

$$T=2\pi\sqrt{\frac{L}{g}}$$

式中,L 是摆长;g 是重力加速度.由此可得

$$g=\frac{4\pi^2 L}{T^2} \tag{2.4.1}$$

只要测量 L 和 T,即可得到当地重力加速度 g.

由式(2.4.1)可得如下相对误差关系式:

$$\frac{\Delta_g}{g}=\frac{\Delta_L}{L}+2\frac{\Delta_T}{T}$$

可知 g 的测量误差主要由 L 和 T 的测量误差决定.因此应尽量使摆长 L 长一些.而测量 T 的主要误差是偶然误差,因此实验时可以连续测量 n 个周期 T_n 来代替测定单个周期 T,这样可以使 T 的测量误差减小为$\frac{1}{n}$.于是式(2.4.1)改写成

$$g=\frac{n^2 4\pi^2 L}{T_n^2} \tag{2.4.2}$$

[实验内容]

(1) 摆长 L 的测量:用米尺从摆线的夹紧点测量到摆球的中部,依次估

计误差.

(2) 周期 T 的测量:使摆振动起来,摆角小于 5°,摆角可由式 $\theta=\arctan\frac{x}{L}$ 来估计,式中 x 为摆球离开平衡位置的距离.用 SSM-5C 计时-计数-计频仪测量摆动 4 个周期所用的时间 T_4,重复几次测量.

[数据处理]

表格自拟.

[思考题]

(1) 测量单摆周期时,采取每次数 n 个周期而非一个周期,可以使相对误差减小为$\frac{1}{n}$.这样做的结果会使绝对误差(推算到一个周期)减小多少?

(2) 用单摆测量重力加速度,如果考虑重力影响时,怎样修改单摆公式?

2.4.2　复摆法测重力加速度

测量重力加速度有多种方法,这里介绍复摆法.

[实验目的]

(1) 了解复摆小角摆动周期与回转轴到复摆重心距离的关系.

(2) 测量重力加速度.

[实验原理]

一个围绕定轴摆动的刚体就是复摆.当复摆的摆动角 θ 很小时,复摆的振动可视为角谐振动.根据转动定律有

$$mgb\theta=-J\beta=-J\frac{\mathrm{d}^2\theta}{\mathrm{d}t^2}$$

即

$$\frac{\mathrm{d}^2\theta}{\mathrm{d}t^2}+\frac{mgb}{J}\theta=0$$

可知其振动角频率

$$\omega = \sqrt{\frac{mgb}{J}}$$

角谐振动的周期为

$$T = 2\pi\sqrt{\frac{J}{mgb}} \tag{2.4.3}$$

式中，J 为复摆对回转轴的转动惯量；m 为复摆的质量；b 为复摆重心至回转轴的距离；g 为重力加速度.如果用 J_C 表示复摆对过质心轴的转动惯量，根据平行轴定理有

$$J = J_C + mb^2 \tag{2.4.4}$$

将式(2.4.4)代入式(2.4.3)得

$$T = 2\pi\sqrt{\frac{J_C + mb^2}{mgb}} \tag{2.4.5}$$

以 b 为横坐标，T 为纵坐标，根据实验测得 b、T 数据，绘制以质心为原点的 T-b 图线，如图 2.4.1 所示.左边一条曲线为复摆倒挂时的 T'-b' 曲线.过 T 轴上 $T=T_1$ 点作 b 轴的平行线交两条曲线于点 A、B、C、D.则与这 4 点相对应的 4 个悬点 A'、B'、C'、D'都有共同的周期 T_1.

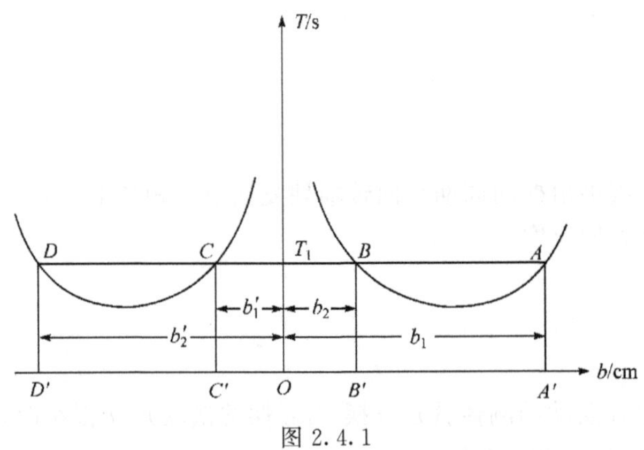

图 2.4.1

设 $OA'=b_1$，$OB'=b_2$，$OC'=b_1'$，$OD'=b_2'$，则有

$$T_1 = 2\pi\sqrt{\frac{J_C + mb_1^2}{mgb_1}} = 2\pi\sqrt{\frac{J_C + mb_1'^2}{mgb_1'}}$$

或

$$T_1 = 2\pi\sqrt{\frac{J_C + mb_2^2}{mgb_2}} = 2\pi\sqrt{\frac{J_C + mb_2'^2}{mgb_2'}}$$

消去 J_C，得

$$T_1 = 2\pi\sqrt{\frac{b_1 + b_1'}{g}} = 2\pi\sqrt{\frac{b_2 + b_2'}{g}} \tag{2.4.6}$$

将式(2.4.6)与单摆周期公式相比较，可知与复摆周期相同的单摆的摆长 $l = b_1 + b_1'$ 或 $l = b_2 + b_2'$，故称 $b_1 + b_1'$（或 $b_2 + b_2'$）为复摆的等值摆长.因此只要测得正悬和倒悬的 T-b 曲线，即可通过作 b 轴的平行线，求出周期 T 及与之相应的 $b_1 + b_1'$ 或 $b_2 + b_2'$，再由式(2.4.6)求重力加速度 g 值.

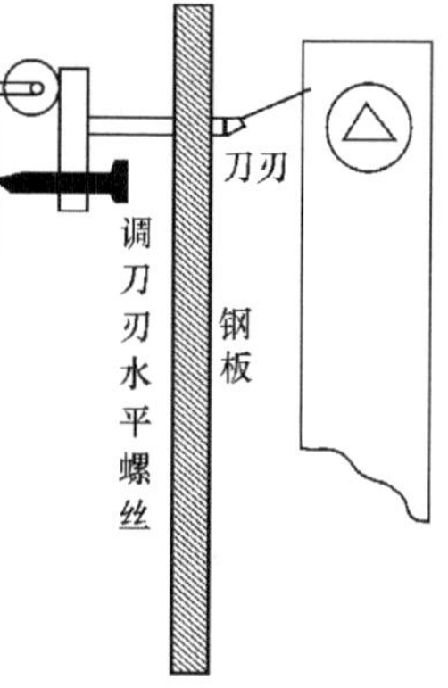

图 2.4.2

[实验仪器]

复摆、秒表.复摆如图 2.4.2 所示.一块有刻度的匀质钢板，板面上从中心向两侧对称的开一些悬孔.另有一固定刀刃架用以悬挂钢板.调节刀刃水平螺丝使刀刃水平.

[实验内容]

(1) 将复摆一端第一个悬孔装在摆架的刀刃上，调节调平螺丝，使刀刃水平，摆体竖直.

(2) 在摆角很小时($\theta < 5°$)，用秒表依次测定复摆在正挂和倒挂时，每一悬点上摆动 50 个周期的时间 t_i 和 t_i'，将测量数据记入表 2.4.1、表 2.4.2 中，求出相应周期 T_i 和 T_i'.

(3) 将摆横置于水平棱上，找出复摆的重心位置.测量正挂和倒挂时各悬点与重心的距离 b_i 和 b_i'，将测量数据记入表 2.4.1、表 2.4.2 中.

[提示]　悬点的位置不是孔中心位置.

(4) 根据测得数据绘出 T-b 图线和 T'-b' 图线.

(5) 由实验图线分别找出五组不同周期对应的等值摆长，分别按式(2.4.6)求出重力加速度 g，并取其平均值，计算标准误差.并与当地重力加速度标准值作比较.淄博地区重力加速度 $g_{标} = 9.79878\text{m/s}^2$.

[数据处理]

表 2.4.1 复摆正挂时的测量值

悬点	3	5	7	9	11	13	15	17	19	21	23	…
t_i/s												
T_i/s												
b_i/cm												

表 2.4.2 复摆倒挂时的测量值

悬点	2	4	6	8	10	12	14	16	18	20	22	…
t_i'/s												
T_i'/s												
b_i'/cm												

[思考题]

(1) 设想在复摆的某一位置上加一配重时,其振动周期将如何变化(增大、缩短、不变)?

(2) 试根据你的实验数据,求复摆的对过质心轴的转动惯量 J_C.

(3) 试比较用单摆法和复摆法测量重力加速度的精确度,说明其精确度高或低的原因?

2.5 转动惯量测量

2.5.1 扭摆法测物体的转动惯量

转动惯量是刚体转动惯性大小的量度,是表明刚体特性的一个物理量,其值与刚体的质量、质量分布、转轴位置等因素有关.对于形状简单、质量分布均匀的物体,可直接计算其绕特定转轴的转动惯量,但对于形状复杂、质量分布不均匀的刚体,计算复杂,但可以使刚体以一定形式运动,通过表征这种运动特性的物理量与转动惯量之间的关系,进行转换测量,得到其转动惯量值.

[实验目的]

(1) 熟悉扭摆构造、使用方法并测定扭摆弹簧的扭转常数 k.

(2) 测定几种不同形状物体的转动惯量.

(3) 验证转动惯量平行轴定理.

[实验原理]

扭摆的结构如图 2.5.1 所示，在其垂直轴 1 上装有一根薄片状的螺旋弹簧 2，用以产生恢复力矩.在轴的上方可以装上各种待测物体.垂直轴与支座间装有轴承，使摩擦力尽可能降低.将物体在水平面内转过一角度 θ 后，在弹簧的恢复力矩的作用下，物体就开始绕垂直轴做往返扭转运动.根据胡克定律，弹簧因扭转而产生的恢复力矩 M 与所转过的角度 θ 成正比，即

$$M=-k\theta \tag{2.5.1}$$

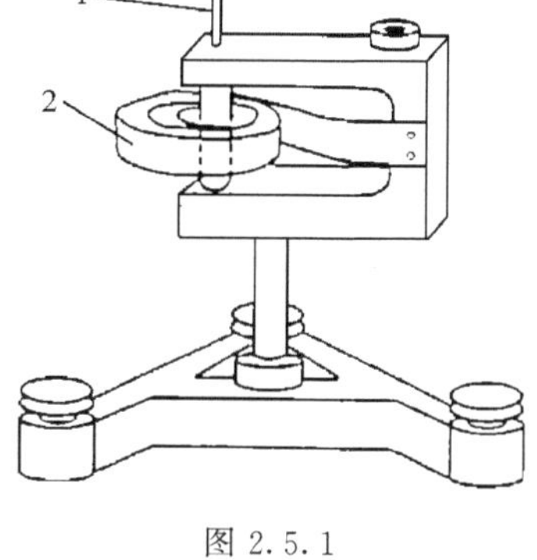

图 2.5.1

式中，k 为弹簧的扭转常数.根据转动定律

$$M=J\beta$$

式中，J 为物体绕轴的转动惯量，β 为角加速度.可得

$$\beta=\frac{M}{J} \tag{2.5.2}$$

令 $\omega^2=\dfrac{k}{J}$ 且忽略轴承的摩擦阻力矩，由式(2.5.2)得

$$\beta=\frac{\mathrm{d}^2\theta}{\mathrm{d}t^2}=-\frac{k}{J}\theta=-\omega^2\theta$$

上述方程表示扭摆运动具有角简谐振动的特性：角加速度与角位移成正比，方向相反.此方程的解为

$$\theta=\theta_m\cos(\omega t+\varphi)$$

式中，θ_m 为谐振动的角振幅；φ 为初相角；ω 为角频率.此谐振动的周期为

$$T=\frac{2\pi}{\omega}=2\pi\sqrt{\frac{J}{k}} \tag{2.5.3}$$

利用上式测得扭摆的摆动周期后，在转动惯量 J 和弹簧的扭转常数 k 二者中

任何一个量已知时,可计算出另一个量.

先用一个几何形状规则、质量分布均匀的物体(塑料圆柱体)进行实验,它的转动惯量可以根据它的质量和几何尺寸用理论公式直接计算得到.可由式(2.5.3)算出本仪器弹簧的 k 值.若要测定其他形状物体的转动惯量,只需将待测物体安放在仪器顶部的各种夹具上,测定其摆动周期,由公式即可算出该物体绕转动轴的转动惯量.

通过理论分析可以证明,质量 m 的物体绕通过质心轴的转动惯量为 J_0 时,当转轴平行移动距离为 x 时,则此物体对新轴线的转动惯量变为 J_x,由平行轴定理可知

$$J_x = J_0 + mx^2 \tag{2.5.4}$$

[实验仪器]

(1) 扭摆,如图 2.5.1 所示,辅助以托盘或支架,安装被测物体.

(2) 转动惯量测试仪,面板如图 2.5.2 所示,测量物体的转动、摆动周期或转速.

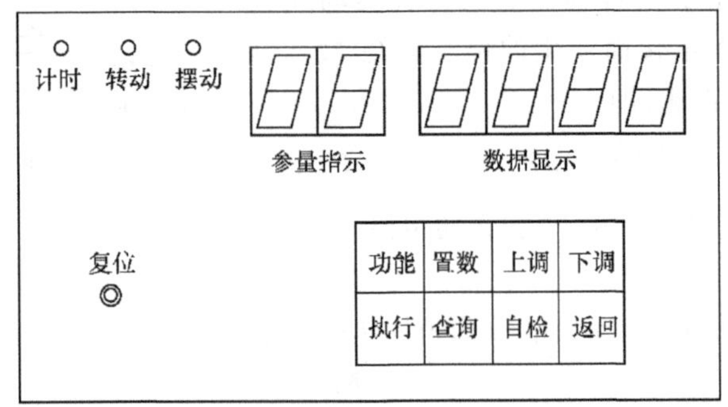

图 2.5.2

状态指示灯窗口(计时、转动、摆动)、参量指示窗口和数据显示窗口,显示测量状态和测量数据.复位键:清除全部数据,参量返回至初始默认值;功能键:选择“扭摆”或“转动”功能,本实验选择“扭摆”;置数键:显示设置周期数;上调、下调键:与置数键配合,设置周期数,本机默认周期数为 10;执行键:按下此键计量开始;查询键:查读平均周期值;自检键:本机自检恢复错乱程序;返回键:清除当前数据,恢复至实验开始状态.

光电传感器,即光探头,获取光信号,转换为脉冲电信号送入主机.

(3) 几种待测物体:载物盘、支架、塑料圆柱体、木球、金属圆筒、金属细杆和两个滑块.

(4) 天平、游标卡尺、钢尺.

附转动惯量测试仪使用方法:

① 调节光电传感器在支架上的高度，使被测物体的挡光杆自由往返通过光电门.

② 开启电源开关，按功能键，选择显示“扭摆”状态，参量指示窗口和数据显示窗口分别显示为“P1”、“－－－－”.

③ 按下置数键辅助上调、下调键设定周期数，一旦复位，恢复至默认周期数 10.

④ 按执行键，显示为“0000”，表示仪器处于待测量状态，当挡光杆经过光电门时，开始计时或计数，达到设定周期数，自动停止，结果在 $C1$ 中储存，以供查询和多次测量后求平均值.至此 $P1$(第 1 次)测量结束.

⑤ 按执行键，$P1$ 变为 $P2$，表示第 2 次测量，过程同上，本机最多测量 5 次，并存储结果.

⑥ 按查询键，$Cn(n=1,2,3,4,5)$为 5 次测量周期，CA 表示平均值.

[实验内容]

(1) 用游标卡尺和钢尺测量各被测物体的外形尺寸，用天平测量其相应质量分别测量 3 次.

(2) 调整机座脚螺丝，使水准仪中的气泡居中，系统水平.

(3) 装上载物盘，调整光探头位置，挡光杆处于其缺口中央，能够正确挡光.使载物盘自由摆动，幅度在 90°～120°，测量其摆动周期 T_0 三次.

(4) 将塑料圆柱体垂直放于载物盘上，测量其摆动周期 T_1 三次.

(5) 取下圆柱体，将金属圆筒垂直放于载物盘上，测定其摆动周期 T_2 三次.

(6) 取下载物盘，装上木球，测出其摆动周期 T_3 三次.

(7) 取下木球，装上夹具和金属细杆，细杆的中心位于转轴处，测出其摆动周期 T_4 三次.

将以上数据填入表 2.5.1 中.

(8) 验证平行轴定理：将滑块固定于细杆上已刻好的槽口(槽口间距 5.00cm)内，如图 2.5.3 所示.使滑块质心与转轴的距离 x 分别为 5.00cm、10.00cm、15.00cm、20.00cm 和 25.00cm，测出不同距离时的摆动周期 3 次，记录于表 2.5.2 中，计算相应转动惯量，以验证转动惯量的平行轴定理.

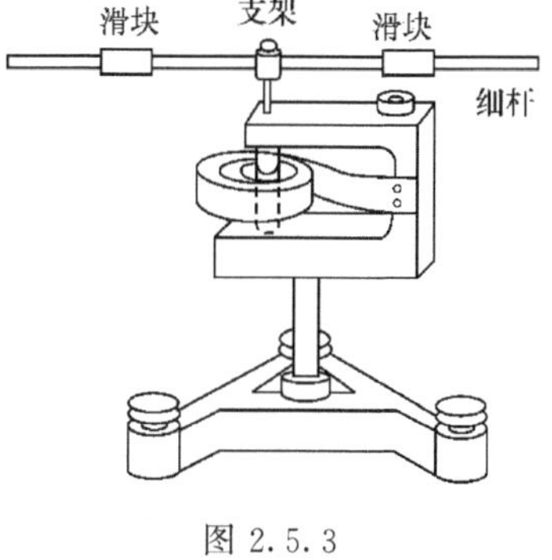

图 2.5.3

由于夹具的转动惯量与金属细杆的转动惯量相比甚小，因此在计算中可以忽略不计.

[数据处理]

表 2.5.1

物体名称	质量/kg	几何尺寸/(×10^{-2}m)		周期/s		转动惯量理论值/(kg·m^2)	实验值/(kg·m^2)	百分误差
金属载物盘				T_0			$J_0=\frac{J_1'\overline{T}_0^2}{\overline{T}_1^2-\overline{T}_0^2}$	
				$\overline{T}_0$				
塑料圆柱		D_1		T_1		$J_1'=\frac{1}{8}m\overline{D}_1^2$	$J_1=\frac{k\overline{T}_1^2}{4\pi^2}-J_0$	
		$\overline{D}_1$		$\overline{T}_1$				
金属圆筒		$D_{外}$		T_2		$J_2'=\frac{1}{8}m(\overline{D}_{外}^2+\overline{D}_{内}^2)$	$J_2=\frac{k\overline{T}_2^2}{4\pi^2}-J_0$	
		$\overline{D}_{外}$						
		$D_{内}$						
		$\overline{D}_{内}$		$\overline{T}_2$				
木球		$D_{直}$		T_3		$J_3'=\frac{1}{10}m\overline{D}_{直}^2$	$J_3=\frac{k\overline{T}_3^2}{4\pi^2}-J_{支座}$	
		$\overline{D}_{直}$		$\overline{T}_3$				
金属细杆		L		T_4		$J_4'=\frac{1}{12}m\overline{L}^2$	$J_4=\frac{k\overline{T}_4^2}{4\pi^2}-J_{夹具}$	
		$\overline{L}$		$\overline{D}_4$				

$$\left(k=4\pi^2\ \frac{J_1'}{\overline{T}_1^2-\overline{T}_0^2}=\underline{\qquad}\ \mathrm{N\cdot m^{-1}}.\right)$$

表 2.5.2

x/×10^{-2}m	5.00	10.00	15.00	20.00	25.00
摆动周期 T/s					
$\overline{T}$/s					
实验值/(×10^{-4}kg·m^2) $J=\frac{k}{4\pi^2}T^2$					
理论值/(×10^{-4}kg·m^2) $J'=J_4+2mx^2+J_5$					
百分误差					

［思考题］

(1) 在实验中，为什么在称量球和细杆的质量时必须将安装夹具取下？为什么它们的转动惯量在计算中又未考虑？

(2) 如何用本装置来测定任意形状物体绕特定轴的转动惯量？

［附］

(1) $k=4\pi^2\dfrac{J_1'}{T_1^2-T_0^2}$ 的推导

$$\frac{T_0}{T_1}=\frac{\sqrt{J_0}}{\sqrt{J_1'+J_0}}$$

$$\frac{J_0}{J_1}=\frac{T_0^2}{T_1^2-T_0^2}$$

弹簧的扭转常数

$$k=4\pi^2\frac{J_1'}{T_1^2-T_0^2}$$

(2) 细杆夹具转动惯量实验值

$$J_{夹具}=\frac{k}{4\pi^2}T^2-J_0=\frac{3.567\times10^{-2}}{4\pi^2}\times0.741^2-4.929\times10^{-4}$$
$$=0.321\times10^{-5}(\text{kg}\cdot\text{m}^2)$$

球支座转动惯量实验值

$$J_{支座}=\frac{k}{4\pi^2}T^2-J_0=\frac{3.567\times10^{-2}}{4\pi^2}\times0.740^2-4.929\times10^{-4}$$
$$=0.187\times10^{-5}(\text{kg}\cdot\text{m}^2)$$

二滑块绕过滑块质心转轴的转动惯量理论值

$$J_5'=2\left[\frac{1}{8}m(D_{外}^2+D_{内}^2)\right]=2\left[\frac{1}{8}\times239\times(3.50^2+0.60^2)\times10^{-7}\right]$$
$$=0.753\times10^{-4}(\text{kg}\cdot\text{m}^2)$$

测单个滑块与载物盘转动周期 $T=0.767\text{s}$ 可以得到

$$J=\frac{k}{4\pi^2}T^2-J_0=\frac{3.567\times10^{-2}}{4\pi^2}\times0.767^2-4.929\times10^{-4}$$
$$=0.386\times10^{-4}(\text{kg}\cdot\text{m}^2)$$

$$J_5 = 2J = 0.772 \times 10^{-4} (\mathrm{kg \cdot m^2})$$

2.5.2 转动惯量仪的使用

[实验目的]

(1) 测定刚体的转动惯量,验证刚体转动定律及平行轴定理.

(2) 观察刚体的转动惯量与质量及质量分布的关系.

(3) 运用作图法处理实验数据.

[实验原理]

当刚体绕固定轴转动时,由转动定律,刚体的角加速度 β 与刚体所受的合外力矩 M 成正比,即

$$M = J\beta \tag{2.5.5}$$

J 为刚体对该定轴的转动惯量.

本实验采用图 2.5.4 所示的实验装置,M 为绳子给予塔轮的力矩 Tr 和摩擦力矩 M_μ 之和.T 为绳子的张力,与 OO' 相垂直,r 为塔轮的绕线半径,m 为砝码盘端重物总质量.如果忽略滑轮及绳子的质量、滑轮上的摩擦力,并认为绳子长度不变,则 m 向下运动时,近似可得

$$mg - T = ma$$

$$T = m(g - a) \tag{2.5.6}$$

设砝码由静止开始下落高度 h 所用时间为 t,则

$$h = \frac{1}{2}at^2 \tag{2.5.7}$$

又因为

$$a = r\beta \tag{2.5.8}$$

所以由式(2.5.5)～式(2.5.8)有

$$m(g-a)r - M_\mu = \frac{2hJ}{rt^2}$$

实验中保持 $g \gg a$ 且 $M_\mu \ll mgr$,近似有

$$mgr \approx \frac{2hJ}{rt^2} \tag{2.5.9}$$

根据式(2.5.9),如果保持 r、h 及重物 m_0 的位置不变,改变 m 测出相应的下落时间 t,则

$$m=\frac{2hJ}{gr^2}\cdot\frac{1}{t^2}$$

令

$$K=\frac{2hJ}{gr^2}$$

则

$$m=K\frac{1}{t^2} \tag{2.5.10}$$

上式表明 m 与$\frac{1}{t^2}$成线性关系，作 m-$\frac{1}{t^2}$图，如得一直线，表明式(2.5.5)成立，并且通过求解斜率 K 可求得转动惯量 J.

实验时保持 r、h、m 不变，对称地改变两个重物 m_0 的质心到轴 $\overline{OO'}$之间的距离 x，根据刚体转动惯量的平行轴定理，整个刚体系统绕轴 $\overline{OO'}$的转动惯量，为

$$J=J_O+J_{OC}+2m_0x^2 \tag{2.5.11}$$

式中，J_O 为塔轮 A 与两臂 B、B'绕轴 $\overline{OO'}$的转动惯量；J_{OC} 为两个重物 m_0 绕过其质心且平行于轴 $\overline{OO'}$的转动惯量.将式(2.5.11)代入式(2.5.9)整理，得

$$t^2=\frac{4m_0h}{mgr^2}x^2+\frac{2h(J_O+J_{OC})}{mgr^2}=K'x^2+C \tag{2.5.12}$$

对称地移动两个重物 m_0 的位置，可得到不同的 x，测出 x 及对应的 t 值，作 t^2-x^2图线.如为一直线，则证明式(2.5.12)成立，即证明平行轴定理是正确的.

[实验仪器]

刚体转动实验仪(包括附件)、米尺、游标卡尺、秒表、砝码等.

刚体转动实验仪如图2.5.4所示.A是一具有不同半径的塔轮，两边对称地装有两根有等分刻度的均匀细柱B和B′，B和B′上各有一个可移动的圆柱形重物 m_0，它们一起组成一个可以绕固定轴 OO'转动的刚体系.塔轮的半径自上而下分别为：15mm、25mm、30mm、20mm和10mm，塔轮上绕一细线，通过滑轮C与砝码 m 相连，当 m 下落时，通过细线对刚体系统施加外力矩.滑轮C的支架可以借助固定螺丝D而升降，以保证当细线绕塔轮的不同半径转动时均可保持与转轴相垂直.滑轮台架E上有一个标记F，用来判断砝码 m 的起始位置.H是固定台架的螺旋扳手.取下塔轮，换上铅直准钉，通过底脚螺丝 S_1、S_2、S_3 可以调节 OO'竖直.调好 OO'轴竖直后，再换上塔轮，转动合适后用固定螺丝G固定.

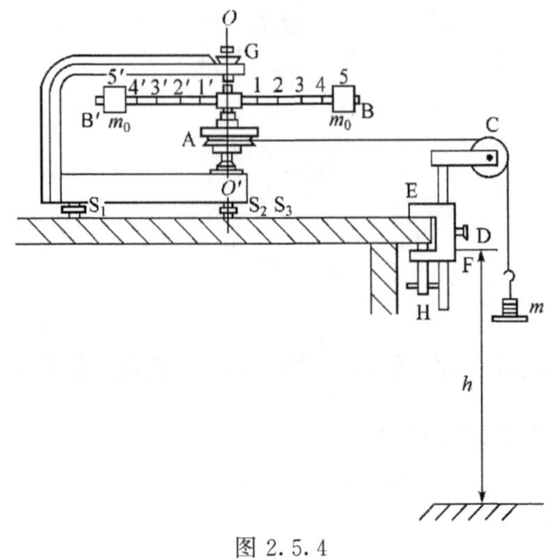

图 2.5.4

[实验内容]

(1) 调节实验装置:取下塔轮,换上铅直准钉,调 OO'垂直.装上塔轮,尽量减少摩擦,并在实验过程中保持绳子与 OO'垂直,绕线要尽量密排.

(2) m-$\frac{1}{t^2}$关系的研究:r 取最大值,重物 m_0 放在棒 BB′的(5,5′)位置.将砝码托(质量为 5.00g)放置在标记 F 处静止,然后让其自由下落到某一固定位置,保持 h 不变.h 的值可用米尺测得,下落时间 t 由秒表测出,重复 5 次取平均值.改变 m(每次增加 5.00g 砝码,直至增加到 40.00g),用同样的方法测定相应的下落时间 t,记入表 2.5.3中.根据所测数据作 m-$\frac{1}{t^2}$图线,验证刚体转动定律并求刚体的转动惯量.

(3) 观测转动惯量与质量分布的关系,验证平行轴定理:保持 m 为 10.00g,r 为 2.50cm 不变.对称地改变两个重物 m_0 的位置,分别将它们放在(1,1′)、(2,2′)、(3,3′)、(4,4′)、(5,5′)处,与轴 $\overline{OO'}$ 的距离分别为 x_1、x_2、x_3、x_4、x_5,测出每一位置砝码自由下落同一距离 h 所需的相应时间 t_1、t_2、t_3、t_4、t_5,记入表 2.5.4 中.由式(2.5.5)求出 t_1、t_2、t_3、t_4、t_5 对应的转动惯量 J_1、J_2、J_3、J_4、J_5.分析转动惯量与质量的分布关系.作 t^2-x^2 图线,验证平行轴定理.

[数据处理]

表 2.5.3　m-$\frac{1}{t^2}$ 关系的研究　　$r=$　　cm，$h=$　　cm

t/s \ m/g	5.00	10.00	15.00	20.00	25.00	30.00	35.00	40.00
1								
2								
3								
4								
5								
$\bar{t}$								
$\bar{t}^{-2}$								

表 2.5.4　$r=$　　cm，$h=$　　cm，$m=$　　cm

t(s)x	t_1	t_2	t_3	t_4	t_5	t 的平均值
$x_1(1,1')$						t_{x1}
$x_2(2,2')$						t_{x2}
$x_3(3,3')$						t_{x3}
$x_4(4,4')$						t_{x4}
$x_5(5,5')$						t_{x5}

[思考题]

(1) 实验中如何保证 $g \gg a$ 的条件？由于作了这一近似，会对结果产生什么影响？

(2) 实验中如果保持 h、m 及重物 m_0 的位置不变，改变 r，可否测刚体的转动惯量且验证刚体的转动定律？

(3) 若 r、m、h 不变，m_0 不对称放置，如何验证刚体的转动定律，并测转动惯量？

2.6　杨氏模量测量

杨氏弹性模量是选定机械零件材料的依据之一，是工程技术设计中常用的参数.杨氏模量的测定对研究金属材料、光纤材料、半导体、纳米材料、聚合物、陶瓷、橡胶等各种材料的力学性质有着重要意义，还可用于机械零部件设计、生物力学、地质等领域.

测量杨氏模量的方法一般有拉伸法、弯曲法、振动法、利用霍尔元件传感器等.

2.6.1 拉伸法测量杨氏模量

杨氏模量是表征固体材料弹性形变能力的一个重要物理量,是选定机械构件材料的依据之一,是工程技术中常用的参数.

本实验采用静态拉伸法,按光杠杆放大原理装置来测量金属丝的加载之形变.光杠杆法的原理已被广泛应用在测量技术中,如冲击电流计和光电检流计用光杠杆法的装置测量小角度的变化.实验中的仪器结构、实验方法、数据处理、误差分析等内容较广,能使学生得到全面的训练.

[实验目的]

(1) 掌握拉伸法测定钢丝杨氏模量的原理和方法.

(2) 掌握用光杠杆法测量长度的微小变化量的原理和方法.

(3) 学习光杠杆和望远镜直横尺的调节与使用.

(4) 学会用逐差法处理实验数据.

[实验原理]

在外力作用下,固体所发生的形状变化,称为形变.它可分为弹性形变和范性形变两类.外力撤除后物体能完全恢复原状的形变,称为弹性形变.如果加在物体上的外力过大,以致外力撤除后,物体不能完全恢复原状,而留下剩余形变,就称为范性形变.在本实验中,只研究弹性形变.为此,应当控制外力的大小,以保证此外力去除后物体能恢复原状.

最简单的形变是棒状物体(或金属丝)受外力后的伸长与缩短.设一物体长为 L,截面积为 S.沿长度方向施力 F 后,物体的伸长(缩短)为 ΔL.比值 F/S 是单位面积上的作用力,称为胁强,它决定了物体的形变;比值 $\Delta L/L$ 是物体的相对伸长,称为胁变,它表示物体形变的大小.按照胡克定律,在物体的弹性限度内胁强与胁变成正比,比例系数

$$Y=\frac{F/S}{\Delta L/L}=\frac{F\cdot L}{S\cdot \Delta L} \tag{2.6.1}$$

Y 称为杨氏模量.

实验证明,杨氏模量与外力 F、物体的长度 L 和截面积 S 的大小无关,而只决

定于棒(或金属丝)的材料.它是描写物体形变程度的物理量.

根据式(2.6.1),测出等号右边各量后,便可算出杨氏模量.其中 F、L 和 S 可用一般的方法测得,唯有伸长量 ΔL 之值甚小,用一般工具不易测准确.因此,我们采用光杠杆法来测定伸长量 ΔL.

光杠杆如图 2.6.1 所示,它由可绕轴转动的平面镜 M 固定在一个三足架上构成.三足尖 abc 成一等腰三角形,c 到前两足的连线 ab 的垂直距离为 $b=cd$,长度可以调节,ab 和镜面 M 的转轴平行,且都在垂直于 cd 的同一平面内.图 2.6.2 为光杠杆放大原理图.

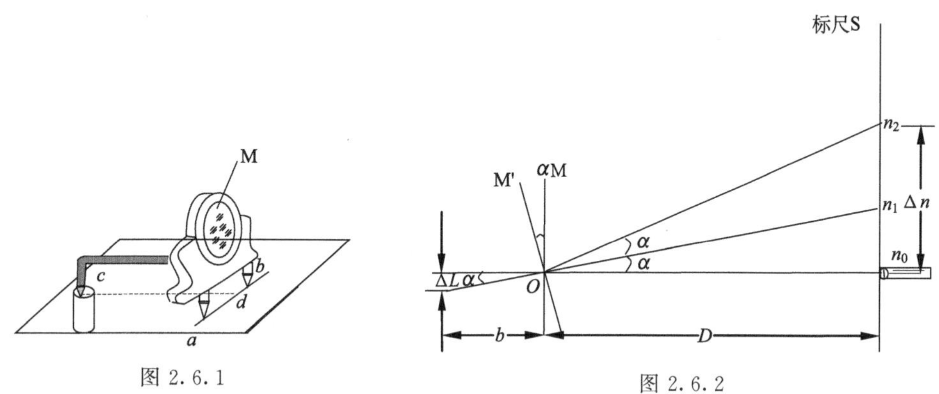

图 2.6.1　　图 2.6.2

假定开始时平面镜 M 的法线 On_0 在水平位置,则标尺 S 上的标尺线 n_0 发出的光通过平面镜 M 反射,进入望远镜,在望远镜中形成 n_0 的像而被观察到.当金属丝伸长后,光杠杆的主杆尖脚 c 随金属丝下落 ΔL,带动 M 转一角 α 而至 M′,法线 On_0 也转同一角度 α 至 On_1.根据光的反射定律,从 n_0 发出的光将反射至 n_2,且 $\angle n_0On_1=\angle n_2On_1=\alpha$.由光线的可逆性可知,从 n_2 发出的光经平面镜反射后进入望远镜而被观察到.从图 2.6.2 可以看到

$$\tan\alpha=\frac{\Delta L}{b}$$

$$\tan 2\alpha=\frac{\Delta n}{D}\quad (On_0=D)$$

由于 α 很小,所以 $\tan\alpha\approx\alpha$,$\tan 2\alpha\approx 2\alpha$,因此

$$\alpha=\frac{\Delta l}{b},\quad 2\alpha=\frac{\Delta n}{D}$$

消去 α,得

$$\Delta L=\frac{b}{2D}\Delta n \tag{2.6.2}$$

由式(2.6.2)可知,长度的微小变化量 ΔL 可以通过测量 b、D 和 Δn 这些易测的量而间接地测量出来.光杠杆的作用是将 ΔL 放大为标尺上相应的读数差 Δn,ΔL 被放大了 $2D/b$ 倍,增加 D 或减小 b 值在一定范围内可提高光杠杆的灵敏度.过分地增大 D 值会受到望远镜放大倍率和场地的限制,减小 b 值就要求相应提高对 b 的测量准确度,所以放大倍率的提高是有限度的.另外,光杠杆还可用来测量角度的微小偏角.

把式(2.6.2)代入式(2.6.1)中,可得杨氏模量的测量公式为

$$Y=\frac{2FLD}{Sb\Delta n}=\frac{8FLD}{\pi d^2 b\Delta n} \tag{2.6.3}$$

式中,$S=\frac{1}{4}\pi d^2$;d 为金属丝的直径.

[实验仪器]

YMC-1 杨氏模量测定仪、YMC-1 望远镜直横尺、光杠杆、砝码、钢卷尺、千分尺、游标卡尺.

如图 2.6.3 所示的是杨氏模量测定仪、光杠杆.杨氏模量测定仪的底座上有调节螺钉,用来调节立柱铅直.两立柱上端有横梁 A,A 的中间装有夹头 P′,用以固定钢丝的上端.平台 B 上有沟槽,用以承托光杠杆的两前足尖.平台上的方孔中有滑动夹头 P,用以加紧钢丝的下端,它可以在孔中上下自由地滑动.光杠杆的后足尖 C 支在滑动夹头 P 上,随着滑动夹头的移动,C 也跟着移动.滑动夹头的下方装有砝码钩,用来加挂砝码.望远镜直横尺 M 的使用参见本实验附录.

主要技术指标

望　远　镜:	放大倍数	30 倍
	物镜有效孔径	42mm
	视场角	1°26′
	视距乘常数	100
	最短视距	2m
标尺照明器:	有效长度	±150mm
	标尺格值	1mm
	高亮度 LED 发光管	
光 杠 杆 组:	镜面有效孔径	ϕ35mm
测　量　架:	测量架高	1.8m(YMC-1)
	测量架高	1.0m(YMC-2)
砝　　　码:	1000g	7 个(YMC-1)

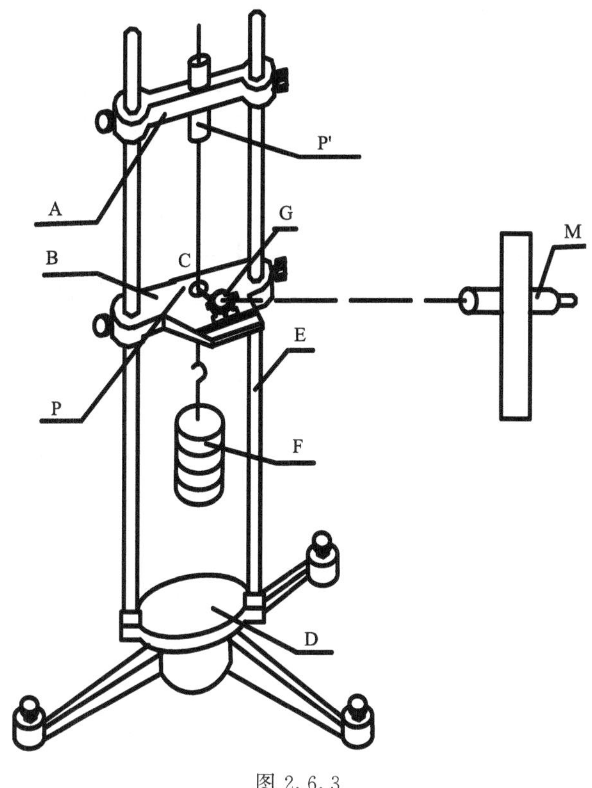

图 2.6.3

A. 横梁；B. 平台；C. 光杠杆后足尖；D. 底座；E. 立柱；F. 砝码；
G. 光杠杆；P′. 上夹头，滑动夹头；P. 下夹头；M. 望远镜直横尺

	320g	7 个（YMC-2）
钢　　丝：	直径	ϕ0.5mm

【实验内容】

（1）调节杨氏模量测定仪的底座螺钉，使平台水平（实验室一般已调好）.

（2）检查上夹头和滑动夹头是否已夹紧钢丝，观看滑动夹头能否在平台的孔中自如地上下滑动.

（3）在滑动夹头的下端挂上砝码托使钢丝伸直，并使其稳定.将光杠杆置于平台上，使它的后足尖放在滑动夹头上，后足尖与钢丝几乎接触，它的两前足尖置于平台上的沟槽中，并调整光杠杆镜面的法线呈水平状态.

（4）将望远镜直横尺置于光杠杆前 1.3m 左右处，并调整望远镜筒处于水平位置，使它与光杠杆镜面的中心部位等高.调节望远镜仰角微调螺钉，使得视线沿

着镜筒外V字形缺口与准星的连线看去,可以在光杠杆平面镜中看到标尺的像(具体调节参看附录).

(5) 调节望远镜直横尺的目镜使十字叉丝清晰,然后缓慢旋转调焦手轮使物镜在镜筒内伸缩,直到清晰地看到标尺刻度的像,且当眼睛上下移动两者无视差为止.记录十字叉丝横丝所对准的标尺读数 n_0'.

(6) 逐一增加砝码,每加一个砝码就记录一个标尺读数 n_i'($i=0,1,2,3,\cdots,7$,).当记录到 n_7' 时,再逐次减去一个砝码,记录相应的标尺读数 n_i''(表2.6.1).

(7) 选择适当的量具测量有关物理量,原则是使各被测量的有效数字位数或相对误差基本接近.

① 测量钢丝直径,用千分尺测钢丝直径 d,上、中、下各测3次,共9次,然后取平均值(表2.6.2和表2.6.3).

② 测量钢丝的原长 L(为使钢丝伸直,可在下挂一个砝码时测量)和光杠杆镜面到望远镜标尺之间的垂直距离 D.

③ 将光杠杆放在一张平放的纸上,压出三个足痕后,测量足尖到两前足尖连线的垂直距离 b.

【数据处理】

表2.6.1 增、减砝码时的标尺读数

砝码数/kg	F/N	标尺读数 n/cm					
		F 增		F 减		平均值	
0	0	n_0'		n_0''		n_0	
1	1×9.80	n_1'		n_1''		n_1	
2	2×9.80	n_2'		n_2''		n_2	
3	3×9.80	n_3'		n_3''		n_3	
4	4×9.80	n_4'		n_4''		n_4	
5	5×9.80	n_5'		n_5''		n_5	
6	6×9.80	n_6'		n_6''		n_6	
7	7×9.80	n_7'		n_7''		n_7	

表 2.6.2　钢丝直径的测量

$L=$ ________，$D=$ ________，$b=$ ________

钢丝直径 d/mm										钢丝的截面积 S/mm²
次数	上			中			下			
	1	2	3	1	2	3	1	2	3	
d										
$\bar{d}$										
$\Delta\bar{d}$										

表 2.6.3　用逐差法求标尺读数的改变量

$\delta n_1=\lvert n_4-n_0\rvert$	$\delta n_2=\lvert n_5-n_1\rvert$	$\delta n_3=\lvert n_6-n_2\rvert$	$\delta n_4=\lvert n_7-n_3\rvert$	平均值 $\overline{\delta n}$/cm

平均绝对偏差 $\Delta(\delta n)=\frac{\lvert\delta n_1-\overline{\delta n}\rvert+\lvert\delta n_2-\overline{\delta n}\rvert+\lvert\delta n_3-\overline{\delta n}\rvert+\lvert\delta n_4-\overline{\delta n}\rvert}{4}=$

[注意事项]

(1) 加负荷时一定不可超过钢丝的弹性限度(不超过仪器所备砝码)，否则上述计算公式就不成立.

(2) 被测钢丝长度调整好后，一定要用锁紧螺钉将钢丝紧固在钢丝夹头中，防止钢丝偏斜与滑长.

(3) 光杠杆、望远镜标尺调整好后，整个实验中要防止位置变动.

(4) 保持被测钢丝在整个实验中处于垂直状态.

(5) 加取砝码要轻取轻放，待钢丝不动时再观测数据.

(6) 虽已消除视差，但是观测标尺时眼睛仍应尽可能正对望远镜.

(7) 仪器使用和安装的过程中，应避免碰撞，防止损坏油漆表面.

[思考题]

(1) 两根材料相同但粗细不同的金属丝，它们的杨氏模量相同吗？为什么？

(2) 利用光杠杆测量长度的微小变化量有何优点？如何提高它的灵敏度？

(3) 本实验使用了哪些测量长度的仪器？选择它们的依据是什么？它们的仪

器误差各是多少?

(4) 实验时如果发现增重和减重时,望远镜中标尺读数相差较大;或砝码按比例变化时,标尺读数的变化量不成比例.试分析出现这种情况可能有哪些原因?哪个是主要的?

2.6.2 梁弯曲法测量杨氏模量

用梁弯曲法测量杨氏模量,研究梁的弯曲与梁的长度、宽度、厚度、负重等之间的关系.

[实验目的]

(1) 掌握梁弯曲法测量杨氏模量的原理及方法.

(2) 学会用作图法处理实验数据.

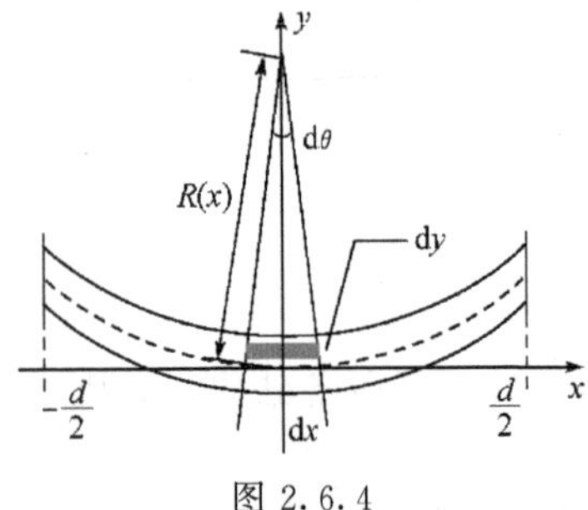

图 2.6.4

[实验原理]

在横梁发生微小弯曲时,梁中存在一个中性面,面上部分发生压缩,面下部分发生拉伸,所以整体来说,可以理解横梁发生形变,即可以用杨氏模量来描写材料的性质.

如图 2.6.4 所示,虚线表示弯曲梁的中性面,易知其既不拉伸也不压缩,取弯曲梁长为 $\mathrm{d}x$ 的一小段:设其曲率半径为 $R(x)$,所对应的张角为 $\mathrm{d}\theta$,再取中性面上部距离为 y、厚为 $\mathrm{d}y$ 的一层面为研究对象.

那么,梁弯曲后其长变为$[R(x)-y]\mathrm{d}\theta$,所以变化量为

$$[R(x)-y]\mathrm{d}\theta-\mathrm{d}x$$

又因为 $\mathrm{d}\theta=\dfrac{\mathrm{d}x}{R(x)}$,所以有

$$[R(x)-y]\mathrm{d}\theta-\mathrm{d}x=(R(x)-y)\frac{\mathrm{d}x}{R(x)}-\mathrm{d}x=-\frac{y}{R(x)}\mathrm{d}x$$

所以应变为

$$\varepsilon=-\frac{y}{R(x)}$$

根据胡克定律有$\frac{\mathrm{d}F}{\mathrm{d}S}=-Y\frac{y}{R(x)}$，又因为 $\mathrm{d}S=b\cdot\mathrm{d}y$，所以有

$$\mathrm{d}F(x)=-\frac{Y\cdot b\cdot y}{R(x)}\mathrm{d}y$$

对中性面的转矩为

$$\mathrm{d}\mu(x)=|\mathrm{d}F|\cdot y=\frac{Y\cdot b\cdot y^2}{R(x)}\mathrm{d}y$$

积分得

$$\mu(x)=\int_{-\frac{a}{2}}^{\frac{a}{2}}\frac{Y\cdot b\cdot y^2}{R(x)}\mathrm{d}y=\frac{Y\cdot b\cdot a^3}{12\cdot R(x)} \tag{2.6.4}$$

对梁上各点有

$$\frac{1}{R(x)}=\frac{y''(x)}{[1+y'(x)^2]^{\frac{3}{2}}}$$

因梁的弯曲微小，即 $y'(x)=0$，所以有

$$R(x)=\frac{1}{y''(x)} \tag{2.6.5}$$

梁平衡时，梁在 x 处的转矩应与梁右端支撑力$\frac{Mg}{2}$对 x 处的力矩平衡，所以有

$$\mu(x)=\frac{Mg}{2}\left(\frac{d}{2}-x\right) \tag{2.6.6}$$

根据公式(2.6.4)～(2.6.6)得

$$y''(x)=\frac{6Mg}{Y\cdot b\cdot a^3}\left(\frac{d}{2}-x\right) \tag{2.6.7}$$

据所讨论问题的性质有边界条件 $y(0)=0$，$y'(0)=0$，解上述微分方程(2.6.7)得

$$y(x)=\frac{Mg\cdot d^3}{4Y\cdot b\cdot a^3}\left(\frac{d}{2}x^2-\frac{1}{3}x^3\right) \tag{2.6.8}$$

将 $x=\frac{d}{2}$代入式(2.6.4)，得到右端点的 y 值为

$$y=\frac{Mg\cdot d^3}{4Y\cdot b\cdot a^3}$$

又因为 $y=\Delta Z$，所以杨氏模量为

$$Y=\frac{d^3Mg}{4a^3b\Delta Z} \tag{2.6.9}$$

式中，d 为两刀口间梁的距离；a 为梁的厚度；b 为梁的宽度；ΔZ 为梁中心由于外

力的作用而下降的距离；M 为砝码的质量；g 为重力加速度.

［实验仪器］

梁弯曲实验仪、螺旋测微器、游标卡尺、米尺.

梁弯曲实验仪由两个上端带有水平刀口的支座、测量用的金属梁、梁上有一个内部是刀口的金属框，在金属框下部挂钩上挂一个砝码盘组成，如图 2.6.5 所示.

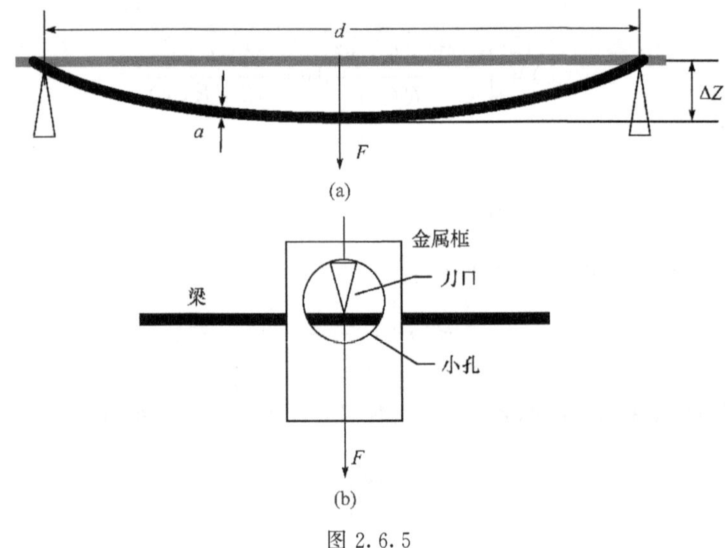

图 2.6.5

［实验内容］

(1) 将待测材料矩形横梁放在两支座上端的刀口上，套上金属框并使刀刃刚好在仪器两刀口的中间.

(2) 将水准仪放在横梁上，用支座下的可调底脚调节，直到横梁处于水平位置.

(3) 调节读数显微镜的上下和左右位置，使镜筒轴线正对金属框上的小圆孔. 调节读数显微镜目镜，直到用眼睛能观察到镜筒内清晰的十字叉丝，然后前后移动读数显微镜距离，使其能清楚地看到小孔中横梁的边沿，再转动读数显微镜的鼓轮使横梁的某边沿与读数显微镜内十字刻线吻合，并计下初始读数值.

(4) 在砝码盘上逐次增加砝码，每次增加 200.00g，相应从读数显微镜读出梁中心的位置 Z_i(mm)填入表 2.6.4 中.然后依次减少砝码，每次减少 200.00g，做同样的记录.

(5) 测量横梁的有效长度 d(两刀口间的距离,一次测量)、横梁的宽度 b(一次测量)填入表 2.6.5 中;在横梁不同的位置测量其厚度 a(6 次测量取均值)填入表 2.6.6 中.

(6) 更换待测材料,重复上述操作.

[数据处理]

表 2.6.4　　Z 的单位为 mm

次 i	m_i/g	增加砝码	减少砝码	平均值$\overline{Z_i}$
		Z_i	Z_i	
1	200.00			
2	400.00			
3	600.00			
4	800.00			
5	1000.00			

表 2.6.5　横梁有效长度 d 及宽度 b 的测量

$\Delta_{游}=0.02$mm,　$\Delta_{钢尺}=0.5$mm

M/g	d/mm	b/mm
200.00		

表 2.6.6　横梁厚度 a 的测量　　$\Delta_{千}=0.004$mm

1	2	3	4	5	6	$\bar{a}$/mm

(1) 作图:根据表 2.6.4 中的数据,以 m 为横坐标,以 Z 为纵坐标,作出 m 与 Z 的关系图,其中 Z-m 关系应为直线.

(2) 计算:作出的直线应使数据点均匀分布在直线两侧,以直线通过的两个数据点(m_1,Z_1)、(m_2,Z_2)求出直线的斜率 $K=\dfrac{Z_2-Z_1}{m_2-m_1}$,则待测材料的杨氏模量为

$$Y=\frac{d^3g}{4a^3bK}$$

(3) 待测材料杨氏模量的相对误差为

$$E_Y=\sqrt{\left(3\frac{\Delta_d}{d}\right)^2+\left(3\frac{\Delta_a}{\bar{a}}\right)^2+\left(\frac{\Delta_b}{b}\right)^2+\left(\frac{\Delta_{(\Delta z)}}{\Delta z}\right)^2}$$

式中，$\Delta_d = \Delta_{钢尺} = 0.5\text{mm}$，$\Delta_b = \Delta_{游} = 0.02\text{mm}$，$\Delta_a = \sqrt{S_a^2 + \Delta_{千}^2}$，$S_a = \sqrt{\dfrac{\sum (a_i - \bar{a})^2}{6-1}}$，$\Delta_{(\Delta z)} = \sqrt{\dfrac{\sum [(\Delta z_i) - \overline{\Delta z}]^2}{5-1}}$.

(4) 根据杨氏模量相对误差计算出标准误差 Δ_Y 并写出实验结果表达式

$$Y_{黄铜} = \bar{Y} \pm \Delta_Y$$

[思考题]

(1) 实验中误差主要来源有哪些？

(2) 两种材料相同，长度、宽度、厚度不同的横梁，在相同加载的条件下，弯曲量相同吗？杨氏模量相同吗？

(3) 实验中记入数据的横梁长度是哪一段？为什么？

2.6.3 霍尔元件传感器测量杨氏模量

随着科学技术的发展，微位移测量技术也越来越先进.本实验采用先进的霍尔位置传感器，利用磁铁和集成霍尔元件间位置变化输出信号来测量微小位移，并将其用于梁弯曲法测杨氏模量的实验中.

[实验目的]

(1) 掌握霍尔位置传感器测量微小位移的原理及使用方法.

(2) 学会霍尔位置传感器的定标方法.

(3) 学会利用霍尔位置传感器测定杨氏模量的原理和方法.

(4) 学会确定灵敏度的方法，并确定仪器的灵敏度.

[实验原理]

霍尔传感器置于磁感应强度为 B 的磁场中，在垂直于磁场的方向通入电流 I，则会产生霍尔效应，即在与这二者相互垂直的方向上将产生霍尔电压则

$$U_H = K_H IB \tag{2.6.10}$$

式中 K_H 为霍尔传感器的灵敏度，单位为 mV/(mA · T).

如果保持通入霍尔元件的电流 I 不变，而使其在一均匀梯度的磁场中移动，则输出的霍尔电压的变化量为

$$\Delta U_{\mathrm{H}} = K_{\mathrm{H}} I \frac{\mathrm{d}B}{\mathrm{d}z} \Delta z \tag{2.6.11}$$

式中，Δz 为位移量；$\frac{\mathrm{d}B}{\mathrm{d}z}$ 为磁感应强度 B 沿位移方向的梯度，为常数.由此可知 ΔU_{H} 和 Δz 成正比.

为了实现上述均匀梯度的磁场，选用两块相同的磁铁(磁铁截面积及表面磁感应强度相同)平行相对而放，即 N 极对 N 极，两磁铁之间留有等间距空隙.霍尔元件平行于磁铁放在该间隙的中轴上，即与两磁铁的间距相等，如图 2.6.6 所示.间隙大小要根据测量范围和测量灵敏度要求而定，间隙越小，磁场强度就越大，灵敏度就越高.因此磁铁截面要远大于霍尔元件，并将元件放置在磁铁的中心位置，以尽可能的减小边缘效应的影响，提高测量精确度.

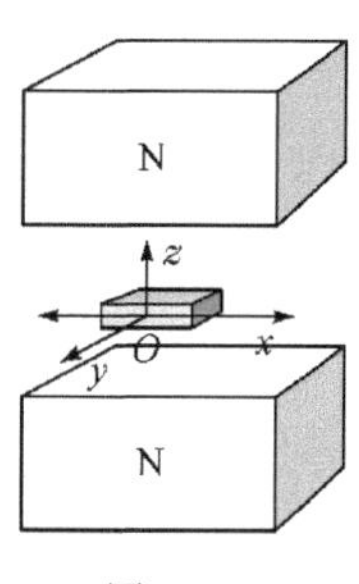

图 2.6.6

若磁铁间隙中心截面处的磁感应强度为零，霍尔元件截面处于该处时输出的霍尔电压应为零.当霍尔元件截面偏离中心沿 z 轴发生位移时，由于磁感应强度不再为零，霍尔元件也就有相应电压输出，其大小可由数字电压表读出.一般将霍尔电压为零时元件所处的位置作为位移参考零点.

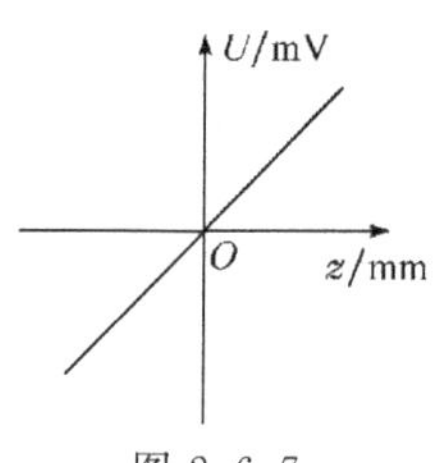

图 2.6.7

霍尔电压与位移量之间存在一一对应的关系，当位移量较小(小于 2mm)时，这一对应关系具有良好的线性，如图 2.6.7 所示.

在梁弯曲的情况下，杨氏模量 Y 用下列公式计算：

$$Y = \frac{d^3 mg}{4a^3 b \Delta z} \tag{2.6.12}$$

式中，d 为两刀口间的距离；a 为梁的厚度；b 为梁的宽度；Δz 为梁中心由于外力的作用而下降的距离，m 为砝码的质量，淄博地区重力加速度 $g = 9.79878\mathrm{m \cdot s^{-2}}$.

[实验仪器]

霍尔位置传感器法杨氏模量测定仪由底座固定支架、读数显微镜、集成霍尔位置传感器、磁铁两块、砝码盘、砝码等组成.霍尔位置传感器输出信号测量仪一台(直流数字 mV 表).螺旋测微器、游标卡尺、米尺.

霍尔位置传感器法杨氏模量测定仪如图 2.6.8 所示.

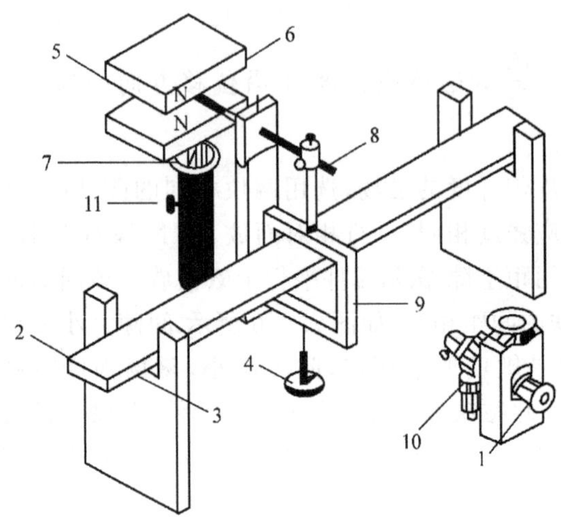

图 2.6.8

1. 读数显微镜;2. 横梁;3. 刀口;4. 砝码;5. 磁铁固定金属架;6. 磁铁(两块);7. 磁铁支架套筒螺母;8. 铜杠杆(顶端装有霍尔传感器);9. 铜方框上的基线;10. 读数显微镜支架套筒螺母;11. 固定螺丝

[实验内容]

1. 调节实验仪器

(1) 将图中横梁黄铜板 2 穿过砝码铜刀口 9 内,安放在两支柱之间.砝码刀口应在两支柱刀口的正中央.再装上铜杠杆 8,由传感器的一端插入磁铁的中间,该杠杆中间的铜刀口放在刀座上.圆柱形托尖应在砝码刀口的小圆洞内,传感器若不在磁铁中间,可松弛固定螺丝使磁铁上下移动,或用调节架上的套筒螺母旋转使磁铁上下移动,再固定,然后用水准器观察磁铁是否在水平位置,如不平可调节底座螺丝,但同时应注意杠杆水平.

(2) 将杠杆上的三线插座插在立柱的三线插针上,用电缆线一端连接输出信号毫伏表测量仪,另一端插在立柱的另一个三线插针上,接通电源,仪器预热 10 分钟指示值方可稳定,调节 7 磁铁上下位置,当毫伏表数值很小后固定,调节仪器调零电位器使毫伏表读数为零.

(3) 调节读数显微镜目镜,用眼睛能观察到镜内清晰的十字划丝和坐标刻度,然后前后移动读数显微镜距离,使其能清楚地看到铜刀口 9 上的基线,再转动读数显微镜的鼓轮使刀口点的基线与读数显微镜内十字刻线重合,并计下初始读数值.

2. 测量黄铜样品的杨氏模量及霍尔位置传感器的定标

(1) 砝码 10.0g 的八块，20.0g 的两块.逐次增加砝码，每次增加 10.00g，从读数显微镜读出梁中心的位置z_i(mm)及毫伏表的读数 U_i(mv)填入表 2.6.7 中.然后依次减少砝码，每次减少 10.00g，读取数据填入表中.

(2) 测量横梁两刀口间的距离 d(一次测量)、黄铜样品宽度 b(一次测量)填入表 2.6.8 中；在黄铜样品不同的位置用千分尺测量其厚度 a(6 次测量取均值)填入表 2.6.9 中.

3. 测量锻铸铁样品的杨氏模量(选做)

(1) 将黄铜样品取下，换上锻铸铁样品，重新调节实验仪器使之满足实验要求.

(2) 逐次增加砝码，每次增加 10.00g，把毫伏表的读数 U_i(mV)填入表 2.6.10中.然后依次减少砝码，每次减少 10.00g，读取数据填入表中.

(3) 测量横梁两刀口间的距离 d(一次测量)、锻铸铁样品宽度 b(一次测量)填入表 2.6.11 中；在锻铸铁样品不同的位置用千分尺测量其厚度 a(6 次测量取均值)填入表 2.6.12 中.

[数据处理]

表 2.6.7　霍尔元件位移与霍尔电压测量

z 的单位为 mm，U 的单位为 mV

次数	m_i/g	增加砝码		减少砝码		$\Delta z_i=\overline{z_{i+5}}-\overline{z_i}$	$\Delta U_i=\overline{U_{i+5}}-\overline{U_i}$
		z_i	U_i	z_i	U_i		
1	10.00						
2	20.00						
3	30.00						
4	40.00						
5	50.00						
6	60.00						
7	70.00						
8	80.00						
9	90.00						
10	100.00						
平均值						$\overline{\Delta z_i}=$	$\overline{\Delta U_i}=$

表 2.6.8　黄铜样品长度 d 及宽度 b 的测量

$\Delta_{游}=0.02\text{mm}$，　$\Delta_{钢尺}=0.5\text{mm}$

M/g	d/mm	b/mm
50.00		

表 2.6.9　黄铜样品厚度 a 的测量(单位:mm)　$\Delta_{千}=0.01\text{mm}$

1	2	3	4	5	6	$\bar{a}$

(1) 将测量数据代入公式 $\overline{Y}=\dfrac{d^3mg}{4a^3b\ \overline{\Delta z}}$ 中,计算出黄铜样品的杨氏模量平均值.注意:m 为 5 个砝码的质量.

(2) 黄铜样品杨氏模量的相对误差为

$$E_Y=\frac{\Delta_Y}{\overline{Y}}=\sqrt{\left(3\frac{\Delta_d}{d}\right)^2+\left(3\frac{\Delta_a}{\bar{a}}\right)^2+\left(\frac{\Delta_b}{b}\right)^2+\left(\frac{\Delta_{(\Delta z)}}{\overline{\Delta z}}\right)^2}$$

式中,$\Delta_d=\Delta_{钢尺}=0.5\text{mm}$,$\Delta_b=\Delta_{游}=0.02\text{mm}$,$\Delta_a=\sqrt{S_a^2+\Delta_{千}^2}$,$S_a=\sqrt{\dfrac{\sum(a_i-\bar{a})^2}{6-1}}$,$\Delta_{(\Delta z)}=\sqrt{\dfrac{\sum[(\Delta z_i)-\overline{\Delta z}]^2}{5-1}}$.

(3) 根据杨氏模量相对误差计算出标准误差 Δ_Y 并写出实验结果表达式

$$Y_{黄铜}=\overline{Y}\pm\Delta_Y$$

(4) 霍尔位置传感器的定标,将实验数据代入公式 $\overline{K}=\dfrac{\overline{\Delta U}}{\overline{\Delta z}}$ 中,计算出霍尔位置传感器的灵敏度的平均值 $\overline{K}$.

(5) 霍尔位置传感器的灵敏度的相对误差为 $E_K=\sqrt{\left(\dfrac{\Delta_{(\Delta U)}}{\overline{\Delta U}}\right)^2+\left(\dfrac{\Delta_{(\Delta z)}}{\overline{\Delta z}}\right)^2}$,

式中,$\Delta_{(\Delta U)}=\sqrt{\dfrac{\sum[(\Delta U_i)-\overline{\Delta U}]^2}{5-1}}$.代入公式 $\Delta_K=\overline{K}\cdot E_K$ 计算出灵敏度的标准误差,并写出灵敏度的实验结果表达式为 $K=\overline{K}\pm\Delta_K$.

表 2.6.10　　U 的单位为 mV

次 i	m_i/g	增加砝码	减少砝码	$\Delta U_i=\overline{U_{i+5}}-\overline{U_i}$
		U_i	U_i	
1	10.00			
2	20.00			

续表

次 i	m_i/g	增加砝码	减少砝码	$\Delta U_i=\overline{U_{i+5}}-\overline{U_i}$
		U_i	U_i	
3	30.00			
4	40.00			
5	50.00			
6	60.00			
7	70.00			
8	80.00			
9	90.00			
10	100.00			
平均值				$\overline{\Delta U_i}=$

表 2.6.11　锻铸铁样品长度 d 及宽度 b 的测量

$\Delta_{游}=0.02\text{mm}$，　$\Delta_{钢尺}=0.5\text{mm}$

M/g	d/mm	b/mm
50.00		

表 2.6.12　锻铸铁样品厚度 a 的测量(单位:mm)

$\Delta_{千}=0.004\text{mm}$

1	2	3	4	5	6	$\bar{a}$

(6) 将测量数据代入公式 $\overline{Y}=\dfrac{d^3mg\overline{K}}{4a^3b\,\overline{\Delta U}}$ 中,计算出锻铸铁样品的杨氏模量平均值.注意:m 为 5 个砝码的质量.

(7) 锻铸铁样品杨氏模量的相对误差为

$$E_Y=\frac{\Delta_Y}{Y}=\sqrt{\left(3\,\frac{\Delta_d}{d}\right)^2+\left(3\,\frac{\Delta_a}{\bar{a}}\right)^2+\left(\frac{\Delta_b}{b}\right)^2+\left(\frac{\Delta_K}{\overline{K}}\right)^2+\left(\frac{\Delta_{(\Delta U)}}{\overline{\Delta U}}\right)^2}$$

式中,$\Delta_d=\Delta_{钢尺}=0.5\text{mm}$,$\Delta_b=\Delta_{游}=0.02\text{mm}$,$\Delta_a=\sqrt{S_a^2+\Delta_{千}^2}$,$S_a=\sqrt{\dfrac{\sum(a_i-\bar{a})^2}{6-1}}$,$\Delta_{(\Delta U)}=\sqrt{\dfrac{\sum[(\Delta U_i)-\overline{\Delta U}]^2}{5-1}}$.

(8) 根据杨氏模量相对误差计算出标准误差 Δ_Y 并写出实验结果表达式

$$Y_{锻铸铁}=\overline{Y}\pm\Delta_Y$$

[思考题]

(1) 试述霍尔位置传感器测量位移的原理和优点?

(2) 实验中误差来源有哪些,如何克服?

(3) 仪器的灵敏度是如何定义的? 简述其意义.

(4) 本实验中,磁铁盒的中心磁感应强度为零,利用逐差法处理本实验数据时,调节中是否一定使霍尔位置传感器处于该中心方可进行测量? 说明理由.

(5) 如何利用实验数据,采用作图法求杨氏模量?

(6) 能否在拉伸法中也应用霍尔位置传感器?

2.7 液体表面张力系数测量

表面张力系数是表征液体性质的一个重要参数,在物理、化学、医学等领域中具有重要的意义.常用的测量方法有拉脱法、毛细管法和最大泡压法等.用拉脱法测量时,所测的液体表面张力在 1×10^{-3}N 至 1×10^{-2}N 之间,因而所用的测力仪器必须灵敏度高,稳定性好.用硅半导体材料制成的硅压阻式力敏传感器能满足要求,并可以使用数字电压表直接读数.

实验通过对不同液体和不同浓度同种液体的表面张力系数进行测量,可以明显观测到不同液体的表面张力系数不一样,同种液体的表面张力系数随浓度变化而改变.

[实验目的]

(1) 了解硅压阻式力敏传感器的工作原理,学习用最小二乘法对力敏传感器定标,计算传感器的灵敏度.

(2) 用拉脱法测量液体的表面张力系数,了解液体的浓度与表面张力系数的关系.

[实验原理]

1. *液体表面张力*

在液体的表面以下厚度约为分子力有效作用半径的区间称为表面层.由于液面上方为气相,分子很少,因此表面层分子受到的向上的引力比向下的引力小,表面层分子有从液面挤入液体内部的倾向,宏观表现为在液体表面层内,存在有与液体表面相切，并使液面具有尽量收缩趋势的张力，称为表面张力.设想在液体表面划上一线段，表面张力表现为线段两旁的液面以一定的拉力相互作用.拉力 f 存在于表面层，方向垂直于线段，并与液面相切，大小与线段的长度 l 成正比，即

$$f = \alpha l \tag{2.7.1}$$

式中，α 称为液体的表面张力系数，表示液体表面单位长度上的表面张力，单位是 $N \cdot m^{-1}$，大小与液体的成分，纯度以及温度有关.

2. 拉脱法

用测量一个已知周长的金属圆环或金属片，从待测液体表面脱离时所需要的力，求得该液体表面张力系数的方法称为拉脱法.

实验中采用金属圆环，将其底部水平浸入液面中，然后缓慢地使液面下降.当金属环底部高于液面时，金属环和液面间形成一环形液膜.金属环受力情况如图 2.7.1所示，由于液面是缓慢匀速下降的，所以金属环处于平衡状态.拉力 F、液体的表面张力 f、金属环所受重力 mg（液膜很薄忽略不计）有下面的关系：

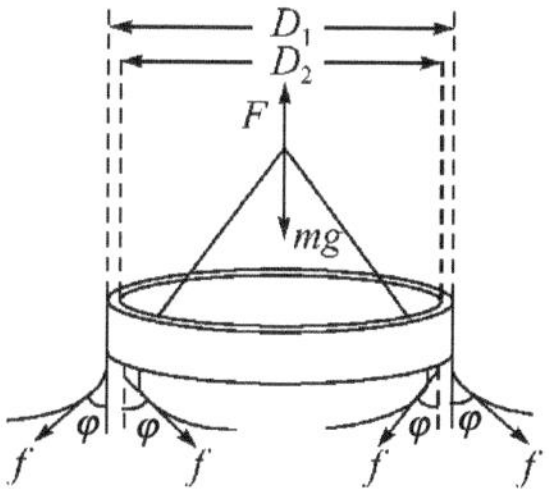

$$F = mg + f\cos\varphi \tag{2.7.2}$$

图 2.7.1

式中，φ 是液面与金属环的接触角.金属环临脱离液面时有

$$\varphi \approx 0, \quad F_1 = mg + f \tag{2.7.3}$$

金属环脱离液面后

$$F_2 = mg \tag{2.7.4}$$

液体的表面张力系数

$$\alpha = \frac{f}{\pi(D_1 + D_2)} = \frac{F_1 - F_2}{\pi(D_1 + D_2)} \tag{2.7.5}$$

式中，D_1、D_2 分别是圆环的内外直径.

3. 硅压阻力敏传感器

半导体电阻具有显著的压阻效应，当其受力发生形变时，电阻值线性变化.硅压阻式力敏传感器由弹性梁（弹簧片）和贴在梁上的传感器芯片组成，如图 2.7.2 所示.传感器芯片是由四个扩散电阻集成的一个电桥，如图 2.7.3 所示.

当外界拉力作用于梁上时，在拉力的作用下，梁产生弯曲，传感器受力的作用，电桥相邻桥臂的电阻值发生相反的变化.电桥失去平衡，有电压输出.输出电压大小与所加外力成正比

$$U_o = kF \tag{2.7.6}$$

式中，F 为外力的大小；k 为力敏传感器的灵敏度，单位 $mV \cdot N^{-1}$.

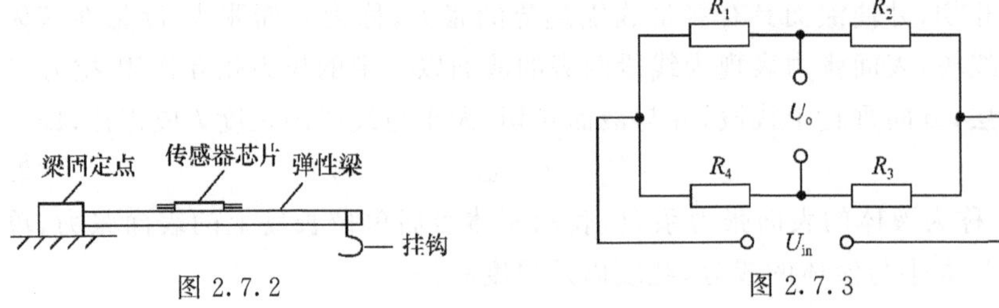

图 2.7.2　　　　图 2.7.3

假设吊环拉脱前后传感器输出的电压值分别为 U_1、U_2，根据式(2.7.6)、式(2.7.7)，液体的表面张力系数

$$\alpha=\frac{U_1-U_2}{k\pi(D_1+D_2)} \tag{2.7.7}$$

[实验仪器]

液体表面张力系数测定仪组成如图 2.7.4 所示，主要包括：硅压阻式力敏传感器、数字电压表、升降台、玻璃器皿、金属吊环、砝码盘和砝码等.

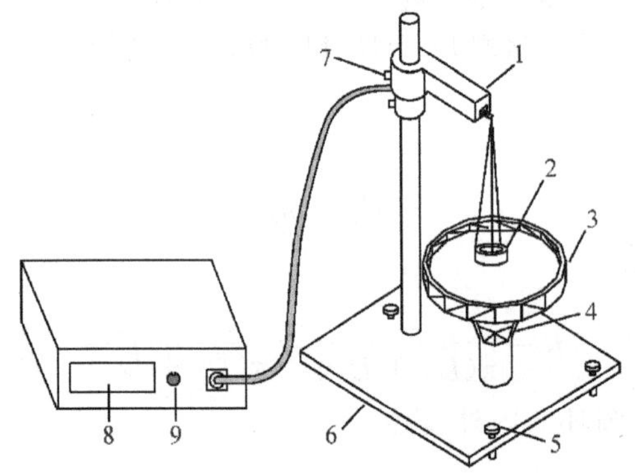

图 2.7.4

1. 力敏传感器；2. 吊环；3. 玻璃器皿；4. 升降螺丝；5. 调节螺丝；6. 底座；7. 固定螺丝；8. 数字电压表；9. 调零旋钮

(1) 硅压阻式力敏传感器. ①受力量程：0～0.098N，②非线性误差：≤0.2%，③供电电压：直流 5～12V.

(2) 数字电压表. ①测量量程：±200mV，②调零旋钮：手动多圈电位器.

[实验内容]

1. 力敏传感器的定标

(1) 开机预热 10 分钟.

(2) 调节螺丝使底座水平,保证测力方向和传感器弹性梁垂直.

(3) 将砝码盘挂在力敏传感器梁的钩上,砝码盘静止后,调节调零旋钮,使数字电压表显示为零.

(4) 依次往砝码盘里加上等质量的砝码($m=0.5$g),直到砝码总质量 $m=3.5$g.同时将数字电压表测量到的力敏传感器的输出电压 U 记入表 2.7.1 中.注意每次加砝码后,使砝码盘静止.

(5) 用最小二乘法拟合,计算力敏传感器的灵敏度 k 和拟合的线性相关系数.

2. 用游标卡尺测量金属圆形吊环的内外直径 D_1、D_2,记入表 2.7.2,并计算 D_1、D_2 的平均值

3. 环的表面状况对测量结果有很大影响,应清洗吊环和玻璃器皿

4. 水表面张力系数的测量

(1) 往玻璃器皿中盛上蒸馏水,挂上吊环,转动升降螺丝,使液面靠近吊环.观察吊环下沿和液面是否平行.如果不平行,调节吊环上的细丝使其与液面平行.

(2) 调节升降螺丝,使吊环下沿浸没于液体中.反方向调节升降螺丝,液面缓慢匀速下降,吊环和液面间形成环形液膜.继续使液面下降,测出液膜拉断前瞬间电压表的读数 U_1 和液膜拉断后瞬间电压表的读数 U_2,并记入表 2.7.3.

(3) 根据公式(2.7.7),计算出水的表面张力系数,并与标准值比较计算相对误差.

5. 重复步骤 4,分别测量不同浓度乙醇溶液的表面张力系数

6. 实验结束后将吊环清洗干净,用清洁纸擦干,放入干燥盒内

[数据处理]

1. 力敏传感器定标

表 2.7.1

淄博地区重力加速度 $g=9.79878\text{m}\cdot\text{s}^{-2}$

砝码质量 m/g								
输出电压 U/mV								

力敏传感器的灵敏度 $k=$ ________ $\mathrm{mV \cdot N^{-1}}$.

拟合的线性相关系数 $r=$ ________.

2. 吊环内外直径的测量

表 2.7.2

外径 D_1/mm					
内径 D_2/mm					

$\overline{D_1}=$ ________ mm, $\overline{D_2}=$ ________ mm.

3. 水表面张力系数的测量

表 2.7.3　　水的温度= ________ ℃

测量次数	U_1/mV	U_2/mV	$\Delta U/\mathrm{mV}$	$\Delta\overline{U}/\mathrm{mV}$
1				
2				
3				
4				
5				
6				

水的表面张力系数 $\bar{\alpha}=\dfrac{\Delta\overline{U}}{k\pi(\overline{D}_1+\overline{D}_2)}\times 10^{-3}\,\mathrm{N \cdot m^{-1}}$,计算相对误差.

水的表面张力系数标准值查书末附表.

4. 不同浓度乙醇溶液表面张力系数的测量,表格自拟

[思考题]

(1) 实验前,为什么要清洁吊环?

(2) 进行实验时,如果吊环下沿与液面不平行对测量结果有什么影响?

(3) 当吊环下沿浸入液体后,旋转升降螺丝使液面下降,观察数字电压表读数的变化过程,结合拉脱过程中的吊环的受力情况,说明原因.

2.8 不良导体的导热系数测量

导热系数是表征物质热传导性质的物理量.材料结构的变化与所含杂质的不同对材料的导热系数都有明显的影响,因此材料的导热系数常常需要由实验去具体测定.

测量导热系数的实验方法一般分为稳态法和动态法两类.在稳态法中,先利用热源对样品加热,样品内部的温差使热量从高温向低温处传导,样品内部各点的温度将随加热快慢和传热快慢的影响而变动.当适当控制实验条件和实验参数使加热和传热的过程达到平衡状态,则待测样品内部可形成稳定的温度分布,根据这一温度分布就可以计算出导热系数.而在动态法中,最终在样品内部所形成的温度分布是随时间变化的,如呈周期性的变化,变化的周期和幅度也受实验条件和加热快慢的影响,也与导热系数的大小有关.

本实验应用稳态法测量不良导体(橡皮样品)的导热系数,学习用物体散热速率求传导速率的实验方法.

[实验目的]

(1) 测量不良导体的导热系数.

(2) 学习用物体散热速率求热传导速率的实验方法.

(3) 学习温度传感器的应用方法.

[实验原理]

1898 年 C. H. Lees 首先使用平板法测量不良导体的导热系数,这是一种稳态法,实验中,将样品制成平板状,其上端面与一个稳定的均匀发热体充分接触,下端面与一均匀散热体相接触.由于平板样品的侧面积比平板平面小很多,可以认为热量只沿着上下方向垂直传递,横向由侧面散去的热量可以忽略不计,即可以认为样品内只有在垂直样品平面的方向上有温度梯度,在同一平面内,各处的温度相同.

设稳态时,样品的上下平面温度分别为 θ_1、θ_2,根据傅里叶传导方程,在 Δt 时间内通过样品的热量 ΔQ 满足下式:

$$\frac{\Delta Q}{\Delta t}=\lambda\frac{\theta_1-\theta_2}{h_B}S \tag{2.8.1}$$

式中,λ 为样品的导热系数;h_B 为样品的厚度;S 为样品的平面面积.实验中样品为圆盘状,设圆盘样品的直径为 d_B,则由式(2.8.1)得

$$\frac{\Delta Q}{\Delta t}=\lambda\frac{\theta_1-\theta_2}{4h_B}\pi d_B^2 \tag{2.8.2}$$

导热系数测定仪装置如图 2.8.1 所示,固定于底座的三个支架上,支撑着一个铜散热盘 P,散热盘 P 可以借助底座内的风扇达到稳定有效的散热.散热盘上安放面积相同的圆盘样品 B,样品 B 上放置一个圆盘状加热盘 C,其面积也与样品 B 的面积相同,加热盘 C 是由单片机控制的自适应电加热,可以设定加热盘的温度.

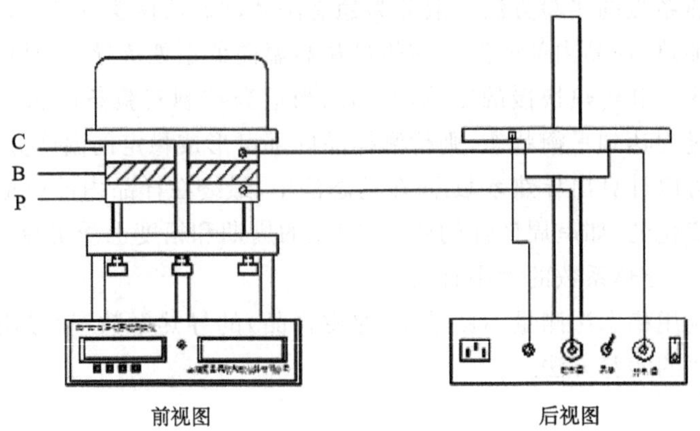

图 2.8.1

当传热达到稳定状态时，样品上下表面的温度 θ_1 和 θ_2 不变，这时可以认为单位时间内加热盘 C 通过样品传递的热流量与散热盘 P 向周围环境的散热量相等．因此可以通过散热盘 P 在稳定温度 θ_2 时的散热速率来求出热流量$\dfrac{\Delta Q}{\Delta t}$.

实验时，当测得稳态时的样品上下表面温度 θ_1 和 θ_2 后，将样品 B 抽去，让加热盘 C 与散热盘 P 接触，当散热盘的温度上升到高于稳态时的 θ_2 值 20℃或者 20℃以上后，移开加热盘，让散热盘在电扇作用下冷却，记录散热盘温度 θ 随时间 t 的下降情况，求出散热盘在 θ_2 时的冷却速率 $\left.\dfrac{\Delta\theta}{\Delta t}\right|_{\theta=\theta_2}$，则散热盘 P 在 θ_2 时的散热速率为

$$\frac{\Delta Q}{\Delta t}=mc\left.\frac{\Delta\theta}{\Delta t}\right|_{\theta=\theta_2} \tag{2.8.3}$$

式中，m 为散热盘 P 的质量；c 为散热盘比热容.

在达到稳态的过程中，散热盘 P 的上表面并未暴露在空气中，而物体的冷却速率与它的散热表面积成正比，为此稳态时散热盘 P 的散热速率的表达式应作面积修正

$$\frac{\Delta Q}{\Delta t}=mc\left.\frac{\Delta\theta}{\Delta t}\right|_{\theta=\theta_2}\frac{(\pi R_{\mathrm{P}}^2+2\pi R_{\mathrm{P}}h_{\mathrm{P}})}{(2\pi R_{\mathrm{P}}^2+2\pi R_{\mathrm{P}}h_{\mathrm{P}})} \tag{2.8.4}$$

式中，R_{P} 为散热盘 P 的半径，h_{P} 为其厚度.

由式(2.8.2)和式(2.8.4)可得

$$\lambda\frac{\theta_1-\theta_2}{4h_{\mathrm{B}}}\pi d_{\mathrm{B}}^2=mc\left.\frac{\Delta\theta}{\Delta t}\right|_{\theta=\theta_2}\frac{(\pi R_{\mathrm{P}}^2+2\pi R_{\mathrm{P}}h_{\mathrm{P}})}{(2\pi R_{\mathrm{P}}^2+2\pi R_{\mathrm{P}}h_{\mathrm{P}})} \tag{2.8.5}$$

所以样品的导热系数 λ 为

$$\lambda = mc \left.\frac{\Delta\theta}{\Delta t}\right|_{\theta=\theta_2} \frac{(R_P + 2h_P)}{(2R_P + 2h_P)} \frac{4h_B}{(\theta_1 - \theta_2)} \frac{1}{\pi d_B^2} \tag{2.8.6}$$

[实验仪器]

导热系数测定仪装置如图 2.8.1 所示，它由电加热器、铜加热盘 C，橡皮样品圆盘 B，铜散热盘 P、支架及调节螺丝、温度传感器以及控温与测温器组成.

[实验内容]

(1) 取下固定螺丝，将橡皮样品放在加热盘与散热盘中间，橡皮样品要求与加热盘、散热盘完全对准，调节散热盘底下的三个微调螺丝，使样品与加热盘、散热盘接触良好，但注意不宜过紧或过松.

(2) 按照如图 2.8.1 所示插好加热盘的电源插头；再将 2 根连接线的一端与机壳相连，有传感器的另一端插在加热盘和散热盘的小孔中，要求传感器完全插入小孔中，并在传感器上抹一些导热硅脂，以确保传感器与加热盘和散热盘接触良好.在安放加热盘和散热盘时，还应注意使放置传感器的小孔上下对齐(注意:加热盘和散热盘两个传感器要一一对应，不可互换).

(3) 设定加热器控制温度:按升温键左边表显示由 B00.0℃ 可上升到 B80.0℃.一般设定 75～80℃ 较为适宜.根据室温选择后，再按确定键，显示变为 AXX.X 之值，即表示加热盘此刻的温度值，加热指示灯闪亮，打开电扇开关，仪器开始加热.

(4) 加热盘的温度上升到设定温度值时，开始记录散热盘的温度，可每隔 1min 记录一次，待 10min 或更长的时间内加热盘和散热盘的温度值基本不变，可以认为已经达到稳定状态了.

(5) 按复位键停止加热，取走样品，调节三个螺栓使加热盘和散热盘接触良好，再设定温度到 80℃，加快散热盘的温度上升，使散热盘温度上升到高于稳态时的 θ_2 值 20℃左右即可.

(6)移去加热盘，让散热盘在风扇作用下冷却，每隔 20s 记录一次散热盘的温度示值，由临近 θ_2 值的温度数据计算冷却速率$\left.\frac{\Delta\theta}{\Delta t}\right|_{\theta=\theta_2}$.

(7)根据测量得到的稳态时的温度值 θ_1 和 θ_2，以及在温度 θ_2 时的冷却速率，由公式

$$\lambda = mc \left.\frac{\Delta\theta}{\Delta t}\right|_{\theta=\theta_2} \frac{(R_P + 2h_P)}{(2R_P + 2h_P)} \frac{4h_B}{(\theta_1 - \theta_2)} \frac{1}{\pi d_B^2}$$

计算不良导体样品的导热系数.

[数据处理]

样品:橡皮　　　　　　　　　　　　　　　　室温:________℃

散热盘比热容(紫铜):$c=385\mathrm{J/(kg\cdot K)}$;　　散热盘质量:$m=$________kg

(1)散热盘厚度 h_P(多次测量取平均值)(表 2.8.1).

表 2.8.1　散热盘厚度(不同位置测量)

h_P/mm						

所以散热盘 P 的厚度:$h_P=$

(2) 散热盘半径 R_P(多次测量取平均值)(表 2.8.2).

表 2.8.2　散热盘直径(不同角度测量)

D_P/mm						

所以散热盘 P 的半径:$R_P=$

(3)橡皮样品厚度 h_B(多次测量取平均值)(表 2.8.3).

表 2.8.3　橡皮样品厚度(不同位置测量)

h_B/mm						

所以橡皮样品的厚度:$h_B=$

(4)橡皮样品直径 d_B(多次测量取平均值)(表 2.8.4).

表 2.8.4　橡皮样品直径(不同角度测量)

d_B/mm						

所以橡皮样品的厚度:$d_B=$

稳态时(10min 内温度基本保持不变),记录样品上表面的温度示值 $\theta_1=$________℃,样品下表面温度示值 $\theta_2=$________℃.每隔 20s 记录一次散热盘冷却时的温度示值如表 2.8.5所示.

表 2.8.5　散热盘冷却时温度记录

t/s								
θ/℃								

作冷却曲线：

取临近 θ_2 温度的测量数据求出冷却速率 $\left.\frac{\Delta\theta}{\Delta t}\right|_{\theta=\theta_2}=$ ________℃/S.

将以上数据代入公式(2.8.6)计算得到

$$\lambda=mc\left.\frac{\Delta\theta}{\Delta t}\right|_{\theta=\theta_2}\frac{(R_P+2h_P)}{(2R_P+2h_P)}\frac{4h_B}{(\theta_1-\theta_2)}\frac{1}{\pi d_B^2}=\text{\_\_\_\_\_\_\_\_}\ W/(m\cdot K)$$

[注意事项]

(1) 为了准确测定加热盘和散热盘的温度，实验中应该在两个传感器上涂些导热硅脂或者硅油，以使传感器和加热盘、散热盘充分接触.另外，加热橡皮样品的时候，为达到稳定的传热，调节底部的三个微调螺丝，使样品与加热盘、散热盘紧密接触.注意中间不要有空气隙，也不要将螺丝旋太紧，以免影响样品的厚度.

(2) 导热系数测定仪铜盘下方的风扇用作强迫对流换热用，以减小样品侧面与底面的放热比，增加样品内部的温度梯度，从而减小实验误差，所以实验过程中，一定要打开风扇.

(3) 该测定仪用单片电脑控制，最高控制温度为 80℃，读数误差为 0.1℃.电加热时加热指示灯闪亮，随着与设定值的接近，闪亮速度变慢，超过设定温度 1℃ 即自动关闭加热电源，低于设定温度即自动开启.

(4) 加热盘和散热盘侧面的两个小孔安装数字式温度传感器，不可插错.近电源开关的接插件为加热传感器，应插入加热盘上，另一个传感器插在散热盘上的小孔，特别注意插小孔之前涂上少许导热硅脂或者硅油，使其接触良好.

(5) 在实验过程中，需移开加热盘时，请先关闭加热电源，移开热圆筒时，手应握固定轴转动，以免烫伤手.实验结束后，切断总电源，保管好测量样品，不要使样品的两端面划伤，以致影响实验的精度.

[思考题]

(1) 加热时，应该怎样操作才能尽量使样品受热均匀？

(2) 什么叫稳定导热状态？如何判断实验达到了稳定导热状态？

2.9　金属比热容的测量

单位质量的物质，其温度升高 1K(1℃)所需的热量叫做该物质的比热容，其值随温度而变化.根据牛顿冷却定律，用冷却法测定金属的比热容是热学中的常用方法之一.若已知标准样品在不同温度的比热容,通过作冷却曲线可测得各种金属在不同温度时的比热容.本实验以铜作为标准样品,在两种不同的冷却环境下,测量铁、铝样品在100℃时的比热容,使学生了解金属的冷却速率与冷却环境的关系,并掌握冷却法测量金属比热容的实验方法.

[实验目的]

(1) 学会用PT100铂电阻测量物体的温度.

(2) 在强制对流冷却的环境下测量铁、铝样品在100℃时的比热容.

(3) 在自然冷却的环境下测量铁、铝样品在100℃时的比热容.

[实验原理]

1. PT100铂电阻

导体的电阻值随温度的变化而变化,通过测量其电阻值可推算出被测物体的温度.PT100就是利用铂电阻的阻值随温度而变化这一特性来进行测温.在0℃时,PT100的阻值为100Ω,它的阻值会随着温度上升而呈近似匀速地增长.但它们之间的关系并不是简单的线性关系,而更趋近于一条抛物线,通常可通过查表的方式来得到较为准确的温度值.

2. 冷却法测量金属比热容的原理

单位质量的物质,其温度升高1K(1℃)所需的热量叫做该物质的比热容,其值随温度而变化.根据牛顿冷却定律,用冷却法测定金属的比热容是热学中的常用方法之一.若已知标准样品在不同温度的比热容,通过作冷却曲线可测得各种金属在不同温度时的比热容.本实验以铜为标准样品,测定铁、铝样品在100℃的比热容.通过实验了解金属的冷却速率和它与环境之间的温差关系以及进行测量的实验条件.单位质量的物质,其温度升高1K(1℃)所需的热量叫做该物质的比热容,其值随温度而变化.将质量为M_1的金属样品加热后,放到较低温度的介质(如室温的空气)中,样品将会逐渐冷却.其单位时间的热量损失($\Delta Q/\Delta t$)与温度下降的速率成正比,于是得到下述关系式:

$$\frac{\Delta Q}{\Delta t}=C_1M_1\frac{\Delta\theta_1}{\Delta t} \tag{2.9.1}$$

式(2.9.1)中,C_1为该金属样品在温度θ_1时的比热容,$\frac{\Delta\theta_1}{\Delta t}$为金属样品在$\theta_1$时的温度下降速率.根据冷却定律有

$$\frac{\Delta Q}{\Delta t}=a_1 s_1 (\theta_1-\theta_0)^m \tag{2.9.2}$$

式中，a_1 为热交换系数；s_1 为该样品外表面的面积；m 为常数；θ_1 为金属样品的温度；θ_0 为周围介质的温度.由式(2.9.1)和式(2.9.2)，可得

$$C_1 M_1 \frac{\Delta\theta_1}{\Delta t}=a_1 s_1 (\theta_1-\theta_0)^m \tag{2.9.3}$$

同理，对质量为 M_2，比热容为 C_2 的另一种金属样品，可有同样的表达式

$$C_2 M_2 \frac{\Delta\theta_2}{\Delta t}=a_2 s_2 (\theta_2-\theta_0)^m \tag{2.9.4}$$

由式(2.9.3)和式(2.9.4)，可得

$$\frac{C_2 M_2 \dfrac{\Delta\theta_2}{\Delta t}}{C_1 M_1 \dfrac{\Delta\theta_1}{\Delta t}}=\frac{a_2 s_2 (\theta_2-\theta_0)^m}{a_1 s_1 (\theta_1-\theta_0)^m}$$

所以

$$C_2=C_1 \frac{M_1 \dfrac{\Delta\theta_1}{\Delta t} a_2 s_2 (\theta_2-\theta_0)^m}{M_2 \dfrac{\Delta\theta_2}{\Delta t} a_1 s_1 (\theta_1-\theta_0)^m}$$

如果两样品的形状和尺寸都相同，即 $s_1=s_2$；两样品的表面状况也相同(如涂层、色泽等)，且周围介质(空气)的性质当然也不变，则有 $a_1=a_2$.于是当周围介质的温度不变(即样品室内温度恒定)而样品又处于相同温度 $\theta_1=\theta_2=\theta$ 时，上式可以简化为

$$C_2=C_1 \frac{M_1 \left(\dfrac{\Delta\theta}{\Delta t}\right)_1}{M_2 \left(\dfrac{\Delta\theta}{\Delta t}\right)_2} \tag{2.9.5}$$

若使两样品的温度下降范围 $\Delta\theta$ 相同，式(2.9.5)可进一步简化为

$$C_2=C_1 \frac{M_1 (\Delta t)_2}{M_2 (\Delta t)_1} \tag{2.9.6}$$

如果已知标准金属样品的比热容 C_1，质量 M_1，待测样品的质量 M_2 及两样品在温度 θ 时的冷却速率之比，就可以求出待测金属材料的比热容 C_2.

几种常见金属材料的比热容公认值为铜：$C_{Cu}=0.39$J/(g·℃)；铁：$C_{Fe}=0.46$J/(g·℃)；铝：$C_{Al}=0.88$J/(g·℃).

[实验仪器]

冷却法金属比热容测量实验仪主要由实验主机、加热器、样品室、风扇、PT100铂电阻等组成.

[实验过程]

(1) 将实验装置上的加热器与风扇通过电缆线分别连接至实验主机面板上的相应位置,位于滑杆末端的两根引线为 PT100 铂电阻的两端,通过手枪插与实验主机面板上的欧姆表相连.

(2) 开启实验主机,将滑杆拉到底,而后开启加热器电源,预热 20min 左右.

(3) 用物理天平或电子天平分别称量铜、铁、铝三个金属样品的质量,并记录(可根据相同体积下 $M_{\mathrm{Cu}}>M_{\mathrm{Fe}}>M_{\mathrm{Al}}$这一特点来区分这三种样品).

(4) 在强制对流冷却的环境下测量铁、铝样品在 100℃时的比热容.

① 开启风扇电源,打开样品室上盖,将铜样品套在封装有 PT100 铂电阻的不锈钢圆柱上,并手动旋上样品底部的螺纹(注意不必旋得很紧),盖回样品室上盖.

② 将滑杆推到底使样品进入加热器,注意观察 PT100 铂电阻的阻值.当铂电阻温度超过某一定值(如 120℃即 146.07Ω)时,立即拉出滑杆,此时风扇刚好正对样品进行强制对流冷却.因热传导产生的延后性,铂电阻所测得的温度会上升一段时间后才开始下降.当温度降低到 105℃(即 140.40Ω)时按下秒表开始计时(由于欧姆表示值并不连续,因此当其示值一降到小于等于 140.40Ω 时就可立即按下秒表),降低到 95℃(即 136.61Ω)时,再次按下秒表停止计时,记录所需时间 Δt,并重复测量 5 次.

③ 待样品温度降至 50℃(即 119.40Ω)以下,更换样品,测量铁、铝样品的 Δt,并利用式(2.9.6)计算铁、铝样品的比热容.

(5) 在自然冷却的环境下测量铁、铝样品在 100℃时的比热容.

关闭风扇电源,用实验过程(4)中所述的方法测量并计算铜、铁、铝三个样品的比热容,并与实验过程(4)所测得的结果作比较(更换样品时可用风扇冷却).

(6) 实验完成后关闭加热器,可利用风扇为样品降温,而后取下样品,关闭风扇及实验主机电源.

[数据处理]

1. 在强制对流冷却的环境下测量铁、铝样品在 100℃时的比热容

数据记录表见表 2.9.1.

表 2.9.1　三种样品在强制对流冷却的环境下由 105℃降至 95℃所需时间表

	Δt/s					平均值 $\overline{\Delta t}$/s
	1	2	3	4	5	
铜						
铁						
铝						

以铜样品为标准：$C_1 = C_{Cu} = 0.39$(J/(g · ℃))

计算得铁样品的比热容：$C_2 = C_1 \dfrac{M_1 \ (\Delta t)_2}{M_2 \ (\Delta t)_1} =$　　　　(J/(g · ℃))

计算得铝样品的比热容：$C_3 = C_1 \dfrac{M_1 \ (\Delta t)_3}{M_3 \ (\Delta t)_1} =$　　　　(J/(g · ℃))

2. 在自然冷却的环境下测量铁、铝样品在 100℃时的比热容

数据记录见表 2.9.2.

表 2.9.2　三种样品在自然冷却的环境下由 105℃降至 95℃所需时间表

	Δt/s					平均值 $\overline{\Delta t}$/s
	1	2	3	4	5	
铜						
铁						
铝						

以铜样品为标准：$C_1 = C_{Cu} = 0.39$(J/(g · ℃))

铁样品：$\dfrac{\Delta C_2}{C_2} = \dfrac{\Delta M_1}{M_1} + \dfrac{\Delta M_2}{M_2} + \dfrac{\Delta(\Delta t)_1}{(\Delta t)_1} + \dfrac{\Delta(\Delta t)_2}{(\Delta t)_2}$

$\Delta C_2 =$ ________

$C_2 + \Delta C_2 =$ ________

同理：$\Delta C_3 =$ ________

$C_3 + \Delta C_3 =$ ________

计算得铁样品的比热容：$C_2=C_1\dfrac{M_1\ (\Delta t)_2}{M_2\ (\Delta t)_1}=$ (J/(g·℃))

计算得铝样品的比热容：$C_3=C_1\dfrac{M_1\ (\Delta t)_3}{M_3\ (\Delta t)_1}=$ (J/(g·℃))

可见，相比较而言，在强制对流冷却的环境下测量得到的铁、铝样品的比热容更接近于公认值.

[注意事项]

(1) 冷却法金属比热容测量实验仪的实验主机供电电压为交流 220V/50Hz，电源插座位于实验主机后方.

(2) 实验前先开启加热器预热 20min 左右.

(3) 加热器工作时请保持其周围散热孔的畅通，请不要用任何物体遮挡散热孔.

(4) 更换样品前请开启风扇，对当前样品进行降温，务必等到温度降低至 50℃以下再动手更换，以免烫伤.

(5) 开启风扇制造强制对流冷却的实验环境时，请不要使任何热源靠近进风口，并保持进、出风口的畅通.

[思考题]

(1) 试分析对传统实验方法的改进有哪些？

(2) 加热时，应当注意哪些问题？

(3) 根据公式分析，存在误差的原因有哪些方面？

2.10 金属线膨胀系数测量

金属线膨胀系数是描述材料“热胀冷缩”特征的一个重要物理量，在机械设计与制造、材料加工等许多领域，线膨胀系数是选用材料的一项重要指标.本实验采用光杠杆法测量金属材料的线膨胀系数.

[实验目的]

(1) 用电热法测定金属的线膨胀系数.

(2) 巩固用光杠杆法测量微小伸长量的原理和方法.

[实验原理]

固体因温度升高而引起的长度变化称为“线膨胀”.原长度为 L 的固体受热后，其相对伸长与温度的变化成正比，即

$$\frac{\Delta L}{L}=\alpha\Delta t \tag{2.10.1}$$

式中，比例系数 α 称为固体的线膨胀系数，其单位为 K^{-1}.线膨胀系数是一种材料参数，它随物体的材料而异，α 本身稍与温度有关，在温度变化不太大的范围内，可以把 α 看作常数.

由式(2.10.1)得

$$\alpha=\frac{\Delta L}{L\Delta t} \tag{2.10.2}$$

可见，线膨胀系数可理解为温度升高 1℃时，固体增加的长度和原长度之比.

设固体在温度 t_1 和 t_2 时的长度分别为 L_1 和 L_2，则该温度范围内的线膨胀系数 α 为

$$\alpha=\frac{L_2-L_1}{L_1(t_2-t_1)}=\frac{\Delta L}{L_1(t_2-t_1)} \tag{2.10.3}$$

式中，L_1、t_2 和 t_1 都可在实验中测得，其中伸长量 ΔL 的数值很小，不易直接测量，本实验采用光杠杆法来测量 ΔL.

由光杠杆的测量原理(请参阅拉伸法测量杨氏模量)

$$\Delta L=\frac{D}{2R}(a_2-a_1) \tag{2.10.4}$$

式中，D 为光杠杆后足到两前足连线间的垂直距离；R 为标尺到光杠杆上平面镜的距离；a_1 和 a_2 分别为 t_1 和 t_2 温度时标尺的读数值.

将式(2.10.4)代入式(2.10.3)得

$$\alpha=\frac{D(a_2-a_1)}{2RL_1(t_2-t_1)} \tag{2.10.5}$$

这就是测量 $t_1\sim t_2$ 温度范围内线膨胀系数的公式.

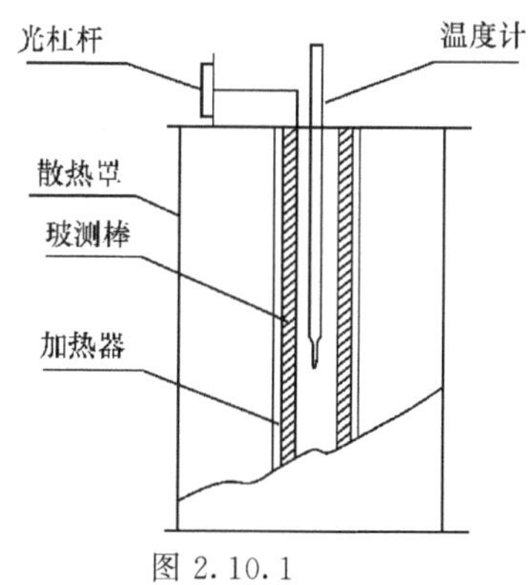

图 2.10.1

[实验仪器]

线膨胀系数测定仪、光杠杆、游标卡尺、米尺、温度计和尺读望远镜.

线膨胀系数测定仪如图 2.10.1 所示.

[实验内容]

(1) 实验前把被测铜管取出,用米尺测量其长度 L_1,然后把被测铜管慢慢放入加热管中,直到被测铜管的下端接触底面为止.

(2) 把温度计放入铜管内,记下初始温度 t_1.

(3) 将光杠杆两前足放在测定仪水平槽内,后足尖与铜管上端接触,使光杠杆的平面镜垂直于水平面.

(4) 调节望远镜高度,使其与平面镜等高.然后把望远镜置于平面镜前 1m 远左右处.左右移动望远镜,能用眼睛从望远镜上方观察到平面镜中标尺的像.调节望远镜目镜,使十字叉丝清晰,再调节物镜和仰角微调螺栓及微小转动平面镜,直到能从望远镜中看到清晰的标尺的像,记下叉丝与标尺重合的读数 a_1.此后切勿碰动整套仪器.

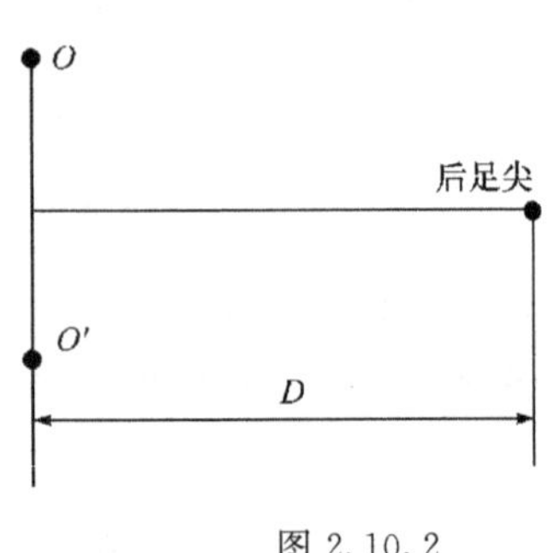

图 2.10.2

(5) 接通电源,开始给铜管加热,调节调压旋钮使温度缓慢上升.每隔 5℃,记下相应的标尺读数 a_i 值,填入表 2.10.1 中.

(6) 切断电源,用米尺量测出 R 值.取下光杠杆,然后测出 D 值,如图 2.10.2 所示.

[数据处理]

(1) 数据如表 2.10.1.

表 2.10.1 $R=$ cm,$D=$ cm,$L=$ cm

温度 t_i/℃								
标尺读数 a_i/cm								

(2) 作图:根据上面表格数据以 t 为横坐标,以 a 为纵坐标,作出 t 与 a 的关系图,其中 a-t 关系应为直线.

(3) 计算:作出的直线应使数据点均匀地分布在直线两侧,以直线通过的两个数据点为(t_1,a_1)、(t_2,a_2),求出直线斜率 $K=\frac{a_2-a_1}{t_2-t_1}$.则金属的线膨胀系数为

$$\bar{\alpha}=\frac{D}{2RL_1}K$$

(4) 误差分析如下:

$$E=\frac{\Delta\alpha}{\alpha}=\frac{\Delta D}{D}+\frac{\Delta a_1+\Delta a_2}{|a_2-a_1|}+\frac{\Delta R}{R}+\frac{\Delta t_1+\Delta t_2}{|t_2-t_1|}+\frac{\Delta L_1}{L_1}$$

式中，L_1、D、R 的相对误差都在$\frac{1}{1000}$，可以忽略，误差主要来自 a_1、a_2、t_1、t_2，于是相对误差和绝对误差为

$$E=\frac{\Delta a_1+\Delta a_2}{|a_2-a_1|}+\frac{\Delta t_1+\Delta t_2}{|t_2-t_1|}$$

$$\Delta\alpha=E\alpha$$

其测量结果为

$$\alpha=\bar{\alpha}\pm\Delta\alpha$$

[思考题]

(1) 试分析哪一个量是影响本实验结果精度的主要因素？

(2) 两根材料相同，粗细长度不同的金属棒，在同样的温度变化范围内，它们的线膨胀系数是否相同？

(3) 试举出几个在日常生活和工程技术上应用线膨胀的实例.

(4) 您能否设想出另一种测量微小伸长量的方法，从而测出材料的线膨胀系数.

2.11　冰的熔解热测量

根据热平衡原理用混合法测定物体间的热交换，是热学中一种常用的方法，本实验用此法测定冰的熔解热.由于实验过程中量热器不可避免地要与外界进行热交换，本实验还要求学会能将这种热交换因素分离出去的“面积补偿法”，以减小实验的误差.

[实验目的]

(1) 用混合法测量冰的熔解热.

(2) 用散热补偿法进行散热修正.

[实验原理]

单位质量的某种晶体熔解成为同温度的液体所吸收的热量，叫做该晶体的熔解潜热，亦称熔解热，常用 λ 表示.

1. 用混合法测量冰的熔解热

若将质量为 M、温度为 0℃的冰，与质量为 m、温度为 t_1℃的水在量热器内混合.冰全部熔解为水后，水的平衡温度为 t℃.当实验系统接近于孤立系统的条件下，由能量守恒定律有 $Q_{吸}=Q_{放}$，且

$$Q_{吸}=M\lambda+Mct$$

$$Q_{放}=(mc+m_1c_1+m_2c_2)(t_1-t)$$

则

$$\lambda=\frac{1}{M}(mc+m_1c_1+m_2c_2)(t_1-t)-ct \quad (2.11.1)$$

式中，m_1、m_2 和 c_1、c_2 分别为量热器内筒及搅拌器的质量和比热容；c 为水的比热容.测量式(2.11.1)中各量，即可求出 λ.

2. 散热补偿法

只要实验系统与外界存在温度差，系统就不可能达到完全绝热要求.因此就需采取一些方法进行散热修正.本实验中，我们介绍一种粗略修正散热的方法——散热补偿法.

牛顿冷却定律指出，在系统温度 t 和环境温度 θ 相差不大时，散热速率与温度差成正比.即

$$\frac{dQ}{d\tau}=-K(t-\theta) \quad (2.11.2)$$

式中，τ 为时间；K 为散热常数，与系统表面积成正比，并随表面的吸收或热辐射本领而变.

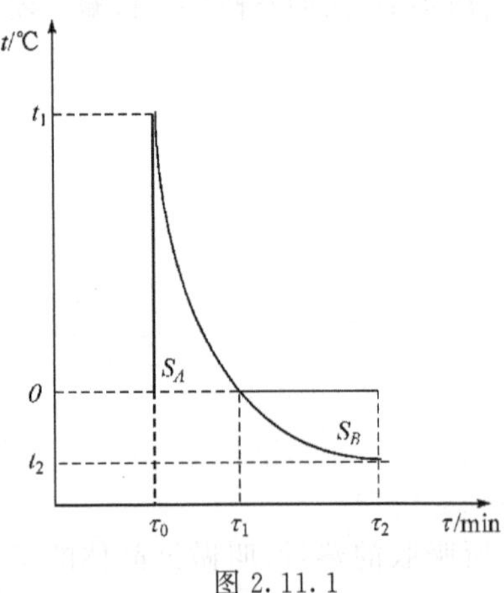

图 2.11.1

由式(2.11.2)可知，$t>\theta$ 时，$\frac{dQ}{d\tau}<0$，系统向外界散热；当 $t<\theta$ 时，$\frac{dQ}{d\tau}>0$，系统从外界吸热.散热补偿法的基本思想就是设法使系统在实验过程中能从外界吸热以补偿散热的损失，使系统与外界间的热量传递相互抵消.

本实验量热器中水的温度随时间的变化曲线如图 2.11.1 所示.在混合之初，冰块大，水温高，冰块熔解快；随着冰的熔解，水温降低，冰块变小，熔解变慢，系统温度的降低也

就变慢了.在 $\tau_0 \sim \tau_1$ 这段时间里，温度由 t_1 降为 θ，由式(2.11.2)可得系统放出的热量

$$Q'_{放} = -K_0 \int_{\tau_0}^{\tau_1} (t_1 - \theta) \mathrm{d}\tau = -K_0 S_A$$

式中负号表示放热，$S_A = \int_{\tau_0}^{\tau_1} (t_1 - \theta) \mathrm{d}\tau$. 在 $\tau_1 \sim \tau_2$ 时间内系统温度低于环境温度 θ，系统从外界吸收热量

$$Q'_{吸} = -K_0 \int_{\tau_1}^{\tau_2} (t_2 - \theta) \mathrm{d}\tau = K_0 \int_{\tau_1}^{\tau_2} (\theta - t_2) \mathrm{d}\tau = K_0 S_B$$

式中 $S_B = \int_{\tau_1}^{\tau_2} (\theta - t) \mathrm{d}\tau$.

散热补偿法要求 $Q'_{吸} \approx Q'_{放}$，因此只要使 $S_B \approx S_A$，系统对外界的吸热和散热就可相互抵消，即系统吸收的热量可以补偿散失的热量，实现了散热修正的目的.

粗略的散热补偿，可将上述条件 $S_A \approx S_B$ 改写为

$$(t_1 - \theta)(\tau_1 - \tau_0) \approx (\theta - t_2)(\tau_2 - \tau_1) \tag{2.11.3}$$

如果式(2.11.3)左边大于右边，可适当增加冰的质量或减少水的质量，或降低水的温度；若左边小于右边，则反之，以使式(2.11.3)近似满足.

[实验仪器]

仪器主要组成部分：冰的熔解热实验仪(温度测量范围－20～150℃；温度测量精度 0.1℃；计时范围 0～100min).集成温度传感器、量热器(量热器将一个金属筒放入另一有盖的大筒中，并插入带有绝缘柄的搅拌器和温度传感器，内筒放置在绝热架上，两筒互不接触，夹层之间不传热)的结构如图 2.11.2 所示.物理天平、电冰箱、冰、温水、吸水纸.

冰的制备：将装有纯水的盒子放在冰箱的冷冻室里，约经 2 小时就能结成冰块，过一段时间取用时，以自来水冲洗盒子外壳，使冰块滑出；在投入量热器之前用干纱布揩干其表面的水，然后立即投入量热器的水中进行实验.

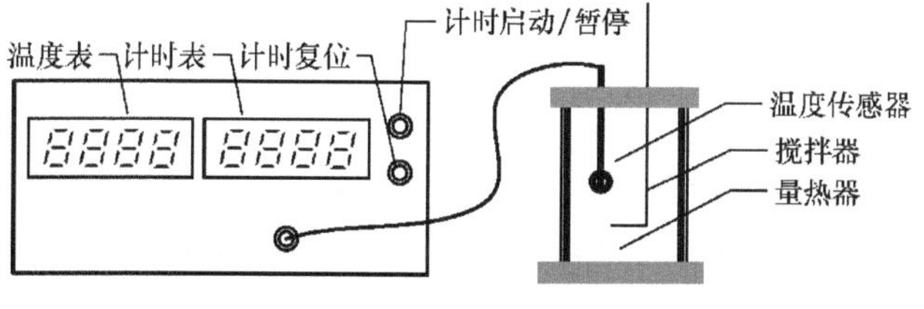

图 2.11.2

[实验内容]

(1) 测量环境温度 θ，用物理天平称量量热器内筒及搅拌器的质量 m_1 和 m_2.

(2) 将高于室温 θ 的温水倒入量热器内筒.测量水的质量 m.不停搅拌，每隔半分钟记录一次温度，3～5min 后(t_1 比室温 θ 高出 12℃左右)，将揩干的 0℃冰块投入量热器中，搅拌并继续记录温度，记录表 2.11.1.作温度-时间曲线，确定水的初温 t_1 和冰水混合后的终温 t_2.

(3) 取出内筒，称其总质量，把这个总质量减去(内筒＋搅拌器＋水)三者的质量，就是冰的质量 M.

(4) 由式(2.11.1)计算 λ，并与冰在 0℃时的熔解热(值为 3.329×10^5 J/kg)比较.

(5) 算出测量结果，并根据式(2.11.3)分析各参量的选择是否满足散热补偿的要求，如补偿效果不佳，可在此实验的基础上重新选取 m、M 和 t_1 值，再做一次实验.

[提示]

(1)测量中要时刻不停地搅拌，不要碰温度传感器和量热器，不要把水溅出内筒外.

(2)温度传感器不要接触量热器和冰块，应悬于水中.

[数据处理]

表 2.11.1

$m_1=$　　g，$m_2=$　　g，$m=$　　g，$M=$　　g，$\theta=$　　℃

τ/min						
t/ ℃						

[思考题]

(1) 水的初温选得太高或太低有什么不好?

(2) 分析本实验产生误差的主要原因，如何改进?

(3) 实验中有哪些因素会影响测量冰的质量 M 的准确性? 试估算其影响大小.

2.12　弦振动研究

在自然界中，振动现象是广泛存在的，广义地说，任何一个物理量在某个定值附近作往复变化，都可称为振动.振动是产生波动的根源，波动是振动的传播.波动有自己的特征，首先它具有一定的传播速度，且伴随能量的传播；另外，波动还具有反射、折射、干涉和衍射现象.本实验研究波的特征之一，即干涉现象的特例——驻波.

固定均匀弦振动的传播，实际上是两个振幅相同的相干波在同一直线上沿相反方向传播的叠加，在一定条件下便可形成驻波.

[实验目的]

(1) 了解固定均匀弦振动传播的规律.

(2) 观察固定弦振动传播时形成驻波的波形.

(3) 测定均匀弦线上的横波传播速度.

[实验原理]

设一均匀弦线，一端由劈尖 A 支撑，另一端由劈尖 B 支撑.对均匀弦线进行扰动，将引起弦线上质点的振动，于是波动就由 A 点沿弦线朝 B 点方向传播，称为入射波，再由 B 点反射沿弦线朝 A 点传播，称为反射波.当一列持续的入射波与其反射波在同一弦线上沿相反方向传播时，将会相互干涉，移动劈尖 B 到适当位置，弦线上的波就会形成驻波.这时，弦线上的波被分成了几段，且每段波两端的点始终静止不动，而中间的点振幅最大.这些始终静止的点称为波节，振幅最大的点称为波腹(图 2.12.1).

驻波的形成如图 2.12.1 所示.设图中的两列波是沿 X 轴相向传播的振幅相同、频率相同的简谐波.向右传播的波用细实线表示，向左传播的波用细虚线表示，它们的合成波是驻波，用粗实线表示.由图可见，两个波节间或两个波腹间的距离都等于半个波长，这可从波动方程推导出来.

下面用简谐波的表达式对驻波进行定量描述.设沿 X 轴正方向传播的波为入射波，沿 X 轴负方向传播的波为反射波，取它们振动相位始终相同的点作坐标原点，且在 $x=0$ 处，振动质点向上达最大位移时开始计时，则它们的波动方程分别为

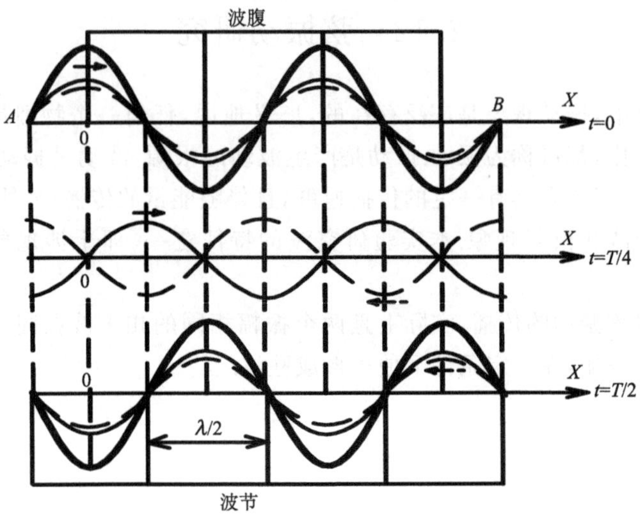

图 2.12.1

$$y_1 = A\cos 2\pi\left(ft - \frac{x}{\lambda}\right)$$

$$y_2 = A\cos 2\pi\left(ft + \frac{x}{\lambda}\right)$$

式中，A 为简谐波的振幅；f 为频率；λ 为波长；x 为弦线上质点的坐标位置.

两波叠加后的合成波为驻波，其方程为

$$y = y_1 + y_2 = 2A\cos 2\pi\frac{x}{\lambda}\cos 2\pi ft \tag{2.12.1}$$

由式(2.12.1)可知，入射波与反射波合成后，弦上各点都在以同一频率作简谐振动，它们的振幅为$\left|2A\cos 2\pi\frac{x}{\lambda}\right|$，即驻波的振幅与时间 t 无关，而与质点的位置 x 有关(图 2.12.1).

因为在波节处振幅为零，即

$$\left|\cos 2\pi\frac{x}{\lambda}\right| = 0$$

$$2\pi\frac{x}{\lambda} = (2k+1)\frac{\pi}{2}\quad (k = 0,1,2,\cdots)$$

所以可得波节的位置为

$$x = (2k+1)\frac{\lambda}{4} \tag{2.12.2}$$

而相邻两波节之间的距离为

$$x_{k+1}-x_k=\frac{\lambda}{2} \tag{2.12.3}$$

又因为波腹处的质点振幅最大，即

$$\left|\cos 2\pi\frac{x}{\lambda}\right|=1$$

$$2\pi\frac{x}{\lambda}=k\pi \quad (k=0,1,2,\cdots)$$

所以可得波腹的位置为

$$x=k\frac{\lambda}{2} \tag{2.12.4}$$

同理可知，相邻两波腹间的距离也是半个波长.因此，在驻波实验中，只要测得相邻两波节或相邻两波腹间的距离，就能确定该波的波长.

由于固定弦的两端是用劈尖支撑的，故两端点必为波节，所以，只有当弦线的两个固定端之间的距离(弦长)等于半波长的整数倍时，才能形成驻波，这就是均匀弦振动产生驻波的条件.其数学表示式为

$$l=n\frac{\lambda}{2} \quad (n=1,2,3,\cdots)$$

由此可得沿弦线传播的横波波长为

$$\lambda=\frac{2l}{n} \tag{2.12.5}$$

式中，n 为弦线上驻波的波段数，即半波数.

波动理论指出，弦线上横波的传播速度为

$$v=\sqrt{\frac{T}{\rho}} \tag{2.12.6}$$

式中，T 为弦线中的张力；ρ 为线密度，即单位长度的质量.

根据波速、频率及波长的普遍关系式 $v=f\lambda$，将式(2.12.5)代入可得

$$v=f\frac{2l}{n} \tag{2.12.7}$$

由式(2.12.6)和式(2.12.7)可得

$$f=\frac{n}{2l}\sqrt{\frac{T}{\rho}} \quad (n=1,2,3,\cdots) \tag{2.12.8}$$

由式(2.12.8)可知，当给定 T、ρ、l 时，频率 f 只有满足该关系式才能在弦线上形成驻波.同理，当用外力(如流过金属弦线中的交变电流在磁场中受到交变安培力的作用)去驱动弦线振动时，外力的频率必须与这些频率一致，都会促使弦振动的传播形成驻波.

[实验仪器]

XZDY-C 弦振动实验仪、砝码.图 2.12.2 为信号发生器面板示意图,图 2.12.3 为实验装置示意图.实验时,将弦线与接线柱连接,构成通电回路,然后接通电源.这样,通有电流的金属弦线在磁场的作用下就会振动.根据需要,可以旋转旋钮以变换变频器输出的电流频率.移动磁铁的位置,将弦振动调整到最佳状态(使弦振动的振动面与磁场方向完全垂直).移动劈尖 A、B 的位置,可以改变弦长.

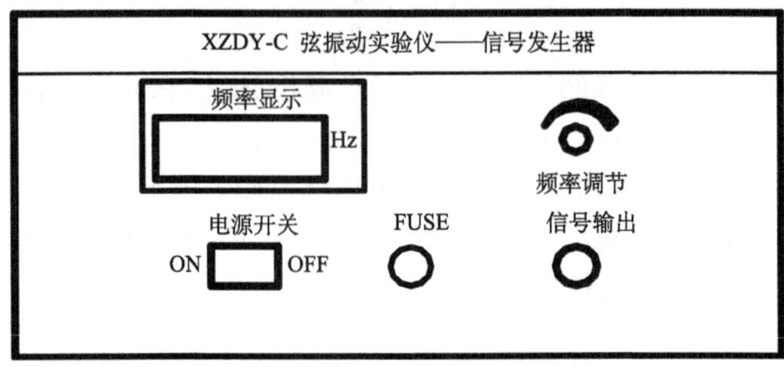

图 2.12.2

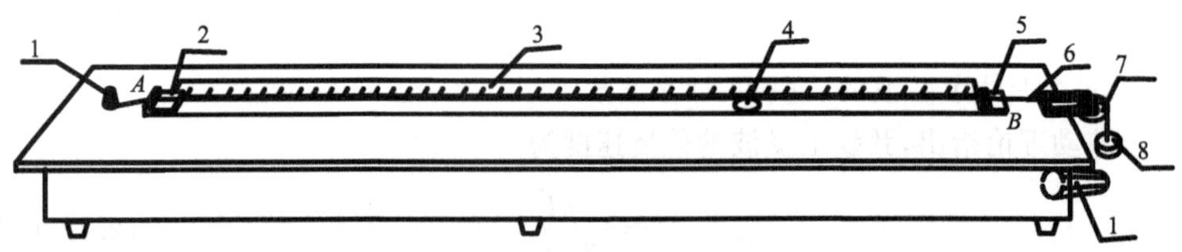

图 2.12.3

1. 接线柱;2. 劈尖 A;3. 米尺;4. 磁铁;5. 劈尖 A;6. 弦线;7. 过线轮;8. 砝码

[实验内容]

1. 测定弦线的线密度 ρ

选取频率 $f=100\text{Hz}$,张力 T 由挂在弦线一端的 40.0g 砝码产生.调节劈尖 A、B 之间的距离,使弦线上依次出现单段、两段及三段驻波,并记录相应的弦长 l_i,由式(2.12.8)算出 ρ_i($i=1,2,3$),求出平均值 $\bar{\rho}$(表 2.12.1).

2. 在频率 f 一定的条件下，改变张力 T 的大小，测量弦线上横波的传播速度 v_f

选取频率 $f=75$Hz，张力 T 仍由挂在弦线一端的砝码产生.以 30.0g 砝码为起点，逐次增加 5.0g 直至 55.0g 为止.在各张力作用下调节弦长 l，使弦上出现 $n=1$、$n=2$ 个驻波段，记录相应的 T、n、l 值，由式(2.12.7)计算弦上的横波速度 v_f(表 2.12.2).

3. 在张力 T 一定的条件下，改变频率 f，测量弦线上横波的传播速度 v_T

将 40.0g 砝码挂在弦线一端，选取频率 f 分别为 50Hz、75Hz、100Hz、125Hz、150Hz，调节弦长 l，仍使弦上出现 $n=1$、$n=2$ 个驻波段.记录相应的 F、n、l 值，由式(2.12.7)计算弦上的横波速度 v_T(表 2.12.3).

[数据处理]

表 2.12.1　弦线密度的测量

驻波段 \ 弦长 l	l_A/cm	l_B/cm	$l=(l_B-l_A)$/cm	线密度 ρ/(kg/m)
$n=1$				
$n=2$				
$n=3$				
$f=$　　Hz；	$T=$　　N；	$\bar{\rho}=$	kg/m	

表 2.12.2　频率不变时弦中波速的测定

砝码质量/g	张力 $T=mg$/N	$n=1$ l_{1A}/cm	l_{1B}/cm	l_1/cm	$n=2$ l_{2A}/cm	l_{2B}/cm	l_2/cm	$\bar{\lambda}$/cm	$v_f=f\bar{\lambda}$/(m/s)	$v=\sqrt{\frac{T}{\rho}}$/(m/s)	$\Delta v=\|v-v_f\|$/(m/s)	E/%
30.0												
35.0												
40.0												
45.0												
50.0												
55.0												
$f=$			Hz；			$\rho=$				kg/m		

表 2.12.3 张力不变时弦中波速的测定

频率 f /Hz	$n=1$			$n=2$			$\bar{\lambda}$ /cm	$v_T=f\bar{\lambda}$ /(m/s)	$v=\sqrt{\frac{T}{\rho}}$ /(m/s)	$\Delta v=\|v-v_T\|$ /(m/s)	E /%
	l_{1A} /cm	l_{1B} /cm	l_1 /cm	l_{2A} /cm	l_{2B} /cm	l_2 /cm					
50											
75											
100											
125											
150											
$T=$						N;		$\rho=$		kg/m	

(1) 取表 2.12.1 的数据,根据式(2.12.8)计算出弦线线密度 ρ_1、ρ_2、ρ_3,求出平均值 $\bar{\rho}$,作为本实验弦线的线密度.

(2) 表 2.12.2、表 2.12.3 中的 $\bar{\lambda}=\frac{\lambda_1+\lambda_2}{2}$,其中 λ_1 和 λ_2 根据式(2.12.5)在 $n=1$和 $n=2$ 的情况下计算得到.表中的 $E=\frac{\Delta v}{v}\times 100\%$.

[注意事项]

(1) 改变挂在弦线一端的砝码时,要使砝码稳定后再进行测量.

(2) 在移动劈尖调整驻波段时,磁铁应在两劈尖之间,且不能处于波节位置;要等波形稳定后,再记录数据.

(3) 不能随意更换弦线,以免烧毁仪器.

[思考题]

(1) 在图 2.12.1 中,除了波节和波腹处,你能指出驻波还有什么特征吗?

(2) 在本实验中,产生驻波的条件是什么?

(3) 来自两个波源的两列波,沿同一直线做相向行进时,能否形成驻波?为什么?

(4) 如何用固定弦振动装置测量未知砝码的质量?

(5) 怎样用弦驻波法测定未知交流电的频率?

2.13　空气绝热指数的测量

气体的定压比热容与定容比热容之比称为气体的绝热指数，它是一个重要的热力学常数，在热力学方程中经常用到.空气绝热指数的测定对研究气体的内能和气体分子内部的运动规律都是很重要的.由绝热方程可以看出，理想气体做绝热膨胀时，它的温度必然降低；反之，气体做绝热压缩时，温度必然升高.因此可以用绝热过程来调节气体的温度，也可以借助绝热过程来获取低温.生产和生活中的制冷设备，多数利用绝热过程获取低温.

[实验目的]

(1) 掌握用绝热膨胀法测定空气绝热指数的方法.

(2) 观测热力学过程中的气体状态变化及基本物理规律.

(3) 了解压力传感器和电流型集成温度传感器的工作原理及使用方法.

[实验原理]

对 1mol 理想气体的定压比热容 C_p 和定容比热容 C_V 之间关系如下：

$$C_p - C_V = R \text{（}R\text{ 为气体普适常数）} \tag{2.13.1}$$

气体的比热容比 γ 为

$$\gamma = C_p / C_V \tag{2.13.2}$$

气体的比热容比 γ 也称为气体的绝热系数，在热力学过程特别是绝热过程中是一个很重要的物理量.

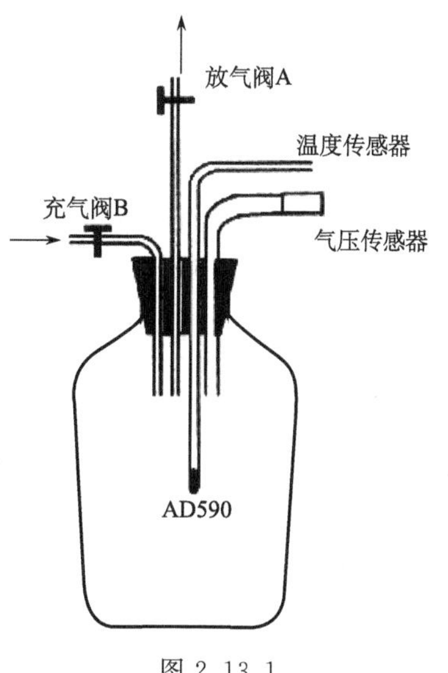

图 2.13.1

如图 2.13.1 所示，我们以储气瓶内的空气（近似为理想气体）作为研究对象，定义 p_0 为环境大气压强，T_0 为室温，V_2 为储气瓶的体积，进行如下实验过程.

(1) 首先打开放气阀 A，使储气瓶与大气相通，再关闭 A，则瓶内将充满与周围空气等温等压的气体.

(2) 打开充气阀 B，用充气球向瓶内打气，充入一定量的气体，然后关闭充气阀 B.此时瓶内空气被压缩，压强增大，温度升高.等到内部气体温度稳定，且达到与周围环境温度相等时，定义此时的气体处于状态Ⅰ(p_1，V_1，T_0)(此时 $V_1>V_2$).

(3) 迅速打开放气阀 A，使瓶内气体与大气相通，当瓶内压强降至 p_0 时，立刻关闭放气阀 A.由于放气过程较快，瓶内气体来不及与外界进行热交换，可以近似认为是一个绝热膨胀的过程.此时，气体由状态Ⅰ(p_1，V_1，T_0)转变为状态Ⅱ(p_0，V_2，T_1).

(4) 由于瓶内气体温度 T_1 低于室温 T_0，所以瓶内气体慢慢从外界吸热，直至达到室温 T_0 为止，此时瓶内气体压强也随之增大为 p_2，气体状态变为Ⅲ(p_2，V_2，T_0).从状态Ⅱ→状态Ⅲ的过程可以看作是一个等容吸热的过程.

气体由状态Ⅰ→Ⅱ→Ⅲ的过程如图 2.13.2 所示.

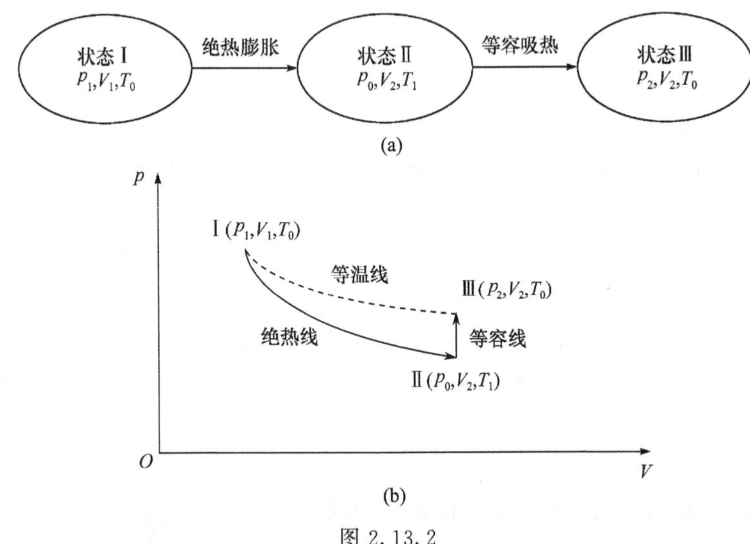

图 2.13.2

状态Ⅰ→状态Ⅱ是绝热过程，由绝热过程方程得

$$p_1V_1^{\gamma}=p_0V_2^{\gamma} \tag{2.13.3}$$

状态Ⅰ和状态Ⅲ的温度均为 T_0，由气体状态方程得

$$p_1V_1=p_2V_2 \tag{2.13.4}$$

合并式(2.13.1)、式(2.13.2)，消去 V_1，V_2 得

$$\gamma=\frac{\ln p_1-\ln p_0}{\ln p_1-\ln p_2}=\frac{\ln(p_1/p_0)}{\ln(p_1/p_2)} \tag{2.13.5}$$

由式(2.13.5)可以看出，只要测得 p_0、p_1、p_2 就可求得空气的绝热指数 γ.

［实验仪器］

本实验仪器由测试仪、扩散硅压力传感器、电流集成温度传感器 AD590、充气阀、放气阀、充气球、玻璃储气瓶等组成，如图 2.13.3 所示.

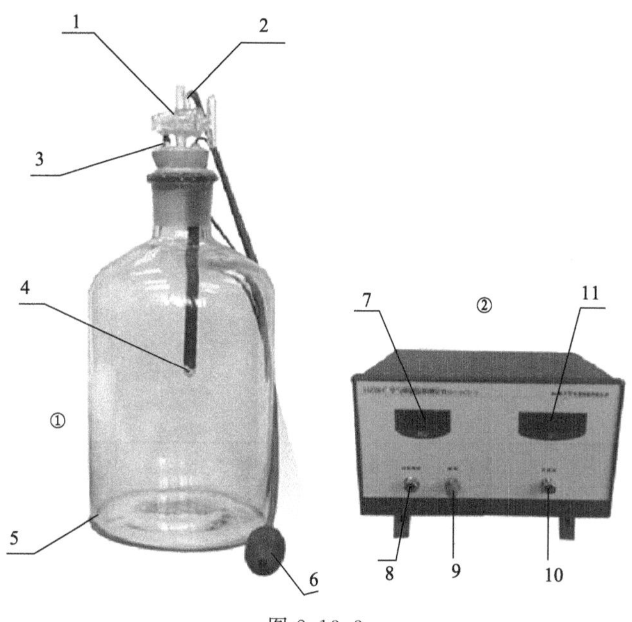

图 2.13.3

1. 放气阀 A；2. 充气阀 B；3. 扩散硅压力传感器；4. AD590 集成温度传感器；5. 玻璃储气瓶；6. 充气球；7. 压强显示电压表；8. 扩散硅压力传感器接口；9. 调零电位器；10. 温度传感器接口；11. 温度显示电压表；①储气瓶组件；②测试仪

［实验内容］

(1) 按图 2.13.3 连接实验电路，开启电源，让测试仪预热 20min，打开放气阀 A，使储气瓶内的空气压强与外界环境的空气压强相等.然后调节调零电位器，使测量空气压强的三位半数字电压表 U_P 显示为“000.0”，可以用实验室标准气压计测定环境大气压强 p_0.

(2) 关闭放气阀 A，打开充气阀 B，用充气球向瓶内注气，使压强显示电压表的示值升高到 100～150mV.然后关闭充气阀 B，观察 U_T 和 U_P 的变化，经历一段时间后，当 U_T 和 U_P 指示值均不变时，记下此时的 U_{P1} 和 U_{T1}（单位为 mV）.

(3) 迅速打开放气阀 A,当瓶内空气压强降至环境大气压强 p_0 时(放气声结束),立刻关闭放气阀 A,等到瓶内空气压强稳定后,记下此时的 U_{P2} 以及 U_{T2}(单位为 mV).

(4) 打开放气阀 A,使储气瓶与大气相通,以便于下一次测量,测量完毕,关闭电源.

(5) 把测得的电压值 U_{P1}、U_{T1}、U_{P2}、U_{T2}(以 mV 为单位)填入表格 2.13.1,对应的气体压强按照 $p_1=p_0+U_{P1}/2000$ 和 $p_2=p_0+U_{P2}/2000$ 计算得出.

根据公式

$$\gamma=\frac{\ln(p_1/p_0)}{\ln(p_1/p_2)}$$

计算空气的绝热指数 γ 值.

[数据处理]

表 2.13.1

$p_0/10^5$Pa	U_{P1}	U_{T1}	U_{P2}	U_{T2}	$p_1/10^5$Pa	$p_2/10^5$Pa	γ

根据表格数据,测得的 $\bar{\gamma}=$______,理论值为 $\gamma=1.402$,测量值与理论值的百分比误差为

$$\delta=\frac{\gamma-\bar{\gamma}}{\gamma}\times100\%=$$

[注意事项]

(1) 小心使用储气玻璃瓶以及玻璃阀门,避免破损.

(2) 充气时,压强示值不得超过 160mV,否则会爆炸.

(3) 打开放气阀 A,当放气结束后要迅速关闭放气阀,提前或推迟关闭阀门都将引入较大误差.

(4) 请不要在阳光照射情况或者温度变化较快的环境中开展实验.

(5) 扩散硅压力传感器参数存在差异,需与测试仪配套.

[思考题]

(1) 如何掌握放气结束后关闭阀门的时机?

(2) 测量得出的 γ 值有无可能大于标准值,为什么?

(3) 实验过程中要求环境温度基本不变,若温度变化,对实验有何影响?

2.14　液体黏滞系数的测定

黏滞系数是表征液体黏滞程度的重要参数,是液体流动时内摩擦作用大小的量度.在工程技术和科学研究的许多领域中,测定液体的黏滞系数是非常重要的.如机械的润滑、船舶的航行、石油在封闭管道中的输送以及与液体性质有关的研究中,都需要测定液体的黏滞系数.测量液体黏滞系数的常用方法有落体法、转筒法、阻尼法和毛细管法.本实验采用落体法测定蓖麻油的黏滞系数,黏度的大小取决于物体的性质和温度,温度越高,黏度迅速减小.因此,测定液体在不同温度的黏度有很大的意义.

[实验目的]

(1) 熟悉液体黏度随温度变化的物理现象.

(2) 学会用落体法测量液体在不同温度下的黏滞系数.

(3) 学会用半导体激光传感器测量小球在液体中的下落时间.

[实验原理]

在流动的液体中,因平行于流动方向的各层液体的流速不同,互相接触的两层液体之间存在相互作用,慢层对快层的作用力,阻滞其运动;快层对慢层的作用力,促使其加速,这一对力称为流体的内摩擦力或黏滞力.

实验证明:若以液层垂直的方向作为 x 轴方向,则相邻两个流层之间的内摩擦力 f 与两流层的接触面积 S 及流速梯度 $\mathrm{d}v/\mathrm{d}x$ 成正比

$$f=\eta\frac{\mathrm{d}v}{\mathrm{d}x}S \tag{2.14.1}$$

式中 η 称为液体的黏滞系数,它取决于液体的性质和温度,一般随温度的升高而迅速减小.

对于一个在无限广延的液体中运动的固体小球,如果小球的运动速度较小,则

在运动过程中不产生旋涡,此时小球受到的黏滞力 f 为

$$f=6\pi\eta rv \tag{2.14.2}$$

这一关系称为斯托克斯公式.式中,r 为小球半径;v 为小球运动的速度.

当小球在液体中垂直下落时,它将受到向上的黏滞力 f、向上的浮力 ρ_0Vg 及向下的重力 ρVg 的共同作用,这里 V 为小球的体积,ρ 与 ρ_0 分别为小球和液体的密度,g 为重力加速度.由式(2.14.2)可知,f 随小球运动速度的增加而增大.小球刚开始下落时速度较小,相应的黏滞力也较小,但随着下落速度的增加,黏滞力也逐渐增加,当速度增加到某一值 v_T 时,三个力达到平衡,即

$$\rho Vg-\rho_0Vg-6\pi\eta rv_T=0 \tag{2.14.3}$$

于是,小球做匀速运动,其速度 v_T 称为收尾速度.设小球在均匀区域中 t 时间内下落的距离为 l,则 $v_T=\dfrac{l}{t}$,代入式(2.14.3)整理得

$$\eta=\frac{(\rho-\rho_0)gd^2t}{18l} \tag{2.14.4}$$

式中 d 为小球的直径.

实验中,液体是盛于有限的圆柱形量筒内,不满足无限广延的条件,考虑到管壁的影响,式(2.14.4)应修正为

$$\eta=\frac{(\rho'-\rho)gd^2t}{18l}\cdot\frac{1}{\left(1+2.4\dfrac{d}{D}\right)\left(1+1.6\dfrac{d}{H}\right)}$$

$$\eta=\frac{(\rho-\rho_0)gd^2t}{18l\left(1+2.4\dfrac{d}{D}\right)} \tag{2.14.5}$$

式中,D 为量筒的内直径.根据式(2.14.5)即可测定液体的黏滞系数.

在重力加速度 g 已知的情形下,只要测出小球的直径 d、圆筒的直径 D、小球下落的时间 t 和小球的密度 ρ、液体的密度 ρ_0(用密度计测),就可以算出液体的黏滞系数 η.式中各量的单位:g 为 m/s^2,d、D 为 m,ρ、ρ_0 为 kg/m^3,t 为 s,则 η 的单位为 $N\cdot s/m^2$,即 Pa·s.

[实验仪器]

DCG-1 型变温液体黏滞系数测定仪、HMS-4 激光光电计时器、恒温水浴锅,循环泵,ϕ5、ϕ8 铝球各 12 只,镊子,取球器,游标卡尺(0～150mm),千分尺(0～25mm),密度计.

[仪器的结构及组成]

黏滞系数测定仪主要由液体黏滞系数仪与激光光电计时仪组成，见图 2.14.1.

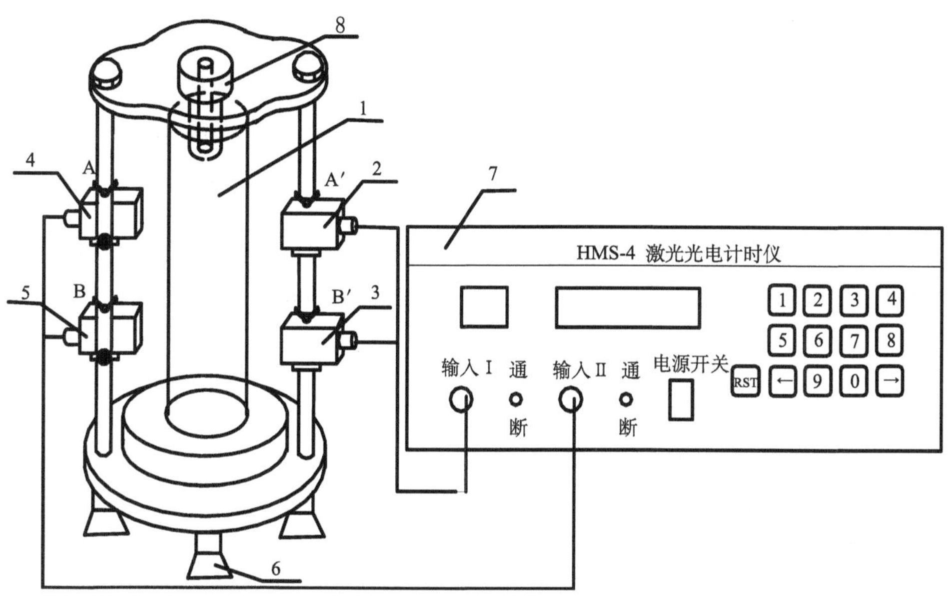

图 2.14.1

1. 盛液量桶；2. 激光发射盒；3. 激光发射盒；4. 激光接收盒；5. 激光接收盒；6. 调节腿；7. 激光光电计时仪；8. 导向管

[实验内容]

(1) 安装仪器.将循环泵安装在恒温水浴锅内侧，循环泵的橡皮管安装在变温液体黏滞系数测定仪的下端进水口上，变温液体黏滞系数测定仪上端出水孔装上橡皮管并放入恒温水浴锅内，向恒温水浴锅内注满水，使水位超过循环泵.然后将激光发射器和光电接收器与激光光电计时仪的输入口 I 和输入口 II 专用连接线连接起来，两"通断开关"都打向通.将待测液体注满容器，再将重锤放入待测液体中.

(2) 用游标卡尺测量量筒的内直径 D，在不同的方向上共测 3 次，取其平均值，用米尺测量油柱深度 H.

(3) 小球用乙醚和酒精混合液清洗干净，并用滤纸吸干残液.用千分尺测量小球不同位置的直径 3 次，取平均值，共测量 5 个.用天平测量 10～20 颗小铝球的质

量 m，用千分尺测其体积，计算小铝球的密度 ρ.

(4) 调节黏滞系数测定仪(测定仪示意图见图 2.14.1).

① 调整底盘水平.调节底盘旋钮，使重锤对准底盘的中心圆点.

② 小球匀速下落的起点 L_0 应离液面有适当的距离，可认为小球到 L_0 时已处于匀速运动状态，将激光发射部件 A′固定在此位置，再适当选取下线 L_1 的位置，将激光发射部件 B′固定在此.

③ 接通激光光电计时器的电源开关，调整实验架上下二个激光发射部件(A′和 B′)的激光发射器的位置，可见其发出红光，调节 A′和 B′上的激光发射器，使激光束呈水平发射，并对准重锤线.对准后轻轻地将重锤部件拿走.

注意：收回重锤线后不得再调节激光发射部件.

④ 调整光电接收部件(A 和 B)和光电接收器，使红色激光对准光电接收器上的小孔(如激光亮点在接收小孔的垂直方向上有偏差，可适当调节接收部件使激光对准接收小孔).

⑤ 放上小球导向管(注意小球导向管中间的孔要与球相匹配)，并深入液体表面 1mm.

⑥ 调节计时仪的次数预置，预置为 1 次，按“→”键或“←”键，面板显示 00 000000，此时仪器处于待计时状态.

⑦ 加热液体.接通控温系统的电源，启动水泵，将温度控制器开关调到某一温度，对待测液体水浴加热，到达设定温度后，红色指示灯亮进行保温.由于热惯性，需待一段时间后才能达到平衡，再者为了使待测液体的温度与加热水的温度完全一致，再等待 10min，才能测液体黏度.

⑧ 放小球于导向管，试测小球下落的时间.小球下落经过 AA′时，将阻断激光束，计时器开始计时；小球下落经过 BB′时又将阻断激光束，这时测定仪自动记录跳变次数并判别是否达到设定的次数，一旦次数到即刻停止计时.计时器显示的时间即为小球下落路程 l 的时间 t.如果小球下落过程中未能阻断激光束，则要再次进行实验.

(5) 用标尺测量上、下两个激光束之间的距离 l.

(6) 再放小球于导向管，测量小球的下落时间 t，重复测量 5 次，取平均值.

注意：

① 要用镊子夹小铝球.

② 将小球放入导向管前，应先在所测的油中浸一下，以使其表面完全被油浸润.

(7) 记录待测蓖麻油的密度 ρ_0 及温度 T.

(8) 根据式(2.14.5)计算蓖麻油(或甘油)的黏滞系数 η.

(9) 设定其他温度(温度间隔不能太大，一般在 5℃)，继续加热液体测定该温度下的液体黏度，做黏度与温度关系的曲线.

［数据处理］

(1)10 个小球的质量 $M=$______ g；油柱深度 $H=$______ m.

(2)量筒的内直径 $D=$______ m(表 2.14.1).

表 2.14.1

项目 / 次数	1	2	3	4	5	平均
量筒的内直径						

(3)小球的平均直径 d(表 2.14.2).

表 2.14.2

次数 / 直径 / 小球	1	2	3	4	5
1					
2					
3					
平均					

小球的平均直径 $d=$______ m.

(4)小球下落的时间 t(表 2.14.3).

表 2.14.3

下落时间 / 小球	1	2	3	4	5
t					

小球下落的时间的平均时间 $t=$______ s.

(5) 蓖麻油(甘油)黏滞系数 $\eta=$______ Pa·s(表 2.14.4).

表 2.14.4

温度/℃	10	15	20	25	30	35	40	45	50	55
密度 ρ_0										
η										

注:待测液体在不同温度下的密度 ρ_0 由密度计测量,在没有密度计的情况下,蓖麻油密度按 $\rho_0=957$ kg/m^3($t=20$ ℃)的计算.

[数据处理]

(1) 根据式(2.14.5)计算蓖麻油的黏滞系数 η.

(2) 可选 3 个温度下测量的黏滞系数与标准值比较,计算相对误差.

(3) 用表中的测量值在坐标纸上作图,标明黏度与温度的关系.

[注意事项]

(1) 实验时,油中应无气泡.要使液体始终保持静止状态,实验过程中不要捞取小球扰动液体.

(2) 实验过程中操作要仔细,避免油洒出量筒.

(3) 要避免激光发射部件和接收部件上的小孔被油污等杂物堵塞.

(4) 小球下落时要保持液体处于静止状态,每下落一粒小球要间隔一段时间,不能连续投放.

[思考题]

(1) 公式(2.14.4)的适用条件是什么?

(2) 为什么要在小球下落到距液面一定的距离后才开始计时?

(3) 试分析选用不同密度不同直径的小球做此实验时,对实验结果 η 的误差的影响?

[附录]

不同温度下蓖麻油的黏滞系数(表 2.14.5)

表 2.14.5

温度/℃	5	10	15	20	25	30	35	40	100
η/(Pa·s)	3.760	2.418	1.514	0.950	0.621	0.451	0.312	0.231	0.169

第3章　电磁学量测量

3.1　电磁学量测量基本知识

电磁测量是现代生产和科学研究中应用很广的一种测量方法和技术.它除了测量电磁量外,还可以通过换能器把非电量变为电量来测量.物理量测量中的电磁量测量基本知识,主要是学习电磁学中常用的典型测量方法(如伏安法、电桥法、电位差计法、冲击法等)以及测量方法和技能的训练,培养看电路图、正确连接线路和分析判断实验故障的能力.同时,通过实际的测量和观测,深入认识和掌握电磁学理论的基本规律.

首先我们了解一些测量电磁量的基本仪器的规格、性能和使用方法.

1. 电源

电源是把其他形式的能量转变成为电能的装置.电源分为直流和交流两种.

1）直流电源

常用的直流电源有铅蓄电池、干电池、直流发电机、晶体管稳压电源等,用符号“DC”或“－”表示.电源的接线柱上标有正负极.

铅蓄电池的正常电动势为2V,额定供电电流为2A.它的电动势降低到1.8V以下时应及时充电,长期不用时也必须每隔2～3周充电一次.因为维护比较麻烦,又加之体积较大、有腐蚀性等缺点,现在实验室中已不采用.干电池在功率小,稳定度要求不高的场合下使用是很方便的.它的电动势一般为1.5V,使用后电动势不断下降,内阻增大.当内阻很大时,就不能提供电流,电池即告报废.直流发电机也可提供直流电,但实验室中一般不采用.

现在实验室中常采用的是晶体管稳压电源,它的电压稳定性好,内阻小,功率较大,使用起来也很方便,只要接到220V交流电源上,就能输出连续可调的直流电压.使用时要注意它的最大允许输出电压和电流,切勿超过.

2）交流电源

常用的电网电源是交流电源,用符号“AC”或“～”表示.常用的交流电源有两种,一种是单相220V,频率为50Hz;另一种是三相380V.使用时要注意安全,人体的安全电压是36V,超过36V,人触及就有麻电感觉,电压再高就会危及生命.

使用交、直流电源时,均需注意,不得使电源短路,另外各种电源都有额定功率,不允许超过额定功率输出.

2. 电表

电测仪表的种类很多,在物理实验中常用的电表绝大多数都是磁电式仪表.磁电式仪表由表头与扩程电阻(分流电阻或分压电阻)两部分组成.表头的作用是将接受的电流(或电压)变成指针或光点的偏转;扩程电阻部分是将被测量的物理量转换成表头所能承受的电流(或电压).这种仪表适用于直流,具有灵敏度高、刻度均匀、便于读数等优点.下面逐一简单介绍之.

(1) 电流计(表头):它是利用通电流的线圈在永久磁铁的磁场中受到一力偶作用而发生偏转的原理制成的.在磁场、线圈面积和线圈匝数一定时,偏转角度与电流的大小成正比.

表头的主要规格:①满偏电流,即表针偏转到满度时,线圈所通过的电流值,以 I_g 表示.一般表头满偏电流为 $50\mu A$,$100\mu A$,$200\mu A$ 和 1mA.②内阻主要指表头内线圈的电阻,以 R_g 表示.表头内阻一般为几十欧姆到 2000Ω.表头满偏电流越小,内阻越大.

电流计也可以用于检验电路有无电流通过,它只能允许通过几十微安到几十毫安之间的电流.如果用它来测量较大的电流,必须对电表加以改装.

专门用来检验电路中有无电流通过的电流计称为检流计,有按钮式和光点反射式两类.

(2) 电流表:在表头线圈上并联一个附加低电阻,就成了电流表.有安培表、毫安表、微安表等多种.电流表的主要规格:①量程,即指针偏转满度时所通过的电流值,电流表一般是多量程的,例如毫安表有三个量程,分别为 1mA、5mA 和 10mA,我们通常以 0～1～5～10mA 表示.它表示第一个量程通过 1mA 电流时,指针满偏,第二个量程通过 5mA,指针满偏,第三个量程通过 10mA,指针满偏.②内阻,指表头内阻与为了扩程而并联的分流电阻的总电阻.安培计的内阻一般在 1 欧姆以下,毫安表的内阻一般在几欧姆到几十欧姆.

(3) 电压表:在表头线圈上串联一个附加高电阻,就是电压表,或称伏特表.电压表是用来测量电路中两点间的电压大小的,有伏特计、毫伏计等.它的主要规格:①量程,即指偏转满度时的电压值,电压表通常也是多量程的.例如一电压表的三个量程分别为 1V、5V、10V,通常以 0～1～5～10V 表示.②内阻,指表头内阻加上扩程而串联的电阻.电压表的量程不同,内阻也不同.但对同一块电表来讲,表头的满偏电流 I_g 是相同的,而$\frac{R}{V}=\frac{1}{I_g}$,所以每一块电压表的各个量程的每伏欧姆数相同.因此,电压表的内阻一般以"Ω/ V"表示,通常又称为电表的电压灵敏度.这样电表中某一量程的内阻可以用下式计算:

$$内阻=\Omega/V\times量程$$

例如，0～1～5～10 伏特计，其每伏欧姆数为 1kΩ/V，那么三个量程的内阻分别为 1kΩ、5kΩ、10kΩ.

(4) 欧姆表：用来测量电阻大小的电表.它也是利用一个表头，再配上电池、固定电阻和可变电阻改装而成的.在标度尺上欧姆表的零点位置与电压表、电流表的零点位置相反.

(5) 万用表：将电压表、电流表和欧姆表共用一个表头，就构成了简易的万用表.

根据《GB776—76 电器测量指示仪表通用技术条件》规定，电表的准确度等级定为 0.1、0.2、0.5、1.0、1.5、2.5 和 5.0 七级.电表指针指示任何一测量值所包含的最大基本误差为

$$\Delta m = \pm A_m \cdot k\%$$

式中，Δm 为绝对误差；A_m 为电表的量限(即电表可测量的最大值)；k 是电表的量限准确度等级.例如，准确度等级为 0.5 的电表，在规定条件下工作时，它所表示的数值可能包含的最大基本误差是该电表量限的±0.5%.

3. 电阻

为了改变电路中的电流和电压，或作为特定电路的组成部分，在电路中经常需要接入各种不同大小的电阻.常用的电阻有：

(1) 滑线变阻器.实验室常用变阻器来控制电路中的电压和电流.它的构造如图 3.1.1所示.它是把涂有绝缘物的电阻丝密绕在绝缘瓷管上，圈与圈之间相互绝缘，电阻丝两端分别固定在瓷管两端的接线柱 A、B 上.瓷管上方装有一根与瓷管平行的金属棒，一端连有接线柱 C，棒上装有滑动器，它紧压在电阻圈上，滑动器与线圈接触处的绝缘物已被刮掉，所以滑动器沿金属棒滑动时，可以改变 AC(或 BC)之间的电阻值.

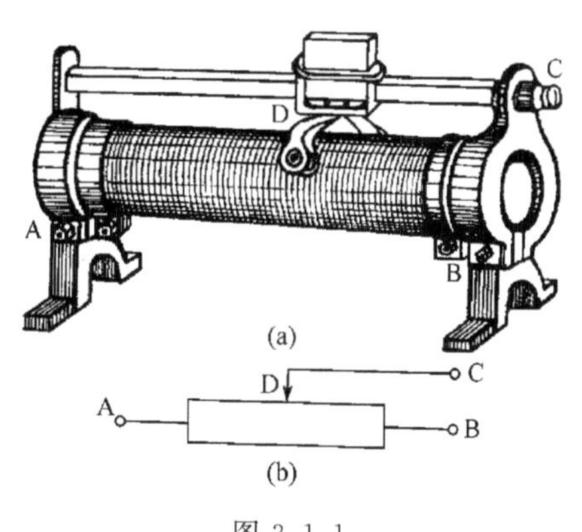

图 3.1.1

变阻器的主要规格：①总电阻，指 AB 间的电阻值，以 R_0 表示.实验室常用的变阻器的总电阻由几欧到几千欧.②额定电流，指变阻器允许通过的最大电流.使用时变阻器上任何一部分的电流都不可超过此值.

变阻器在电路中有两种基本的连接方法——制流电路和分压电路.

制流电路，如图 3.1.2 所示，变阻器的固定端 B 空着，而把 A、C 段接入电路中，滑动 C 时，由于 AC 段电阻改变而使整个电路中电流随之改变，所以称为制流

电路.使用该接法时,在接通电源前必须将 C 滑至 B 端,使变阻器的全部电阻 R_0 串入电路中,以防电路中电流太大.

分压电路,如图 3.1.3 所示,变阻器的两个固定端 A、B 分别接到电源上,从滑动端 C 与一个固定端 B 引出电压,接到用电部分.为确保安全,在接通电源前须将 C 滑到 B 端,使分出的电压值为零.

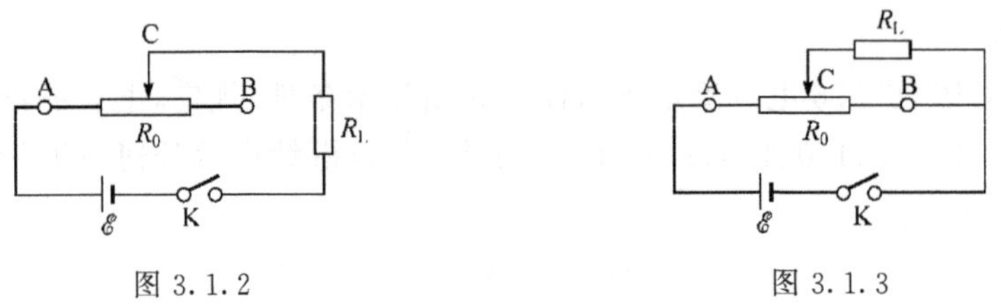

图 3.1.2　　图 3.1.3

(2) 电阻箱.电阻箱的外形如图 3.1.4 所示.它的内部有一套用温度系数较小的锰铜线绕成的电阻,按图 3.1.5 连线.

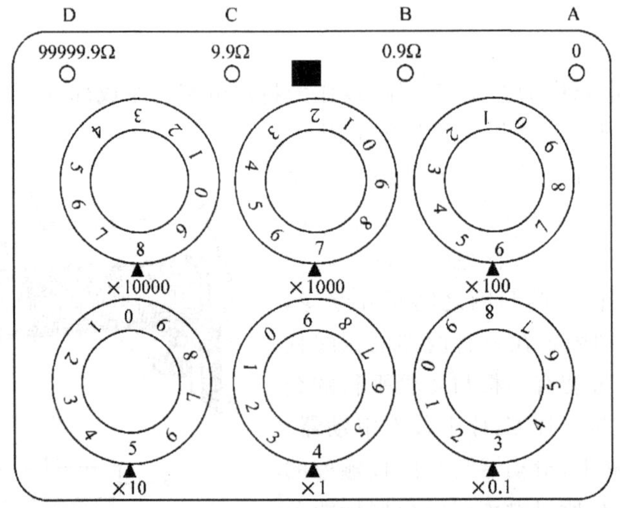

图 3.1.4

旋转电阻箱上的旋钮,可以得到不同的电阻值.

电阻箱的规格:①总电阻,指电阻箱上各个旋钮都放在最大值时的电阻值.如图 3.1.5 所示的电阻箱,其总电阻为 99999.9Ω.②额定功率,指电阻箱中每一个电阻的功率额定值,在一般电阻箱中此值为 0.25W.由此可以算出每个电阻的电流额定值.在同一挡中,额定电流值都是相同的.例如指示为 600Ω 时与指示为 500Ω 时,其额定电流都与指示为 100Ω 电阻时的额定电流相同,因为它们分别是 6 个 100Ω

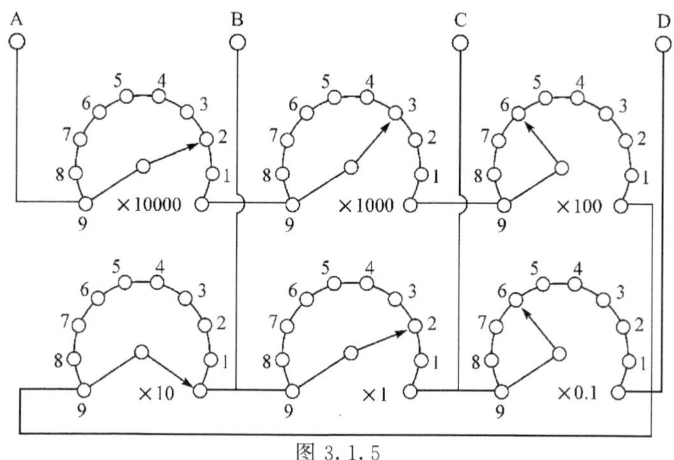

图 3.1.5

电阻或 5 个 100Ω 电阻串联而成，所以允许通过的电流都是

$$I=\sqrt{\frac{P}{R}}=0.05\text{A}$$

同理，在×1000Ω 挡中，不论旋钮指在什么数值，允许通过的电流都是 0.016A.由此可以看出，电阻值越大的挡，允许通过的电流越小.因此在几挡联用时额定电流按电阻最大的一挡计算才能确保安全.

电阻箱的级别，根据其误差的大小分为若干个等级，一般分为 0.02、0.05、0.1、0.2 等，它表示电阻值相对误差的百分数.例如，电阻箱为 0.1 级，当电阻为 23602.6Ω 时其误差为

$$23602.6\times 0.1\%=24(\Omega)$$

不同级别的电阻箱，规定允许的接触电阻标准也不同.例如，0.1 级规定每个旋钮的接触电阻不得大于 0.002Ω，在电阻较大时，它带来的误差微不足道，但在电阻值较小时，这个误差却很可观.例如，一个六钮电阻箱，当阻值为 0.5Ω 时，接触电阻所带来的相对误差为

$$\frac{6\times 0.002}{0.5}=2.4\%$$

为了减小接触电阻，一些电阻箱增加了小电阻的接头.例如，图 3.1.5 所示的电阻箱，增加了 0.9Ω 和 9.9Ω 两个接线柱.

(3) 固定电阻，有碳膜电阻、线绕电阻等多种.电流通过电阻要产生热效应，因此各种电阻都有一定的使用条件，每种电阻都注明了阻值大小和允许通过的电流(或功率)，使用时切勿超过此限.

4. 开关

开关是将电源与电路中的其他元件、仪表接通或断开的电器元件.常用的有单

刀单掷开关、单刀双掷开关、双刀单掷开关、双刀双掷开关及换向开关等.

其次,我们介绍一下关于电磁学实验的有关误差知识.

1) 仪器的结构误差

在电磁学实验中所使用的各种仪器、仪表,如电阻箱、电表,都有它的结构误差.通常也叫级别误差或标准误差.结构误差是仪器本身带来的误差,我们可以根据对实验结果误差大小的要求来选择合适的实验仪器.

2) 电表的接入误差

电磁学实验一般要用到电流表和电压表,由于电表的内阻的存在,对测量结果总会有一定的影响,这就是电表的接入误差.通过后面的实验,我们要懂得如何通过电表连接方式的改变来减少内阻的影响,并要知道如何对测量结果进行修正.

3) 灵敏度的误差

在使用不同的仪器来测量电流或电压时,有的反应灵敏,有的反应不灵敏.仪器反应越灵敏,即灵敏度越高,造成的误差就小.通过电磁学实验,学会通过对灵敏度的分析找出提高测量精度、改进实验的途径.

4) 其他误差

除以上所说之外,还有一些其他系统误差和偶然误差,如读数误差等,仍要引起足够的重视,否则会引起有效数字不对等问题.

最后,做电磁学实验时要切实按照操作规程进行.

(1) 准备.进入实验室后,先了解所用仪器的结构、规格、使用方法和使用注意事项.

(2) 连线.先把仪器、元件、开关等放在合适的位置,然后在理解电路的基础上连接线路.一般在电源正极、高电势处用红线或浅色导线连接,电源负极、低电势处用黑色线或深色线连接.

(3) 测量.接好线路后,先检查连接是否正确,再检查其他要求是否达到,如电表正负极、量程选择、电阻箱数值、变阻器滑动端的位置等,检查完毕,经老师同意后再接通电源.在合电源开关时,采用跃接法,即轻点开关,随时准备切断电源,与此同时,密切注意各仪表是否正常,都正常后才能紧合开关.

(4) 归整.实验完毕,经教师检验数据后再拆电路.拆电路时,先拆去电源再拆其他部分.拆完电路,整理好仪器才能离开实验室.

3.2 电表使用

3.2.1 电表改装与校正

电流表表头一般只能用来测量微安级的电流和毫伏级的电压,若要用来测量较大的电流和电压，必须通过改装来扩大其量程.磁电式系列多量程仪表都是用这种方法实现的.电表改装的原理在实际应用中非常广泛.

［实验目的］

(1) 了解安培表和伏特表的构造原理.

(2) 掌握将微安表改装成较大量程的电流表和伏特表的原理和方法.

(3) 了解欧姆表的测量原理和刻度方法.

(4) 学会校正电流表和电压表的方法.

［实验原理］

1. 将微安表改装成毫安表

实验中用于改装的微安表，习惯上称为“表头”.表针偏转到满刻度时所需要的电流强度 I_g 称为表头的量程，这个电流越小，表明表头的灵敏度越高.表头内线圈的电阻 R_g 称为表头内阻.表头能测量的电流是很小的，要将表头改装成能测量大电流的电表，就必须扩大它的量程.扩大量程的办法是在表头两端并联一个阻值较小的分流电阻 R_s，如图 3.2.1 所示.这样就使被测量的电流大部分从分流电阻流过，而表头仍保持在原来允许通过的最大电流 I_g 范围之内.

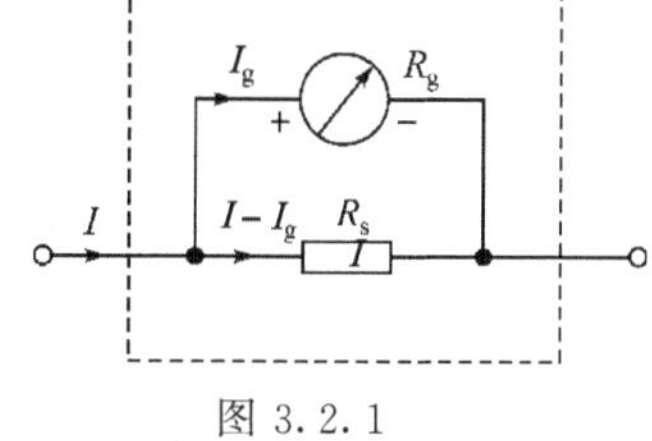

图 3.2.1

设表头改装后的量程为 I，由欧姆定律得

$$(I-I_g)R_s=I_gR_g$$

$$R_s=\frac{I_gR_g}{I-I_g}$$

若 $I=nI_g$，则

$$R_s=\frac{R_g}{n-1} \tag{3.2.1}$$

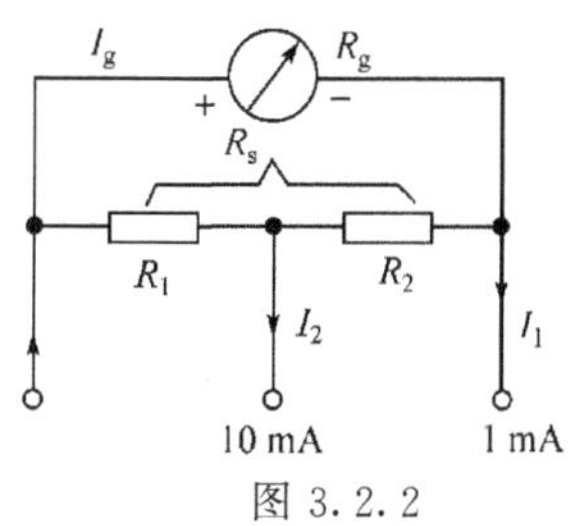

图 3.2.2

可见，当表头参量 I_g 和 R_g 确定后，根据微安表的量程扩大的倍数 n，只需在表上并联一个阻值为 $\frac{R_g}{n-1}$ 的分流电阻，就可以实现电流表的扩程.

表头上并联阻值不同的分流电阻，相应点引出抽头，便可制成多量程的电流表，如图 3.2.2 所示.

2. 将微安表改装成伏特表

由欧姆定律可知，微安表的电压量程为 I_gR_g，虽然可以直接用来测量电压，显然由于量程太小不能满足实际需要.为了能够测量较高的电压，在微安表上串联一个阻值较大的电阻（也称分压电阻）R_H，如图 3.2.3 所示.这样就使得被测电压大部分落在串联的附加电阻上，而微安表上的电压降很小，仍保持原来的量值 I_gR_g 范围之内.

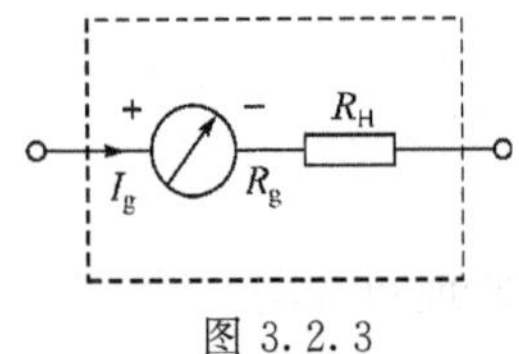

图 3.2.3

设微安表的量程为 I_g，内阻为 R_g，改装成量程为 U 的电压表，由欧姆定律得

$$I_g(R_g+R_H)=U$$

当 $U=nI_gR_g$ 时，有

$$R_H=\frac{U}{I_g}-R_g=(n-1)R_g \tag{3.2.2}$$

可见，要将量程为 I_g 的微安表改装成量程为 U 的电压表，只需串联一个阻值为 R_H 的附加电阻即可.

表头上串联阻值不同的分压电阻，便可制成多量程的电压表，如图 3.2.4 所示.

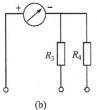

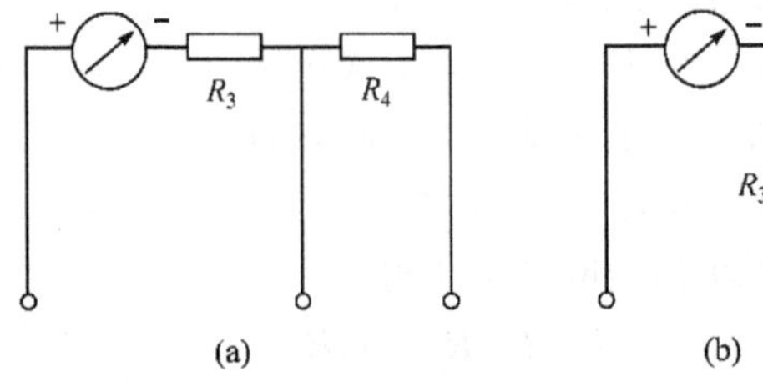

图 3.2.4

3. 将微安表改装成欧姆表

用来测量电阻大小的电表称为欧姆表，电路如图 3.2.5所示.图中 U 为电池的端电压，它与固定电阻 R_i、可变电阻 R_0 以及微安表相串联，R_x 是待测电阻.用欧姆表测电阻时，首先需要调零，即将 a、b 两点短路（相当于 $R_x=0$），调节可变电阻 R_0，使表头指针偏转到满偏刻度，这时电路中的电流即为微安表的量程 I_g.由欧姆定律得

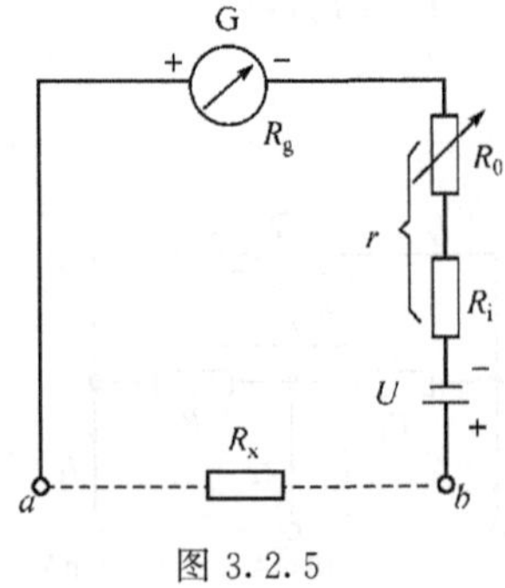

图 3.2.5

$$I_g = \frac{U}{R_g + R_0 + R_i} = \frac{U}{R_g + r} \tag{3.2.3}$$

式中 R_g 为表头内阻；$r = R_0 + R_i$.可见，欧姆表的零点是在表头刻度 R 的满偏刻度处，它正好跟电流表和电压表的零点相反.

在 a、b 端接入待测电阻 R_x 后，电路中的电流为

$$I = \frac{U}{R_g + r + R_x} \tag{3.2.4}$$

当电池端电压 U 保持不变时，待测电阻 R_x 和电流值 I 有一一对应关系，就是说，接入不同的电阻 R_x，表头的指针就指出不同的偏转读数.如果表头的标度尺预先按已知电阻刻度，就可以直接用来测量电阻.因为待测电阻 R_x 越大，电流 I 就越小.当 $R_x = \infty$ 时(相当于 a、b 开路)，表头的指针指在零位.所以，欧姆表的标度 R 为反向刻度，且刻度是不均匀的，电阻 R_x 越大，刻度线间隔越小，如图 3.2.6 所示.

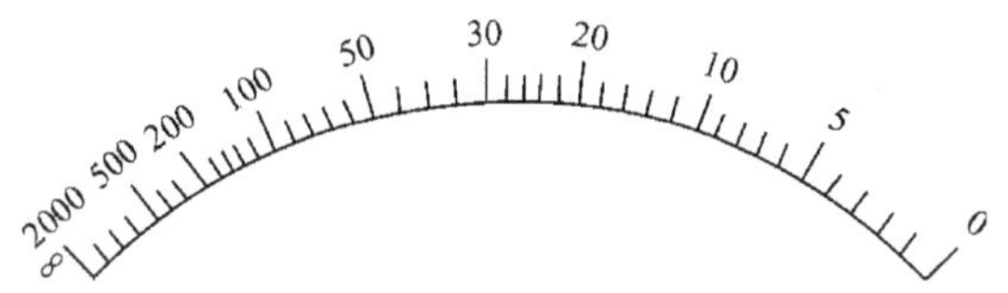

图 3.2.6

要满足待测电阻 $R_x = 0$ 时，电路中通过的电流恰为表头的量程，对于式(3.2.3)中的 R_0 和 R_i 就有一定的要求.因电池的端电压 U 在使用过程中会不断的下降，而表头的内阻 R_g 为常数，故要求 $r = R_0 + R_i$ 也要跟着改变才能满足上式，但实际上在 $R_x = 0$ 时，表头的指针转到满偏刻度是通过调节可变电阻(电位器)R_0 的值来实现的.为了防止电位器 R_0 调得过小而烧坏电表，用固定电阻 R_i 来限制电流.

[实验仪器]

直流毫安表(C31-mA 型)、直流微安表(C31-μA 型)($I_g = 100\mu A$ 时，表头内阻 $R_g = 1200\Omega$)、直流电压表(C31-V 型)、直流稳压电源、滑线变阻器、电阻箱(ZX21 99999.9Ω)(2 个)、导线、电键等.

[实验内容]

1. 电流表的改装和校正

(1) 根据实验室给定的表头(微安表)量程 I_g 和内阻 R_g 以及要改装成的电流

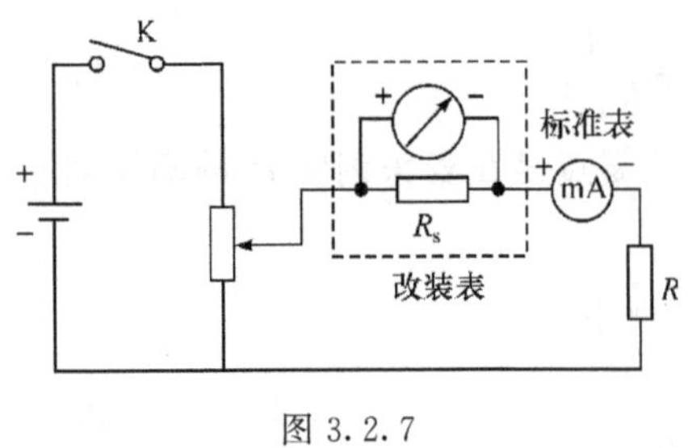

图 3.2.7

表量程 I，用公式 $R_s=\frac{R_g}{n-1}$ 算出所需并联的分流电阻 R_s 的阻值.

(2) 从电阻箱上取相应的电阻值 R_s，与表头并联组成电流表.将改装的电流表与标准表及限流电阻串连按图 3.2.7 所示接好电路.

(3) 经教师检查线路正确后接通电源，调节电路中的电流，使改装表读数从零增加到满刻度，然后再减到零，同时记下改装表与标准表相应电流的读数.

(4) 以改装表的读数为横坐标，标准表的读数为纵坐标，在坐标纸上作出电流表的校正曲线.

2. 电压表的改装和校正

(1) 根据表头的量程 I_g 和内阻 R_g 以及要改装成的电压表量程 U，用公式 $R_H=\frac{U}{I_g}-R_g$，算出串联电阻 R_H 的阻值.

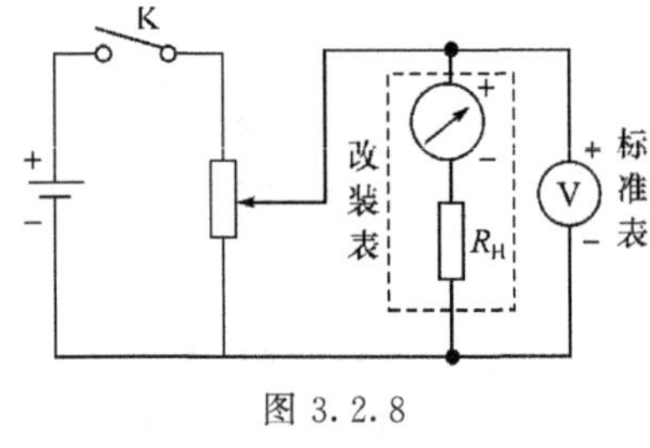

图 3.2.8

(2) 从电阻箱上取相应的电阻值 R_H，将它与表头串联组成电压表.将改装的电压表与标准电压表按图 3.2.8 所示接好电路.

(3) 接上电源，调节滑线变阻器的滑动头，使电压读数从零到满刻度，然后再减到零，同时记下改装表与标准表相应电压的读数，填入设计的数据表格.

(4) 以改装表的读数为横坐标，标准表的读数为纵坐标，在坐标纸上作出电压表的校正曲线.

3. 欧姆表的改装和标定表面刻度

(1) 根据表头参数 I_g 和 R_g 以及电池端电压 U 的变化范围，按下式：

$$I_g=\frac{U}{R_g+R_0+R_i}=\frac{U}{R_g+r}$$

分别算出图 3.2.5 中所示电阻 $r(r=R_0+R_i)$ 的上、下限阻值.

(2) 选取一个固定电阻 R_i(R_i 的阻值应与算出的下限阻值相等)和一个可变电阻 R_0(用电位器和电阻箱都可，其阻值大于或等于上、下限阻值之差)，然后将它们与表头和电池串联，组成图 3.2.5 所示的欧姆表电路.

(3) 将图 3.2.5 中的 a、b 两点短路，调节可变电阻 R_0，使表针偏转到满刻度($R_x=0$).

(4) 将电阻箱(图 3.2.5 中的 R_x)接于欧姆表的 a、b 两端,取电阻箱的电阻为一组特定的整数值 R_{xi},读记相应的表针偏转格数 d_i.利用 R_{xi}、d_i,绘制出改装欧姆表的标度尺.

[数据处理]

(1) 设计实验数据表,将实验测得数据填入表中.

(2) 根据校正数据,分别作出 I-ΔI 和 U-ΔU 误差校正曲线.

(3) 根据改装表的校正数据,分别求出毫安表和电压表的标称误差,并定出相应的精确度等级.

(4) 电表的标称误差的计算.标称误差指的是电表的读数和精确值的差异,它包括了电表在构造上的各种不完善因素所引入的误差.为了确定标称误差,先将电表和一个标准电表同时测量一定的电流(或电压),结果得到电表各个刻度的绝对误差,选最大的绝对误差除以量程即为电表的标称误差

$$\text{标称误差}=\frac{\text{最大的绝对误差}}{\text{量程}}\times 100\%$$

根据标称误差的大小,电表分为不同的等级,电表的等级常用一个内写数字的圆圈标在电表的面板上,如 0.5 表示该表为 0.5 级,其标称误差的范围是±0.5%.

[思考题]

(1) 标准电表满刻度时,改装的电表未满刻度或超过满刻度,这两种情况倍增电阻是大还是小?

(2) 校正后的电表使用时,它的测量误差是否可以比标准的误差小些?试取任一刻度值加以比较.

(3) 为什么校正电表时需要把电流(或电压)从小到大做一遍,又从大到小做一遍?两者完全一致说明了什么?不一致说明了什么?

3.2.2　制流电路与分压电路

电路一般包含电源、控制和测量三个部分.电源是根据不同电路的要求而确定的,它是电路中的能源.控制负载上的电流和电压常用制流电路和分压电路.根据电路要求,就要选择合适的电源和控制元件,使负载的电流和电压在一定范围内变化.

[实验目的]

(1) 了解基本仪器的使用方法.

(2) 掌握制流与分压两种电路的连接方法.

(3) 测绘制流特性曲线和分压特性曲线.

[实验原理]

1. 制流电路

电路如图 3.2.9 所示,图中 $\mathscr{E}$ 为直流电源;R_0 为滑线变阻器;A 为电流表;R 为负载(电阻箱);K 为电源开关.

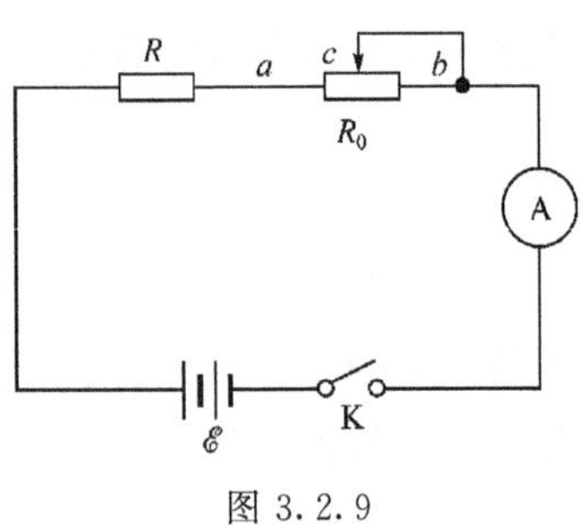

图 3.2.9

当 c 滑至 a 点,$R_{ac}=0$,$I_{max}=\dfrac{\mathscr{E}}{R}$,负载处 $U_{max}=\mathscr{E}$;

当 c 滑至 b 点,$R_{ac}=R_0$,$I_{min}=\dfrac{\mathscr{E}}{R+R_0}$,负载处 $U_{min}=\dfrac{\mathscr{E}}{R+R_0}R$.

电压调节范围

$$\frac{R}{R_0+R}\mathscr{E}\sim\mathscr{E}$$

相应的电流变化为

$$\frac{\mathscr{E}}{R_0+R}\sim\frac{\mathscr{E}}{R}$$

一般情况下负载 R 中的电流为

$$I=\frac{\mathscr{E}}{R+R_{ac}}=\frac{\dfrac{\mathscr{E}}{R_0}}{\dfrac{R}{R_0}+\dfrac{R_{ac}}{R_0}}=\frac{I_{max}k}{k+x} \qquad (3.2.5)$$

式中,$k=\dfrac{R}{R_0}$;$x=\dfrac{R_{ac}}{R_0}$.

图 3.2.10 表示不同 k 值的制流特性曲线,从曲线可以清楚地看到制流电路有以下几个特点:

(1) k 越大电流调节范围越小.

(2) $k\geqslant1$ 时调节的线性较好.

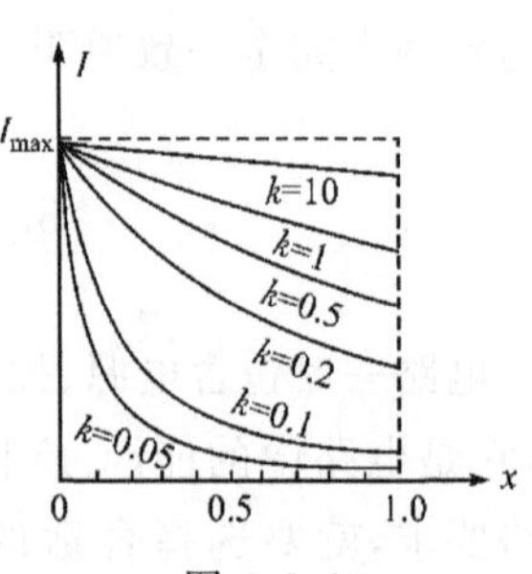

图 3.2.10

(3) k 较小时(即 $R_0 \gg R$),x 接近 0 时电流变化很大,细调程度较差.

(4) 不论 R_0 大小如何,负载 R 上通过的电流都不可能为零.

2. 分压电路

分压电路如图 3.2.11 所示.当滑动头 c 由 a 端滑至 b 端,负载上电压由零变至 $\mathscr{E}$,调节的范围与变阻器的阻值无关.当滑动头 c 在任一位置时,ac 两端的分压值 U 为

$$
\begin{aligned}
U &= \frac{\mathscr{E}}{\dfrac{RR_{ac}}{R+R_{ac}}+R_{bc}}\,\frac{RR_{ac}}{R+R_{ac}} = \frac{\mathscr{E}}{1+\dfrac{R_{bc}(R+R_{ac})}{RR_{ac}}} \\
&= \frac{\mathscr{E}RR_{ac}}{R(R_{ac}+R_{bc})+R_{bc}R_{ac}} = \frac{RR_{ac}\mathscr{E}}{RR_0+R_{bc}R_{ac}} \\
&= \frac{\dfrac{R}{R_0}R_{ac}\mathscr{E}}{R+\dfrac{R_{ac}}{R_0}R_{bc}} = \frac{kR_{ac}\mathscr{E}}{R+R_{bc}x}
\end{aligned} \tag{3.2.6}
$$

式中,$R_0=R_{ac}+R_{bc}$;$k=\dfrac{R}{R_0}$;$x=\dfrac{R_{ac}}{R_0}$.

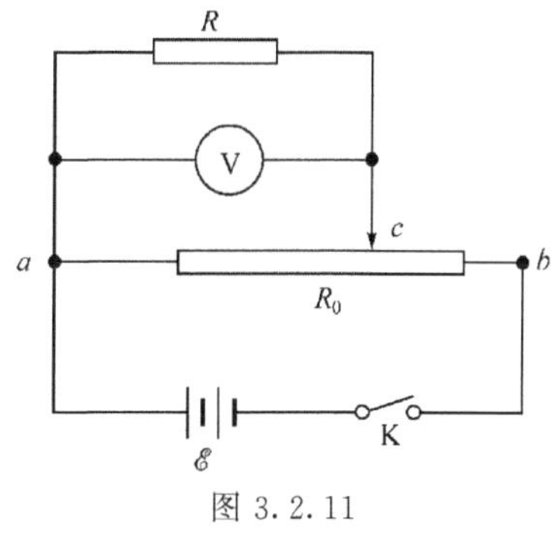

图 3.2.11

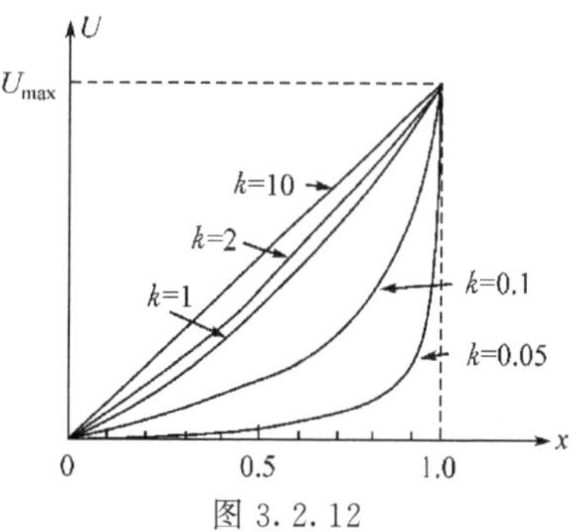

图 3.2.12

由实验可得不同 k 值的分压特性曲线,如图 3.2.12 所示.从曲线可以看出分压电路有如下几个特点:

(1) 不论 R_0 的大小,负载 R 的电压调节范围均可从 0 至 $\mathscr{E}$.

(2) k 越大,电压调节越均匀,因此要使电压 U 在零到 U_{max} 整个范围内均匀变化,则取 $k>1$ 比较合适,实际 $k=2$ 那条线可近似作为直线,故取 $R_0 \leqslant \dfrac{R}{2}$ 即可认为电压调节已达到一般均匀的要求了.

[实验仪器]

毫安表、伏特表、直流电源、滑线变阻器、电阻箱、开关、导线.

[实验内容]

(1) 记下所用电阻箱的级别，如果该电阻箱的示值是 400Ω 时，它的最大允许电流是多少？

(2) 制流电路特性的研究.

按图 3.2.9 连接电路，用电阻箱作为负载 R，取 k 为 0.1，确定 R 值.根据所用毫安表的量程和 R 的最大允许电流，确定实验时的最大电流 $I_{\max}$及电源电压 $\mathscr{E}$ 值.注意，$I_{\max}$值应小于 R 最大允许电流.复查电路无误后，闭合电源开关 K 开始测量.

移动变阻器滑动头 c，在电流从最小到最大过程中，测量 8～10 次电流值及 c 在标尺的位置 l，并记下变阻器绕线部分的长度 l_0，以$\dfrac{l}{l_0}\left(即\dfrac{R_{ac}}{R_0}\right)$为横坐标，电流 I 为纵坐标作图.注意，电流最大时 c 的标尺读数为测量 l 的零点.

取 $k=1$，重复上述测量并绘图.

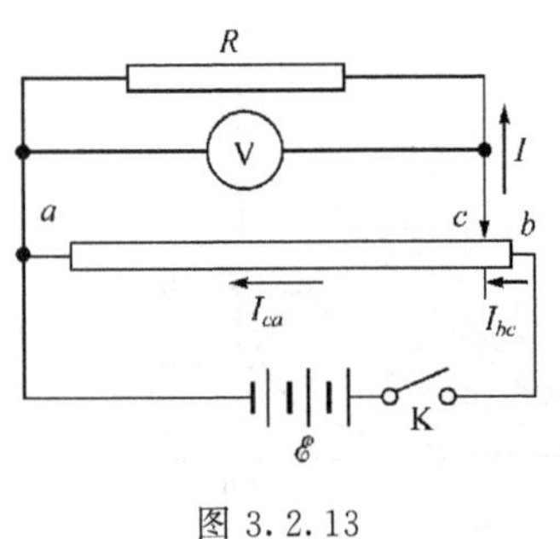

图 3.2.13

(3) 分压电路特性的研究.

按图 3.2.11 连接电路，用电阻箱当负载，取 $k=2$确定 R 值，参照变阻器的额定电流和 R 的允许电流，确定电源电压 $\mathscr{E}$ 之值.要注意如图 3.2.13 所示，变阻器 bc 段的电流是 I 和 I_{ca} 之和，确定 $\mathscr{E}$ 值时，特别要注意 bc 段的电流是否大于滑线变阻器的额定电流.

移动变阻器滑动头 c，使加到负载 R 上的电压从最小变到最大，在此过程中，测量 8～10 次电压值 U 及 c 点在标尺上的位置 l，以$\dfrac{l}{l_0}$为横坐标，U 为纵坐标作图.

取 $k=0.1$，重复上述测量并绘图.

[思考题]

(1) ZX21 型电阻箱示值为 5000Ω 时，试计算它的允许基本误差，它的额定电流值，若示值改为 0.6Ω，试计算它的允许基本误差.

(2) 如图 3.2.14 所示电路正确吗？若有错误，说明原因并改正之.

电阻箱读数为各挡示值与倍率乘积之和.ZX21 型电阻箱在室温 20℃ 的准确度见表 3.2.1(表中的 α 为准确度等级).

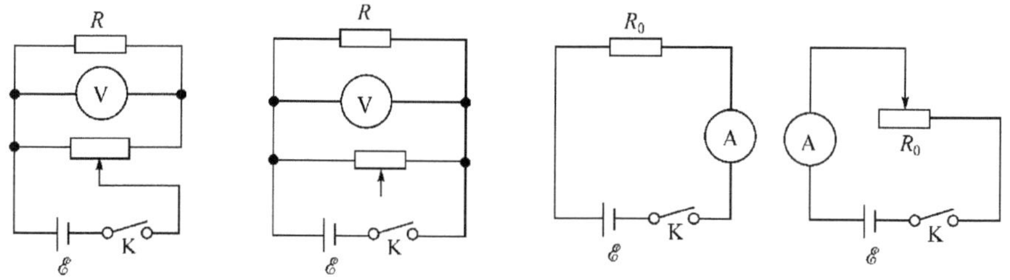

图 3.2.14

表 3.2.1

R/Ω	9×10000	9×1000	9×100	9×10	9×1	9×0.1
α%	0.1	0.1	0.5	1	2	5

上述电阻箱如果用在交流电路中，只有在低频(不超过 1kHz)下才能当作“纯电阻”.所以也称为直流电阻箱.它的额定功率为 0.25W，故各挡以 1 为首位的电阻额定功率为 0.25W，以 2 为首位的电阻其额定功率为 0.25×2W，当几挡联用时，额定电流按最大挡计算，根据

$$I=\sqrt{\frac{P}{R}} \tag{3.2.7}$$

可算出电阻箱所能承受的最大电流值.各挡最大允许电流如表 3.2.2 所示.

表 3.2.2　ZX21 型旋转式电阻箱各挡最大允许电流

R/Ω	R×10000	R×1000	R×100	R×10	R×1	R×0.1
$I_{\max}/\mathrm{A}$	0.005	0.0158	0.05	0.158	0.5	1.58

3.3　电 阻 测 量

为改变电路中的电流或电压，或作为特定电路的组成部分，在电路中需要接入大小不同的电阻，电阻按阻值大小可分为三类：阻值在 1Ω 以下的为低值电阻；1Ω 到 100kΩ 的电阻为中值电阻；100kΩ 以上的为高值电阻.这三种不同阻值的电阻，从测量精度上讲，应采用不同的方法进行测量.电桥在电测技术中应用十分广泛，直流电桥主要分为单臂电桥(惠斯通电桥)和双臂电桥，其中单臂电桥适用于测量中值电阻，双臂电桥适用于测量低值电阻.

3.3.1 惠斯通电桥测电阻

[实验目的]

(1) 掌握电桥的比较法测量原理,了解桥式电路的特点.

(2) 学会正确使用惠斯通电桥测量电阻,掌握调节电桥平衡的方法.

[实验原理]

1. 惠斯通电桥的工作原理

惠斯通电桥又称直流单臂电桥,其基本电路如图 3.3.1 所示.标准电阻 R_1、R_2、R_s 和待测电阻 R_x 构成电桥的四个"桥臂".接入灵敏电流计 G 的 BD 线路,就称为"桥".当 K_1、K_2 闭合时,一般讲桥路上电流不为零,电流计指针会发生偏转.通过调整 3 个标准电阻 R_1、R_2 和 R_s 的值,使电流计示数为零,即流过电流计的电流 I_g 为零,称这种状态($I_g=0$)为电桥平衡.此时

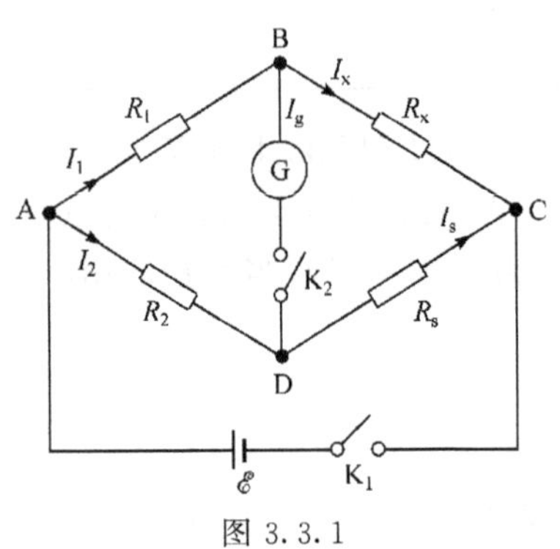

图 3.3.1

$$U_B=U_D,\quad I_1=I_x,\quad I_2=I_s$$

$$I_1R_1=I_2R_2,\quad I_1R_x=I_2R_s$$

整理后得待测电阻 R_x 与 3 个标准电阻的关系为

$$R_x=\frac{R_1}{R_2}R_s \tag{3.3.1}$$

将待测电阻与已知标准电阻比较,得到待测电阻阻值.这就是惠斯通电桥用比较法测量电阻的原理公式,也是电桥平衡的条件.在式(3.3.1)中,称 R_x 为待测臂,R_s 为比较臂,R_1 和 R_2 为比例臂,并且称 R_1/R_2 为倍率.由式(3.3.1)可知,接入待测电阻后,有两种方法使电桥平衡.一种是选定比较臂后不再动,调倍率;另一种是确定倍率,调比较臂.前一种方法准确度很低,本实验采用后一种方法.选择恰当的倍率,调节比较臂使电桥达到平衡,再应用式(3.3.1)求得待测电阻的值.

2. 电桥的灵敏度

电桥的灵敏度指电桥判断平衡的分辨能力.理论和实验证明,电桥灵敏度由电源电动势、电流计的电流灵敏度及四个桥臂的阻值搭配等诸多因素决定,并非定值,需视具体情况测定.

电桥灵敏度 S 的定义式是

$$S=\frac{\Delta n}{\dfrac{\Delta R_x}{R_x}} \tag{3.3.2}$$

它表示电桥平衡后，调节 R_x，使其变动 ΔR_x，这时，电流计指针偏离平衡位置 Δn 格.由于实验中待测臂 R_x 是不便调节的，比较臂 R_s 是可调的，根据式(3.3.1)有关系

$$\frac{\Delta R_x}{R_x}=\frac{\Delta R_s}{R_s}$$

可将电桥灵敏度定义式改写为

$$S=\frac{\Delta n}{\dfrac{\Delta R_s}{R_s}} \tag{3.3.3}$$

即当电桥平衡后，调节 R_s，使其改变 ΔR_s，同时记录下电流计指针偏转格数 Δn，就可计算出电桥灵敏度 S.

S 值越大，电桥越灵敏.一般人们能察觉到电流计 $\frac{1}{10}$ 格的偏转，因此判断电桥平衡所带来的误差必定小于 $0.1\frac{R_x}{S}$.

[实验仪器]

本实验使用的是 QJ23 型便携式直流单臂电桥.仪器面板构造如图 3.3.2 所示.电桥各部件作用、特点和使用方法说明如下.

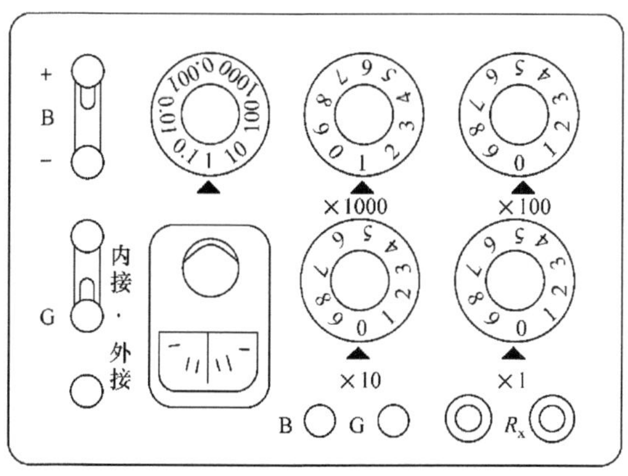

图 3.3.2

1. 电流计 G

电流计 G 灵敏度约为 3×10^{-6} A/div，内阻近百欧姆，用以指示电桥是否平衡.电桥平衡时，表头指针稳定示零.在其左侧有 3 个接线柱，当连接片接通“外接”时，电流计 G 被接入桥路；当连接片接通“内接”时，电流计被短路，此时既锁住电流计指针，又可以从“外接”处接入灵敏度更高的电流计.

用电桥测量电阻时，先将电流计的连接片从“内接”转换到“外接”上，并调整电流计到零点，进入工作状态.测量结束后，记住将连接片换到“内接”上，以保护电流计.

2. 比例臂 R_1、R_2 和比较臂 R_s

面板左上角的转换旋钮即为倍率盘，从图 3.3.2 可知，倍率 R_1/R_2 分为 0.001 到 1000，共 7 挡.

比较臂 R_s 是一个 4 位十进制电阻箱.由量程分别为×1Ω，×10Ω，×100Ω 和×1000Ω 的具有步进盘的 4 个电阻箱组成，位于面板的右侧.

实际测量时，根据待测电阻的标称值选取适当的倍率，以使比较臂 R_s 能具有四位有效数字.

3. 待测臂 R_x

面板右下方的两个接线柱可接入待测电阻 R_x.

4. 电源与电流计开关

面板下方的按钮 B 和 G 如图 3.3.1 中的开关 K_1 和 K_2，分别为电源与电流计开关.

当测量电阻的准备工作就绪，需接通电源，观察电桥是否平衡时，应先接通 B，后接通 G；然后先断开 G，再断开 B.同时注意：①不要将 B 按下锁住，避免电流热效应引起阻值改变，增大误差，并防止电池过快耗尽.②接通开关 G 应采用“跃接法”，即短暂接通后马上断开，以免过载损坏电流计.

在调节电桥平衡时，若电流计指针偏向“+”，表示 R_s 需要增大，反之需减小.

[实验内容]

(1) 根据电阻上的色环，计算出待测电阻的标称值(色环查对数值表见附录).

(2) 用电桥测出电阻阻值，同时测出相应的电桥灵敏度.

具体步骤如下：①电流计连接片转到“外接”上，将电桥检流计指针调零.然后

将 R_x 接入电路.②选择合适的比例臂 $\frac{R_1}{R_2}$ 的值及比较臂 R_s 的值,并保证 R_s 上有四位有效数字.调节比较臂 R_s 使电桥平衡,记下平衡时 $\frac{R_1}{R_2}$ 及 R_s 的值.③让 R_s 改变 ΔR_s,记下电流计此时的偏转格数 Δn.④重复测量 3 个电阻的阻值,将测量值填入表 3.3.1 中,并进行计算.

[数据处理]

表 3.3.1

待测电阻色环				
待测电阻标称值				
平衡时比较臂 R_s				
倍率 $\frac{R_1}{R_2}$				
测量值 $\frac{R_1}{R_2}R_s$				
平衡后改变 ΔR_s				
改变 ΔR_s 对应 Δn				
电桥灵敏度 S				
不确定度 $\Delta R_x=\left(\alpha\%+\frac{0.1}{S}\right)\frac{R_1}{R_2}R_s$				
待测电阻 $R_x=\frac{R_1}{R_2}R_s\pm\Delta R_x$				

注:α 为直流单臂电桥的准确等级.本实验采用的 QJ23 型电桥的准确度等级 $\alpha=0.2$ 级.

[思考题]

(1) 什么叫电桥平衡?在实验中如何判断电桥达到平衡?电流计指针在电源接通瞬间仍停在示零处,但有振颤,能说此时的电桥已达到平衡了吗?

(2) 如何选择适当的倍率?为什么比较臂 R_s 要保持四位有效数字?

(3) 什么叫开关的"跃接法"?为什么实验中开关 G 要采用"跃接法"?

(4) 电桥平衡后,互易电源与电流计的位置,电桥是否依然平衡,试证明之.

(5) 电桥的灵敏度是否越高越好呢?

［附录］

电阻色环查对数值表

颜色环	有效数字	倍　乘	允许偏差
黑	0	10^0	—
棕	1	10^1	±1%
红	2	10^2	±2%
橙	3	10^3	—
黄	4	10^4	—
绿	5	10^5	±0.5%
蓝	6	10^6	±0.25%
紫	7	10^7	±0.1%
灰	8	10^8	—
白	9	10^9	±5%～20%
金			±5%
银			±10%
无色			±20%

电阻色环查对值表的使用方法是：以五色环电阻为例，判断出电阻色环的顺序，自左起，第一色环的有效数字乘以 100，第二色环的有效数字乘以 10，第三色环有效数字乘以 1，三个色环电阻的有效数字相加，再乘以第四色环的倍乘，所得到的数字为电阻的总值，第五色环代表电阻的允许偏差.

3.3.2　双臂电桥测电阻

［实验目的］

(1) 掌握双臂电桥测低电阻的原理和方法.

(2) 学会用双臂电桥测量导体的电阻率.

［实验原理］

QJ-44 型直流双臂电桥是一种测量低电阻的常用仪器.对于金属电导率的测量，电机和变压器中线圈电阻的测量都属于低电阻测量.但是在测量中存在的附加电阻(如线圈的连线电阻,接头的接触电阻等,一般为 $10^{-4}\sim10^{-3}\Omega$)相对于低电阻来说是不能忽略的.而直流双臂电桥正是能够消除附加电阻对测量结果的影响,完成低电阻测量功能的仪器.其原理如图 3.3.3 所示.

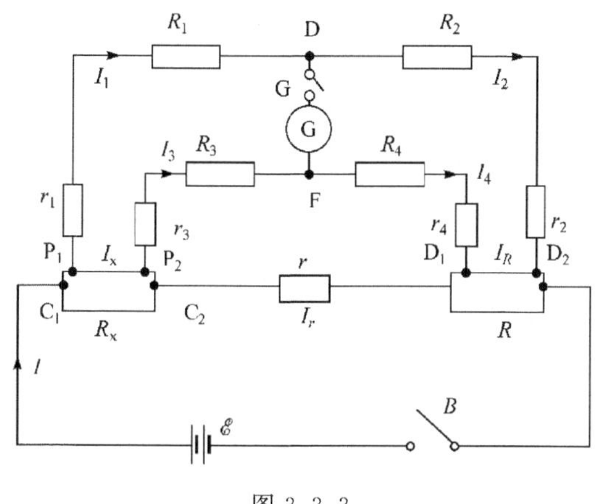

图 3.3.3

R_x 为待测低值电阻.考虑到连接时的接触电阻和引线电阻的影响,把 R_x 用四端接法连接,接入图 3.3.3 电路中.电路可分为四个回路.

C_1C_2 为待测电阻,P_1P_2 为电压接头,待测电阻为 P_1、P_2 两点间的电阻.因 $R_1R_2\gg R_xR$,$R_3R_4\gg R_xR$,R_1、R_2 与 R_3、R_4 并联,故称双臂电桥.因 P_1、P_2 为电流的节点,当电源开关 B 合上后,回路中电流 I 流入 P_1 节点处时,使得电流 $I=I_1+I_x$,电流 I_x 直接流入电阻 R_x,没有遇到接触电阻.但是电流 I_1 通过了接触点 P_1,在接触点 P_1 处就存在着接触电阻 r_1.由电路分析可知 $I_1\ll I_x$,r_1 是 R_1 的万分之几,所以在桥路连接线上的电压降和接触电阻上的电压降远比 R_1、R_2、R_3 和 R_4 上的电压降及 R 和 R_x 上的电压降小,所引起的误差可忽略不计.以同样的方法分析其余回路,各臂的接触电阻 r_i 也可忽略不计.因用四端接法连接被测电阻,C_1、C_2 两点间的接触电阻在被测电阻 P_1、P_2 两点之外,并不影响电桥平衡.所以说双臂电桥消除了接触电阻对测量结果的影响.

在图 3.3.3 中,当 $I_G=0$ 时,$U_D=U_F$,此时电桥处于平衡状态,根据电压回路方程可知

$$U_{P_1P_2F}=U_{P_1D},\quad U_{FD_1D_2}=U_{DD_2}$$

$$\left.\begin{aligned}R_xI_x+I_3(r_3+R_3)&=I_1(r_1+R_1)\\ I_RR+I_4(r_4+R_4)&=I_2(r_2+R_2)\\ I_3(r_3+R_3)+I_4(r_4+R_4)&=I_rr\end{aligned}\right\}\tag{3.3.4}$$

由电路分析可知:$r_1\ll R_1$,$r_2\ll R_2$,$r_3\ll R_3$,$r_4\ll R_4$,当 $I_G=0$,则回路中电流

$I_1=I_2, I_3=I_4, I_x=I_R, I_r=I_x-I_3$，整理以上方程得

$$\left.\begin{aligned} &I_xR_x+I_3R_3=I_1R_1\\ &I_xR+I_3R_4=I_1R_2\\ &I_3(R_3+R_4)=(I_x-I_3)r \end{aligned}\right\} \tag{3.3.5}$$

联立求得

$$R_x=\frac{R_1}{R_2}R+\frac{R_4r}{R_3+R_4+r}\left(\frac{R_1}{R_2}-\frac{R_3}{R_4}\right) \tag{3.3.6}$$

从式(3.3.6)第二项中可以看出，只需满足$\frac{R_1}{R_2}=\frac{R_3}{R_4}$的条件，第二项将等于零.通常电路设计成双十进制电阻箱，两个相同的十进电阻的转臂连接在同一转轴上，使得在任何位置都满足上述条件，则式(3.3.6)可改写为

$$R_x=\frac{R_1}{R_2}R \tag{3.3.7}$$

电阻值R_x=倍率读数×(步进读数+滑线盘读数)，与单臂电桥结论相同.

[实验仪器]

QJ44型直流双臂电桥如图3.3.4所示、DHSR型四端电阻器、待测金属棒.

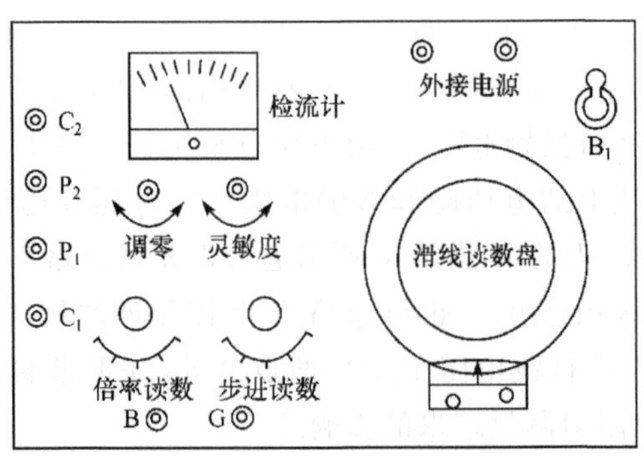

图 3.3.4

QJ44型直流双臂电桥的实际电路如图3.3.5所示.中间的6个电阻相当于图3.3.3中的R_1和R_2，R_1/R_2分为$10^{-2}\sim10^2$五挡，分别在面板(图3.3.4)上倍率调节盘处标明.电路下面的6个电阻相当于R_3和R_4，由同一倍率调节盘将它们与R_1和R_2一起联动切换，且保证$R_1/R_2=R_3/R_4$.桥路中的电流放大器和检流计相连，组成了高灵敏度检流计，可通过调节灵敏度旋钮改变检流计灵敏度，内接的放大器电源靠开关B_1接通.电路图中其他各部分都可与面板图上的部件一一

对应.

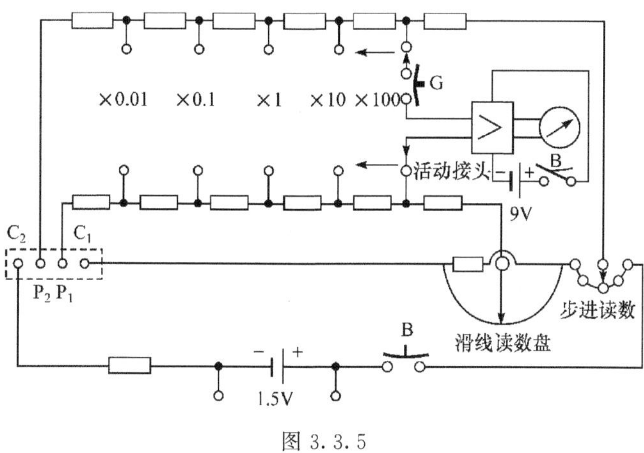

图 3.3.5

［实验内容］

(1) 将待测金属棒插入 DHSR 四端电阻器的螺孔内，然后旋紧压紧块螺钉.将 C_1、P_1、P_2、C_2 四个端子分别与 QJ44 型双臂电桥上的同名端子相连，并根据被测电阻大约阻值预置倍率调节盘的位置.

(2) 接好电桥专用电源线，插入 220V 插座，打开后面的电源开关，预热 5min，将灵敏度旋钮沿反时针方向旋到最小，调节电流计零位.测量时应先从低灵敏度开始，依次调节步进盘与滑线盘，使电桥达到平衡，放开 G、B，放开 G、B 后逐步将灵敏度调到最大.然后按下 B、G 再次调检流计零位，按下 B、G，并随即调节电桥平衡，从而得到被测电阻阻值为

$$R_x = \text{倍率读数} \times (\text{步进读数} + \text{滑线盘读数})$$

(3) 按钮 B、G 一般应间歇使用，即宜跃按，不应锁住.电桥使用完毕后，“B”与“G”按钮应放开，晶体管检流计工作电源开关应放在“断”的位置，以避免消耗电能，同时也能防止内部元件发热影响测量精度.

(4) 测量被测电阻的电阻率.由于被测金属棒的电阻率 ρ 与其长度 l 成反比，与横截面及电阻成正比，即

$$\rho = \frac{RS}{l} = \frac{\pi d^2}{4l} R \tag{3.3.8}$$

将测量出的金属棒长 l，金属棒的直径 d 以及电阻 R 代入上式，即可求出该金属棒的电阻率.

［数据处理］

(1) QJ44 型双臂电桥在环境温度为(20.0±1.5)℃、相对湿度为 40%～60% 等条件下，电桥基本误差极限为

$$E_{\lim}=\pm C\%\left(\frac{R_{\mathrm{N}}}{10}+R_x\right) \tag{3.3.9}$$

式中，C 为等级指数，R_{N} 为基准值，R_x 为标度盘示值.所以电阻测量结果的不确定度为

$$\Delta R=|E_{\lim}| \tag{3.3.10}$$

根据实验记录得出完整的测量结果

$$R=R_x\pm\Delta R \tag{3.3.11}$$

(2) 按间接测量误差传递公式，计算 ρ 的误差.即

$$E_r=\frac{\Delta\rho}{\rho}=\frac{\Delta R}{R}+\frac{\Delta l}{l}+\frac{2\Delta d}{d} \tag{3.3.12}$$

最后电阻率的计算结果写成 $\rho\pm\Delta\rho$ 形式.

［思考题］

(1) 双臂电桥与单臂电桥有哪些异同?

(2) 为什么双臂电桥能消除接触电阻的影响，试简要说明.

3.4 电动势测量

3.4.1 板式电势差计测电池电动势

板式电势差计是利用补偿原理和比较法精确测量直流电压或电源电动势的常用仪器，它准确度高、使用方便，测量结果稳定可靠，常被用来精确的间接测量电流、电阻和校正各种精密电表.在现代工程技术中还广泛用于各种自动检测和自动控制系统.板式电势差计是一种解剖式结构，便于更好地学习和掌握电压计的基本工作原理和操作方法.

［实验目的］

(1) 理解电势差计的工作原理——补偿原理.

(2) 掌握线式电势差计测量电池电动势的方法.

(3) 熟悉数显稳压电源和数字检流计的使用方法.

[实验原理]

用电压表测量电源电动势,其实测量结果是端电压,不是电动势.因为将电压表并联到电源两端,就有电流 I 通过电源的内部.由于电源有内阻 r,在电源内部不可避免地存在电势降 Ir,因而电压表的指示值只是电源的端电压($U=E_X-Ir$)的大小,它小于电动势,显然只有当 $I=0$ 时,电源的端电压 U 才等于其电动势 E_X.

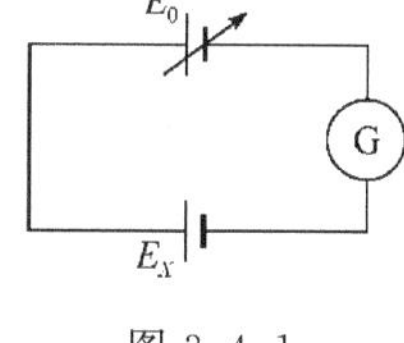

图 3.4.1

怎样才能使电源内部没有电流通过而又能测定电源的电动势呢?在图 3.4.1 所示的电路中,E_X 是待测电源,E_0 是电动势可调的电源,E_X 与 E_0 通过检流计并联在一起.当调节 E_0 的大小至检流计指针不偏转,即电路中没有电流时,两个电源在回路中互为补偿,它们的电动势大小相等,方向相反,即 $E_X=E_0$,电路达到平衡.若已知平衡状态下 E_0 的大小,就可以确定 E_X 的值.这种测定电源电动势的方法,叫做补偿法.

实际上,利用板式电势差计(11 米线电势差计)测量甲电池的电动势,是通过两次比较实现测量目的,可以分别称作定标和测量,下面予以说明.

1. 定标

电势差计的测量原理如图 3.4.2 所示,可以看作是由三个回路组成,它们分别是:

(1) 由 E_0-R_N-AB 构成的工作回路;

(2) 由 E_N-G-CD 构成的定标(或校正)回路;

(3) 由 E_X-G-CD 构成的测量回路.

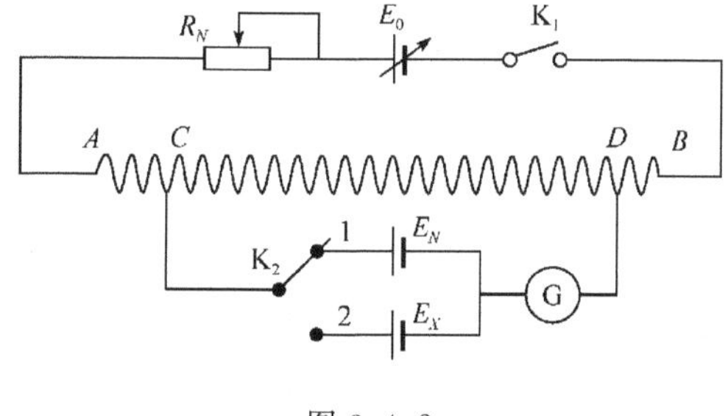

图 3.4.2

在 K_1 闭合的情况下,如果将 K_2 拨向位置 1 时,将标准电池 E_N 与 U_{CD} 进行比

较，达到平衡（G 中无电流通过）时，则 $U_{CD}=E_N$，此时电阻丝单位长度上的电势降

$$U_N=\frac{E_N}{L_0} \tag{3.4.1}$$

式中，L_0 为此时 CD 的长度.

假如测量者要求每米电阻丝上的电势降 0.2V/m（运算中作常数处理），则可计算出 CD 的长度 $L_0=\frac{E_N}{0.2}$，确定了 CD 的长度后，通过调节 E_0 或 R_N 使检流计中无电流通过，即调节好工作电压（或工作电流）.

2. 测量

在保证工作电压（或工作电流）不变的条件下，将 K_2 拨向位置 2，调节 C 和 D 的位置使检流计中电流为零，比较未知电动势 E_X 与 U_{CD}，此时有 $E_X=U_{CD}$，测出此时 CD 的长度并记为 L_X，则可计算出未知电动势为

$$E_X=U_N\cdot L_X=\frac{E_N}{L_0}\cdot L_X \tag{3.4.2}$$

如果已经选取工作电压为 0.2V/m，未知电动势为

$$E_X=0.2L_X \tag{3.4.3}$$

［实验仪器］

板式电势差计面板图功能介绍如图 3.4.3 所示.

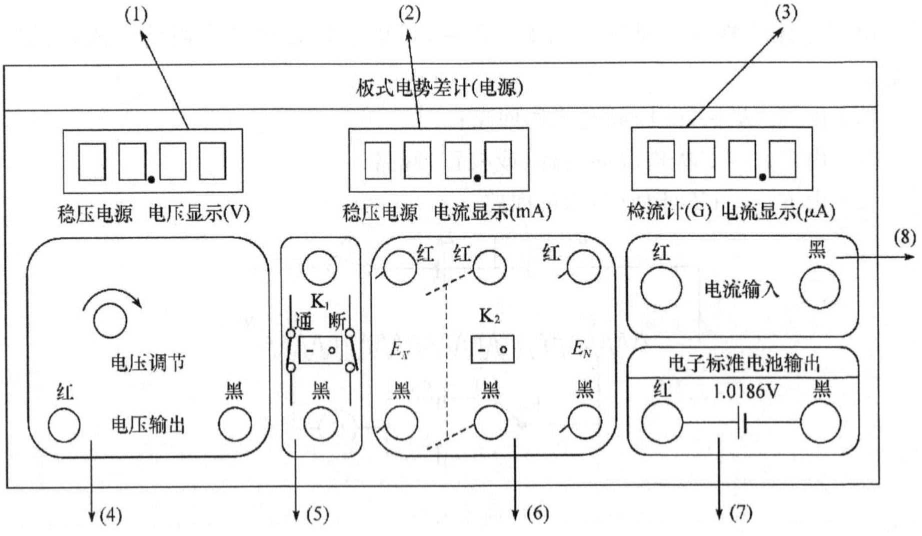

图 3.4.3

（1）稳压电源.电压显示数字表：三位半显示，单位为 V，显示精度为 0.5 级.

（2）稳压电源.电流显示数字表：三位半显示，单位为 mA，显示精度为 0.5 级.

（3）检流计 G.电流显示数字表：三位半显示，单位为 μA，显示精度为 0.5 级.

（4）稳压电源控制部分.包含稳压电源电势调节和电势输出端.通过旋转“电压调节”，改变稳压电源的输出电压.红色接线柱为输出“+”端，黑色接线柱为输出“−”端.

（5）单刀单掷开关 K_1：按下开关左端，K_1 为接通状态；按下开关右端，K_1 为断开状态.

（6）双刀双掷开关 K_2：按下开关左端，K_2 中间的两个红黑接线柱和左边 E_X 两接线柱接通；按下开关右端，K_2 中间的两个红黑接线柱和右边 E_N 两接线柱接通.

（7）电子标准电池输出：红色接线柱为输出“+”端，黑色接线柱为输出“−”端

$$E_N = 1.0186 \pm 0.0002\text{V}$$

（8）电流输入部分：检流计电流输入端.红色接线柱为输入“+”端，黑色接线柱为输入“−”端.

［实验内容］

（1）按图 3.4.4 连接好电路.工作电源 E 为直流稳压电源，R_p 为保护电阻，

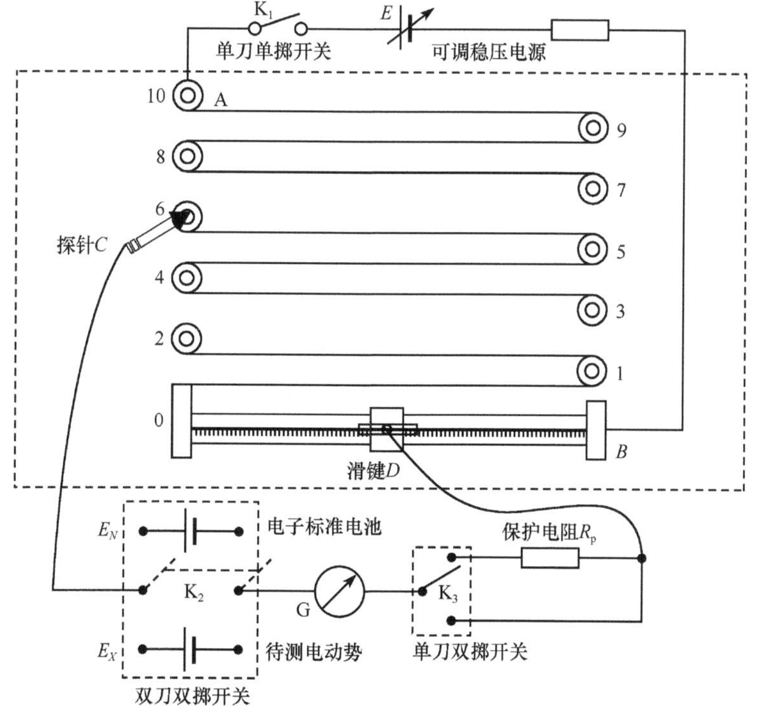

图 3.4.4

E_N 为电子标准电池(1.0186V),E_X 为甲电池,G 为数字检流计,K_1 为单刀单掷开关,K_2 为双刀双掷开关,K_3 为单刀双掷开关.

(2) 将稳压电源 E 调节到为 0.00V.

(3) 接通开关 K_1,将开关 K_3 拨向保护电阻端,将开关 K_2 拨向定标回路 E_N,接通电子标准电池 E_N,将 E 调节到为 2.00V,调节 C、D 的位置使数字检流计指示“00.0”μA.将开关 K_3 拨向短路端,同时微调活动触头 D 以保证回路中无电流,记下此时 C、D 间电阻丝的长度 L_0.

(4) 在不改变工作回路的情况下,将开关 K_3 拨向保护电阻端,将 K_2拨向 E_X,接通甲电池 E_X,调节 C、D 的位置,使检流计中无电流通过;再将开关 K_3 拨向短路端,同时细调 D 的位置,保持检流计指示“00.0”μA;测出此时电阻丝的长度 L_X,利用式(3.4.2)求出未知电动势 E_X.

(5) 重复以上步骤(3)和(4),再测量三次,算出 E_X 的平均值及不确定度.

[数据处理]

由式

$$E_X = \frac{E_N}{L_0} \cdot L_X$$

不确定度的计算

$$\sigma_{EX} = E_X \sqrt{\left(\frac{\sigma_{E_N}}{E_N}\right)^2 + \left(\frac{\sigma_{L_X}}{L_X}\right)^2 + \left(\frac{\sigma_{L_0}}{L_0}\right)^2}$$

$$\sigma_{EN} = E_N \times \text{精度等级} / 100$$

[思考题]

(1) 板式电势差计是利用什么原理制成的?

(2) 实验中,若发现检流计总是不指零,无法调平衡,试分析可能的原因有哪些?

(3) 如果任你选择一个阻值已知的标准电阻,能否用板式电势差计测量一个未知电阻?试写出测量原理,绘出测量电路图.

(4) 为什么板式电势差计能测量电源的电动势,而电压表则不能?

3.4.2 电势差计测量温差电动势

电势差计是一种精密测量电压的仪器,其准确度可达 0.001%.它的应用很广泛，可用来测量电动势和电压，若配用标准电阻，可以测量电流、电阻和校验电表．若配用各种转换器，还可以测量非电量，常用在自动测量和控制系统中．

本实验采用了 UJ31 型电势差计，其准确等级为 0.05，工作电流 10mA，测量范围为 0～171mV.

[实验目的]

(1) 掌握电势差计的结构原理和使用方法．

(2) 了解如何使用补偿法测量温差电动势．

[实验原理]

1. 电压计原理——补偿法和比较法

如图 3.4.5 所示的线路图可用来测定未知电动势．$\mathscr{E}_x$ 是被测电动势，$\mathscr{E}_N$ 是可以调节的已知电源．如调整 $\mathscr{E}_N$ 值使回路中检流计指示值为零(即回路内电流为零)，则 $\mathscr{E}_N$ 与 $\mathscr{E}_x$ 的关系为电动势方向相反，大小相等，即

$$\mathscr{E}_x = \mathscr{E}_N \tag{3.4.4}$$

这时称电路达到电压补偿，这种方法称为补偿法，电势差计测量电动势，就是按电压的补偿原理而设计的．电压计原理如图 3.4.6 所示．各器件的作用介绍如下．

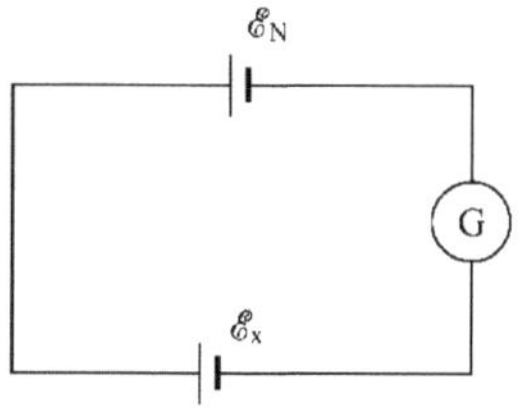

图 3.4.5

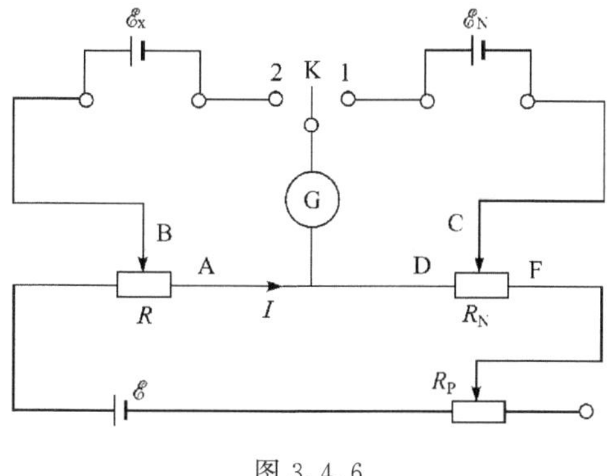

图 3.4.6

1) 标准电池

$\mathscr{E}_N$ 为标准电池，它能保持稳定的电动势．但随温度的变化，电动势也略有变化．已知温度在 20℃时的电动势的值为 $\mathscr{E}_{20}=1.0186$V，如在温度 t℃时，电动势可由下式计算得出：

$$\mathscr{E}_t=\mathscr{E}_{20}-4.06\times10^{-5}(t-20)-9.5\times10^{-7}(t-20)^2 \tag{3.4.5}$$

2）标准电流的调节

将转换开关 K 闭合到“1”的位置时，从电路中可以看出，电路构成了两个闭合回路（补偿回路和辅助回路）.通过调节变阻器 R_P，使检流计 G 中无电流，此时补偿回路（$\mathscr{E}_N$—K—G—R_N—$\mathscr{E}_N$）达到补偿，即

$$\mathscr{E}_N=IR_{DC} \tag{3.4.6}$$

式中 I 为辅助回路（$\mathscr{E}$—R—R_N—R_P—$\mathscr{E}$）中的电流，该电流 I 称为标准电流.其大小为

$$I=\frac{\mathscr{E}_N}{R_{DC}} \tag{3.4.7}$$

3）未知电动势的补偿

转换开关 K 闭合到“2”的位置时，电路形成了另外两个闭合回路（补偿回路和辅助回路），可通过调节电阻器 R，再次使检流计 G 指示值为零时，被偿回路（$\mathscr{E}_x$—R—G—K—$\mathscr{E}_x$）达到补偿，此时的温差电动势 $\mathscr{E}_x$ 等于在电阻 R 上的压降，即

$$\mathscr{E}_x=IR_{AB} \tag{3.4.8}$$

式(3.4.8)中的 I 就是前述的标准电流，将式(3.4.7)代入式(3.4.8)得

$$\mathscr{E}_x=\frac{R_{AB}}{R_{DC}}\mathscr{E}_N \tag{3.4.9}$$

从式(3.4.9)可知，如果 $\mathscr{E}_N$、R_{AB}、R_{DC}的值为已知，则被测电动势 $\mathscr{E}_x$ 即可算出.

2. 热电偶

热电偶是由两种不同的金属或不同成分的合金，两端焊成一闭合回路而成，如图 3.4.7 所示.

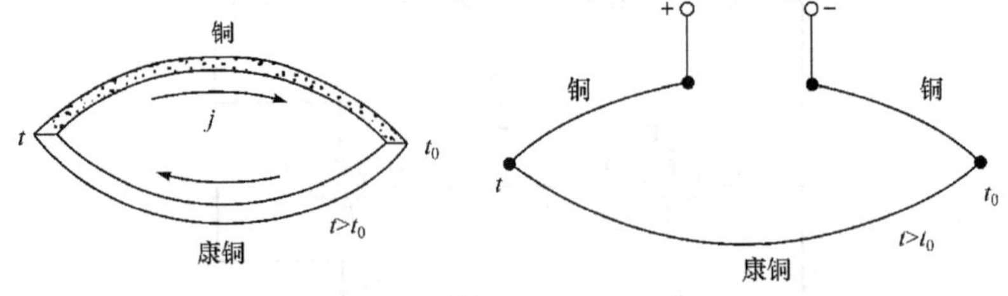

图 3.4.7

本实验采用的是镍铬-镍铜两种合金，两个接点保持在不同的温度 t 和 t_0 中，则回路中会产生温差电动势.温差电动势的大小与热电偶的材料有关，还与两个接点处的温度差 $t-t_0$ 有关.电动势与温度的关系可近似表示为

$$\mathscr{E}_x=\alpha(t-t_0)+\beta(t-t_0)^2 \tag{3.4.10}$$

式中，t 是热端温度；t_0 是冷端温度.α、β 为温差系数.按式(3.4.10)可描绘出一条

抛物线，其抛物线顶端的温度叫中性温度 t_n，所以电动势具有极限值.一般在中性温度以下进行实验，所以式(3.4.10)可写成如下近似式：

$$\mathscr{E}_x=\alpha(t-t_0) \tag{3.4.11}$$

$\mathscr{E}$ 为纵坐标，t 为横坐标，绘出 $\mathscr{E}$-t 曲线，各点处的斜率即是对应温差系数 α.

[实验仪器]

UJ31 型电势差计的面板如图 3.4.8 所示.各个旋钮的作用如下：

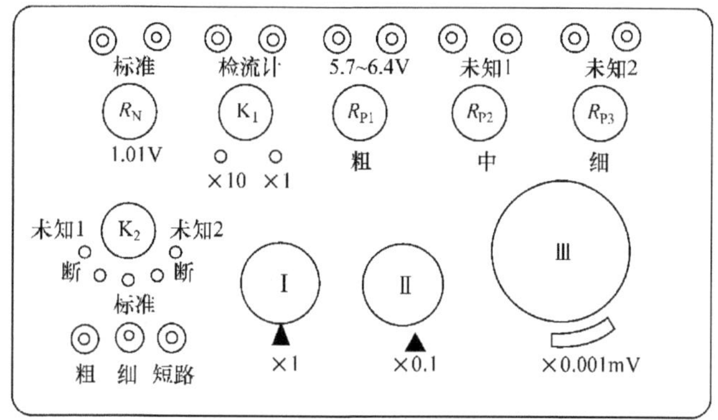

图 3.4.8

(1) R_N 补偿旋钮.按式(3.4.5)计算出标准电池在室温时电动势值 $\mathscr{E}_t$，调节 R_N 旋钮使对应的示值等于 $\mathscr{E}_t$.

(2) K_1 为量程倍率旋钮，分为×1 和×10 两个倍率.当选用×1 倍率时，测量的未知电动势就等于读数盘值，能测量的最大电动势为 17.1mV.当选用×10 倍率时，测量的示值电动势等于读数盘值乘以 10，此时能测量的最大电动势为 171mV.

(3) K_2 转换开关.测量时 K_2 处于“标准”位置，接通标准电池回路.处于“未知1”或“未知 2”，接入被测电动势.处于“断”不接通任何回路.

(4) 粗、细、短路按钮.在检流计支路上串接 R' 起限流作用.当“粗”钮按下时 R' 与 G 串联；当“细”钮按下时 R' 被旁路；当“短路”钮按下时 G 被短路.

(5) R_{P1}、R_{P2}、R_{P3} 变阻器.调节 R_{P1}(粗)、R_{P2}(中)、R_{P3}(细)旋钮，可改变回路的标准电流 I.

(6) Ⅰ(×1)、Ⅱ(×0.1)、Ⅲ(×0.001)电流调节旋钮.调节测量读数盘Ⅰ、Ⅱ、Ⅲ，当回路中无电流时，读数盘值等于(Ⅰ×1＋Ⅱ×0.1＋Ⅲ×0.001)×K_1(mV).

(7) 标准电池.以标准电池为标准，调节辅助回路中电流.在实验中使各仪器中的辅助回路的电流都达到标准电流.

(8) 检流计.检验回路中有无电流,同时也说明检流计两端电势是否相等.

[实验内容]

1. 测量前准备工作

(1) 按图 3.4.9 所示,分别将标准电池、光点检流计、直流稳压电源(5.7～6.4V)、热电偶(镍铜为正极)接入电势差计.

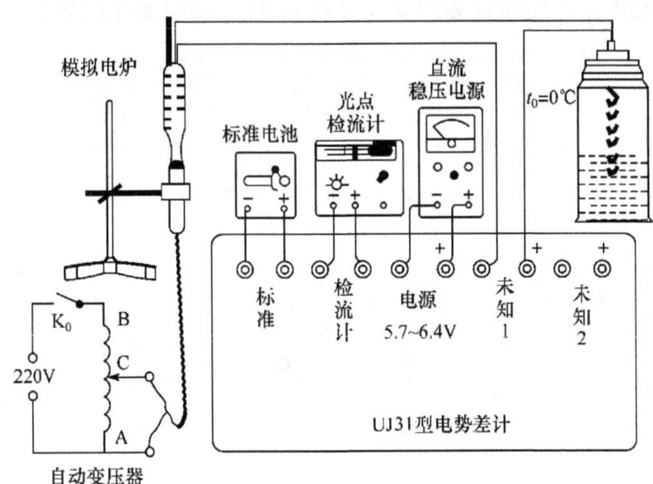

图 3.4.9

(2) 测量转换开关 K_2 处于"断"位置.

(3) 量程开关 K_1 处于"×1"挡(或"×10"挡),视被测值大小而定.本实验中 K_1 处于"×1"挡.

2. 仪器工作状态调节

(1) 标准电池补偿.由式(3.4.5)算出标准电池电动势值 $\mathscr{E}_t$,调节 R_N 旋钮使示值与之相等.

(2) 标准电流调节.K_2 处于"标准"位置.先按下"粗"按钮,调节 R_{P1}、R_{P2},使检流计光标指示值为零;将"粗"按钮放开后再按下"细"按钮,调节 R_{P2}、R_{P3},再使 G 中光标完全指向零点.上述步骤完成后,回路中电流达到标准电流,可以进行实验测量了.

3. 测量过程

(1) K_2 处于"未知"位置(未知 1、未知 2,与热电偶的连接方式有关).

（2）把 0～350℃的水银温度计和热电偶插入模拟炉中，读出室内温度.

（3）先按下“粗”按钮，依次调节读数盘Ⅲ、Ⅱ、Ⅰ，使检流计光标指零.然后放开“粗”钮，按下“细”钮，再依次调节读数盘Ⅲ、Ⅱ、Ⅰ，使检流计 G 的光标再次指零.

（4）接通电源给电炉加热，调节调压器使输出电压为 15～25V 左右.随着温度的上升，随时调节读数盘Ⅲ、Ⅱ、Ⅰ，使检流计 G 光标总在零点左右，每升温 10℃，则调节读数盘使检流计 G 准确指零，记下相应温度的电动势值.

［提示］ ①当Ⅱ旋转一周，要进位时，必须先按下“短路”按钮，读数盘Ⅰ数值增加 1，Ⅱ则再从零开始调节，然后再放开“短路”按钮.②炉温不得上升过快，否则实验失败，调压器输出电压不得超过规定范围.另外，炉温不得超过温度计限度.③实验完毕后立即切断电源开关.

［数据处理］

根据升降温过程中温差电动势的值.

（1）绘出 $\mathscr{E}_{t升}$ 和 $\mathscr{E}_{t降}$ 两条曲线.

（2）求出温差系数 α，单位 mV · K^{-1}.

$$\alpha=\frac{\mathscr{E}_2-\mathscr{E}_1}{t_2-t_1}$$

数据记录如表 3.4.1 所示.

表 3.4.1

t/℃									
$\mathscr{E}_x$ 上升									
$\mathscr{E}_x$ 下降									

［思考题］

（1）在电势差计调平衡时，若检流计光标始终向一个方向偏，可能是什么原因？

（2）如果有一个已知阻值的标准电阻，能否用电压计测出一个未知阻值的电阻？试写出测量原理和步骤.

［附录］

1. AC15/4 型直流复射式检流计

检流计可供电桥、电压计等作为电流指零仪或测量小电流及小电压用，检流计的灵敏度很高，如图所示，AC15/4 型直流复射式检流计的分度值小于 5×10^{-9} A/div.

［基本原理］

检流计测量原理是基于通电线圈与永久磁铁磁场间的相互作用.当电流通过导电游丝、拉丝而流过线圈时，检流计活动部分因产生转矩而转动，其偏转的角度由通过线圈的电流值、拉丝及导电游丝的反作用力矩所决定.

为了提高检流计灵敏度，检流计活动部分上装有水平的平面镜，利用光线的反射原理，把具有叉丝的光斑反射到标度尺上.

［面板使用］

检流计装有零点调节及标盘活动零点调节.零点调节的作用是零点粗调，标盘活动零点调节的作用是零点细调，如图 3.4.10 所示.

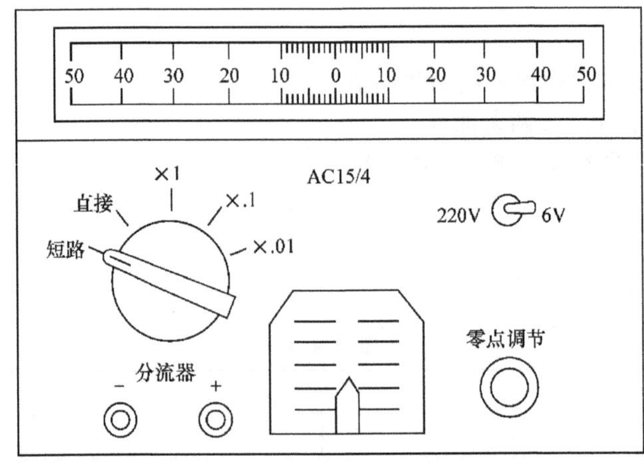

图 3.4.10

检流计装有分流器选择开关，测量时，应从检流计最低灵敏度的测量挡开始，如偏转不大，则可逐步转到灵敏度较高的测量挡.×0.01 挡为灵敏度最低挡.为了防止检流计活动部分、拉丝和导电游丝受到机械振动而遭损坏，检流计采用短路阻尼的方法，分流器选择开关具有短路挡.如发现尺上找不到光斑时，可将分流器选择开关置于直接挡，轻微摆动检流计，如有光斑掠过，则可调节零点调节，使光斑调到标尺上，如仍无光斑，可能灯珠烧坏.

检流计面板上还有用来接通测量电路的“+”、“−”两个接线柱，电流从“+”极流向“−”极时，检流计光斑应向右偏转.

［注意事项］

(1) 本仪器有两种供电方法：当 220V 电源插口接上 220V 电压时，电源开关置于 220V 外，电源接通；当 6V 电源插口接上 6V 电压时，电源开关置于 6V 处，电源接通.

(2) 在测量中光斑摇晃不停时,可用短路键使检流计受到阻尼;在改变电路或实验结束,以及移动仪器时,均应将检流计置于短路状态.

(3) 由于检流计灵敏度很高,若使用检流计的地方有轻微震动时,可把检流计放到海绵橡皮衬垫上.

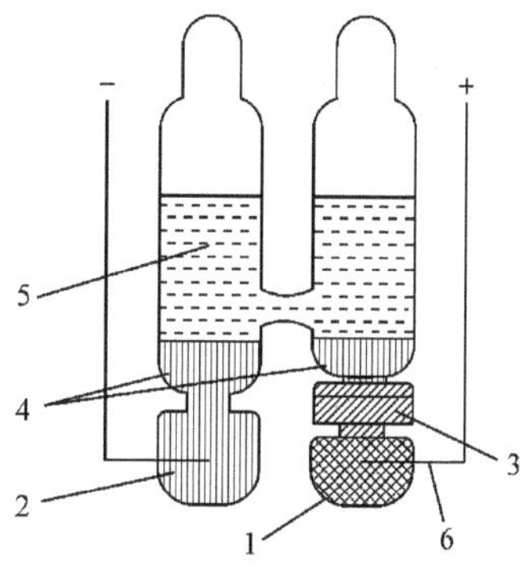

图 3.4.11

1. 汞(电池正极);2. 镉汞合金(电池负极);3. 去极化剂;4. 碎硫酸镉晶体;5. 饱和硫酸镉溶液;6. 铂丝电极引出端

2. 标准电池

标准电池如图 3.4.11 所示,它是复制"伏特"量值的标准量值.这种标准电池是一种汞镉电池,其外部用黑色胶木圆筒保护,内部有 H 型封闭玻璃管.电池的两极分别为纯汞(正极)和镉汞合金(负极),并用铂丝和两电极接触,作为引出线.两电极上部放有硫酸镉和硫酸亚汞晶体制成的膏状物用作去极化剂,电池的电解液为硫酸镉溶液.标准电池具有下列特点:

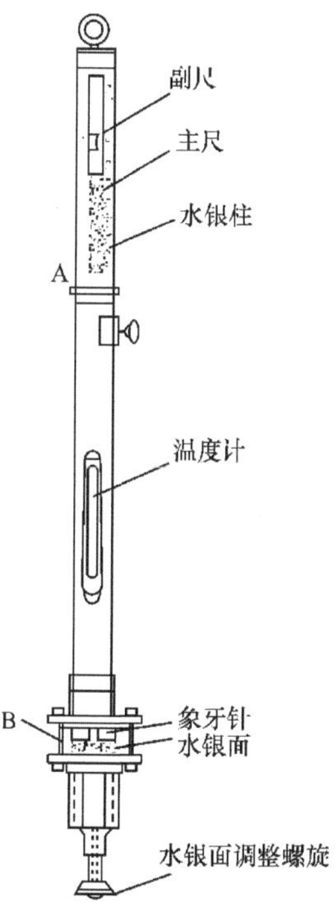

图 3.4.12

(1) 电动势恒定,使用中随时间变化也很小.

(2) 电动势因温度的影响而产生变化,可以用下面经验公式准确地加以更正.

$$\mathscr{E}_t=\mathscr{E}_{20}-[40.6(t-20)-0.95(t-20)^2]\times10^{-6}\,\text{V}$$

式中,$\mathscr{E}_t$ 为室温 t℃时,标准电池电动势的实际值;$\mathscr{E}_{20}$ 为室温 20℃时的标准电动势的实际值 $\mathscr{E}_{20}=1.0186\text{V}$.

(3) 不存在化学副反应,极化作用可能小到忽略程度.

(4) 电池的内阻随时间保持相当大的恒定性.

[注意事项]

(1) 使用与存放地点温度,应根据标准电池的级别,符合技术规范中规定的温度范围.

(2) 温度波动尽量小,否则会加剧电池内部化学反应,使电池不稳定.

(3) 标准电池应远离热源和免受阳光直接照射.

(4) 通入或取自标准电池的电流不应大于 10^{-6}A.

(5) 标准电池严禁摇晃和震动,且不能颠倒.

(6) 标准电池极性不能接反.

3. 福廷式气压计

福廷式气压计是一种常用的水银气压计，它主要用于测量大气压强，其结构如图 3.4.12 所示.

一长约 80cm 的玻璃管，上端封口，下端开口，垂直地插入水银杯 B 内.玻璃管内水银柱上端为真空，因此当大气压力加在杯内的水银面上时，水银将在管 A 内上升到一定的高度.通过测量这高度就能确定大气压强的数值.

大气压强测量方法如下：

(1) 将通气孔螺母拧松，使其感应大气压力.

(2) 观测附属温度计的温度示值，准确到 0.1℃.

(3) 旋转气压计下部的调节螺丝的手柄，使象牙针与其在水银面中的倒影尖端刚好接触为上.必须注意，当管中的水银上升时，它的凸面格外凸出，反之当水银下降时，它就凸得不显著.为使凸有正常状态.可用手指把保护套管轻轻弹一下，使水银震动，凸面就会自然形成.

(4) 测量水银柱高度.转动游标尺的调节手柄，使游标尺的基面在水银柱顶端稍高一些，使它的下侧边缘和水银凸面刚好相切为止.这时标尺和游标上读得的数，即是此次观测的气压示值.

(5) 对读取的气压示值，必须经过温度修正、重力修正和仪器修正，才能得到当时较准确的气压值.

① 温度修正.由于水银密度随温度升高而变小及金属标尺受热膨胀从而影响读数，应作修正.气压计一般以 0℃时水银的密度和黄铜标尺的标准.水银体膨胀率 $\alpha=1.82\times10^{-4}$℃$^{-1}$；黄铜的线膨胀率 $\beta=1.9\times10^{-5}$℃$^{-1}$；那么，修正值近似为(计算式推导略)

$$\begin{aligned}\Delta p &= -p(\alpha-\beta)t = -p(1.82\times10^{-4}-1.9\times10^{-5})t \\ &= -1.63\times10^{-4}pt\end{aligned}$$

② 重力修正(包括纬度修正和高度修正).国际上以纬度 45°的海平面上重力加速度 $g_0=980.665\text{cm}\cdot\text{s}^{-2}$ 作为水银气压计测定大气压强标准.自然，各地区纬度不同，海拔高度不同，造成重力加速度不同，所以要作修正.p 要乘上一个因子 $\dfrac{g}{g_0}$，由此可得

$$\Delta p_g = -p(2.64\times10^{-3}\cos2\varphi+3.15\times10^{-7}h)$$

式中，φ 的单位为度，h 的单位为 m.

③ 仪器修正.由于毛细管作用使水银面降低以及针尖与标尺零点不一致等等需作仪器修正，此项修正一般小于 40Pa，其数据由仪器出厂证书上给出.需要时可与标准气压计相比较后得到.

3.5 霍尔效应及应用

霍尔效应是霍尔(Hall)于 1879 年在他的导师罗兰指导下发现的,这一效应在科学实验和工程技术中得到了广泛应用.利用霍尔效应制成的霍尔元件是一种磁电转换元件,又称霍尔传感器,它具有频率响应宽、小型、无接触测量等优点,广泛应用于测试、自动化、计算机和信息处理技术等方面.近年来霍尔效应又得到了重大发展,冯·克利青在极强磁场和极低温度下发现了量子霍尔效应(他为此获得了 1985 年度诺贝尔物理学奖).

3.5.1 霍尔元件基本参数测量

[实验目的]

(1) 了解霍尔效应实验原理,霍尔元件的参数及材料的要求.

(2) 学习"对称测量法"消除负效应影响的方法.

(3) 绘制试样的 U_H-I_s 曲线和 U_H-I_M 曲线.

(4) 确定试样的导电类型、载流子浓度 n 以及迁移率 μ.

[实验原理]

通有电流的薄片置于与它垂直的磁场中,在薄片两端就会有电压出现,如图 3.5.1 所示,称为霍尔效应现象,这个电压叫做霍尔电压.霍尔电压依赖于磁场与电流的存在.

霍尔效应就是运动的带电粒子 q 在磁场中受到洛伦兹力 $\boldsymbol{F}_m=q\boldsymbol{v}\times\boldsymbol{B}$ 的作用而引起的偏转现象.由于带电粒子束缚在固体材料中,这种偏转就导致在垂直于电流和磁场方向上正负电荷在样品边界的聚积,形成横向电场.

如图 3.5.1 所示,b 为样品的宽度,d 为样品厚度,I_s 是 x 轴方向从样品电极 D、E 中流过的电流,B 是沿 z 轴方向加的磁场,在 y 轴方向样品的两个侧面 AA′ 上集聚了异号电荷而产生了相应的横向电场 E_H.电场的指向取决于样品的导电类型(N 型或 P 型).当横向电场对载流子作用的电场力 $\boldsymbol{F}_e=e\boldsymbol{E}_H$ 与磁场对载流子作用的洛伦兹力 $\boldsymbol{F}_m=e\boldsymbol{v}\times\boldsymbol{B}$ 相抵消时,载流子在样品中的运动不再偏转,样品两侧电荷达到平衡形成稳定电场即

$$eE_H=e\bar{v}B \tag{3.5.1}$$

式中,E_H 为霍尔电场;$\bar{v}$ 为载流子在电流方向上的平均漂移速度.

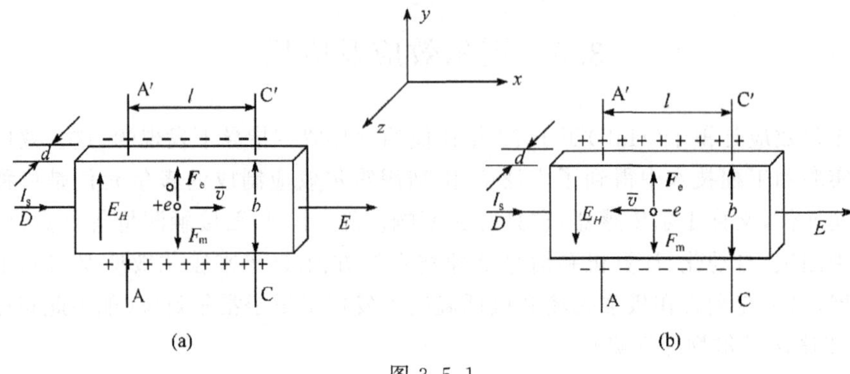

图 3.5.1

设样品宽度 $b=4.00\text{mm}$,厚度 $d=0.5\text{mm}$,电极间距 $l=3.00\text{mm}$,载流子浓度为 n,则载流子平均速度 $\bar{v}$ 与电流强度 I_s 的关系为

$$I_s = ne\bar{v}bd \tag{3.5.2}$$

将式(3.5.2)代入式(3.5.1)得

$$E_H = \bar{v}B = \frac{I_s B}{nebd} \tag{3.5.3}$$

$$U_H = E_H b = \frac{1}{ne} \cdot \frac{I_s B}{d} = R_H \frac{I_s B}{d} \tag{3.5.4}$$

可见霍尔电压 U_H(AA′电极之间电压)与 I_sB 成正比与样品厚度 d 成反比.

1. 霍尔系数 R_H

$R_H=\dfrac{1}{ne}$称为霍尔系数,它是反映材料霍尔效应强弱的重要参数,只要测出 U_H(V)、I_s(A)、B(T)和 d(m),代入式 $R_H=\dfrac{U_H d}{I_s B}$就可计算出霍尔系数.

2. 根据 R_H 的符号(或霍尔电压 U_H 的正负)判断样品的导电类型

半导体材料有 N 型和 P 型两种,前者载流子为电子,带负电,后者载流子为空穴,相当于带正电的粒子.样品两侧 AA′电压符号与载流子所带电荷的正负有关,如图 3.5.1 所示.载流子带正电 $q>0$,则其定向漂移速度的方向与电流的方向一致,洛伦兹力使它向 A 侧偏转,使得 A 侧电势高,即 $U_A>U_{A'}$(图 3.5.1(a)),霍尔系数 R_H 为正,样品为 P 型半导体材料;反之载流子带负电,其定向漂移速度的方向则与电流的方向相反,洛伦兹力使它向 A 侧偏转,使得 A 侧电势低,即 $U_A<U_{A'}$(图 3.5.1(b)),霍尔系数 R_H 为负,样品为 N 型半导体材料.

3. 霍尔元件的灵敏度 K_H

式(3.5.4)中比例系数 $K_{\mathrm{H}}=\frac{R_{\mathrm{H}}}{d}=\frac{1}{ned}$ 为霍尔元件灵敏度，单位为 $\Omega\cdot\mathrm{T}^{-1}$，一般要求 K_{H} 越大越好，它与载流子浓度成反比，由于半导体内载流子浓度远比金属中载流子浓度小，所以选用半导体材料制作霍尔元件.K_{H} 与样品厚度 d 成反比，所以霍尔元件都做得很薄，一般只有 0.2mm 厚.

4. 载流子浓度 n

$n=\frac{1}{|R_{\mathrm{H}}|e}$，应该指出，此式假定载流子定向漂移的速度为已知，严格一点应考虑载流子漂移速度的统计分布，需引入修正因子 $\frac{3\pi}{8}$.因为半导体内载流子比金属中载流子的浓度小，所以半导体的霍尔系数比金属的大得多，因此霍尔效应为研究半导体载流子浓度的变化提供了重要的方法.

5. 电导率 σ，迁移率 μ

迁移率 μ 是指在单位强度的电场作用下，样品中载流子所获得的平均速度，其单位是 $\mathrm{m}^2\cdot\mathrm{V}^{-1}\cdot\mathrm{s}^{-1}$.

电导率 σ(电阻率 ρ 的倒数)

$$\sigma=\frac{1}{\rho}=\frac{I_{\mathrm{s}}}{U_{\sigma}}\frac{l}{S}=\frac{I_{\mathrm{s}}}{U_{\sigma}}\frac{l}{bd}=\frac{ne\bar{v}bd}{U_{\sigma}}\frac{l}{bd}=ne\bar{v}\ \frac{l}{U_{\sigma}}=ne\mu \tag{3.5.5}$$

所以迁移率 μ 与载流子的浓度 n 之间的关系为

$$\mu=|R_{\mathrm{H}}|\sigma \tag{3.5.6}$$

通过实验测出 σ，即可求出 μ.上述可知：要得到大的霍尔电势，关键是要选择霍尔系数大的材料，即迁移率 μ 高，电阻率 ρ 也较高，这是制造霍尔元件较理想的材料.由于电子迁移率比空穴的迁移率大，所以霍尔元件一般采用 N 型半导体材料制作.

6. 消除霍尔元件副效应的影响

实验中测量所得 U_{H} 并不是实际的霍尔电压，还会有些热磁副效应，附加另外一些电压，给测量带来误差.这些热磁效应有：①爱廷豪森效应，是由于霍尔片两端有温度差，从而产生温差电动势 U_E，它与霍尔电压、电流 I_{s}，磁场的方向有关；②能斯托效应，是当热流通过霍尔片时，在其两侧 AA′会有电压 U_{N} 产生，只与磁场和热流有关；③里纪-勒杜克效应，是当热流通过霍尔片时两侧会有温度差产生，从而又产生温差电压 U_R，它同样与磁场及热流有关；④不等位电压 U_0，它是由于霍尔片两侧 AA′的电极不在同一等势面上引起的.当霍尔电流通过时，即使不加磁场，两端也会有电压产生，其方向随电流 I_s 方向改变而改变.为了消除这些副效应的影响，具体做法是 $B(I_M)$ 大小不变，设定 I_s 和 B 正反方向后，分别改变它们的方向，记录四组电压数据.

$+I_s \quad +B$：　$U_{AA'}=U_1=+U_H+U_0+U_B+U_N+U_R$

$+I_s \quad -B$：　$U_{AA'}=U_2=-U_H+U_0-U_B-U_N-U_R$

$-I_s \quad -B$：　$U_{AA'}=U_3=+U_H-U_0+U_B-U_N-U_R$

$-I_s \quad +B$：　$U_{AA'}=U_4=-U_H-U_0-U_B+U_N+U_R$

由于 U_E 方向始终与 U_H 相同，所以换向法不能消除它，但一般 $U_E \ll U_H$，可以忽略不计，求平均值，得

$$U_H=\frac{U_1-U_2+U_3-U_4}{4}$$

通过上述的对称测量法，虽然还不能消除所有的副效应，但引入的误差很小，可以忽略不计.

[实验仪器]

TH-H 型霍尔效应实验组合仪由实验仪和测试仪两部分组成.

1. 实验仪(图 3.5.2)

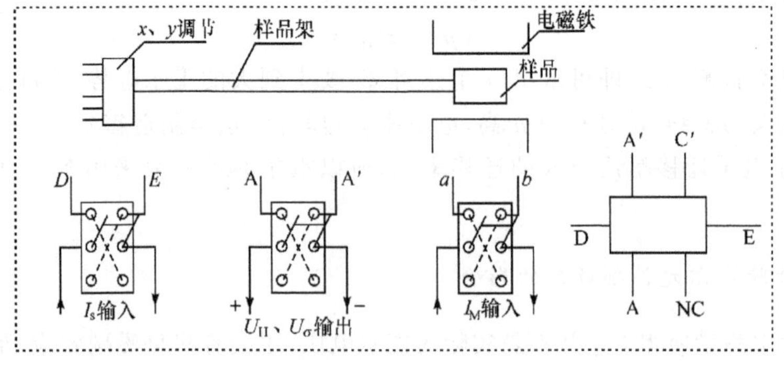

图 3.5.2

1) 电磁铁

规格>0.3T · A^{-1}，磁铁线包的引线有星标者为头(见实验仪上图示)，线包绕

向为顺时针(操作者面对实验仪).根据线包绕向及励磁电流 I_M 流向,可以确定磁感应强度 B 的方向,而磁感应强度 B 的大小与励磁电流 I_M 的关系在线包上标明.

2) 样品和样品架

样品材料为 N 型半导体硅单晶片,根据空脚的位置不同,样品分两种式样,如图 3.5.3 所示,样品的几何尺寸为宽度 $b=4.00\text{mm}$,厚度 $d=0.5\text{mm}$,电极间距$l=3.00\text{mm}$.

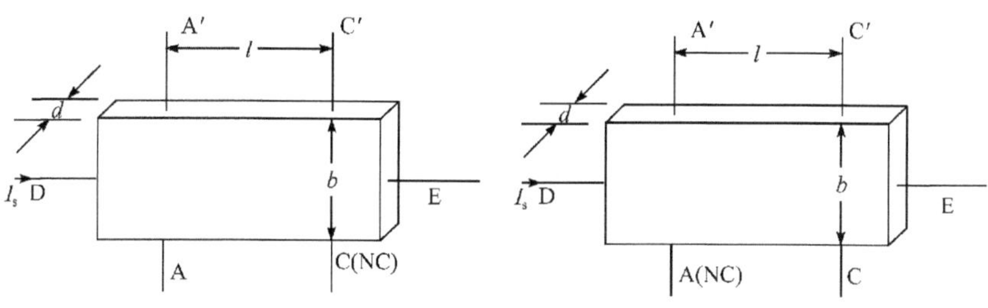

图 3.5.3

样品共有三对电极,其中 AA′和 CC′用于测量霍尔电压 U_H,AC 或 A′C′用于测量电导,D、E 为样品工作电流电极.各电极与切换开关的接线如图 3.5.2 所示.样品架具有 x、y 调节功能及读数装置,样品放置的方向如图所示(操作者面对实验仪).

3) I_s、I_M 换向开关和 U_H、U_σ 测量选择开关

I_s、I_M 换向开关扳向上方,则 I_s、I_M 为正值,反之为负值;“U_H、U_σ”切换开关扳向上方测量 U_H,扳向下方测量 U_σ.

2. 测试仪(图 3.5.4)

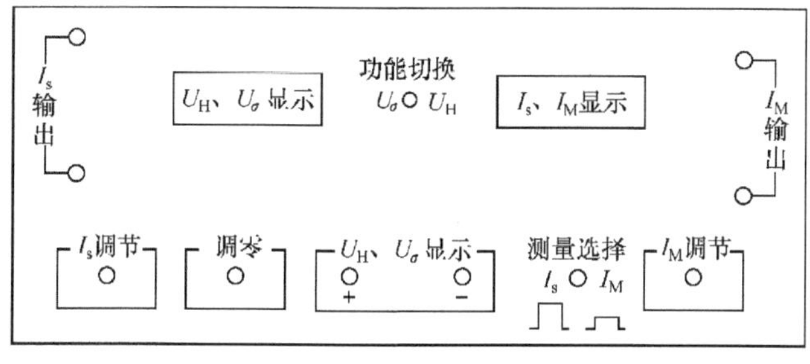

图 3.5.4

(1) “I_s 输出”为 0～10mA 样品工作电流源,“I_M 输出”为 0～1A 励磁电流源,两路输出电流大小通过 I_s 调节旋钮及 I_M 调节旋钮进行连续调节,通过“测量选择”按键由同一只数字电流表进行测量,按键测 I_M,放键测 I_s.

(2) 直流数字电压表.

U_H 和 U_σ 二者通过切换开关由同一只数字电压表进行测量,电压表零位可通过调节调零电位器进行调整.当显示器的数字前出现"—"时,表示被测电压极性为负值.

[实验内容]

(1) 按图 3.5.2 所示仪器接口名称指示连接好线路,绝对不允许将"I_M 输出"接到"I_s 输入"或"U_H、U_σ 输出",否则一旦通电,霍尔元件即遭损坏!"I_s、I_M 调节旋钮"逆时针方向旋到底,接通电源,开机预热数分钟.

(2) 保持电流 I_M 不变($I_M=0.6\text{A}$),"U_H、U_σ 切换开关"扳向 U_H,取 I_s 分别为 1.00mA、1.50mA、2.00mA、2.50mA、3.00mA、3.50mA 时,测出 U_H,测量数据记入表 3.5.1.

(3) 保持电流 I_s 不变($I_s=3.00\text{mA}$),"U_H、U_σ 切换开关"位置同上,取 I_M 分别为 0.300A、0.400A、0.500A、0.600A、0.700A、0.800A 时,测出 U_H,测量数据记入表 3.5.2.

(4) 在零磁场下,取 $I_s=0.15\text{mA}$,测量 AC 之间的电压,即 U_σ;改变电流 I_s 方向,再测一次 U_σ,记入表 3.5.3,由式(3.5.5),即可测得电导率 σ.

[数据处理]

(1) 根据表 3.5.1 中的数据绘制 U_H-I_s 曲线.

表 3.5.1 $I_M=0.6\text{A}$

I_s/mA	U_1/mV	U_2/mV	U_3/mV	U_4/mV	$U_H=\frac{U_1-U_2+U_3-U_4}{4}$/mV
	$+B$、$+I_s$	$-B$、$+I_s$	$-B$、$-I_s$	$+B$、$-I_s$	
1.00					
1.50					
2.00					
2.50					
3.00					
3.50					

根据表 3.5.2 中的数据绘制 U_H-I_M 曲线.

表 3.5.2　　$I_s=3.00\text{mA}$

I_M/A	U_1/mV	U_2/mV	U_3/mV	U_4/mV	$U_H=\frac{U_1-U_2+U_3-U_4}{4}$/mV
	$+B$、$+I_s$	$-B$、$+I_s$	$-B$、$-I_s$	$+B$、$-I_s$	
0.300					
0.400					
0.500					
0.600					
0.700					
0.800					

表 3.5.3　　$I_s=0.15\text{mA}$

I_s/mA	U_σ/mV
换向前	
换向后	
平均	

比较两次绘出的曲线并算出霍尔系数 R_{H1} 和 R_{H2}，得出霍尔系数 R_H（取 R_{H1} 和 R_{H2} 的平均值）.

(2) 确定霍尔元件样品的导电类型.

(3) 计算霍尔元件样品的霍尔灵敏度 K_H.

(4) 计算载流子浓度 n.

(5) 测量电导率 σ.

(6) 计算迁移率 μ.

[思考题]

(1) 霍尔电压是如何产生的？它的大小、符号与哪些因素有关？

(2) 为什么霍尔效应在半导体中特别显著？

(3) 若磁场 B 的方向不与霍尔片上的法线一致，对测量结果有何影响？

3.5.2　霍尔元件测量磁感应强度

[实验目的]

(1) 掌握霍尔元件的工作特性.

(2) 学习用霍尔效应法测量螺线管轴向磁感应强度.

[实验原理]

1. 霍尔效应法测量磁场原理

霍尔效应从本质上讲就是运动的带电粒子 q 在磁场中受到洛伦兹力 $\boldsymbol{F}_m = q\boldsymbol{v}\times\boldsymbol{B}$ 的作用而引起的偏转现象.由于带电粒子束缚在固体材料中,这种偏转导致在垂直于电流和磁场方向上正负电荷在样品边界的聚积,形成横向电场.如图 3.5.5所示,b 为样品的宽度,d 为样品厚度,I_s 是 x 轴方向从样品中流过的电流,B 是沿 z 轴方向加的磁场,在 y 方向样品的两个侧面 AA′上集聚了异号电荷而产生了相应的横向电场 E_H.电场的指向取决于样品的导电类型(N 型或 P 型).当横向电场对载流子的作用的电场力与磁场对载流子作用的洛伦兹力相抵消时,载流子在样品中的运动不再偏转,样品两侧电荷达到平衡,形成稳定电场,即

$$eE_H = e\bar{v}B \tag{3.5.7}$$

式中,E_H 为霍尔电场;$\bar{v}$ 为载流子在电流方向上的平均漂移速度.

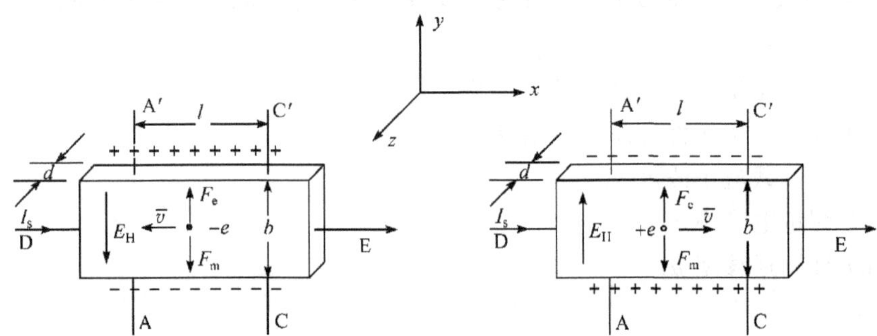

图 3.5.5

设样品宽度 b,厚度 d,载流子浓度为 n,则载流子平均速度 $\bar{v}$ 与电流强度 I_s 的关系为

$$I_s = ne\bar{v}bd \tag{3.5.8}$$

将式(3.5.8)代入式(3.5.7)得

$$U_H = E_H b = \frac{1}{ne}\cdot\frac{I_s B}{d} = R_H\frac{I_s B}{d} \tag{3.5.9}$$

可见,霍尔电压 U_H(AA′电极之间电压)与 I_sB 成正比,与样品厚度 d 成反比.比例系数 $R_H = \frac{1}{ne}$称为霍尔系数,它是反映材料霍尔效应强弱的重要参数.

霍尔元件就是利用上述霍尔效应原理制成的电磁转换元件，对于成品的霍尔元件，其 R_H 和 d 已知，因此将式(3.5.9)写成

$$U_H = K_H I_s B \tag{3.5.10}$$

式中，K_H 为霍尔元件的灵敏度，它表示该元件在单位工作电流和单位磁感应强度下输出的霍尔电压.式中 I_s 单位取 mA，B 单位取 T，U_H 单位取 mV，则 K_H 单位取 $mV \cdot mA^{-1} \cdot T^{-1}$.$K_H$ 为已知量(由实验仪器厂家给出)，测得 I_s 和 U_H 就可以得到磁场的磁感应强度

$$B = \frac{U_H}{K_H I_s} \tag{3.5.11}$$

2. 霍尔电压 U_H 的测量方法

由于实验中测量的 U_H 并不是实际的霍尔电压，伴随霍尔效应的产生，出现了热磁副效应，从而附加另外一些电势，给测量带来误差，必须设法消除(参见 3.5.1 霍尔元件基本参数测量).根据这些副效应产生的机理，采用电流和磁场换向的对称测量法，基本上可以把副效应从测量结果中消除.具体做法是 I_s 和 $B(I_M)$ 大小不变，设定 I_s 和 B 正反方向后，分别改变它们的方向，记录四组电压数据.

$$\begin{array}{lll} +I_s & +B: & U_1 \\ +I_s & -B: & U_2 \\ -I_s & -B: & U_3 \\ -I_s & +B: & U_4 \end{array}$$

求上述四组数据的代数平均值，得

$$U_H = \frac{U_1 - U_2 + U_3 - U_4}{4} \tag{3.5.12}$$

式(3.5.11)、式(3.5.12)是本实验测量磁感应强度的原理公式.

3. 载流长直螺线管内的磁感应强度

螺线管是由绕在圆柱面上的导线构成，对于密绕的螺线管，可以看成是一列由共同轴线的圆形线圈的组合，因此一个载流长直螺线管轴线上某点的磁感应强度，可以从对各圆形电流在轴线上该点所产生的磁感应强度进行积分得到.对于一个有限长的螺线管，在距离两端等远的中心点，磁感应强度为最大，则

$$B_0 = \mu_0 n I_M \tag{3.5.13}$$

式中，μ_0 为真空磁导率；n 为螺线管单位长度的线圈匝数；I_M 为线圈的励磁电流.

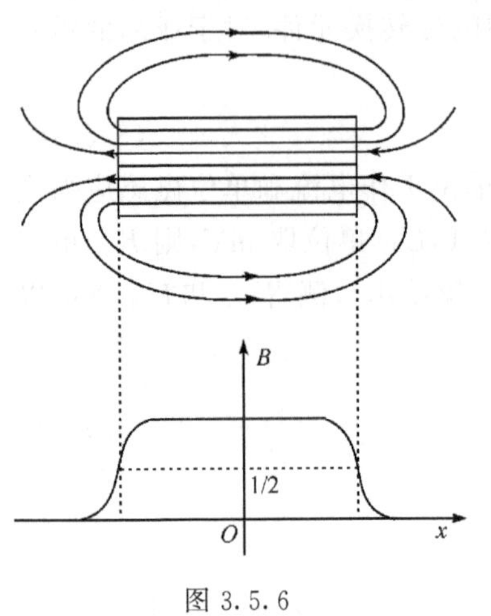

图 3.5.6

如图 3.5.6 所示，由长直螺线管的磁力线分布可知，其内腔中部磁力线为平行于轴线的直线，渐近两端口时，这些直线变为从两端口离散的曲线，说明其内部的磁场是均匀的，仅在靠近两端口处，才呈现明显的不均匀性，根据理论计算，长直螺线管端口的磁感应强度为腔中部磁感应强度的$\frac{1}{2}$.

［实验仪器］

TH-S 型螺线管磁场测定实验组合仪由实验仪和测试仪两部分组成.

1. 实验仪(图 3.5.7)

(1) 长直螺线管，长度 $L=28\text{cm}$，螺线管单位长度的线圈匝数 n(匝/米)标注于实验仪上.

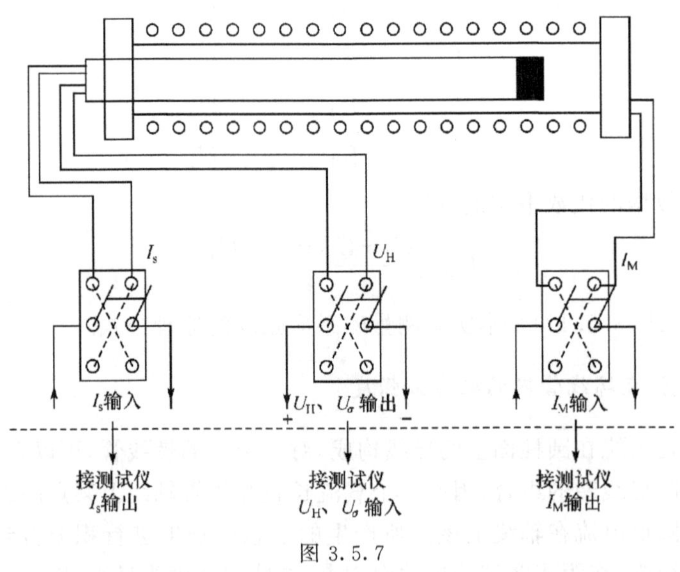

图 3.5.7

(2) 霍尔元件和调节机构.霍尔元件如图 3.5.8 所示，它有两对电极，A、A′电极用来测量霍尔电压 U_H，D、D′电极为工作电流，两对电极经探杆引出，分别接到

实验仪的 I_s 换向开关和 U_H 的输出开关处.霍尔元件的灵敏度 K_H 与载流子浓度 n 成反比,因半导体材料的载流子浓度随温度变化而变化,故 K_H 与温度有关.实验仪上给出了该霍尔元件在 15℃时的 K_H 值.

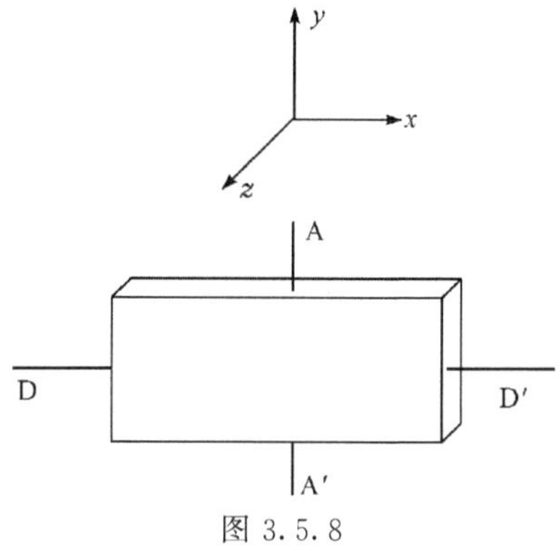

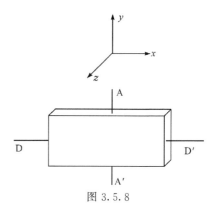

图 3.5.8

探杆固定在二维(x、y 方向)调节支架上.其中 y 方向调节支架,通过旋钮 y 调节探杆中心轴线与螺线管内孔轴线位置,应使之重合.x 方向调节支架通过旋钮 x_1、x_2 调节探杆的轴向位置.二维支架上设有 x_1、x_2 及 y 测距尺,用来指示探杆的轴向及纵向位置.x_1、x_2 是两个互补的轴向调节支架,实现了从螺线管一端到另一端整个轴向磁场分布曲线的测试.

霍尔探头位于螺线管的右端,中心及左端测距尺指示如表 3.5.4 所示.

表 3.5.4

位置		右端	中心	左端
测距尺度数/cm	x_1	0	14	14
	x_2	0	0	14

(3) 工作电流 I_s 及励磁电流 I_M 换向开关,霍尔电压 U_H 输出开关,标注见仪器.

2. 测试仪(图 3.5.9)

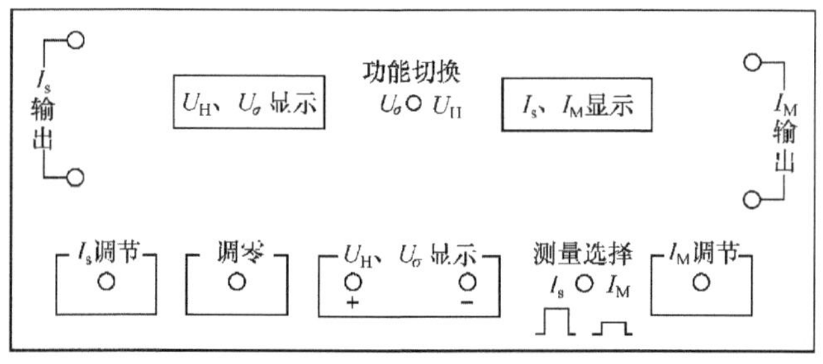

图 3.5.9

1) “I_s 输出”

霍尔元件工作电流源,输出电流 0～10mA,通过 I_s 调节旋钮连续调节.

2) “I_M 输出”

螺线管励磁电流源,输出电流 0～1A,通过 I_M 调节旋钮连续调节.

上述两组恒流源调节的精度分别可达 10μA 和 1mA，读数可通过“测量选择”按键共用一只 $3\frac{1}{2}$位 LED 数字电流表显示，按键测 I_M，放键测 I_s.

3）直流数字电压表

$3\frac{1}{2}$位数字直流毫伏表，供测霍尔电压用，电压表零位可通过面板左下方调零电位器旋钮进行校正.

［实验内容］

（1）连接线路，测试仪面板上的“I_s 输出”、“I_M 输出”和“U_H 输出”三对接线柱应分别与实验仪上的三对相应的接线柱正确连接，如图 3.5.10 所示.

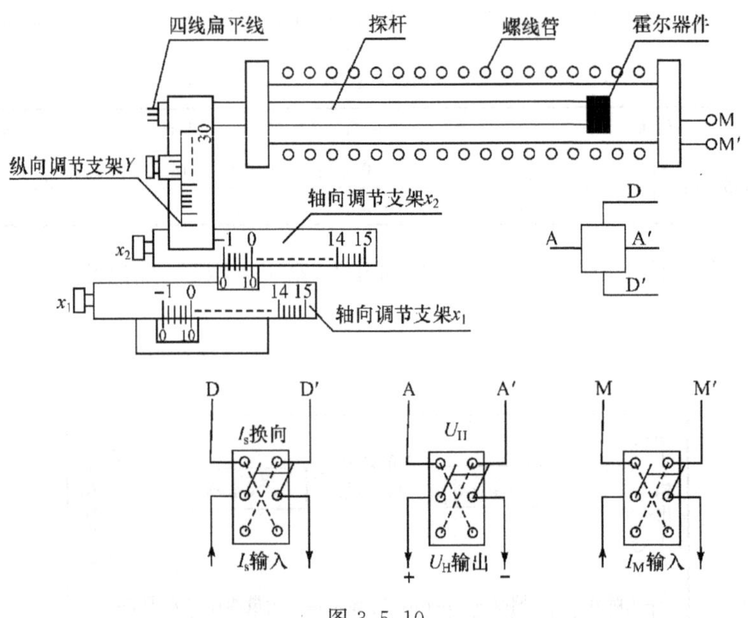

图 3.5.10

（2）将 I_s、I_M 调节旋钮逆时针方向旋到底，使其输出电流处于最小状态，然后开机预热几分钟后可进行实验.

（3）调节“I_s 调节”和“I_M 调节”旋钮取 $I_s=8.00\text{mA}$，$I_M=0.800\text{A}$ 保持不变.其电流随旋钮顺时针方向转动而增加，细心操作，读数可通过“测量选择”按键来实现.按键测 I_M，放键测 I_s.

（4）以相距螺线管两端口等远的中心位置为坐标原点，探头离中心位置 $x=$

14$-x_1-x_2$，调节旋钮 x_1、x_2，使测距尺读数 $x_1=x_2=0.0$cm，保持 $x_2=0.0$cm 不变，调节 x_1 使其值为 0.0、0.5、1.0、1.5、2.0、5.0、8.0、11.0、14.0cm，再调节 x_2 旋钮，保持 $x_1=14.0$cm 不变，使 x_2 值为 3.0、6.0、9.0、12.0、12.5、13.0、13.5、14.0cm，按对称测量法测出各相应位置的 U_1、U_2、U_3、U_4 值，并计算出相应的 U_H 和 B 值，填入表 3.5.5.

［提示］ 调节实验仪上 x_1、x_2 旋钮，使测距尺 x_1 及 x_2 均为零，此时霍尔探头位于螺线管右端.使霍尔探头从螺线管的右端移至左端，为调节顺手，应先调节 x_1 旋钮，使调节支架 x_1 的测距尺读数从 0.0～14.0cm，再调节支架 x_2 的测距尺读数从 0.0～14.0cm.反之要使探针从螺线管的左端移至右端，应先调节 x_2 读数从14.0～0.0cm，再调节 x_1 读数从 14.0～0.0cm.注意要缓慢调节，以防过快损坏仪器.

(5) 关机前，应将“I_s 调节”和“I_M 调节”旋钮逆时针方向旋到底，使其输出电流处于最小状态，然后切断电源.

［数据处理］

取 $I_s=8.00$mA，$I_M=0.800$A 保持不变，测绘螺线管轴线上的磁感应强度分布.

(1) 根据表 3.5.5 绘制 B-x 曲线，验证螺线管端口的磁感应强度为中心位置的 1/2.

表 3.5.5　　$I_s=8.00$mA，$I_M=0.800$A

x_1/cm	x_2/cm	x/cm	U_1/mV	U_2/mV	U_3/mV	U_4/mV	U_H/mV	B/T
			$+B$、$+I_s$	$-B$、$+I_s$	$-B$、$-I_s$	$+B$、$-I_s$		
0.0	0.0							
0.5	0.0							
1.0	0.0							
1.5	0.0							
2.0	0.0							
5.0	0.0							
8.0	0.0							
11.0	0.0							
14.0	0.0							
14.0	3.0							
14.0	6.0							

续表

x_1/cm	x_2/cm	x/cm	U_1/mV	U_2/mV	U_3/mV	U_4/mV	U_H/mV	B/T
			$+B$、$+I_s$	$-B$、$+I_s$	$-B$、$-I_s$	$+B$、$-I_s$		
14.0	9.0							
14.0	12.0							
14.0	12.5							
14.0	13.0							
14.0	13.5							
14.0	14.0							

(2) 将螺线管中心的磁感应强度值与理论值进行比较，求出相对误差.

[提示] 测绘 B-x 曲线时，螺线管端口的磁感应强度变化较大，应多测几点.

[思考题]

(1) 霍尔元件都用半导体材料制成而不用金属材料，为什么？

(2) 为了提高霍尔元件的灵敏度可采用什么办法？

3.6 静电场测绘

电场强度和电位是描述静电场的两个主要的物理量，为了形象地描述电场中场强和电位的分布情况，人为地用电力线和等势面来进行描述.但任一带电体在空间形成的静电场的分布，即电场强度和电势的分布情况，除了一些简单的特殊带电体外，一般很难写出它们在空间的数学表达式，因此，通常采用实验方法来研究.如果我们用静电仪表对静电场中的电场强度和电势进行测量，这样因测量仪器的介入就会导致原静电场发生变化.但是，如果采用模拟法，即用稳恒电流场模拟静电场进行测量，就会得到满意的结果.

[实验目的]

(1) 了解用模拟法测绘静电场分布的原理.

(2) 用模拟法测绘静电场的分布，做出等势线和电场线.

[实验原理]

在一些电子器件和设备中，有时需知道其中的电场分布，一般都通过实验的方法来确定.直接测量电场有很大的困难,所以实验时常采用一种物理实验的方法——模拟法,即仿造一个电流场(模拟场)与原静电场完全一样.因为电流密度 $\boldsymbol{j}$ 正比于电场强度 $\boldsymbol{E}$,即 $\boldsymbol{j}=\sigma\boldsymbol{E}$,$\sigma$ 为该点的导电率(微分欧姆定律),因此可用微分欧姆定律间接地测出被模拟的电场中各点的电势,连接各等电势点作出等势线.根据电场线与等势线的正交关系,描绘出电力线,即可形象地了解电场情况,以加深对电场强度、电势和电势差概念的理解.

1. 平行导线的电场分布

由图 3.6.1 所示,两点电荷 A、B 各带等量异号电荷,其上分别为 $+V$ 和 $-V$.由于对称性,等电势面也是对称分布的,电场分布图见图 3.6.1.

做实验时,以导电率 σ 合适的自来水或导电纸为导电介质.若在两电极加上一定的电压,则可以测出两点电荷的电场分布.

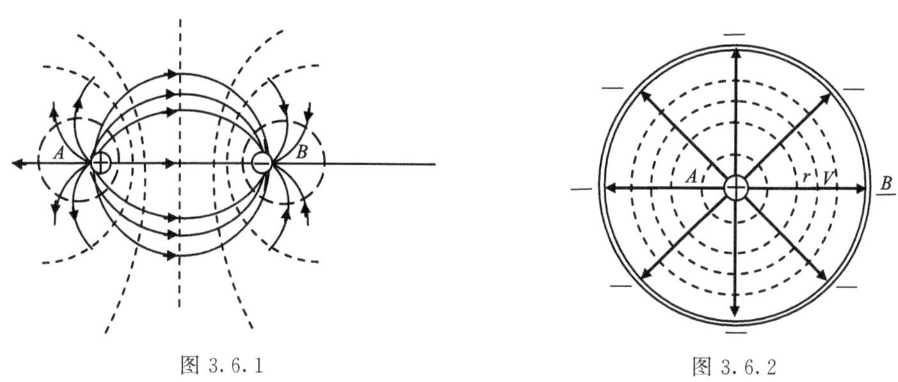

图 3.6.1　　图 3.6.2

2. 同轴圆柱面的电场分布

如图 3.6.2 所示,圆环 B 的中心置一正电荷源 A,由于对称性,等势面都是同心圆,电场分布的图形见图 3.6.2.

如图 3.6.2 所示,设小圆的电势为 V_a 半径为 a,大圆的电势为 V_b,半径为 b,则电场中距离轴心为 r 处的电势 V_r 可表示为

$$V_r = V_a - \int_a^r E \cdot \mathrm{d}r \tag{3.6.1}$$

又根据高斯定理,则圆环内 r 点的场强

$$E = K/r \quad (\text{当 } a < r < b \text{ 时}) \tag{3.6.2}$$

式中,K 由圆环的电荷密度决定.

将式(3.6.2)代入式(3.6.1),得

$$V_r = V_a - \int_a^r \frac{K}{r}\mathrm{d}r = V_a - K\ln\frac{r}{a} \tag{3.6.3}$$

在 $r=b$ 处应有

$$V_b=V_a-K\cdot\ln(b/a)$$

所以

$$K=\frac{V_a-V_b}{\ln b/a}\tag{3.6.4}$$

如果取 $V_a=V_0$，$V_b=0$，将式(3.6.4)代入式(3.6.3)，得到

$$V_r=V_0\,\frac{\ln b/r}{\ln b/a}\tag{3.6.5}$$

为了计算方便，上式也可写作

$$V_r=V_0\,\frac{\log b/r}{\log b/a}\tag{3.6.6}$$

式(3.6.6)决定等势线沿 r 分布的规律，可作定量测量进行分析对比.

3. 聚焦电极的电场分布

示波管的聚焦电场是由第一聚焦电极 A_1 和第二加速电极 A_2 组成.A_2 的电势比 A_1 的电势高.从电子枪 Y 散发出的热电子经过此电场时，由于受到电场力的作用，使电子聚焦和加速.如图 3.6.3 所示的就是其电场分布.通过此实验，可了解静电透镜的聚焦作用，加深对阴极射线示波管的理解.

4. 平行板电极和点与平行板电极的电场分布

平行板电极和点与平行板电极的电场分布分别见图 3.6.4 和图 3.6.5.

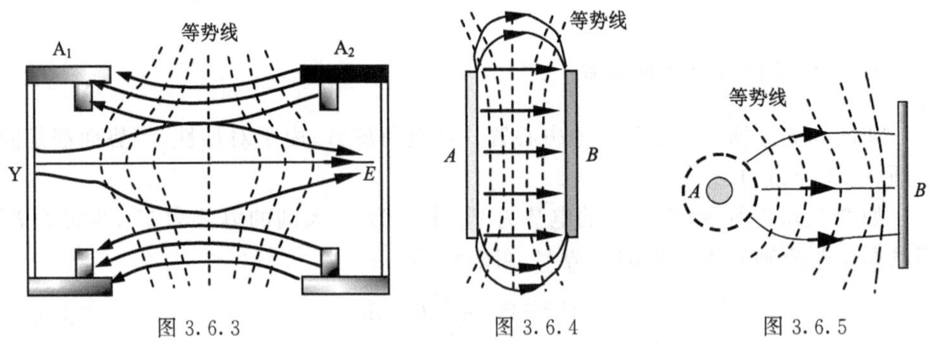

图 3.6.3　　图 3.6.4　　图 3.6.5

当用自来水做介质时，为避免直流电压长时间加在电极上，致使电极产生“极化作用”，影响电流场的分布，故本实验在两极间通以交流电压，此交流电压的有效值与直流电压是等效的，所以其模拟的效果和位置完全与直流电流场相同.为减少用电压表测量电势时引入的系统误差，本实验采用高内阻的交流数字电压表测量.

[实验仪器]

静电场描绘仪、电极、静电场描绘仪电源、连接线.

[仪器简介]

静电场描绘仪由电极架、电极、同步探针等组成,还有配套的静电场描绘仪电源.静电场描绘仪示意图见图3.6.6,仪器的下层用于放置水槽或导电纸电极,上层用于安放坐标纸.P是测量探针,用于在水中测量等势点,P′是记录探针,可将P在水中测得的各电势点同步地记录在坐标纸上(打出印迹).由于P、P′是固定在同一探针架上的,所以两者绘出的图形完全相同.

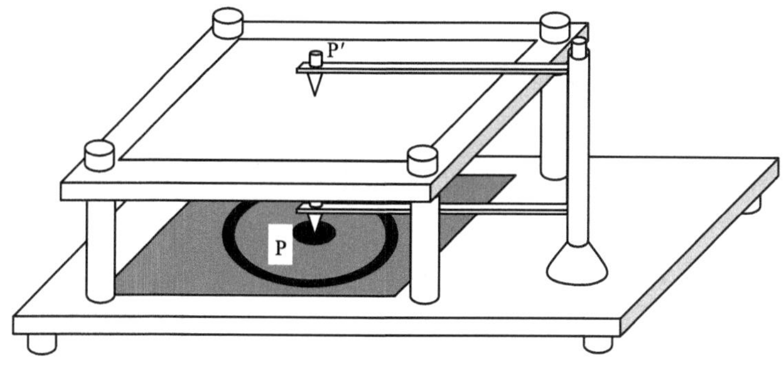

图3.6.6　静电场描绘仪示意图

[实验步骤]

(1) 先作同轴圆柱面的电场分布,测量电路见图3.6.7,线路接好后经教师检查方可通电.

(2) 将静电场描绘仪电源上"测量"与"输出"转换开关打向"输出"端,调节电压到10V.

(3) 然后将"测量"与"输出"转换开关打向"测量"端.

(4) 将坐标纸平铺于电极架的上层并用磁条压紧,移动双层同步探针选择电势点,压下上探针打点,然后移动探针选取其他等势点并打点,即可描出一条等势线.

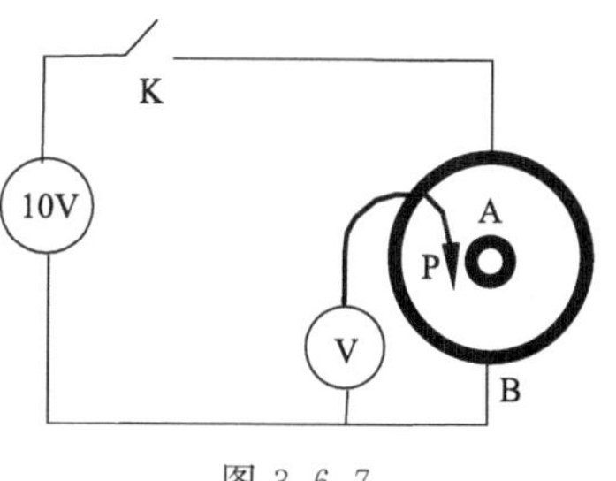

图3.6.7

(5) 本实验要求测绘出 2V,3V,4V,5V,6V,7V,8V 七条等势线.

(6) 重复步骤(4)和(5),可测绘出不同电极的等势线和电场线.

(7) 测试结束关闭电源,整理好导线和电极.

[注意事项]

(1) 水盘内各处水深要相同(为什么?),但不要太深,以 5mm 左右为宜.

(2) 测绘前先分析一下电极周围等势线的形状,以及是否具有对称性,对等势点的位置作一估计,以便有目的地进行探测.

(3) 操作时,右手平稳地移动探针架,同时注意保持探针 P、P′处于同一铅垂线上,以免测绘结果失真.

(4) 为保证测绘的准确性,每条等势线上不得少于 10 个测量点.

(5) 转动静电场描绘电源的调节旋钮时,不要用力过大,应缓慢均匀地进行调节.

(6) 水槽由有机玻璃制成,使用时要小心,防止摔裂.

(7) 实验完后,立即将水槽中的自来水倒净擦干.

(8) 水槽使用多次后,可用很稀的盐酸溶液清洗水槽和电极,再用自来水冲净,以便后续使用.

(9) 做实验时小心不要划破导电纸.

[数据处理]

(1) 用光滑曲线将测得的各等势点连成等势线,并标出每条等势线对应的电势值.

(2) 在各测得的电势分布图上用虚线至少画出八条电场线,注意电场线的箭头方向,以及电场线与等势线的正交关系.

(3) 记录同轴电缆的测绘结果,将坐标纸上各等势线的电势值及相应圆环的半径的平均值填入表 3.6.1,并由此作出 V_r-r 曲线,并与计算结果相比较.

表 3.6.1

V_r/V	2.00	3.00	4.00	5.00	6.00	7.00	8.00
$\bar{r}$/cm							

[思考题]

(1) 用电流场模拟静电场的条件是什么?

(2) 等势线与电场线之间有何关系?

(3) 如果电源电压 V_r 增加一倍,等势线和电场线的形状是否发生变化? 电场强度和电势分布是否发生变化? 为什么?

3.7 半导体 PN 结的物理特性研究

半导体 PN 结的物理特性是物理学和电子学的重要基础内容之一.本实验测量 PN 结扩散电流与电压的关系,证明此关系遵循指数分布规律,并较精确地测出玻尔兹曼常量(物理学重要常数之一),使学生学会测量弱电流的一种新方法.

[实验目的]

(1) 在室温时,测量 PN 结电流与电压的关系,证明此关系符合指数分布规律.

(2) 在不同温度条件下,测量玻尔兹曼常量.

(3) 学习用运算放大器组成电流-电压变换器测量弱电流.

(4) 测量 PN 结电压与温度的关系,求出该 PN 结温度传感器的灵敏度.

(5) 计算在 0K 温度时,半导体硅材料的近似禁带宽度.

[实验原理]

1. PN 结伏安特性及玻尔兹曼常量测量

由半导体物理学可知,PN 结的正向电流-电压关系满足

$$I = I_0\left[\exp\left(\frac{eU}{kT}\right) - 1\right] \tag{3.7.1}$$

式中,I 为通过 PN 结的正向电流;I_0 为反向饱和电流;T 为热力学温度;e 为电子的电荷量;U 为 PN 结的正向压降.由于在常温(300K)时,$kT/e \approx 0.026\text{V}$,而 PN 结正向压降约为十分之几伏,则 $\exp(eU/kT) \gg 1$,式(3.7.1)括号内 -1 项完全可以忽略,于是有

$$I = I_0 \exp\left(\frac{eU}{kT}\right) \tag{3.7.2}$$

也即当温度 T 恒定时,PN 结的正向电流随正向电压按指数规律变化.若测得 PN

结的 I-U 关系值，则利用式(3.7.1)可以求出 e/kT.在测得温度 T 后，就可以得到常数 e/k，把电子电量作为已知值代入，即可求得玻尔兹曼常量 k.

在实际测量中，二极管的正向 I-U 关系虽然能较好地满足指数关系，但求得的常数 k 往往偏小.这是因为通过二极管的电流不只是扩散电流，还有其他电流.一般包括三个部分：①扩散电流，它严格遵循式(3.7.2)；②耗尽层复合电流，它正比于 $\exp(eU/2kT)$；③表面电流，它是由硅和二氧化硅界面中的杂质引起的，其值正比于 $\exp(eU/mkT)$，一般 $m>2$.因此，为了验证式(3.7.2)及求出准确的常数 e/k，不宜采用硅二极管，而采用硅三极管接成共基极线路，因为此时集电极与基极短接，集电极电流中仅有扩散电流.复合电流主要在基极出现，测量集电极电流时，将不包括它.本实验中选取性能良好的硅三极管(TIP31 型)，实验中又处于较低的正向偏置，这样表面电流的影响也可以完全忽略，所以此时集电极电流与结电压将满足式(3.7.2).实验线路如图 3.7.1 所示.

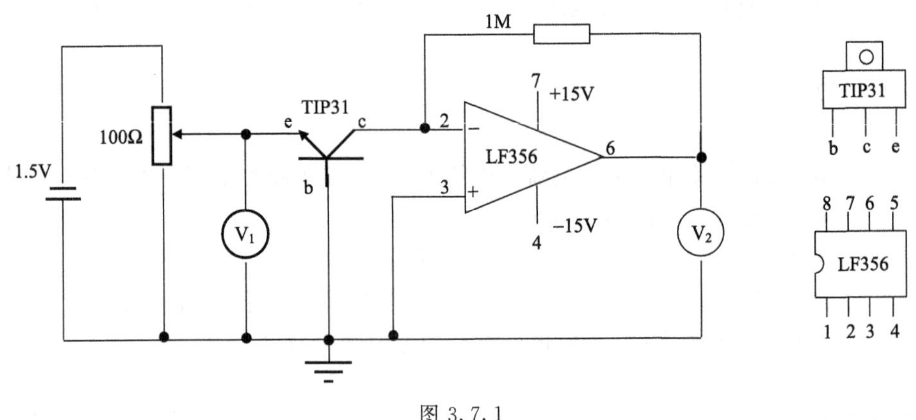

图 3.7.1

2. 弱电流测量

过去实验中$10^{-6}\sim10^{-11}$ A 量级的弱电流采用光电反射式检流计测量，该仪器灵敏度较高约10^{-9} A/分度，但有许多不足之处，如十分怕震、挂丝易断；使用时稍有不慎，光标易偏出满度，瞬间过载引起引丝疲劳变形产生不回零点及指示差变大；使用和维修极不方便.近年来，集成电路与数字化显示技术越来越普及.高输入阻抗运算放大器性能优良，价格低廉，用它组成的电流-电压变换器测量弱电流信号，具有输入阻抗低、电流灵敏度高、温漂小、线性好、设计制作简单、结构牢靠等优点，因而被广泛应用于物理测量中(图 3.7.2).

LF356 是一个高输入阻抗集成运算放大器，用它组成的电流-电压变换器(弱电流放大器)，如图 3.7.2 所示.其中虚线框内电阻 Z_r 为电流-电压变换器的等效

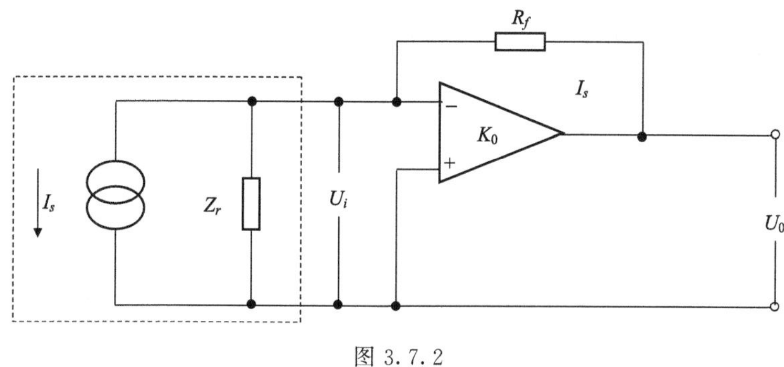

图 3.7.2

输入阻抗.由图 3.7.1,运算放大器的输出电压 U_0 为

$$U_0=-K_0U_i \tag{3.7.3}$$

式(3.7.3)中 U_i 为输入电压;K_0 为运算放大器的开环电压增益,即图 3.7.2 中电阻 $R_f\to\infty$时的电压增益,R_f 为反馈电阻.因为理想运算放大器的输入阻抗 $r_i\to\infty$,所以信号源输入电流只流经反馈网络构成的通路.因而有

$$I_s=(U_i-U_0)/R_r=U_i(1+K_0)/R_i \tag{3.7.4}$$

由式(3.7.4)可得电流-电压变换器的等效输入阻抗 Z_r 为

$$Z_r=U_i/I_s=R_f/(1+K_0)\approx R_f/K_0 \tag{3.7.5}$$

由式(3.7.3)和式(3.7.4)可得电流-电压变换器输入电流 I_z 和输出电压 U_0 之间得关系式,即

$$I_s=-\frac{U_0}{K}(1+K_0)/R_f=-U_0(1+1/K_0)/R_f=-U_0/R_f \tag{3.7.6}$$

由式(3.7.6)可知,只要测得输出电压 U_0 和已知 R_f 值,即可求得 I_s 值.以高输入阻抗集成运算放大器 LF356 为例来讨论 Z_r 和 I_s 值的大小.对 LF356 运放的开环增益 $K_0=2\times10^5$,输入阻抗 $r_i=10^{12}\Omega$.若取 R_f 为 1.00MΩ,则由式(3.7.5)可得

$$Z_r=1.00\times10^6/(1+2\times10^5)=5\Omega \tag{3.7.7}$$

若选用数字电压表的分辨率为 0.01V,那么用上述电流-电压变换器能显示的最小电流值为

$$(I_s)_{\min}=0.01/(1\times10^6)=1\times10^{-8}\text{A} \tag{3.7.8}$$

由此说明,用集成运算放大器组成的电流-电压变换器测量弱电流,具有输入阻抗小、灵敏度高的优点.

3. PN 结的结电压 U_{be} 与热力学温度 T 关系的测量

当 PN 结通过恒定小电流(通常电流 $I=1\text{mA}$)时,由半导体理论可得 U_{be} 与 T 的近似关系

$$U_{be}=ST+U_{go} \tag{3.7.9}$$

式中,S 为 PN 结温度传感器的灵敏度.由 U_{go} 可求出温度 0K 时半导体材料的近似禁带宽度 $E_{go}=qU_{go}$.硅材料的 E_{go} 约为 1.20eV.

[实验仪器]

(1) 直流电源、液晶测量显示模块、恒温组合装置(包括 1.5V 及 3mA 可调直流电源、干井式铜质可调节恒温器、温控仪).

(2) TIP31 型三极管(带三根引线)1 个,9013 三极管 1 个(带二根引线).

(3) 干井铜质恒温器(含加热器)及小电风扇各 1 个.

(4) 配件:LF356 运算放大器 2 块、TIP31 型三极管 1 只、9013 三极管 1 只、连接线 5 根.

[实验内容]

1. I_c-U_{be} 关系的测定,并进行曲线拟合求经验公式,计算玻尔兹曼常量($U_{be}=U_1$)

(1) 实验线路如图 3.7.1 所示.图中 U_1 和 U_2 为液晶屏数显电压,TIP31 型为带散热板的功率三极管,调节电压的分压器为多圈电位器,为保持 PN 结与周围环境一致,把 TIP31 型三极管浸没在干井槽中,温度用 DS18B20 数字温度传感器进行测量.

(2) 在室温情况下,测量三极管发射极与基极之间的电压 U_1 和相应电压 U_2.常温下,U_1 的值从 0.3~0.42V 范围每隔 0.01V 测一点数据,测十几个数据点,至 U_2 值达到饱和时(U_2 值变化较小或基本不变),结束测量.在记数据开始和记数据结束都要同时记录干井恒温器的温度 θ,取温度的平均值 $\bar{\theta}$.

(3) 改变干井恒温器的温度,待 PN 结与恒温器温度一致时,重复测量 U_1 和 U_2 的关系数据,并与室温测得的结果进行比较.

(4) 曲线拟合求经验公式:以 U_1 为自变量,U_2 为因变量,运用最小二乘法,将实验数据代入指数函数 $U_2=a\exp(bU_1)$,求出函数相应的 a 和 b 值.

(5) 计算常数 e/k,将电子的电量作为标准值代入,求出玻尔兹曼常量并与公认值进行比较.

2. U_{be}-T 关系的测定,求 PN 结温度传感器的灵敏度 S,计算硅材料 0K 时近似禁带宽度 E_{go} 值

(1) 实验线路如图 3.7.3 所示.其中 V_2 用于对电阻 R 两端的电压进行采样,

调节恒流源使其示数为 1.000V，即电流为 $I=1\text{mA}$.

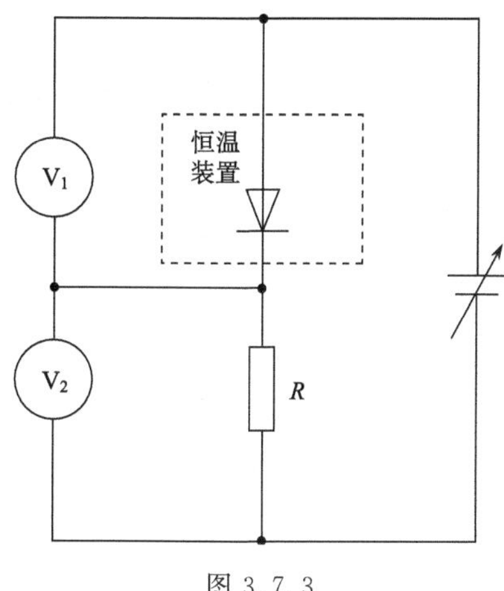

图 3.7.3

(2) 从室温开始每隔 5～10℃测一点 U_{be} 值(即 V_1)与温度 T(℃)关系，求得 U_{be}-T 关系(至少测 6 点以上数据).

(3) 用最小二乘法对 U_{be}-T 关系进行直线拟合，求出 PN 结测温灵敏度 S 及近似求得温度为 0K 时硅材料禁带宽度 E_{go}.

[数据处理]

(1) I_c-U_{be}关系的测定，曲线拟合求经验公式，计算玻尔兹曼常量(表 3.7.1).

室温条件下：$\theta_1=$______℃，$\theta_2=$______℃，$\bar{\theta}=$______℃.

表 3.7.1　PN 结扩散电流-电压关系测量数据表

U_1/V	0.230	0.240	0.250	0.260	0.270	0.280	0.290	0.300	0.310	0.320	0.330
U_2/V											
U_1/V	0.340	0.350	0.360	0.370	0.380	0.390	0.400	0.410	0.420	0.425	
U_2/V											

以 U_1 为自变量，U_2 为因变量，进行指数函数 $U_2=a\exp(bU_1)$的拟合，绘制拟合曲线并计算玻尔兹曼常数

$$e/k=bT=\qquad\qquad\qquad \text{CK/J}$$

则

$$k=\frac{e}{e/k}= \qquad \text{J/K}$$

公认值:$k=1.381\times10^{-23}$ J/K.

(2) 电流 $I=1$mA 时,U_{be}-T 关系的测定,求 PN 结温度传感器的灵敏度 S,计算 0K 时硅材料的近似禁带宽度 E_{go}(表 3.7.2).

表 3.7.2　U_{be}-T 关系测定数据表

t/℃	29.8	35	40	45	50	55	60	65	70	75	79.9
T/K	302.95	308.15	313.15	318.15	323.15	328.15	333.15	338.15	343.15	348.15	353.05
U_{be}/V											

对 U_{be}-T 数据进行直线拟合并绘制 PN 结温度传感器 U_{be}-T 关系曲线.求曲线斜率,即

传感器灵敏度 $S=$ 　　　mV/K

其截距 $U_{go}=$ 　　　(0K 温度)

$E_{go}=eU=$ 　　　eV

硅在 0K 温度时禁带宽度的公认值 $E_{go}=1.205$eV,上述结果半定量地反映了此结果.由于 PN 结温度传感器的线性范围为−50～150℃,在低温时,非线性项将不可完全忽略.

[注意事项]

(1) 要换运算放大器必须在切断电源的条件下进行,并注意管脚不要插错.元件标志点必须对准插座标志槽口.

(2) 请勿随便使用其他型号三极管做实验.例如,TIP31 三极管为 NPN 管,而 TIP32 型三极管为 PNP 管,所加电压极性不相同.

(3) 必须经教师检查线路接线正确后,学生才能开启电源,实验结束应先关电源,才能拆除接线.

[思考题]

(1) U_{be}-T 关系曲线的斜率和截距有何物理意义?

(2) 试简要说明 NPN 和 PNP 三极管的物理特性.

3.8　恒温控制温度传感器实验

温度传感器的特性分析和定标是大学物理热学实验和电磁学实验中的一个基

本内容，是新的全国理工科物理实验教学大纲中一个重要实验.本实验仪器可用于多种温度传感器的特性测量和各种材料的电阻与温度关系特性测量.

3.8.1　热敏电阻温度传感器的温度特性测量

［实验目的］

测量负温度系数(NTC)热敏电阻的阻值与温度的关系，求得热敏电阻材料常数 B.

［实验原理］

1. 恒压源法测量热电阻特性

恒电流法测量热电阻，电路如图 3.8.1 所示.

图 3.8.1 中，R 为已知数值的固定电阻，R_T 为热电阻，U_r 为 R 上的电压，U_{RT} 为 R_T 上的电压.假设回路电流为 I_0，根据欧姆定律，$I_0=U_r/R$，所以热电阻 R_T 为

$$R_T=\frac{U_{RT}}{I_0}=\frac{RU_{RT}}{U_r} \tag{3.8.1}$$

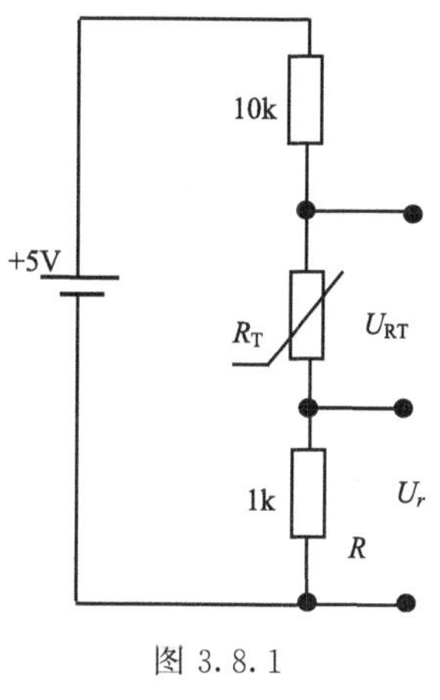

图 3.8.1

2. 负温度系数热敏电阻(NTC 1K)温度传感器

热敏电阻是利用半导体电阻阻值随温度变化的特性来测量温度的，按电阻阻值随温度升高而减小或增大，可分为负温度系数(NTC 型)热敏电阻、正温度系数(PTC 型)热敏电阻和临界温度(CTC 型)热敏电阻.NTC 型热敏电阻阻值与温度的关系呈指数下降关系，但也可以找出热敏电阻某一较小的、线性较好的范围加以应用(如 35～42℃).如需对温度进行较准确的测量，则需配置线性化电路进行校正(本实验未进行全范围线性化校正，仅选取 35～42℃温度范围内进行相对线性化处理).以上三种热敏电阻的特性曲线见图 3.8.2.

在一定的温度范围内(小于 150℃)NTC 热敏电阻的电阻 R_T 与温度 T 之间有如下关系：

$$R_T=R_0\exp\left[B\left(\frac{1}{T}-\frac{1}{T_0}\right)\right] \tag{3.8.2}$$

式中，R_T、R_0 分别为温度是 T，T_0 时的电阻值(T 为热力学温度，单位为 K)；B

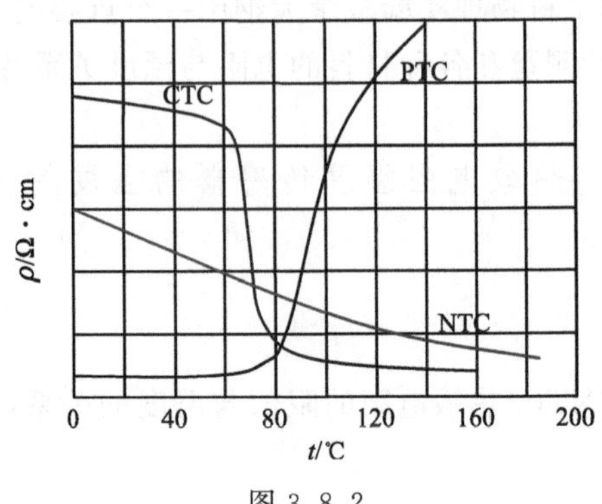

图 3.8.2

为热敏电阻材料常数，一般情况下 B 为 2000～6000K.对一定的热敏电阻而言，B 为常数，对式(3.8.2)两边取对数，则有

$$\ln R_{\mathrm{T}} = B\left(\frac{1}{T} - \frac{1}{T_0}\right) + \ln R_0 \tag{3.8.3}$$

由式(3.8.3)可见，$\ln R_{\mathrm{T}}$ 与 $1/T$ 呈线性关系，作 $\ln R_{\mathrm{T}}$-$(1/T)$直线图，用直线拟合，根据斜率即可求出常数 B.

[实验仪器]

恒温控制温度传感器实验仪 1 台，NTC 热敏电阻温度传感器 1 只.

[实验内容]

NTC 热敏电阻温度特性测量实验

(1) 将控温传感器 PT100 探头插入加热井中，并将三芯插头与温控表下方的 PT100 插座对应相连，构成温度控制系统，实现加热井温度控制；将 NTC 温度传感器探头插入加热井中的另一个孔内，把输出插头与处理单元对应的 NTC 插座连接起来.

(2) 按图 3.8.3 接线，电压表选择 mV 挡；电压 V_{i} 调节到 5V；从室温起开始测量，然后每隔 5.0℃设定一次温控器，也可每隔 10.0℃设置一次控温系统.待温度稳定后(2min 内温度变化在±0.1℃以内)，测量热敏电阻上对应的电压 U_{RT}(扭子开关打向 V_{01})以及取样电阻 R_2(1kΩ)上的电压 U_{r}(扭子开关打向 V_{02})，根据公式(3.8.1)求出 R_{T}与温度 t 的关系(表 3.8.1).

作 $\ln R_{\mathrm{T}}$-$(1/T)$直线图，用直线拟合，根据斜率即可求出常数 B.

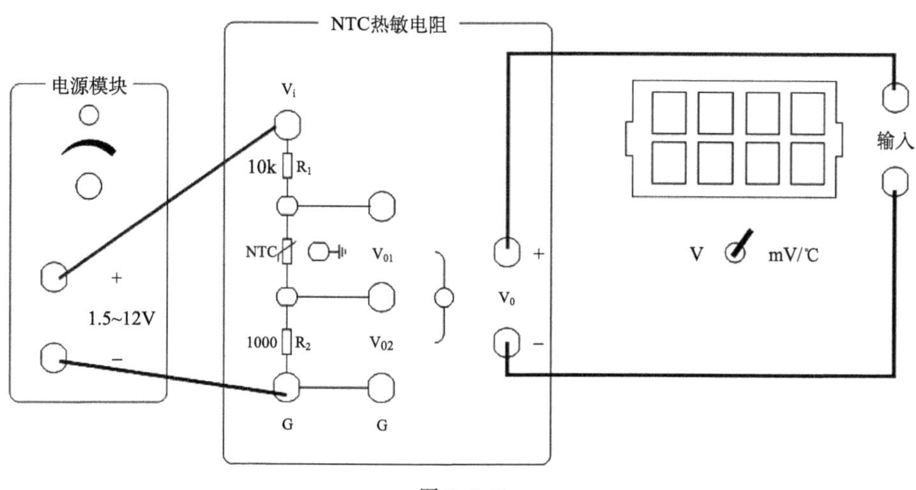

图 3.8.3

[数据处理]

表 3.8.1　NTC 热敏电阻与温度的关系

t/℃	25	30	35	40	45	50
T/K						
$1/T/(\times 10^{-3}\mathrm{K}^{-1})$						
R_{T}/Ω						
ln/R_{T}						
t/℃	55	60	65	70	75	80
T/K						
$1/T/(\times 10^{-3}\mathrm{K}^{-1})$						
R_{T}/Ω						
ln/R_{T}						

根据表 3.8.1 数据，绘制 $\ln R_{\mathrm{T}}$-$(1/T)$图线，对 $\ln R_{\mathrm{T}}$-$(1/T)$图中数据作直线拟合，得到斜率 $B=$______ K；分析热敏电阻阻值 R_{T} 与温度 T 的关系是否满足 $R_{\mathrm{T}}=A\mathrm{e}^{B/T}$ 的指数关系.

3.8.2 集成电路温度传感器的特性测量及应用

随着科技的发展,各种新型的集成电路温度传感器器件不断涌现,并大批量生产和扩大应用.这类集成电路测温器件有以下几个优点:①温度变化引起输出量的变化呈现良好的线性关系;②不像热电偶那样需要参考点;③抗干扰能力强;④互换性好,使用简单方便.因此,这类传感器已在科学研究、工业和家用电器温度传感器等方面被广泛使用于温度的精确测量和控制.

[实验目的]

(1) 测量电流型集成电路温度传感器 AD590 的温度特性.

(2) 利用 AD590 温度传感器设计数字式温度计.

[实验原理]

AD590 集成电路温度传感器是由多个参数相同的三极管和电阻组成的.当该器件的两端加有一定直流工作电压时(一般工作电压可在 4.5～20V 范围内),它的输出电流与温度满足如下关系:

$$I = Bt + A$$

式中,I 为其输出电流,单位 μA;t 为摄氏温度;B 为斜率(一般 AD590 的 $B=1\mu\text{A}/℃$,即如果该温度传感器的温度升高或降低 1℃,传感器的输出电流增加或减少 1μA);A 为摄氏零度时的电流值,其值恰好与冰点的热力学温度 273K 相对应(对市售的一般 AD590,其 A 值从 273～278μA,略有差异).利用 AD590 集成电路温度传感器的上述特性,可以制成各种用途的温度计.采用非平衡电桥线路,可以制作一台数字式摄氏温度计,即 AD590 器件在 0℃时,数字电压显示值为“0”,而当 AD590 器件处于 t℃时,数字电压表显示值为“t”.

[实验仪器]

恒温控制温度传感器实验仪 1 台,AD590 集成温度传感器 1 只.

[实验内容]

1. AD590 传感器的温度特性测量

(1) 将控温传感器 PT100 探头插入加热井中，并将三芯插头与温控表下方的 PT100 插座对应相连，构成温度控制系统，实现加热井温度控制；将 AD590 温度传感器探头插入加热井中另一个孔内，把输出插头与处理单元对应的 AD590 插座连接起来，注意接线(AD590 的正负极不能接错，AD590 的工作电压一般为 +4～+30V，红色插脚为正极，黑色插脚为负极)，调节电源模块，使输入电压 $V_i=8V$ (图 3.8.4).

(2) 测量 AD590 集成电路温度传感器的电流 I 与温度 t 的关系，电流 $I=V_0/R_3$，取样电阻 R_3 的阻值为 1000Ω，数据计入表 3.8.2.

(3) 根据测量的数据，绘制 I-t 曲线，将实验数据用最小二乘法进行拟合，求斜率 B、截距 A 和相关系数 r.

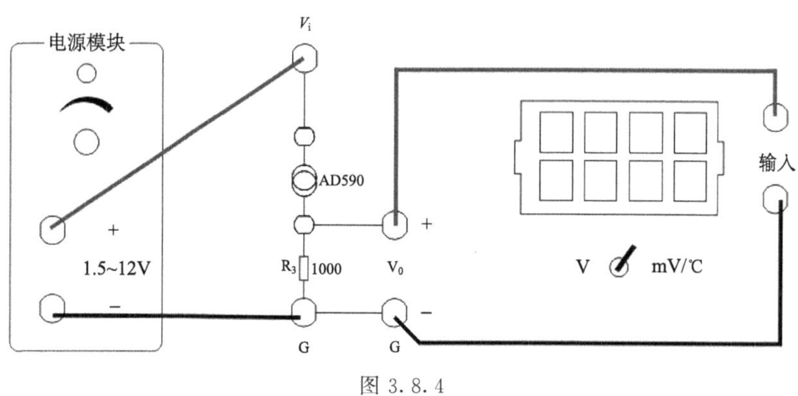

图 3.8.4

2. 制作量程为 0～50℃ 范围的数字温度计

(1) 按图 3.8.5 接线，图中 AD590 与电阻 R_4、R_5 以及 Rw 构成非平衡电桥，其中 $R_4=R_5=1000\Omega$，Rw 为可调电位器.

(2) 将电桥的供电电压 V_i 设定到 8V，将 AD590 探头放置在冰水混合物中，调节电位器 Rw，使电桥输出电压为 0000.0mV(对应 0000.0℃)，实现数字温度计零点校准. 如果实验室没有冰水混合物，可以将加热井温度控制在稳定的 25℃，将 AD590 传感器置于加热井中稳定数分钟后，调节电位器 Rw，使电压表显示为 25.0mV 即可.

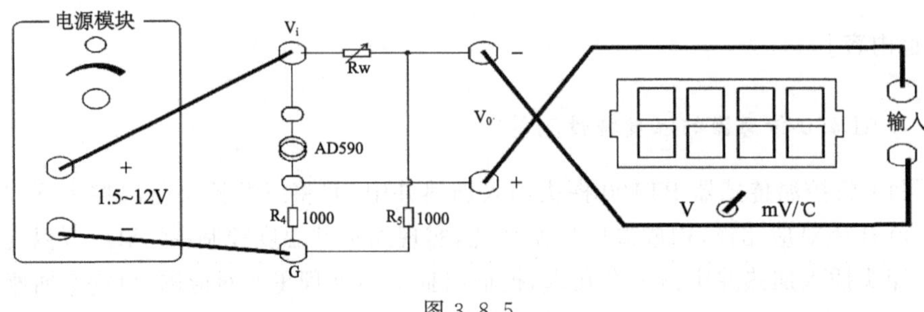

图 3.8.5

(3) 利用设计的数字温度计测量加热井中的温度，并与温度控制表上显示的温度进行对比.

(4) 用设计的数字温度计测量人体温度.

3. 调节图 3.8.4 中电源电压 V_i，如从 8V 变为 10V，观测 AD590 传感器的输出电流有无变化并分析其原因

4. 测量不同温度下 AD590 传感器的输出电流和工作电压的关系(选做)

将 AD590 传感器处于恒定温度，按图 3.8.4 接线，调节电源输出电压从1.5～10V，测量加在 AD590 传感器上的电压 $U(U=V_i-V_0)$ 与输出电流 $I(I=V_0/R_3)$ 的对应值，要求实验数据在 20 点以上.在 EXCEL 中作 AD590 传感器输出电流 I 与工作电压 U 的关系图，求出该温度传感器的输出电流与温度呈线性关系的最小工作电压 U_r.

[数据处理]

1. 测量 AD590 传感器输出电流 I 和温度 t 之间的关系，求 I-t 关系的经验公式

表 3.8.2　AD590 传感器温度特性测量

t/℃	20	25	30	35	40	45	50
V_0/V							
I/μA							

将表 3.8.2 的数据输入到 EXCEL 中得到 I-t 曲线关系图，对曲线进行直线拟合，得到直线：$y=$____ $x+$____；斜率 $B=$____ μA/℃；截距 $A=$____ μA；相关系

数 R^2 = ____；与灵敏度标准值 B = 1.000μA/℃的相比百分误差为____.

2. 制作数字温度计

将设计的数字温度计校准后测量加热井的温度，与温控表的指示值进行对比如表 3.8.3 所示.

表 3.8.3

加热井温度值/℃	25.0	30.0	35.0	40.0	45.0	50.0
数字温度计测量值/℃						

[注意事项]

(1) 温度控制器使用方法：将 PT100 温度传感器探头插在加热井中，输出插头与温控表下方的 PT100 插座对应相连，组成温度控制系统，实现对加热井温度的控制.按 SET 键 0.5s 进入温度设定界面，◀为定位移位键(被选择的位对应闪烁)，▲为设定数字递增键，▼为设定数字递减键，设定到需要的温度后再按一下 SET 键退出设定.此时当控温开关开启时，温度控制器将对加热井进行控温使其达到设定温度值.

(2) 当需要对加热井进行降温时，将温度控制器温度值设定到室温以下并关闭控温开关，再开启加热井散热开关即可.

(3) 非专业人士不要修改温控表其他参数.

3.9　热敏电阻特性与温度系数测量

随着科技与控制系统技术的快速发展，传感器已成为传换系统的主要部件之一.传感器的种类有电阻、电容、电感传感器、热敏电阻传感器、光电传感器、光纤传感器等.本实验采用的 AD590 温度传感器能够精确地测量温度.热敏电阻传感器的阻值如随温度的升高而增大时，称为正温度系数热敏电阻，如随温度的升高而减小时，称为负温度系数热敏电阻.本实验采用 AD590 温度传感器测量温度，观察热敏电阻阻值与温度的特性关系.

[实验目的]

(1) 了解恒温控制过程.

(2) 作 $\ln R_T$-$\dfrac{1}{T}$的特性关系曲线.

(3) 用作图法和最小二乘法得到热敏电阻的表达式.

(4) 计算热敏电阻温度系数.

[实验原理]

热敏电阻的类型很多,一般采用半导体材料制作热敏电阻.负温度系数热敏电阻在它规定的温度范围内,它的电阻值随温度的升高而减小.热敏电阻与温度的变化特性曲线如图 3.9.1 所示.理论上有

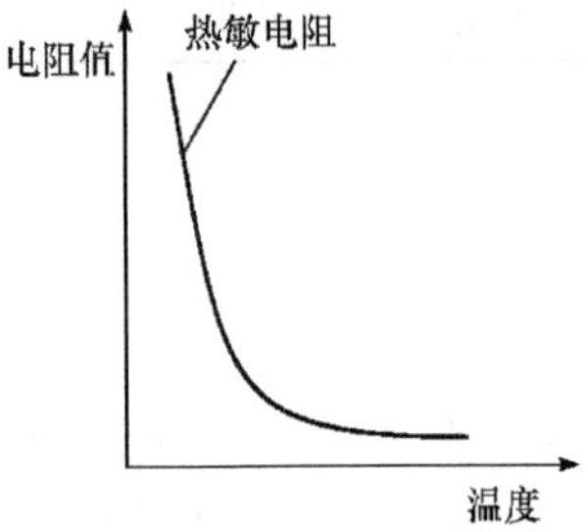

电阻值 热敏电阻 温度

图 3.9.1

$$R_T = R_0 e^{B\left(\frac{1}{T}-\frac{1}{T_0}\right)} \tag{3.9.1}$$

式中,R_T 为绝对温度 T 时的实际电阻值;R_0、B 是与电阻的几何尺寸和材料物理特性有关的常数.将式(3.9.1)两边取对数,则有

$$\ln R_T = B\left(\frac{1}{T}-\frac{1}{T_0}\right)+\ln R_0 \tag{3.9.2}$$

式中,$\ln R_0$ 为常数;$\ln R_T$ 与$\left(\dfrac{1}{T}-\dfrac{1}{T_0}\right)$成线性关系,可通过作图求得斜率 B 及截距 $\ln R_0$.

由式(3.9.1)可求出热敏电阻的温度系数 α_T.

$$\alpha_T = \frac{1}{R_T}\cdot\left(\frac{dR_T}{dT}\right)_{T=T_c} \tag{3.9.3}$$

式中 α_T 是温度变化 1℃时,电阻实际值的相对变化,对式(3.9.1)求导,将$\dfrac{dR_T}{dT}$代入式(3.9.3)得

$$\alpha_T = \frac{1}{R_T}\cdot\left(\frac{dR_T}{dT}\right)_{T=T_c} = -\frac{B}{T_c^2} \tag{3.9.4}$$

式(3.9.4)为热敏电阻温度系数公式.负号表示温度升高时,热敏电阻阻值下降,所以称该热敏电阻为负温度系数热敏电阻.

[实验内容]

(1) 图 3.9.2 所示为恒温控制仪装置,使用时首先将各个旋钮以逆时针方向

旋到底，AD590 接恒温仪后面板接线柱，热敏电阻连接直流电阻电桥，并将 AD590 及热敏电阻一块放入注入少量变压器油的玻璃管内，并放入盛有净水的烧杯内，磁性转子放入烧杯中间部位.

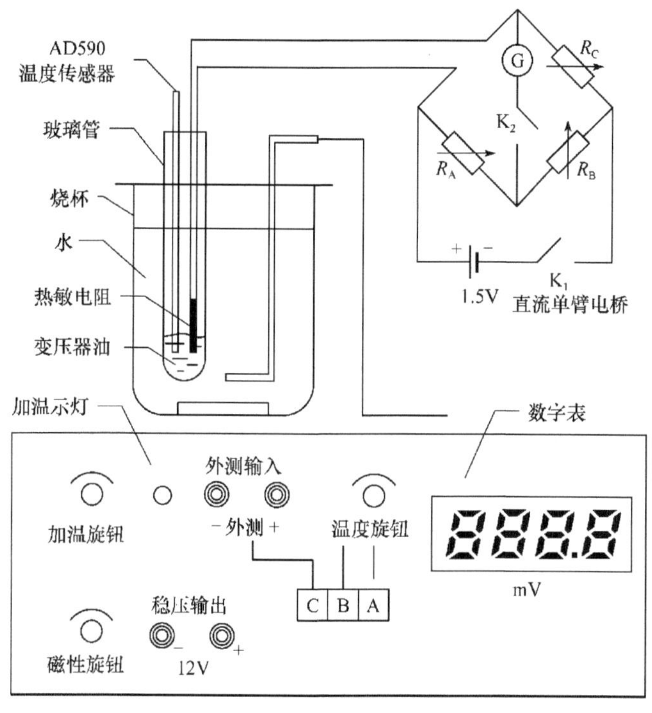

图 3.9.2

(2) 实验前用水银温度计测量的水温与按下 B 键时数字表上显示的温度进行校对，如温差为 0.5℃时，请老师校正.

(3) 将烧杯放在恒温控制仪上指定的磁性最强的位置处，调节磁性转子旋钮，使转子匀速转动，不宜过快.

(4) 按下 A 键，调节设定温度旋钮，可在数字表显示设定的水温度数.

(5) 调节“加温旋钮”，使发光二极管发亮(注意不要太亮)，此时加热器给水加温.当水温达到设定的温度值时，应再仔细调节“加温旋钮”，使发光二极管微亮，保持水温不变.

(6) 若设定温度，测量热敏电阻值时，应按下 C 键，数字表上显示热敏电阻阻值.

(7) 自己设计温差间隔，用直流单臂电桥测量出对应的热敏电阻阻值共 8 组数据填入表 3.9.1 中.

表 3.9.1

序号	T	R_T	$\ln R_T$	$\frac{1}{T}-\frac{1}{T_0}$	B	α_T
1						
2						
3						
4						
5						
6						
7						
8						

[数据处理]

(1) 作 $\ln R$-$\frac{1}{T}$图,求 R_0、B.

(2) 用最小二乘法求 R_0、B,写出负温度系数热敏电阻表达式.

[思考题]

(1) 能否用伏安法测量热敏电阻阻值?请绘出测量电路图.

(2) 为什么加温指示灯不能过亮,而有微亮即可,为什么?

(3) 为什么磁性转子应匀速转动?

3.10 磁滞回线和磁化曲线的测绘

磁性材料的磁滞回线和磁化曲线表征了磁性材料的基本磁特性.在工业、交通、通信、电器等领域,大量应用各种特性的铁磁材料.因此,磁性材料基本特性的测量,在实用上及大学物理实验中都显得非常重要,并被列入国内各类高等院校的物理实验教学大纲.

[实验目的]

(1) 掌握待测磁性样品的退磁方法,测量样品的起始磁化曲线.

(2) 在待测样品达到磁饱和时,进行磁锻炼,测量材料的磁滞回线.

(3) 学习安培回路定律在磁测量中的应用.

[实验原理]

1. 铁磁物质的磁滞现象

铁磁性物质的磁化过程很复杂,这主要是由于它具有磁性.一般都是通过测量磁化场的磁场强度 H 和磁感应强度 B 之间的关系来研究其磁化规律的.

如图 3.10.1 所示,当铁磁物质中不存在磁化场时,H 和 B 均为零,在 B-H 图中则相当于坐标原点 O.随着磁化场 H 的增加,B 也随之增加,但两者之间不是线性关系.当 H 增加到一定值时,B 不再增加或增加得十分缓慢,这说明该物质的磁化已达到饱和状态.H_m 和 B_m 分别为饱和时的磁场强度和磁感应强度(OA 为起始磁化曲线).如果再使 H 逐步退到零,则与此同时 B 也逐渐减小.然而,其轨迹并不沿原曲线 AO,而是沿另一曲线 AR 下降到 B_r,这说明当 H 下降为零时,铁磁物质中仍保留一定的磁性.将磁场反向,再逐渐增加其强度,直到 $H=-H_m$,这时曲线达到 A'点(即反向饱和点),然后,先使磁场退回到 $H=0$,再使正向磁化场逐渐增大,直到饱和值 H_m 为止.如此就得到一条与 ARA'对称的曲线 $A'R'A$,而自 A 点出发又回到 A 点的轨迹为一闭合曲线,$ARA'R'A$ 即为铁磁物质的磁滞回线,此属于饱和磁滞回线.其中,回线和 H 轴的交点 H_c 和 H'_c称为矫顽力,回线与 B 轴的交点 B_r 和 B'_r称为剩余磁感应强度.

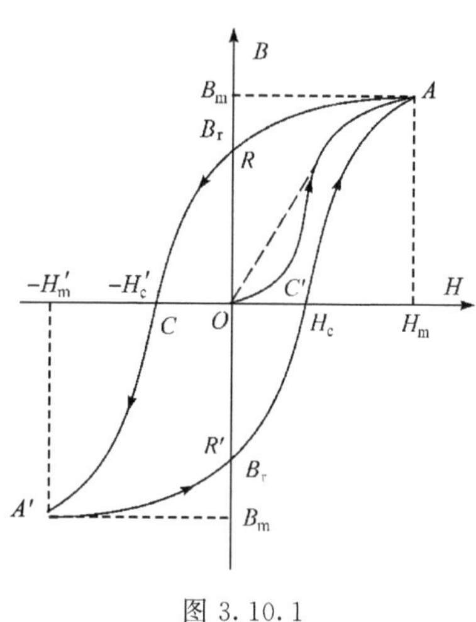

图 3.10.1

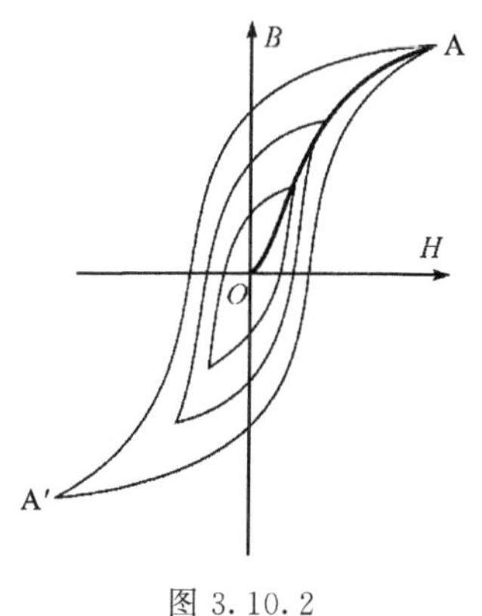

图 3.10.2

2. 磁化曲线和磁滞回线的测量

在待测的铁磁材料样品上绕上一组磁化线圈,环形样品的磁路中开一极窄的均匀气隙,气隙应尽可能小.磁化线圈中,在对磁化电流最大值 I_m 磁锻炼的基础上,对应每个磁化电流 I_k 值,用数字式特斯拉计测量气隙均匀磁场区中间部位的磁感应强度 B,得到该磁性材料的磁滞回线.对于一定大小的回线,磁化电流最大值设为 I_m,对于每个不同的 I_k 值,使样品反复磁化,可以得到一簇磁滞回线,如图 3.10.2 所示.把每个磁滞回线的顶点以及坐标原点

O 连接起来，得到的曲线称基本磁化曲线.

测量磁化曲线和磁滞回线要求：

(1) 测量初始磁化曲线或基本磁化曲线都必须由原始状态 $H=0, B=0$ 开始，因此测量前必须对待测量样品进行退磁，以消除剩磁.

(2) 为了得到一个对称而稳定的磁滞回线，必须对样品进行反复磁化，即"磁锻炼".这可以采取保持最大磁化电流大小不变，利用电路中的换向开关使电流方向不断改变.在环形样品的磁化线圈中通过的电流为 I，则磁化场的磁场强度 H 为

$$H=\frac{N}{\bar{l}}I \tag{3.10.1}$$

式中，N 为磁化线圈的匝数；$\bar{l}$ 为样品平均磁路长度，H 的单位为 A/m.

为了从间隙中间部位测得样品的磁感应强度 B 值，根据一般经验，方形样品截面的长和宽的线度应大于或等于间隙宽度的 8～10 倍，且铁芯的平均磁路长度 $\bar{l}$ 远大于间隙宽度 l_g，这样才能保证间隙中有一个较大区域的磁场是均匀的，测得的磁感应强度 B 的值，才能真正代表样品中磁场在中间部位的实际值.

[实验仪器]

实验仪器如图 3.10.3 所示，磁性材料的磁滞回线和磁化曲线测定仪主要由数字式特斯拉计、恒流源、磁性材料样品、磁化线圈、双刀双掷开关、霍尔探头移动架、双叉头连接线等构成.

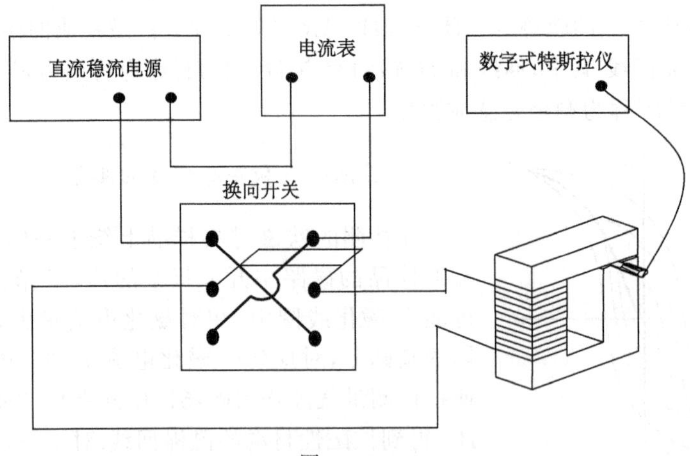

图 3.10.3

[实验内容]

1. 基本内容:测量模具钢的初始磁化曲线和磁滞回线

(1) 测量样品的起始磁化曲线,测量前先对样品进行退磁处理.即使磁化电流不断反向,且幅值由最大值逐渐减小至零,最终使样品的剩磁 B 为零.例如,电流值由 0 增至 400mA 再逐渐减小至 0,然后双刀开关换为反向电流由 0 增至 300mA,再由 300mA 调至零,这样磁化电流不断反向,最大电流值每次减小 100mA,当剩磁减小到 100mT,每次最大电流减小量还需小些,最后将剩磁消除,退磁过程如图 3.10.4 所示.然后测量 B-H 关系曲线.

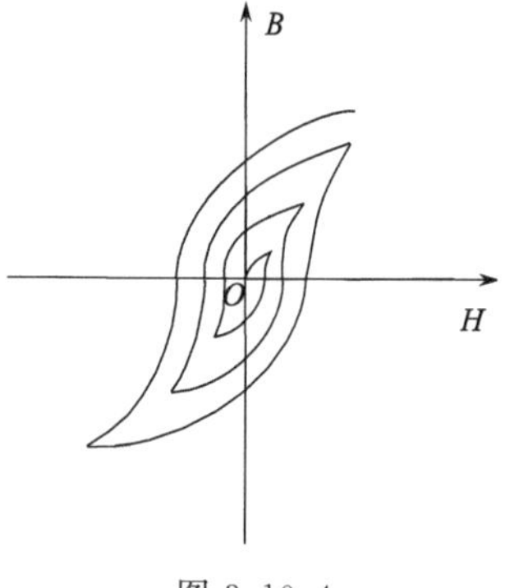

图 3.10.4

(2) 测量模具钢的磁滞回线前的磁锻炼.由初始磁化曲线可以得到 B 增加得十分缓慢时,磁化线圈通过的电流值 I_m,然后保持此电流 I_m 不变,把双刀换向开关来回拨动 5～6 次,进行磁锻炼.拉动开关时,应使触点从接触到断开的时间长些.

(3) 测量模具钢的磁滞回线.通过磁化线圈的电流从饱和电流 I_m(400mA)开始逐步减小到 0,然后双刀换向开关将电流换向,电流又从 0 增加到 $-I_m$,重复上述过程,即$(H_m, B_m) \to (-H_m, -B_m)$,再从$(-H_m, -B_m) \to (H_m, B_m)$.每隔 100mA 测一组$(I_i, B_i)$值.由公式(3.10.1)求出 H_i 值.用作图纸作模具钢材料的起始磁化曲线和磁滞回线,记录模具钢的饱和磁感应强度 B_m 和矫顽力 H_c.

2. 选做内容:测量 45# 钢或电工用纯铁材料的磁滞回线和初始磁化曲线

(1) 正式测量前须对样品进行退磁处理.

(2) 测量磁化曲线的过程中,应保证磁化电流依次单调增加,否则应立即退磁,并重新开始.测量 B-H 关系,作磁滞回线.

[数据处理]

实验数据填入表 3.10.1 中.

表 3.10.1　CR12 模具钢的初始磁化曲线和磁滞回线数据

I/mA	B/mT	H/(A/m)

注：表面镀黑锌是模具钢(CR12)，表面镀白锌是 45＃钢，表面镀彩锌是电工用纯铁.

[注意事项]

(1) 仪器接通电源后须预热 10min，再进行实验.

(2) 将数字式特斯拉计的同轴电缆插座与霍尔探头的同轴电缆插头接通.具体方法是将插头缺口对准插座的突出口，手拿住插头的圆柱体往插座方向推入即可，卸下时按住有条纹的外圈套往外拉.

(3) 数字式特斯拉计调零方法：当将霍尔探头移至远离磁性材料样品时，若样品已消磁或磁性很弱，可调节特斯拉计的调零电位器，调至读数为零.

(4) 磁性材料样品的退磁方法:将霍尔探头调到样品气隙中间位置,向上闭合换向开关,调大电流至 400mA,然后逐渐调小至零,再向下闭合换向开关,逐渐调大电流使输出电流为 300mA,再逐渐调至零,以后电流不断反向,逐渐减小线圈电流的绝对值.不断重复上述过程,最终使剩磁降至零,数字式特斯拉计示值也随之趋于零,即完成对样品的退磁.

(5) 请勿用力拉动霍尔探头,以免损坏.

(6) 霍尔探头的位置可借助移动架上指示的标尺读数记录.

(7) 绝大多数情况仪器均能退磁到零(0mT),但个别学生因种种原因只能退磁到 2mT 以下,可以认为"基本退磁".

(8) 磁锻炼时,线圈通以 400mA 电流.此时拉动双刀双掷开关的动作须慢些,这样既可延长开关的使用寿命,又可避免产生电火花.

(9) 霍尔元件是在探头离笔尖 3mm 左右处,而不是在笔尖.标志线指示零值时,霍尔元件正好在间隙的中间位置.

[思考题]

(1) 什么叫做基本磁化曲线? 它和起始磁化曲线有何区别?

(2) 如果测量磁滞回线过程中一旦操作顺序发生错误,应该怎样操作才能继续测量?

(3) 怎样使样品完全退磁,使初始状态在 $H=0, B=0$ 的点上?

(4) 在什么条件下,环形铁磁材料间隙中测得的磁感应强度能代表磁路中的磁感应强度?

3.11　磁电阻传感器的测量及应用

磁阻器件由于灵敏度高、抗干扰能力强等优点在工业、交通、仪器仪表、医疗器械、探矿等领域应用十分广泛,如数字式罗盘、交通车辆检测、导航系统、伪钞检测、位置测量等.其中较为典型的锑化铟(InSb)传感器是一种价格低廉、灵敏度高的磁电阻,有着十分重要的应用价值.

本实验的实验内容丰富,使用两种材料的传感器:利用砷化镓(GaAs)霍尔传感器测量磁感应强度,研究锑化铟(InSb)磁阻传感器在不同的磁感应强度下的电阻大小,可观测半导体的霍尔效应和磁阻效应两种物理规律,具有研究性和设计性实验的特点,也可用于演示实验.

[实验目的]

(1) 测量锑化铟传感器的电阻与磁感应强度的关系.

(2) 作出锑化铟传感器的电阻变化与磁感应强度的关系曲线.

(3) 对此关系曲线的非线性区域和线性区域分别进行拟合.

[实验原理]

一定条件下,导电材料的电阻值 R 随磁感应强度 B 的变化规律称为磁阻效应.如图 3.11.1 所示,当半导体处于磁场中时,载流子将受洛伦兹力的作用发生偏转,在两端产生积聚电荷并产生霍尔电场.如果霍尔电场作用和某一速度载流子的洛伦兹力作用刚好抵消,那么小于或大于该速度的载流子将发生偏转,因而沿外加电场方向运动的载流子数量将减少,电阻增大,表现出横向磁阻效应.若将图 3.11.1 中 a 端和 b 端短路,则磁阻效应更明显.通常以电阻率的相对改变量来表示磁阻的大小,即用 $\mathrm{d}\rho/\rho(0)$ 表示.其中 $\rho(0)$ 为零磁场时的电阻率,设磁电阻在磁感应强度为 B 的磁场中的电阻率为 $\rho(B)$,则 $\mathrm{d}\rho=\rho(B)-\rho(0)$.由于磁阻传感器电阻的相对变化率 $\mathrm{d}R/R(0)$ 正比于 $\mathrm{d}\rho/\rho(0)$,这里 $\mathrm{d}R=R(B)-R(0)$,因此也可以用磁阻传感器电阻的相对改变量 $\mathrm{d}R/R(0)$ 来表示磁阻效应的大小.

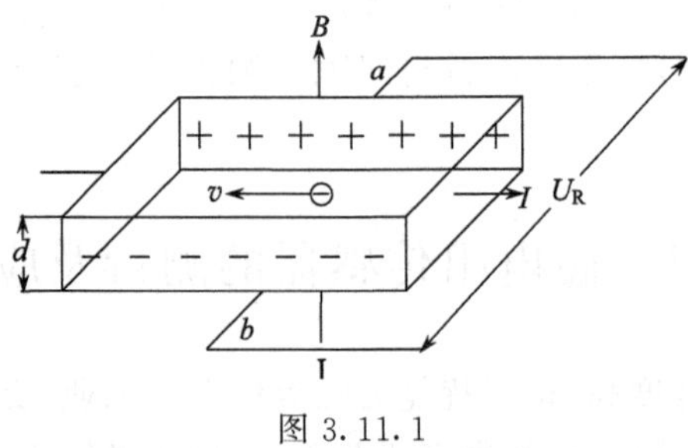

图 3.11.1

如图 3.11.2 所示的实验装置,可用于测量磁电阻的电阻值 R 与磁感应强度 B 之间的关系.实验证明,当金属或半导体处于较弱磁场中时,一般磁阻传感器的电阻相对变化率 $\mathrm{d}R/R(0)$ 正比于磁感应强度 B 的平方,而在强磁场中 $\mathrm{d}R/R(0)$ 与磁感应强度 B 呈线性关系.磁阻传感器的上述特性在物理学和电子学方面有着重要应用.

如果半导体材料磁阻传感器处于角频率为 ω 的弱正弦波交流磁场中,由于磁电阻相对变化量 $\mathrm{d}R/R(0)$ 正比于 B^2,则磁阻传感器的电阻值 R 将随角频率 2ω 做周期性变化，即在弱正弦波交流磁场中，磁阻传感器具有交流倍频性能.

若外界交流磁场的磁感应强度 B 为

$$B = B_0 \cos\omega t \tag{3.11.1}$$

式中，B_0 为磁感应强度的振幅；ω 为角频率；t 为时间.

设在弱磁场中

$$\mathrm{d}R/R(0) = KB^2 \tag{3.11.2}$$

式中，K 为常量.由于 $R(B)=R(0)+\mathrm{d}R$，所以根据式(3.11.1)和式(3.11.2)可得

$$\begin{aligned} R(B) &= R(0) + R(0)KB^2 \\ &= R(0) + R(0)KB_0^2\cos^2\omega t \\ &= R(0) + \frac{1}{2}R(0)KB_0^2 + \frac{1}{2}R(0)KB_0^2\cos 2\omega t \end{aligned} \tag{3.11.3}$$

式中，$R(0)+\frac{1}{2}R(0)KB_0^2$ 为不随时间变化的电阻值，而$\frac{1}{2}R(0)KB_0^2\cos 2\omega t$ 为以角频率 2ω 做余弦变化的电阻值.因此，磁阻传感器的电阻值在弱正弦波交流磁场中，将产生倍频变化.

［实验仪器］

磁阻效应实验仪包括电磁铁直流电流源、传感器电流源、2V 直流数字电压表、电磁铁、数字式毫特计(GaAs 作探测器)、锑化铟(InSb)磁阻传感器、电阻箱、双向单刀开关及若干导线等.

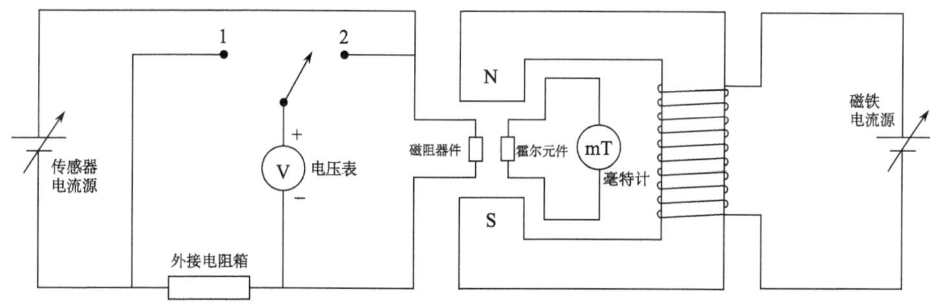

图 3.11.2

磁阻效应实验仪装置如图 3.11.2 所示，直流电流源为电磁铁提供可以连续调节的电流用来产生磁场，同时通过霍尔元件和毫特计测量产生的磁感应强度，可调传感器电流源为磁阻传感器提供 0～3mA 的恒定电流，同时通过外接电阻箱(如调节电阻箱的电阻为 300Ω)，并将波段开关拨至“1”端，通过数字电压表检测传感

器电流(检查数字电压表是否显示 300mV,验证磁阻传感器电流是否为 1mA),将波段开关拨至"2"端,调节磁铁电流源改变磁场,测量磁阻器件两端的电压,即可计算不同磁场下磁阻传感器的电阻值.

[实验内容]

(1) 将主机"电磁铁直流电源"与实验箱"电磁铁直流电源"用两根红黑插片线相连,用航空插线将主机后面板与实验装置上"InSb 电源与 GaAs 输入输出"相连,主机"数字电压表"与实验箱"数字电压表"用两根红黑插片线相连.

(2) 按照图 3.11.3 用红黑插片线将数字电压表、电阻箱、单刀双掷开关接入电路(注意传感器电源、锑化铟磁阻传感器已经接入电路,虚线处需要用户自己连线).

(3) 首先将"电磁铁直流电源"调节至 0mA,并将毫特计调零,改变电磁铁励磁电流记录磁铁空气隙中对应的磁感应强度的大小,测量励磁电流与磁感应强度的关系.

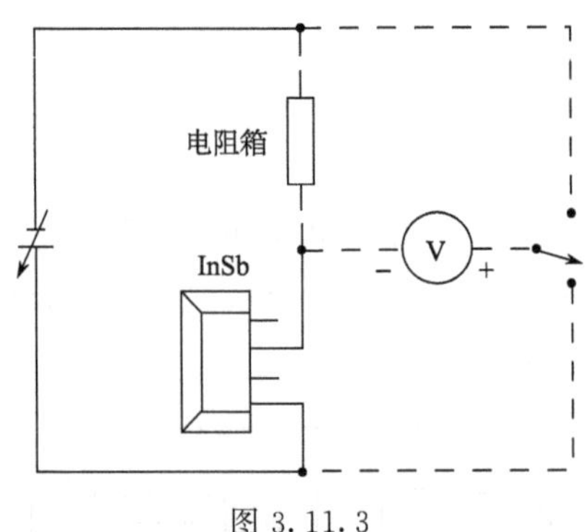

图 3.11.3

(4) 调节电阻箱阻值为 300Ω,将开关拨至电阻箱一端,并调节"InSb 电流调节"使得数字电压表显示为"−300mV",这样可保证通过磁阻传感器的电流为 1mA(实验时注意 InSb 传感器的工作电流应小于 3mA).

(5) 将开关拨至磁阻传感器一端,改变电磁铁的励磁电流,测量传感器两端的电压值,求磁阻传感器的电阻值 R,求出 $\mathrm{d}R/R(0)$ 与 B 的关系.

[数据处理]

调节电阻箱阻值 $R=300\Omega$,令电压 $U=300\text{mV}$,则电流 $I_{\text{取}}=\dfrac{U}{R}=\dfrac{300}{300}=$

1.00mA.根据实验数据(表 3.11.1),绘制电磁铁电流 I_M 与磁感应强度 B 的关系曲线.

表 3.11.1　电磁铁电流 I_M 与磁感应强度 B 的关系数据

I_M/mA	0	65	127	188	248	309	368	428	487	522
B/mT										

令 $B=a\ I_M+b$,经直线拟合得 $B=$______;(表 3.11.2)相关系数 R^2 =______.

表 3.11.2　磁阻效应测量数据

B/mT	U_R/mV	R/Ω	$\Delta R/R(0)$	B/mT	U_R/mV	R/Ω	$\Delta R/R(0)$
0				115			
5				120			
10				125			
15				130			
20				135			
25				140			
30				145			
35				150			
40				155			
45				160			
50				165			
55				170			
60				175			
65				180			
70				185			
75				190			
80				195			
85				200			
90				250			
95				300			
100				350			
105				400			
110				430			

根据实验数据,绘制磁感应强度 B 与磁电阻灵敏度 $\Delta R/R_0$的关系曲线.

(1) 当 $B<0.05\mathrm{T}$ 时:

令 $\Delta R/R_0=aB^2+bB+c$,经二次多项式拟合得 $\Delta R/R_0=$________,相关系数 $R^2=$________.

(2) 在 $B>0.13\mathrm{T}$ 时:

令 $\Delta R/R_0=aB+b$,经直线拟合得 $\Delta R/R_0=$________,相关系数 $R^2=$________.

[注意事项]

(1) 需将传感器固定在磁铁间隙中,不可弯折.

(2) 不要在实验仪附近放置具有磁性的物品.

(3) 不得外接传感器电源.

(4) 开机后需预热 10min,再进行实验.

(5) 外接电阻应大于 200Ω.

[思考题]

(1) 磁阻传感器有何物理特性?

(2) 试说明磁电阻传感器的应用有哪些?

(3) 进行直线拟合时,应该注意哪些问题?

3.12　霍尔效应法测量亥姆霍兹线圈磁场

[实验目的]

(1) 掌握利用霍尔元件测量磁场的原理,学习用“对称测量法”消除副效应产生的附加电压.

(2) 了解亥姆霍兹线圈的构成条件及其磁场分布的特点.

(3) 测量单个通电圆线圈和亥姆霍兹线圈轴线上的磁场,验证磁场叠加原理.

[实验原理]

1. 圆线圈

载流圆线圈在轴线(通过圆心并与线圈平面垂直的直线)上磁场情况如

图 3.12.1所示，根据毕奥-萨伐尔定律，轴线上某点 P 的磁感应强度 B 为

$$B=\frac{\mu_0\bar{R}^2}{2(\bar{R}^2+x^2)^{3/2}}NI \tag{3.12.1}$$

式中，I 为通过线圈的电流强度，N 为线圈匝数，$\bar{R}$ 线圈平均半径，x 为线圈圆心到 P 点的距离，μ_0 为真空磁导率.

2. 亥姆霍兹线圈

亥姆霍兹线圈是由一对彼此平行且连通的共轴圆形线圈构成(如图 3.12.2 所示)，其匝数和半径相同，每一线圈 N 匝，两线圈内的电流方向一致，线圈之间距离正好等于圆形线圈的平均半径$\bar{R}$.

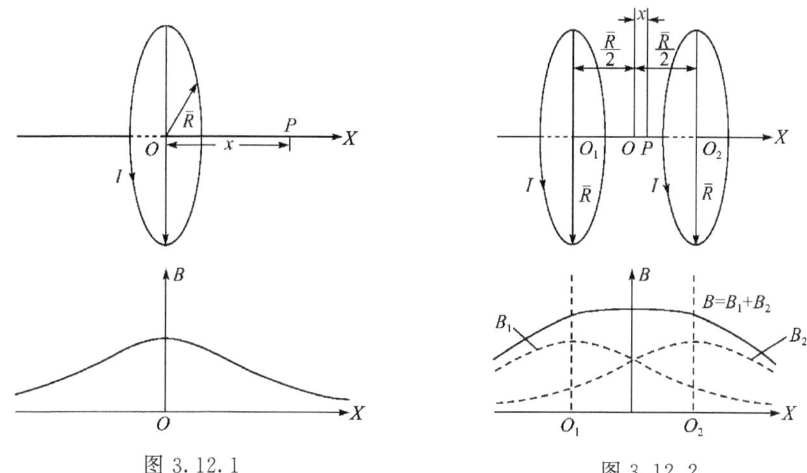

图 3.12.1　　图 3.12.2

取两线圈中心连线的中点 O 为原点，设 x 为亥姆霍兹线圈轴线上任一点 P 离中心点 O 处的距离，则 P 点磁感应强度 B 大小为

$$B=\frac{1}{2}\mu_0 NI\bar{R}^2\left\{\left[\bar{R}^2+\left(\frac{\bar{R}}{2}+x\right)^2\right]^{-\frac{3}{2}}+\left[\bar{R}^2+\left(\frac{\bar{R}}{2}-x\right)^2\right]^{-\frac{3}{2}}\right\} \tag{3.12.2}$$

从式(3.12.2)可以看出，磁场的磁感应强度 B 遵从矢量叠加原理.

亥姆霍兹线圈轴线上磁场分布情况如图 3.12.2 所示，它的特点是能在其公共轴线中点附近产生较均匀磁场区，故在生产和科研中有较大的实用价值，也常用于弱磁场的计量标准.

3. 霍尔效应

霍尔元件一般由半导体材料薄片构成，如图 3.12.3 所示，将其放在磁场中，

磁感应强度 B 沿 Z 轴正方向，在导电板中通以电流 I_S，此时在板的横向两侧面A、A′之间就呈现出一定的电压，这一现象称为霍尔效应，所产生的电压称为霍尔电压 U_H.

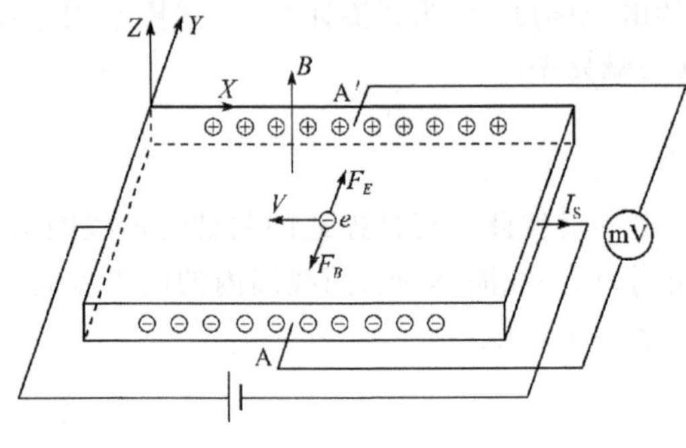

图 3.12.3

霍尔效应从本质上讲，运动的带电粒子在磁场中受洛伦兹力的作用而引起的偏转现象.电子沿 X 轴负方向运动中，受洛伦兹力 F_B 的作用向 Y 轴负向偏转，并在A侧积累，相对的A′侧出现等量的正电荷，这样在导体内部形成电场，电子受到的电场力 F_E 沿 Y 轴正向，两侧形成电压，即霍尔电压 U_H.开始电场比较弱，电子仍向A侧偏转，随着电荷的积累，电场逐渐增强，F_E 增大，当 $F_E=-F_B$ 时，电子不再偏转，电场达到稳定，霍尔电压 U_H 也不再变化

$$U_H=K_H I_S B \tag{3.12.3}$$

式中，K_H 称为霍尔元件的灵敏度，表示霍尔元件在单位磁感应强度和通过单位电流时霍尔电压的大小，其单位是 mV/mA · T.

根据式(3.12.3)，如果测得霍尔元件的工作电流 I_S 和霍尔电势 U_H 可以计算出磁场的磁感应强度

$$B=\frac{U_H}{K_H I_S} \tag{3.12.4}$$

上面讨论的霍尔电压是理想状态下的情况，实际上随着霍尔效应的产生，霍尔元件内部同时还出现了四种副效应.这些副效应也要在霍尔元件的A、A′引起附加电压.因此，直接测量霍尔元件得到的电势包含了各种附加电压.但是，这些附加电压可以通过采用工作电流和磁场换向测量法基本上消除掉(请参考霍尔元件基本参数测量实验).则霍尔电压

$$U_H=\frac{U_1-U_2+U_3-U_4}{4} \tag{3.12.5}$$

[实验仪器]

亥姆霍兹线圈实验组合仪有实验仪和测试架组成.

1. 亥姆霍兹线圈磁场实验仪

如图 3.12.4 所示,实验仪主要由霍尔元件工作电流 I_S,线圈励磁电流 I_M,霍尔电压 U_H 测量显示部分组成.

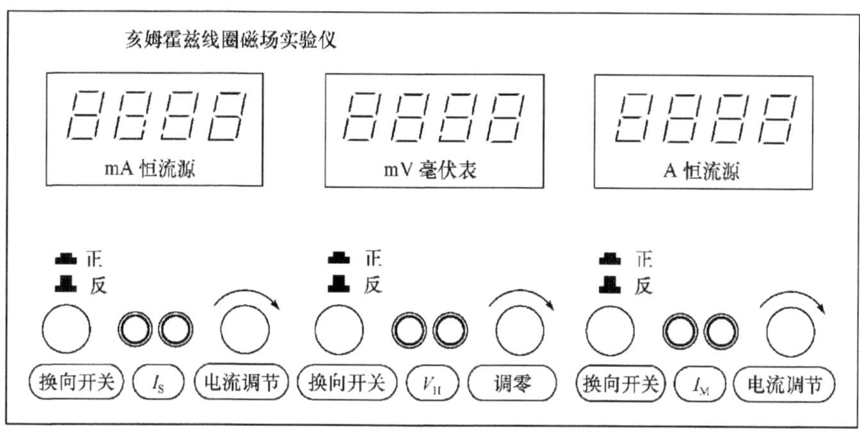

图 3.12.4

(1) 霍尔元件工作电流 I_S:输出直流恒流为 0~5.50mA,通过电流调节旋钮连续调节,使用换向按钮改变输出电流方向,三位半数显显示输出电流值,负载范围 0~1kΩ.

(2) 线圈励磁电流 I_M:输出直流恒流为 0~0.500A,通过电流调节旋钮连续调节,使用换向按钮改变输出电流方向,三位半数显显示输出电流值,负载范围0~40Ω.

(3) 霍尔电压 U_H:三位半数显显示输入 U_H,测量范围 0~±9.99mV,测量前需要将输入端短路,用调零旋钮调零.

2. 亥姆霍兹线圈测试架,如图 3.12.5 所示.测试架主要有亥姆霍兹线圈、二维移动装置带霍尔元件组成

(1) 亥姆霍兹线圈.线圈平均半径 110mm,两线圈中心间距 110mm,线圈匝数 500 匝.

(2) 二维移动装置带霍尔元件.测试架上安装有径向移动装置和轴向移动装

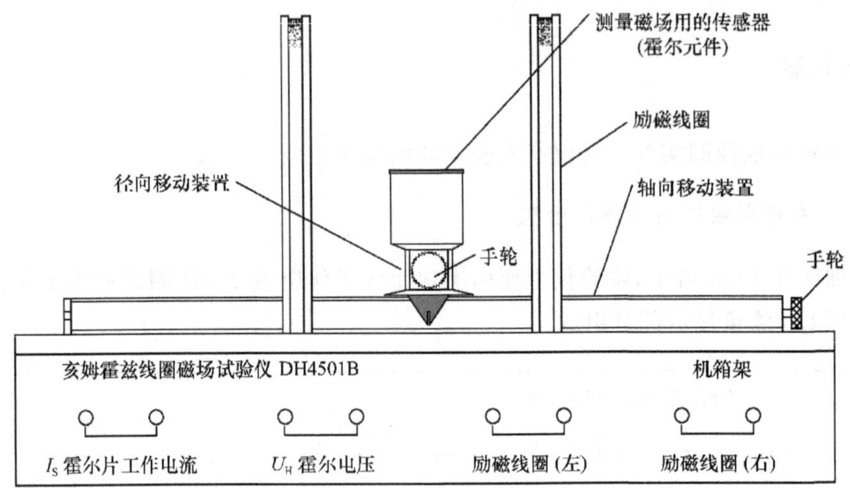

图 3.12.5

置,使霍尔元件可以在平行线圈平面和垂直线圈平面两个方向上移动.每个移动装置都附有刻度尺,便于确定霍尔元件的位置,轴向移动范围±130mm,线圈径向移动范围±40mm.

[实验内容]

(1) 在开机前将工作电流 I_S 和励磁电流 I_M 旋钮逆时针方向旋转调节到最小,以防开机冲击电流将霍尔传感器损坏,开机后仪器预热 5 分钟.

(2) 用短接线将霍尔电压数显毫伏表输入端短接,调节面板上的调零旋钮,使毫伏表显示为 0.00mV,使用径向移动手轮,将霍尔元件移动到径向导轨刻度尺的零刻度处,即垂直线圈平面且过线圈中心的轴线上.

(3) 测量单个通电圆线圈轴线上各点的磁感应强度.

① 用连接线将励磁电流 I_M 输出端连接到左线圈 a,调节工作电流使 $I_S=3.50$mA,调节励磁电流 $I_M=0.500$A,测量线圈 a 单独通电时轴线上各点的霍尔电压 U_H.旋转轴向手轮,每隔 1.00cm 测量一个数据.为了消除副效应产生的附加电压,采用换向开关(I_S、I_M)测量轴线上各点的 U_1、U_2、U_3、U_4,将数据记入表 3.12.1 中.根据式(3.12.4)计算出各测量点的磁感应强度 B(a).

② 关断电源,用连接线将励磁电流 I_M 输出端连接到右线圈 b,打开电源,使线圈 b 单独通电.采用换向开关(I_S、I_M)测量轴线上各点的 U_1、U_2、U_3、U_4,将数据记入表 3.12.2 中.根据式(3.12.4)计算出各测量点的磁感应强度 B(b).

(4) 测量亥姆霍兹线圈轴线上的磁感应强度.

用连接线将励磁电流 I_M 输出端连接到两线圈(注意保证两线圈中的电流同方向),调节工作电流 $I_S=3.50\text{mA}$,调节励磁电流 $I_M=0.500\text{A}$,采用换向开关(I_S、I_M)测量亥姆霍兹线圈轴线上各点的 U_1、U_2、U_3、U_4,将数据记入表 3.12.3 中.根据式(3.12.4)计算出各测量点的磁感应强度 $B(\text{a+b})$.

(5) 比较亥姆霍兹线圈磁感应强度 $B(\text{a+b})$与两线圈单独通电时磁感应强度和$B(\text{a})+B(\text{b})$,验证磁场叠加原理的正确性.

[数据处理]

(1) 根据表 3.12.1～表 3.12.3 中的实验数据,在同一坐标系中画出 $B(\text{a})$-x, $B(\text{b})$-x, $B(\text{a+b})$-x, $B(\text{a})+B(\text{b})$-x 四条曲线.验证磁场叠加原理,亥姆霍兹线圈中间部分存在均匀磁场.

表 3.12.1　左线圈 a 单独通电时轴线上的磁场分布

$I_S=3.50\text{mA}$,　$I_M=0.500\text{A}$

X/mm	U_1/mV	U_2/mV	U_3/mV	U_4/mV	U_H/mV	$B(\text{a})$/mT
	$+I_S,+B$	$+I_S,-B$	$-I_S,-B$	$-I_S,+B$		
−50.0						
−40.0						
−30.0						
−20.0						
−10.0						
0.0						
10.0						
20.0						
30.0						
40.0						
50.0						

表 3.12.2　右线圈 b 单独通电时轴线上的磁场分布

$I_S=3.50\text{mA}$,　$I_M=0.500\text{A}$

X/mm	U_1/mV	U_2/mV	U_3/mV	U_4/mV	U_H/mV	$B(\text{b})$/mT
	$+I_S,+B$	$+I_S,-B$	$-I_S,-B$	$-I_S,+B$		
−50.0						
−40.0						

续表

X/mm	U_1/mV	U_2/mV	U_3/mV	U_4/mV	U_H/mV	B(b)/mT
	$+I_S,+B$	$+I_S,-B$	$-I_S,-B$	$-I_S,+B$		
−30.0						
−20.0						
−10.0						
0.0						
10.0						
20.0						
30.0						
40.0						
50.0						

表 3.12.3 亥姆霍兹线圈轴线上的磁场分布

$I_S=3.50\text{mA}$， $I_M=0.500\text{A}$

X/mm	U_1/mV	U_2/mV	U_3/mV	U_4/mV	U_H/mV	B(a+b)/mT	B(a)+B(b)/mT
	$+I_S,+B$	$+I_S,-B$	$-I_S,-B$	$-I_S,+B$			
−50.0							
−40.0							
−30.0							
−20.0							
−10.0							
0.0							
10.0							
20.0							
30.0							
40.0							
50.0							

(2) 将实际测量的亥姆霍兹线圈公共轴线中点的磁感应强度 B(a+b)值与式(3.12.2)计算的理论值相比较，计算相对误差$\frac{|B_{测量}-B_{理论}|}{B_{理论}}\times 100\%$.

[思考题]

(1) 如果磁场与霍尔元件薄片不垂直,对测量结果有什么影响,还能否准确测量磁场的磁感应强度?

(2) 将组成亥姆霍兹线圈的两线圈通上相反方向的电流,则两线圈内部和外部轴线上磁场将会怎样分布?

3.13 电子比荷的测量

测量物理学方面的一些常数(如光在真空中的速度 c、阿伏伽德罗常量 N_A、电子电荷 e、电子的静止质量 m……)是物理学实验的重要任务之一,而且测量的精确度往往会影响物理学的进一步发展和带来一些重要的新发现.本实验将通过较为简单的方法,对电子荷质比 e/m 进行测量.

测量电子荷质比的方法很多,如磁聚焦法、汤姆孙法和磁控管法等.由于实验的设计思想巧妙,我们利用简单的实验设备,既能观察到电子在磁场中的螺旋运动,又能测出电子的荷质比.

[实验目的]

(1) 了解示波管的结构.

(2) 了解电子束发生电偏转、磁偏转、磁聚焦的原理.

(3) 掌握一种测量荷质比的方法.

[实验原理]

1. 电子束实验仪的结构原理

电子束实验仪的工作原理与示波管相同,它包括抽成真空的玻璃外壳、电子枪、偏转系统与荧光屏四个部分.电子束实验仪所用示波管的内部结构及工作电源配置如图 3.13.1 所示.

电子接通束实验仪电源后,灯丝 H 发热,阴极 K 受热发射电子.在栅极 G 上加一相对于阴极的负电压(5 ~20V),它的作用有两个:一方面调节电压的大小以便控制阴极发射电子的数目,所以栅极也叫控制极;另一方面栅极电压和与第二阳极电压同电势的 G ′构成一定的空间电势分布,使得由阴极发射的电子束在栅极附近

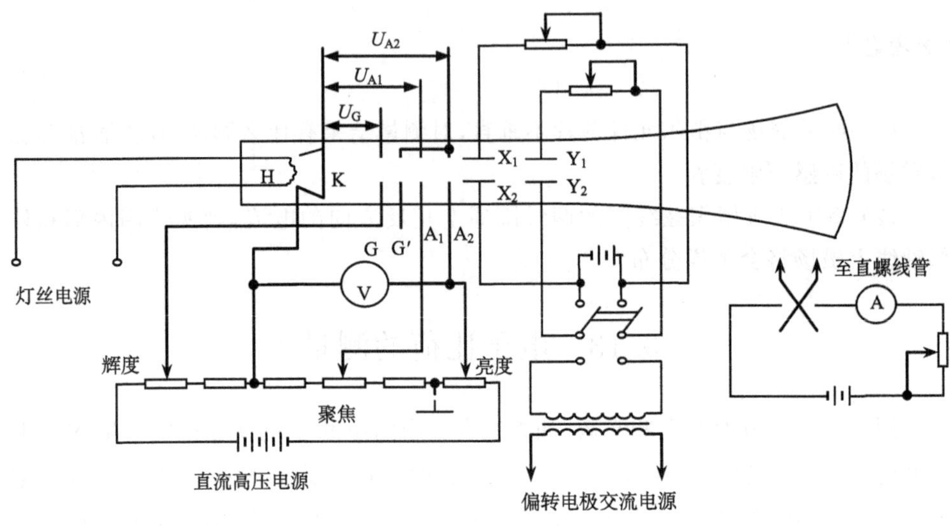

图 3.13.1

形成一交叉点(实际上是一个最小界面),如图 3.13.2 所示.

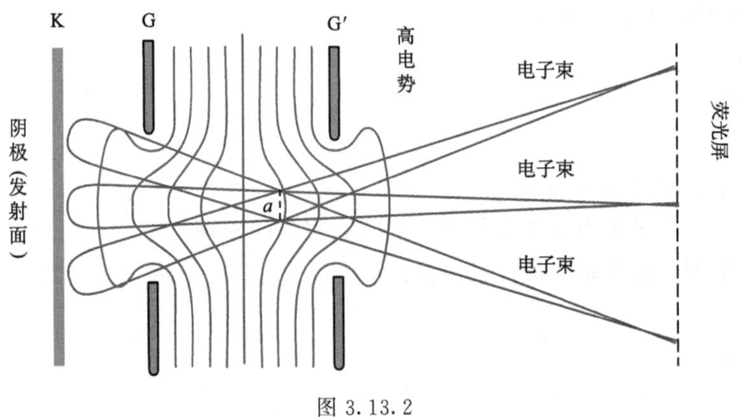

图 3.13.2

上述图中,与阴极 K 同轴布置的有栅极 G、电极 G′、第一阳极 A_1、第二阳极 A_2 四个各自带有小圆孔的圆筒电极.电极 G′在管内与第二阳极 A_2 相连,工作电位 U_2 相对于阴极 K 一般是正几百伏到几千伏.第一阳极 A_1 相对于阴极 K,其上加有几百伏的电压 U_1,这个电位介于 U_K、U_2 之间.电极 G′、第一阳极 A_1、第二阳极 A_2 一方面构成聚焦电场,使得经过第一交叉点又发散了的电子在聚焦电场的作用下再会聚起来,另一方面使电子加速.电子以高速度打在荧光屏上,屏上的荧光物质在高速电子的轰击下发出荧光,荧光屏上的发光亮度取决于到达荧光屏的电子数目和速度,改变栅极及加速电压的大小都可以控制光点的亮度.横、纵偏转板是相互垂直放置的两对平行金属板,其上分别加以不同的电压,用来控制电子束的位置,适当调节这个电压值可以把光点移到荧光屏的中间位置.在示波管的内表面涂有石墨导电层,叫做屏蔽电极.它与第二阳极连在一起,使荧光屏受电子束轰击而产生的二次电子由导电层流入供电回路,避免了荧光屏附近的电荷积累.这样,电子进入第二阳极后就在一个等电势的空间中运动.

2. 实验原理

1) 磁聚焦,螺旋运动:电子束＋纵向磁场

研究电子束在纵向磁场作用下的螺旋运动,测量电子荷质比.观察磁聚焦现象,验证电子螺旋运动的极坐标方程.

(1) 研究电子束在纵向磁场作用的螺旋运动,测量电子荷质比.

本实验采用的是磁聚焦法(亦称螺旋聚焦法)测量电子荷质比.

具有速度 v 的电子进入磁场中要受到磁力的作用,此力为

$$\boldsymbol{F} = -e\boldsymbol{v} \times \boldsymbol{B} \tag{3.13.1}$$

若速度 v 与磁感应强度 B 的夹角不是 $\pi/2$,则可把电子的速度分为两部分考虑.设与 B 平行的分速度为 $v_{/\!/}$,与 B 垂直的分速度为 $v_\perp$,则受磁场作用力的大小取决于 $v_\perp$.此时力的数值为 $f_R = ev_\perp B$,力的方向既垂直于 $v_\perp$,也垂直于 B.在此力的作用下,电子在垂直于 B 的平面上的运动投影为一圆周,根据牛顿定律有

$$ev_\perp B = \frac{m}{R}v_\perp^2 \tag{3.13.2}$$

电子绕圆周一圈的周期为

$$T = \frac{2\pi R}{v_\perp} = 2\pi\frac{m}{eB} \tag{3.13.3}$$

由上式可知,只要 B 一定,则电子绕行的周期一定,而与 $v_\perp$ 和 R 无关.绕行角速度为

$$\omega = \frac{v_\perp}{R} = \frac{eB}{m} \tag{3.13.4}$$

另外,电子与 B 平行的分速度 $v_{/\!/}$ 则不受磁场的影响.在一周期内粒子应沿磁场 B 的方向(或其反向)做匀速直线运动.当两个分量同时存在时,粒子的轨迹将成为一条螺旋线,如图 3.13.3 所示,其螺距 d(即电子每回旋一周时前进的距离)为

$$d = v_{/\!/}T = 2\pi m v_{/\!/}/eB \tag{3.13.5}$$

螺距 d 与垂直速度 $v_\perp$ 无关.

从螺距公式得到

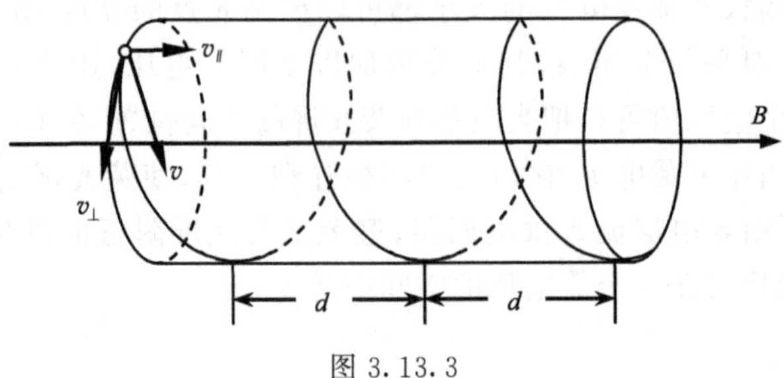

图 3.13.3

$$e/m = 2\pi v_{/\!/}/Bd \tag{3.13.6}$$

可知：只要测得 $v_{/\!/}$、d 和 B，就可计算出 e/m 的值.

① 平行速度 $v_{/\!/}$ 的确定.

如果我们采用如图 3.13.1 所示的静电型电子射线示波管，则可由电子枪得到水平方向的电子束射线，电子束射线的水平速度可由公式

$$\frac{1}{2}mv_{/\!/}^2 = e(U_{A2} - U_K) = eV_2 \tag{3.13.7}$$

求得

$$v_{/\!/} = \sqrt{\frac{2e(U_{A2} - U_K)}{m}} = \sqrt{\frac{2eV_2}{m}} \tag{3.13.8}$$

② 螺距 d 的确定.

如果我们使 X 偏转板 X_1、X_2 和 Y 偏转板 Y_1、Y_2 的电势都与 A_2 相同，则电子射线通过 A_2 后将不受电场力作用而做匀速直线运动，直射于荧光屏中心一点.此时即使加上沿示波管轴线方向的磁场(将示波管放于载流螺线管中即可)，由于磁场和电子速度平行，射线亦不受磁力，故仍射于屏中心一点.

当在 Y_1、Y_2 板上加一个偏转电压时，由于 Y_1、Y_2 两板间有了电势差，则必产生垂直于电子射线方向的电场，此电场将使电子射线得到附加的分速度 $v_\perp$(原有电子枪射出的电子的 $v_{/\!/}$ 不变).此分速度将使电子做傍切于中心轴线的螺旋线运动.

当 B 一定时电子绕行的角速度恒定，而分速度越大者绕行螺旋线半径越大，但绕行一个螺距的时间(即周期 T)是相同的.如果在偏转板 Y_1、Y_2 上加交变电压，则在正半周期内(Y_1 正、Y_2 负)先后通过此两极间的电子，将分别得到大小不同的向上的分速度，如图 3.13.4(b)右半部分所示，分别在轴线右侧做傍切于轴的不同半径的螺旋运动.

荧光屏上出现的是一条直线.理由如图 3.13.4(a)所示，假设正半周 Y_1 为正、Y_2 为负.在 t_0 时刻，$v_\perp = 0$，电子不受洛伦兹力作用.t_1 时刻，$v_\perp = v_{\perp 1}$，电子受到的洛伦兹力为 f_1，在轴线右侧做半径为 R_1 的螺旋运动，$R_1 = \dfrac{mv_{\perp 1}}{eB}$；$t_2$ 时刻，$v_\perp =$

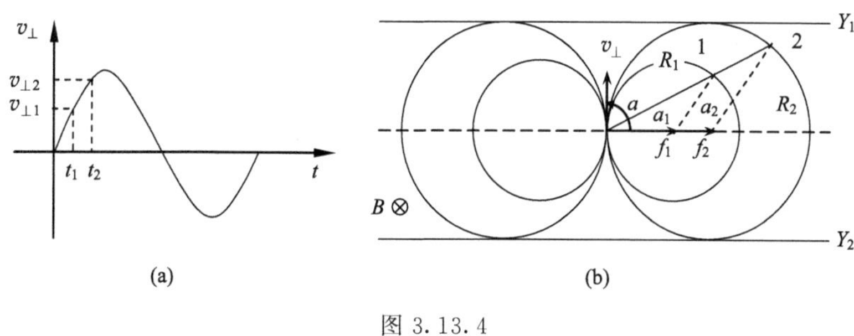

图 3.13.4

$v_{\perp 2}$，电子受到的洛伦兹力为 f_2，在轴线右侧做半径为 R_2 的螺旋运动，$R_2=\dfrac{mv_{\perp 2}}{eB}$. 所以在整个正半周期不同时刻发出的电子将在轴线右侧做半径不同的螺旋运动，而在负半周期电子将在轴线左侧做半径不同的螺旋运动.但由于 $\omega=\dfrac{v_\perp}{R}=\dfrac{eB}{m}$，角速度 ω 与 $v_\perp$ 无关，只要保持 B 不变，不同时刻从"O"点发出的电子做螺旋运动的角速度均相同.

设从 Y 偏转板(记为 O 点)到荧光屏的距离为 L'，由于 $v_{/\!/}$ 不变，所以不同时刻从"O"发出的电子到达屏所用的时间均为 $T_0=L'/v_{/\!/}$.故不同时刻从"O"点发出的电子，从射出到打在荧光屏上，从螺旋运动的分运动来说，绕过的圆心角均相同，即图 3.13.8(b)中的 $a_1=a_2=\omega T_0$，所以在图 3.13.8(b)中，亮点"1"与亮点"2"都在过轴心的同一直线上，只是亮点"1"比亮点"2"早到(t_2-t_1)一段时间.由于余辉效应，在"2"点到来之前，"1"点并未消失.同理，其他时刻从"O"点发出的电子，打到荧光屏上的亮点也都与"1""2"点打在同一直线上.这样，在一个交变电压周期时间内，电子打在荧光屏上的轨迹就成为一条亮线，下一个周期重复，仍为一条亮线……，各周期形成的亮线重叠成为一条不灭的亮线.

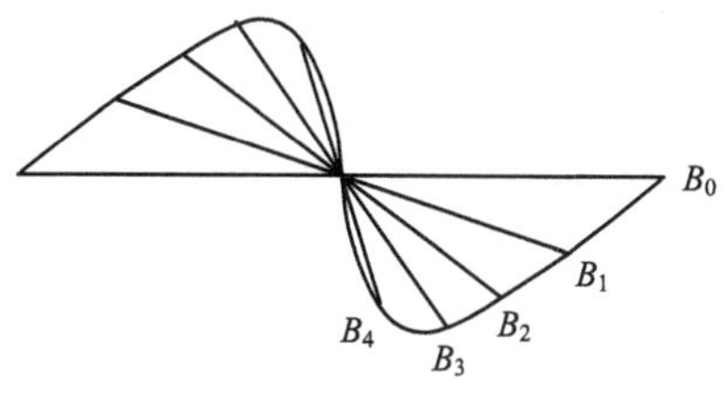

图 3.13.5

当增加 B 时，由 $R=\dfrac{mv_\perp}{eB}$，$\omega=\dfrac{v_\perp}{R}=\dfrac{eB}{m}$ 可得，在交变电压振幅不变的情况下，螺旋运动的半径减小，所以亮线缩短，同时由于 ω 增加，在从"O"点发出的电子到达荧光屏这段时间内，绕过的圆周角增大，所以亮线在缩短的同时还旋转，如图 3.13.5 所示.我们总可以改变 B 的大小，即改变 ω，使得在 T_0 这段时间内，绕过的圆周角刚好为 2π，即圆周运动刚好绕一周.这样，电子从"O"发出，做了一周的螺旋运动，又回到轴线上，只是向前了一个螺距 d.这时荧光屏上将显示一个亮点，这就是所谓的一次聚焦.一次聚焦时,螺距 d 在数值上等于示波管内偏转电极到荧光屏的距离 L',这就是螺距 d 的测量方法.

如果继续增大磁场,可以获得第二次聚焦、第三次聚焦等,这时螺距 $d = L'/2, L'/3, \cdots$.

[实验内容]

1. 电子束+横向电场,测量电偏转系统的偏转灵敏度

掌握示波管的内部构造,电子束在不同电场作用下加速和偏转的工作原理.

(1) 安装好示波管和刻度板,安装示波管时,看清插针,对准管座,接通电源;已安装纵向磁感线圈的不必取下,不接励磁电源即可.

(2) 调节 V_G、V_{A1}、V_{A2} 调节旋钮,使光点聚成一亮点,辉度适中,光点不要太亮以免烧坏荧光物质.

(3) 将交直流选择开关置于直流挡,通过 X、Y 换向开关显示偏转电压,调节 X、Y 偏转调节旋钮使得偏转电压指示分别为 0.

(4) 调节 X、Y 调零旋钮使得光点处在荧光屏的中心原点上.

(5) 调节 X、Y 偏转调节旋钮,测量电子束在横向电场的作用下,X、Y 方向的偏转量随偏转电压之间的变化关系,根据实验中的测量值分别绘制出偏转量 D_X、D_Y 与偏转电压 V_X、V_Y 之间的关系曲线.从横向偏转关系图上可以得出电子束的偏转量与横向电场大小呈线形关系,直线的斜率表示电偏转灵敏度的大小,根据实验值计算出电偏转灵敏度 $\delta_{电}$,电偏转灵敏度随加速电压的大小而改变,说明电偏转灵敏度与电子的速度有关.

2. 电子束+纵向磁场,利用磁聚焦法测量电子荷质比

(1) 先断开电源,安装纵向磁感线圈时,纵向磁感线圈(大线圈)从正直位置转过 45°呈歪斜姿势后套入主机上的示波管,再往回转动 45°放平.接线柱向里、朝上放置,注意接线极性(此时不接小线圈).

(2) 打开电源,交直流选择开关置于中间零位置挡,调节 X 调零旋钮使光点落在中间竖直线上,调节 V_G、V_{A1}、V_{A2} 旋钮,使光点亮度适中(调节电位器 V_G、V_{A2} 时电压都会变化,因为电压表所测量的电压值是 V_G、V_{A2} 两者间的相对电压).

(3) 将交直流选择开关拨向交流挡,调整 Y 偏转(或 Y 调零)旋钮,使荧光屏中心出现一条亮线,且长度、亮度适中.

(4) 调节电流调节旋钮,使得线圈励磁电流由零逐渐增大,观察荧光屏上亮线的变化(屏上的直线段将边旋转边缩短,直到收缩成一实的亮点).当会聚成点时,

记录励磁电流 I_1；继续增大电流，当第二次聚成一亮点时，记录励磁电流 I_2；当第三次聚成一亮点时，记录励磁电流 I_3 及加速电压 V_{A2}. 当第二次、第三次聚焦时，有可能不是一完美的圆点，而是一短的亮线，以荧光屏上显示最亮、最实为准. 求相当于一次聚焦时的励磁电流 $I=\dfrac{I_1+I_2+I_3}{1+2+3}$

(5) 根据原理部分的推导求 B，导出计算 e/m 的公式，并计算其值($L'=0.15\text{m}$，$K=0.84$，$N=1160$，L 参照线圈标贴).

$$B=K\mu_0 nI(n=N/L),\quad \frac{e}{m}=\frac{8\pi^2 V_{A2}}{B^2 d^2}(d=L') \tag{3.13.9}$$

[注意事项]

(1) 每当 θ 取 π 的整数倍时，相应的 φ 取 2π 的整数倍，即螺线绕了整数圈，r 则变为零，电子束回到未偏转的位置，光斑位置与 O 点重合. 当 B 增加，φ 相应增加，电子束偏离这一位置的幅度也越来越小，当 φ 为 π 的奇数倍时，光斑位置都在 X 轴上.

(2) 示波管电压显示窗可以实时观察记录 V_{A2} 的电压值. V_{A2} 调节的是打到荧光屏上电子的速度的大小，相当于亮度的调节，但电压不可过高，以免烧坏荧光屏；联合调节 V_{A1}、V_{A2} 可以获得良好的聚焦效果.

(3) 纵向螺线管和横向螺线管(小线圈，两只)不可同时接在电源上，以免烧坏线圈.

(4) 实验 4 和实验 5 不要将磁感线圈长时间停留在大电流工作，且大、小线圈不可同时接入电路中，以免烧坏线圈. 切勿擅自打开机箱，机箱内有高压，防止触电.

【数据处理】

1. 电子束+横向电场，测量电偏转系统的偏转灵敏度

实验数据记录见表 3.13.1.

根据测量数据，分别作出 D_X-V_X、D_Y-V_Y 关系图.

求出 X、Y 方向的电偏转灵敏度分别为

$$\delta_{\text{电}X1}=\frac{D_{X1}}{V_{X1}}=k_{x1}=\qquad \text{mm/V},\quad \delta_{\text{电}Y1}=\frac{D_{Y1}}{V_{Y1}}=k_{Y1}=\qquad \text{mm/V}$$

表 3.13.1

加速电压 $V_{A2}=674V$					
D_X, D_Y/mm	V_X/V	V_Y/V	D_X, D_Y/mm	V_X/V	V_Y/V
−20			4		
−16			8		
−12			12		
−8			16		
−4			20		
0					

2. 电子束十纵向磁场,观察磁聚焦现象,测量电子荷质比

数据记录表格如表 3.13.2 所示.

表 3.13.2

	1	2	3
I_1/A			
I_2/A			
I_3/A			
$\bar{I}$/A			
V_{A2}/V			
$B/10^{-3}$T			
$e/m/(10^{11}$C/kg)			
平均值:$\overline{e/m}$=________ C/kg			
相对误差计算:η =________.			

注:e/m 的公认值 1.76×10^{11}C/kg.

[思考题]

(1) 实验中,为防止烧坏荧光屏,应当怎样操作?

(2) 电偏转灵敏度与电子的速度有何关系?

3.14 示波器原理与使用

示波器是一种用途广泛的电子仪器,一切可转换成电压的电学量(如电流、阻

抗等)和非电学量(如温度、压力、磁场、光强和频率等),它们的动态过程均可通过一定传感器转化为电信号后,再利用示波器进行观察.本实验采用 SS-5702A 型示波器,它是为双踪测量设计的,带宽覆盖 DC 至 20MHz 的小型轻便示波器.

[实验目的]

(1) 了解示波器的基本结构和显示波形的原理(电偏转、扫描、同步).

(2) 学习正确使用示波器的方法.

(3) 学习用示波器测量电压、频率和相位.

[实验原理]

如图 3.14.1 所示,电子示波器主要由四部分组成:阴极射线示波管、扫描、触发系统和放大系统.

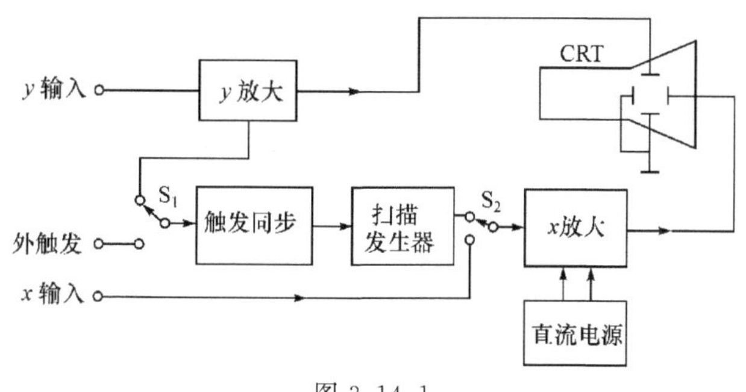

图 3.14.1

1. 示波管基本结构

示波管基本结构如图 3.14.2 所示.主要包括电子枪、偏转系统和荧光屏三个部分.

1) 电子枪

由灯丝、阴极、控制栅极、第一阳极和第二阳极组成.阴极被加热发射大量电子,在靠近阴极处,设置控制栅极来控制电子束强度,使荧光“辉度”改变,经第一、二阳极聚焦、加速后高速轰击荧光屏发出荧光,“聚焦”旋钮就是通过调节阳极电位,使屏上的光斑成为清晰的小光点.

2) 偏转系统

它由两对互相垂直的偏转板组成.在水平(或 x)偏转板上加一定电压,电子束在水平方向发生偏转,荧光屏上光斑的水平位置发生改变.在垂直(或 y)偏转板上

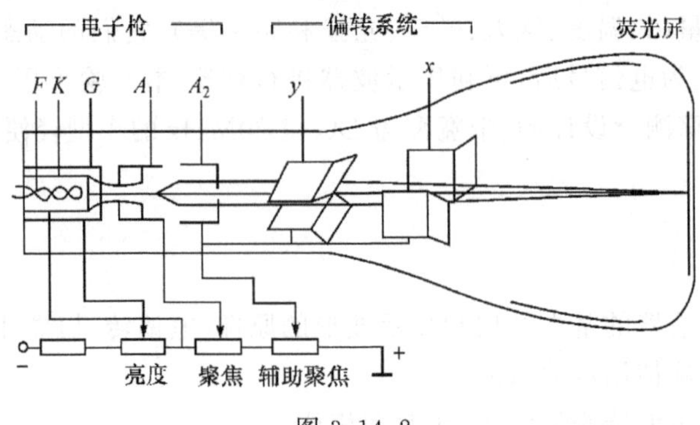

图 3.14.2

加一定电压,电子束在垂直方向发生偏转,荧光屏上光斑的垂直位置发生改变.其改变量与加在偏转板上电压成正比.

3) 荧光屏

屏上涂有荧光粉,电子打上去就发光形成光斑.屏前一块透明的带刻度坐标板,供测定光点位置用.

2. 示波器显示波型原理

若加在垂直偏转板上电压 u(单位为 V)使电子束沿纵向(或横向)偏转 y(单位 cm),则定义$\frac{u}{y}$为偏转因数,记作 K,即

$$K=\frac{u}{y} \tag{3.14.1}$$

K 的单位为 V/cm,读作伏每厘米,也用伏/格表示,显然偏转因数为 K 时,使电子束偏转 y 的电压值为

$$u=Ky \tag{3.14.2}$$

根据式(3.14.2),从电子束偏转距离的大小,可测量出被测电压值.

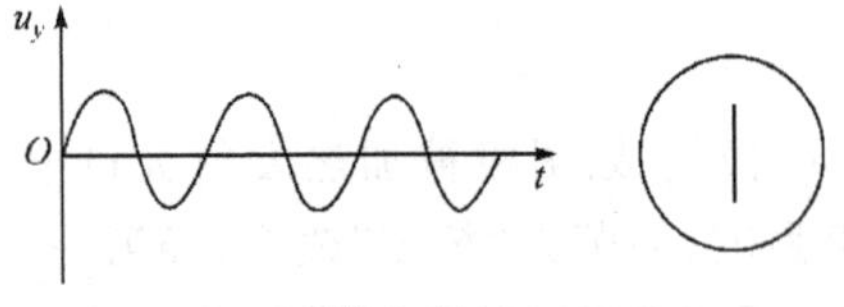

图 3.14.3

如果只在垂直偏转板上加一交变正弦电压,则电子束的亮点就会在荧光屏上随电压变化在竖直方向来回运动,如图 3.14.3 所示.

如果只在水平偏转板上加一锯齿波电压,电子束亮点就会在荧光屏上自左向右扫描运动,到达右端突然回到左端,周而复始往返运动,称为扫描.频率足够高时,荧光屏上显示一条水平亮线,如图 3.14.4 所示.

若在水平板上加扫描电压,致使电子束在一个周期 T 内(单位为 s),沿水平方向位移 L(单位为 cm),则 T/L 为厘米扫描时间,记作 t_0,即

$$t_0 = T/L \tag{3.14.3}$$

t_0 单位为 s/cm,也用“时间/格”表示.电子束水平方向扫描 L 所用时间为

$$T = t_0 L \tag{3.14.4}$$

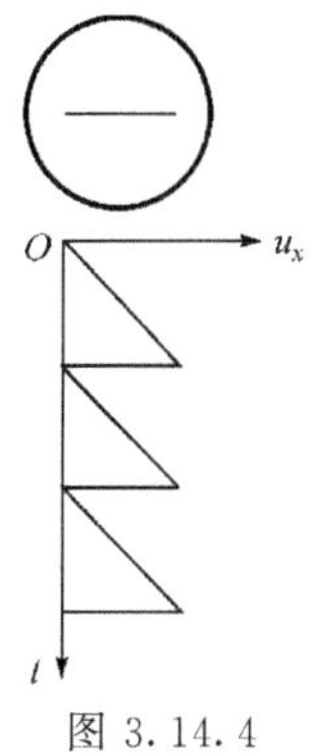

图 3.14.4

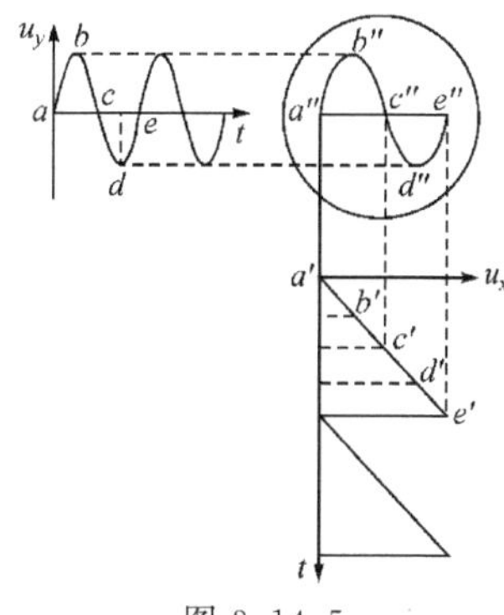

图 3.14.5

要在荧光屏上显示波形,必须同时在垂直偏转板(y 轴)上加一正弦电压,在水平偏转板上(x 轴)加锯齿波电压,电子束的运动为两相互垂直运动的合成,在屏上显示出完整的、周期变化的正弦波图形,如图 3.14.5 所示.

3. 触发扫描同步原理

在示波器的垂直偏转板上加上周期为 T_y 的被观测信号(正弦波)$U_y(t)$,而在水平偏转板上加周期为 T_S 的扫描电压(线性锯齿波)$U_x(t)$,后者使 y 方向振动沿 x 方向展开,呈现二维平面图形.当 $T_S = nT_y$(n 为整数)时,每次锯齿波的扫描起始点会准确地落到被测信号的同相位点上,即扫描电压和被观测信号达到同步,称为扫描同步.

若 $T_S \neq nT_y$ 时,则每次扫描起始点会落在被测信号不同相位点上,于是每次扫出的波形不重复,结果是屏上波形不断移动,无法观测到稳定的波形,即扫描不同步,如图 3.14.6 所示.

由此可见,扫描显示稳定波形(同步)的条件是:扫描电压周期 T_S 为被观测信号周期 T_y 的整数倍,即

$$T_S = nT_y,\quad n = 1,2,3,\cdots \tag{3.14.5}$$

SS5702A 型示波器是通过触发系统实施触发扫描来实现扫描同步.从输入的被测信号中取样送至触发电路,触发电路输出触发脉冲,去启动扫描电路进行扫描,触发脉冲产生于对应的被测信号的同相位点(φ_0).如图 3.14.7.在一个扫描周期内,光点由 A 点移动至 A'点,期间扫描电路不受到来的触发脉冲(如图 3.14.7

中的脉冲)的影响,直至本次扫描结束,之后,等到下一个触发脉冲到来时,重新启动下一次扫描,每次扫描的起始点会准确地落在同相位点,每次扫出的波形重复而稳定地显示被测波形.

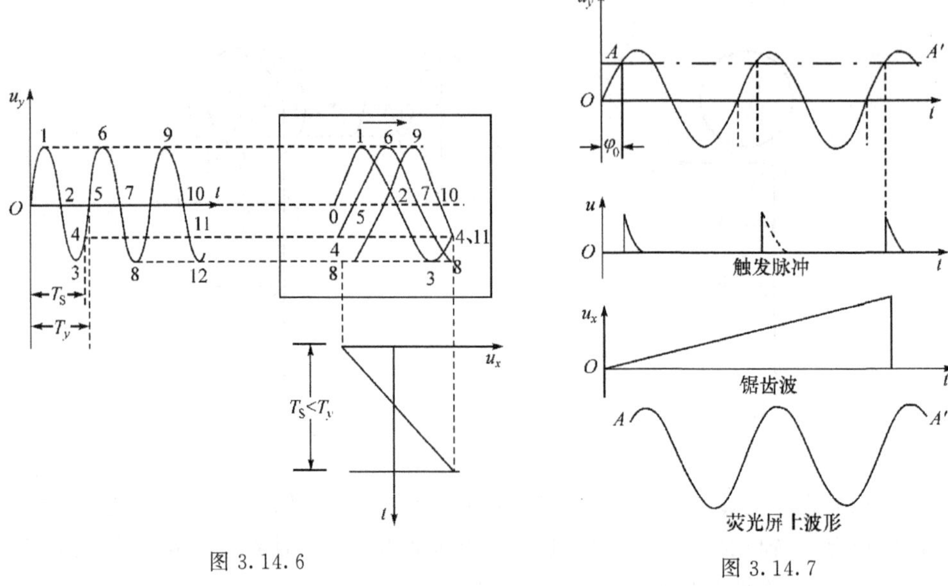

图 3.14.6　　　　图 3.14.7

[实验仪器]

图 3.14.8 是 SS5702A 型示波器的面板图.

在使用上可分为五个主要部分.

(1) 主机部分:1"电源"键(POWER);2"刻度照明"钮(ECALE),控制刻度照明亮度;3"辉度"钮(IVTEN),控制显示亮度;4"聚焦"钮(FOCUS),供调节出最佳清晰度;5"接地"端⊥,各输入端的地线 E 在机内与此相连;6"扫迹旋钮"(TRACE ROTATION),机械地控制扫迹与水平刻度线成平行位置;7"校正信号"输出端(CAL),提供 1kHz、峰-峰为 0.3±3%的方波.

(2) 通道放大系统:8/9CH_1/CH_2(1MΩ 3pF),为垂直信号输入端;10/11CH_1/CH_2 的"垂直位移"调节钮,此钮也是用作控制灵敏度扩展 5 倍的推拉开关;12/13CH_1/CH_2 的信号"输入耦合"方式选择键,当"GND"键弹出状态下,"AC/DC"键弹出为直流耦合,推入为交流耦合,而当"GND"键推入为输入接地方式,屏上出现地电平扫描线,常用作基准电平的零位;14"垂直方式"选择键,它置于 CH_1(或 CH_2)时仅显示通道 1(或 2),在 x-y 显示时作用由触发源开关决定,置于

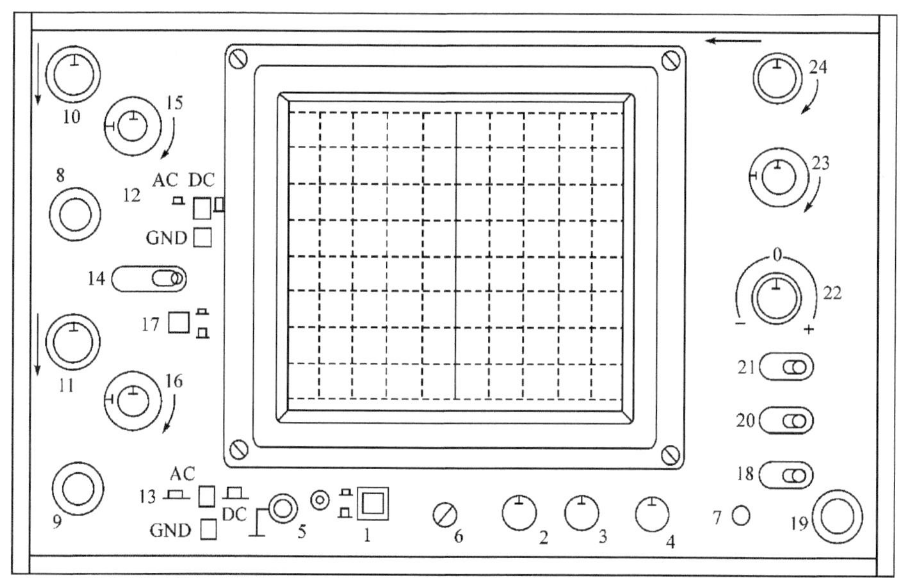

图 3.14.8

1. 电源开关；2. 辉度旋钮；3. 刻度照明旋钮；4. 聚焦；5. 接地端；6. 扫迹旋钮；7. 校正信号；8、9. 通道 CH_1CH_2；10、11. 垂直位移；12、13. 输入耦合；14. 垂直方式；15、16. 偏转因数；17. 通道 CH_2 极性转换；18. 触发源；19. 外触发信号；20. 耦合方式；21. 扫描方式；22. 触发电平、触发极性；23. 扫描时间；24. 水平位移(黑)及扫描线长度旋钮(红)

“DUAL”时为双踪显示，置于“ADD”时为两通道相加显示；15/16CH_1/CH_2 的“偏转因数”选择与调节钮，它包括“粗调钮”和与它同轴的“微调”钮，“微调”提供在“伏特/格”开关各校正挡位之间连续可调的偏转因数，当把“微调”钮顺时针旋到底关闭至校正位置时，“粗调”钮给出该挡偏转因数的校正值，以供未知电压幅度的定量测试用；17 通道 2 的“极性反转”钮.

(3) 锯齿波扫描电压发生器：23“扫描时间”(SECT/DIV VAR IABLE)，包括“粗调”和与之同轴的“微调”钮，扫描速度 0.2μs/格～0.1s/格.“微调”钮提供在时间/格开关各挡位间连续可调的扫描速度，顺时针旋到底关闭至校正位时，“粗调”钮给出该挡的厘米扫描时间校正值，供交变信号(或非周期信号)周期(或时间间隔)定量测试用；24 水平位移(POSITION)钮，控制显示图像的水平位移，此钮也是显示扫描速度扩展 10 倍的推拉开关.

(4) 触发系统：18“触发源”键，当它置于“CH_1/CH_2”时为内触发，系统从垂直通道 1/通道 2 取出部分信号作为触发信号.当它置于“EXT”时为“外触发”，此时须由“外触发”信号输入端 19 输入触发信号，才能实现触发扫描；20“触发耦合”方式键(COUPLING)，用来选择触发信号与触电路间耦合方式，当它置于 AC(EXT DC)时，对内触发为交流耦合，对外触发为直流耦合（从直流到各种频率信号都能触发），当它置于"TV-V"时为全电视信号供稳定触发的耦合方式；21"扫描方式"键（SWEEP-MODE），设有"常态"（NORM）和"自动"（AUTO）两种方式.其中"常态"方式只有在触发电平在合适范围内，才能触发扫描，当"电平"旋钮旋至触发范围以外，或无触发信号加至触发电路时，扫描停止（屏上无光迹）."自动"方式：当系统不能实施触发时，就自动转换为自激扫描状态；22 触发电平/触发极性钮（LEVEL/SLOPE），用来调节触发电平和转换触发极性.当旋钮从 0→+（0→−）时，扫描从触发信号的正半周（负半周）开始，当此钮推入（拉出）时，触发点位于触发信号的上升（下降）沿，所以，此钮可任意选择扫描起始点，获得触发扫描同步，而观测到稳定波形.

（5）x-y 函数显示系统：将 23"扫描时间"钮置于"x-y"位置，14"垂直方式"选择 CH_1（或 CH_2），18 置 CH_1（或 CH_2EXT），可观测到 x-y 函数图形.

在 x、y 偏转板上分别加频率为 f_x、f_y 两个简谐波信号时，则电子束受合成场控制，沿合成的振动轨迹运动，荧光屏上描画出两个正交谐振动的合成振动图形，这种图形称为李萨如图形，其形状随两个信号的频率和相位差的不同而不同，如图 3.14.9.如两个谐振动的频率比为简单整数比 $m:n$（$m=1,2,3,\cdots$；$n=1,2,3,\cdots$），且两信号间相位差 φ 恒定不变时，屏上会显示稳定的李萨如图形，根据李萨如图形可确定两信号的频率比为

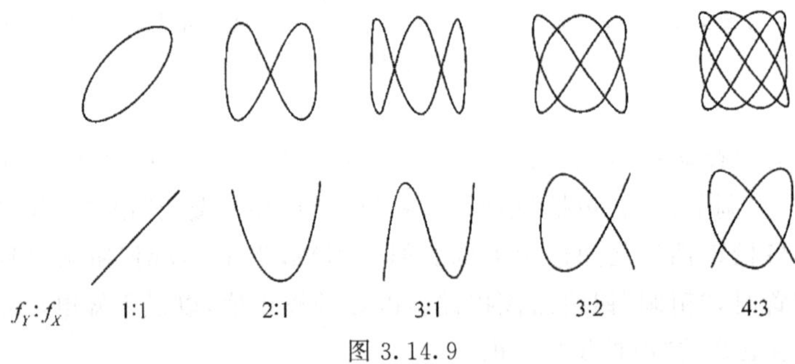

图 3.14.9

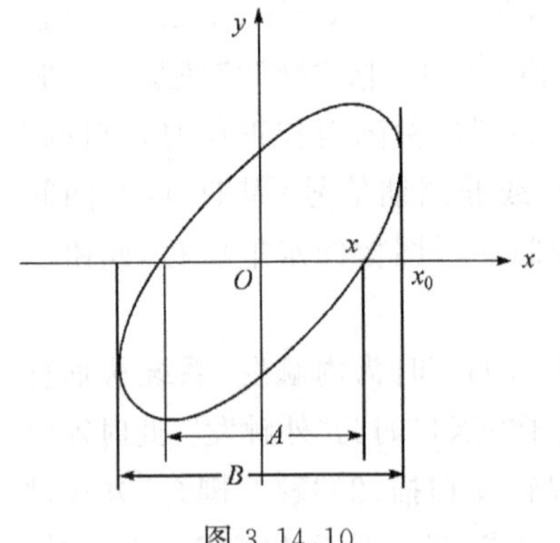

图 3.14.10

$$f_y:f_x=m:n \tag{3.14.6}$$

式中，m 为水平线与图形相交点数，n 为垂直线与图形相交的点数.若其中一个频率（f_y）为已知，用式（3.14.6）可确定另一个未知频率（f_x）.

用李萨如图形，还可以测定两信号间相位差 $\Delta\varphi$.由式（3.14.7）可根据图 3.14.10 计算 μ_y、μ_x 两同频信号间相位差

$$\Delta\varphi=\arcsin(A/B) \tag{3.14.7}$$

[实验内容]

1. 示波器基本操作练习

(1) 开机前预置:②“辉度”顺时针旋到底;⑩⑪“垂直位移”旋至中间位置;⑫⑬“输入耦合”方式的“GND”推入(接地);⑭“垂直方式”选 CH_1(或 CH_2);⑱“触发源”选 CH_1(或 CH_2);⑳“触发耦合”置于 AC(DC EXT);㉑“扫描方式”选自动(AUTO);㉔“水平位移”旋至中间位置,“扫描线长度”顺时针旋到底;㉓“扫描时间”1mSEC/格.

(2) 通电(推入(1)),稍候,屏上会出现扫描线,调节“垂直位移”、“水平位移”找出扫描线,并调至中间位置,再仔细调节②“辉度”和④“聚焦”(交替调),使扫描线细而清晰.

本步骤可反复练习多次.

(3) 将⑫/⑬“输入耦合”方式的“GND”弹出,选 AC(或 DC)方式,由⑧或⑨“输入端”输入被观测信号(低频信号发生器提供),选择合适的⑮/⑯“偏转因数”,配合调节信号源输出幅度,使屏上波形幅度适中.

(4) 调节㉓“扫描时间”的粗调和微调,使波形利于观察且相对稳定.

(5) 调节㉒“触发电平”,使波形完全稳定.

改变低频信号发生器信号频率 50Hz、2kHz、40kHz,分别按上述步骤(3)、(4)、(5),练习迅速调出稳定波形.

(6) 固定信号频率 $f=1$kHz,调出稳定波形后,进行以下操作:(a)改变“触发源”选择状态;(b)调节“触发电平”,改换“触发极性”推拉状态;(c)“扫描方式”分别选择“自动”和“常态”;(d)“扫描时间”的粗调和细调选不同位置;(e)“偏转因数”粗调和微调选不同位置.

观察并记录以上调控键钮对波形稳定性或形状(宽度、幅度)的影响或变化,总结键钮功能及使用方法.

2. 电学量测量

示波器可以测量电压、电流、时间(间隔)、频率、相位差、电阻等许多电学量,这些量的测量,都可归结为电压测量.

1) 测量仪器上校正信号 0.3V 的直流电压

(1) 将⑮“偏转因数 CH_1”选 5mV/格,“微调”旋到 DAL 位置.㉓扫描时间选择 0.5ms/格,“微调”旋到“CAL”位置.⑭垂直方式选择“CH_1”.“AC、DC、GND”选择 DC.⑳“耦合方式”开关选择“AC、DC”.⑱触发源选择“CH_1”.

(2) 用探头(X10)探测标准信号(0.3V),荧光屏上垂直方向显示一定格数,根

据式(3.14.2)可得

$$电压值=5mV/格\times格数\times10$$

(3) 用探头($X1$)位置测量标准信号(0.3V).此时波形可能失真,可调节⑮“偏转因数”及微调,使波形稳定,则

$$电压值=伏特/格\times格数\times1$$

2) 测量交流信号频率

(1) 校正厘米扫描时间.取函数发生器输出信号频率 50Hz、1kHz、50kHz,对应选厘米扫描时间取 5ms/cm、0.2ms/cm、5μs/cm 挡,“扫描微调”钮分别取三个不同位置(校正位,中间某一位置,逆时针旋到底位置)测出对应一个周期的水平距离 L,用式(3.14.3)算出该位置下的厘米扫描时间.

(2) 自选合适的厘米扫描时间,测定信号源输出的交流信号频率.

3) 观察李萨如图形

(1) 将“扫描时间”㉓逆时针旋至“x-y”方式,将函数信号发生器的信号输入到 CH_1 接口,调节“偏转因数”⑮,同时调节信号发生器调谐和输出细调,使图形适中(注意:使图形与 y 轴重合,“GND”不要接地),此时 y 轴信号确定(f_y).

(2) 将“触发源”开关⑱打向 EXT 处,在“EXT TRIG”处接入低频信号源,调节低频信号源输出(频率大小),出现李萨如图形.

(3) 观测三种[f_y : f_x]比值下的李萨如图形;描画图形,确定比值,由已知 f_y 算出待测 f_x,求出 $f_y : f_x=1:1$ 时的相位差.

[思考题]

(1) 写出下列问题的操作步骤:

① 怎样迅速调出清晰扫描线?

② 怎样测定信号(DC、AC)的大小?

③ 怎样观察李萨如图形?

(2) 试分析用示波器测量电压和频率时产生误差的可能原因.

3.15 数字电表的原理与万用表的设计

数字电表以它显示直观、准确度高、分辨率强、功能完善、性能稳定、体积小、易于携带等特点在科学研究、工业现场和生产生活中得到了广泛应用.数字电表工作原理简单,完全可以让同学们理解并利用这一工具来设计对电流、电压、电阻、压力、温度等物理量的测量,从而提高大家的动手能力和解决问题的能力.

[实验目的]

(1) 了解数字电表的基本原理及常用的双积分模数转换芯片外围参数的选取原则、电表的校准原则以及测量误差来源.

(2) 了解万用表的特性、组成和工作原理.

(3) 掌握分压、分流电路的原理以及设计对电压、电流和电阻的多量程测量.

(4) 了解交流电压、三极管和二极管相关参数的测量.

(5) 通过对数字电表原理的学习,能够在传感器设计中灵活应用数字电表.

[实验原理]

1. 数字电表的原理

常见的物理量都是幅值大小连续变化的所谓模拟量,指针式仪表可以直接对模拟电压和电流进行显示.而对数字式仪表,需要把模拟电信号(通常是电压信号)转换成数字信号,再进行显示和处理.

数字信号与模拟信号不同,其幅值大小是不连续的,就是说数字信号的大小只能是某些分立的数值,所以需要进行量化处理.若最小量化单位为 Δ,则数字信号的大小是 Δ 的整数倍,该整数可以用二进制码表示.设 $\Delta=0.1\text{mV}$,我们把被测电压 U 与 Δ 比较,看 U 是 Δ 的多少倍,并把结果四舍五入取为整数 N(二进制).一般情况下,$N\geqslant1000$ 即可满足测量精度的要求(量化误差$\leqslant1/1000=0.1\%$).所以,最常见的数字表头的最大示数为 1999,称为三位半(3 1/2)数字表.例如,U 是 Δ(0.1mV)的 1861 倍,即 $N=1861$,显示结果为 186.1mV.这样的数字表头,再加上电压极性判别显示电路和小数点选择位,就可以测量显示 $-199.9\sim199.9\text{mV}$ 的电压,显示精度为 0.1mV.

1)双积分模数转换器(ICL7107)的基本工作原理

双积分模数转换电路的原理:当输入电压为 V_x 时,在一定时间 T_1 内对电量为零的电容器 C 进行恒流(电流大小与待测电压 V_x 成正比)充电,这样电容器两极之间的电量将随时间线性增加,当充电时间 T_1 到后,电容器上积累的电量 Q 与被测电压 V_x 成正比.然后让电容器恒流放电(电流大小与参考电压 V_{ref} 成正比),这样电容器两极之间的电量将线性减小,直到 T_2 时刻减小至零为止.所以,可以得出 T_2 也与 V_x 成正比.如果用计数器在 T_2 开始时刻对时钟脉冲进行计数,结束时刻停止计数,得到计数值 N_2,则 N_2 与 V_x 成正比.

双积分 AD 的工作原理就是基于上述电容器充放电过程中计数器读数 N_2 与

输入电压 V_x 成正比构成的.现在我们以实验中所用到的 3 位半模数转换器 ICL7107 为例来讲述它的整个工作过程.ICL7107 双积分式 A/D 转换器的基本组成如图 3.15.1 所示,它由积分器、过零比较器、逻辑控制电路、闸门电路、计数器、时钟脉冲源、锁存器、译码器及显示等电路所组成.下面主要讲一下它的转换电路,大致分为三个阶段.

第一阶段,首先,电压输入脚与输入电压断开而与地端相连放掉电容器 C 上积累的电量,然后将参考电容 C_{ref} 充电到参考电压值 V_{ref},同时反馈环给自动调零电容 C_{AZ} 以补偿缓冲放大器、积分器和比较器的偏置电压.这个阶段称为自动校零阶段.

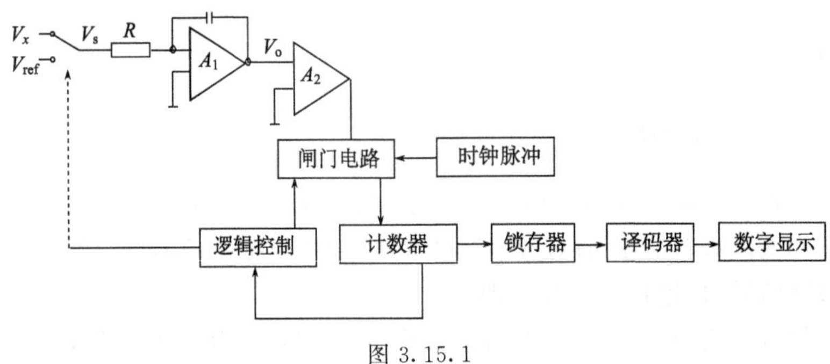

图 3.15.1

第二阶段为信号积分阶段(采样阶段),在此阶段 V_s 接到 V_x 上使之与积分器相连,这样电容器 C 将被以恒定电流 V_x/R 充电,与此同时计数器开始计数,当计到某一特定值 N_1(对于三位半模数转换器,$N_1=1000$)时逻辑控制电路使充电过程结束,这样采样时间 T_1 是一定的.假设时钟脉冲为 T_{CP},则 $T_1=N_1*T_{CP}$.在此阶段积分器输出电压 $V_o=-Q_o/C$(因为 V_o 与 V_x 极性相反),Q_o 为 T_1 时间内恒流(V_x/R)给电容器 C 充电得到的电量,所以存在下式:

$$Q_o=\int_0^{T_1}\frac{V_x}{R}*\mathrm{d}t=\frac{V_x}{R}T_1 \tag{3.15.1}$$

$$V_o=-\frac{Q_o}{C}=-\frac{V_x}{RC}T_1 \tag{3.15.2}$$

第三阶段为反积分阶段(测量阶段).在此阶段,逻辑控制电路把已经充电至 V_{ref} 的参考电容 C_{ref} 按与 V_x 极性相反的方式经缓冲器接到积分电路,这样电容器 C 将以恒定电流 V_{ref}/R 放电,与此同时计数器开始计数,电容器 C 上的电量线性减小,当经过时间 T_2 后,电容器电压减小到 0,由零值比较器输出闸门控制信号再停止计数器计数并显示出计数结果.此阶段存在如下关系:

$$V_o + \frac{1}{C}\int_0^{T_2} \frac{V_{ref}}{R} * dt = 0 \tag{3.15.3}$$

把式(3.15.2)代入上式，得

$$T_2 = \frac{T_1}{V_{ref}} V_x \tag{3.15.4}$$

从式(3.15.4)可以看出，由于 T_1 和 V_{ref} 均为常数，所以 T_2 与 V_x 成正比，这从图 3.15.2可以看出.若时钟最小脉冲单元为 T_{CP}，则 $T_1 = N_1 * T_{CP}$，$T_2 = N_2 * T_{CP}$，代入式(3.15.4)，即有

$$N_2 = \frac{N_1}{V_{ref}} V_x \tag{3.15.5}$$

可以得出测量的计数值 N_2 与被测电压 V_x 成正比.

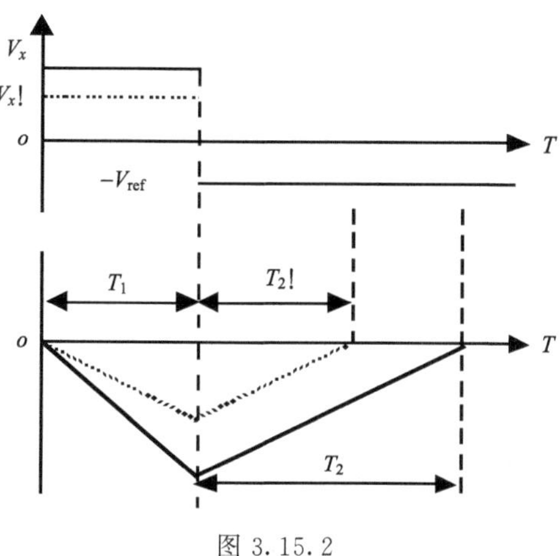

图 3.15.2

对于 ICL7107，信号积分阶段时间固定为 1000 个 T_{CP}，即 N_1 的值为 1000 不变.而 N_2 的计数随 V_x 的不同范围为 0～1999，同时自动校零的计数范围为2999～1000，也就是测量周期总保持 4000 个 T_{CP} 不变，即满量程时 $N_{2max} = 2000 = 2 * N_1$，所以 $V_{xmax} = 2V_{ref}$，这样若取参考电压为 100mV，则最大输入电压为 200mV；若参考电压为 1V，则最大输入电压为 2V.

2) ICL7107 双积分模数转换器引脚功能、外围元件参数的选择

ICL7107 芯片的引脚图如图 3.15.3 所示，它与外围器件的连接图如图 3.15.4 所示.图 3.15.4 中它和数码管相连的脚以及电源脚是固定的.芯片的第 32 脚为模拟公共端，称为 COM 端；第 36 脚 V_r＋和 35 脚 V_r－为参考电压的正负输入端；第 31 脚 IN＋和 30 脚 IN－为测量电压的正负输入端；Cint 和 Rint 分别为积分电容和积分电阻，Caz 为自动调零电容，它们与芯片的 27、28 和 29 相连，用示波

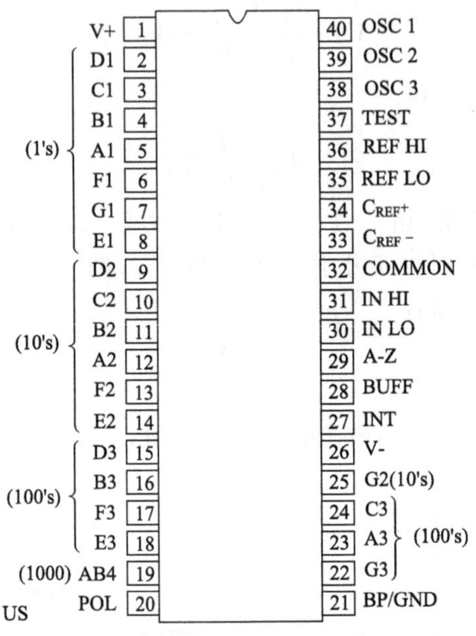

图 3.15.3

器接在第 27 脚可以观测到前面所述的电容充放电过程，该脚对应实验仪上示波器接口 Vint.电阻 R_1 和 C_1 与芯片内部电路组合提供时钟脉冲振荡源，从 40 脚可以用示波器测量出该振荡波形，该脚对应实验仪上示波器接口 CLK，时钟频率的快慢决定了芯片的转换时间(因为测量周期总保持 4000 个 T_{CP} 不变)以及测量的精度.下面我们来分析一下这些参数的具体作用.

Rint 为积分电阻，它是由满量程输入电压和用来对积分电容充电的内部缓冲放大器的输出电流来定义的.对于 ICL7107，充电电流的常规值为 Iint＝4uA，则 Rint＝满量程/4uA.所以在满量程为 200mV，即参考电压 $V_{ref}=0.1$V 时，Rint＝50k，实际选择 47k 电阻.在满量程为 2V，即参考电压 $V_{ref}=1$V 时，Rint＝500k，实际选择 470k 电阻.Cint＝T_1 * Iint/Vint，一般为了减小测量时工频 50Hz 干扰，T_1 时间通常选为 0.1s，具体下面再分析.又由于积分电压的最大值 Vint＝2V，所以 Cint＝0.2uF，实际应用中选取 0.22μF.

对于 ICL7107，38 脚输入的振荡频率为 $f_0=1/(2.2*R_1*C_1)$，而模数转换的计数脉冲频率是 f_0 的 4 倍，即 $T_{cp}=1/(4*f_0)$，所以测量周期 $T=4000*T_{cp}=1000/f_0$，积分时间(采样时间) $T_1=1000*T_{cp}=250/f_0$.所以 f_0 的大小直接影响转换时间的快慢.频率过快或过慢都会影响测量精度和线性度，同学们可以在实验过程中通过改变 R_1 的值同时观察芯片第 40 脚的波形和数码管上显示的值来分析.一般情况下，为了提高在测量过程中抗 50Hz 工频干扰的能力，应使 A/D 转换

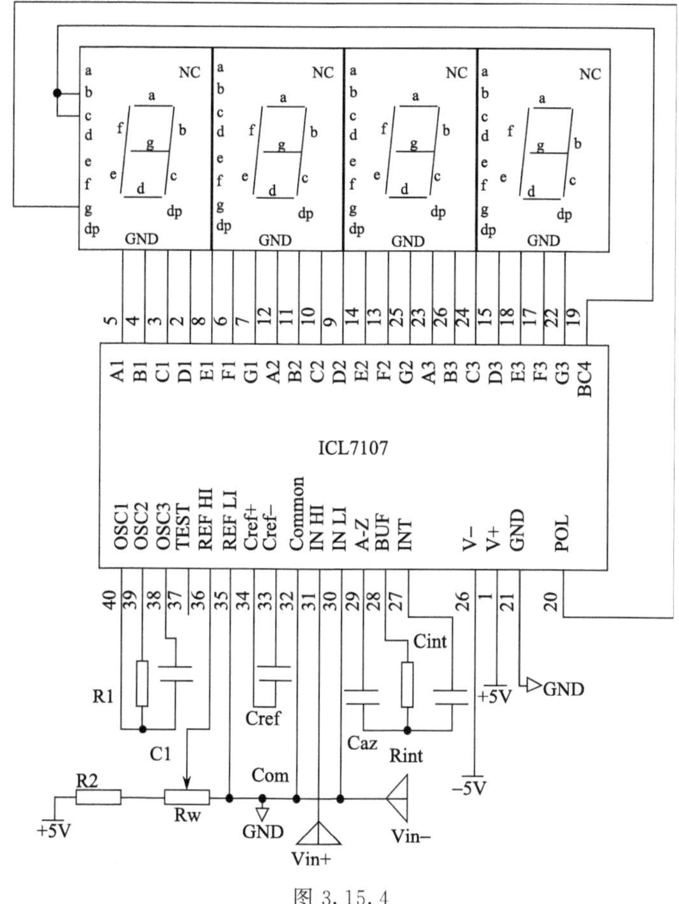

图 3.15.4

的积分时间选择为 50Hz 工频周期的整数倍，即 $T_1=n*20\text{ms}$.考虑到线性度和测试效果，我们取 $T_1=0.1\text{m}(n=5)$，这样 $T=0.4\text{s}$，$f_0=40\text{kHz}$，A/D 转换速度为 2.5 次/s.由 $T_1=0.1=250/f_0$，若取 $C_1=100\text{pF}$，则 $R_1\approx112.5\text{k}\Omega$.实验中为了让同学们更好地理解时钟频率对 A/D 转换的影响，我们可以调节 R_1，该调节电位器就是实验仪中的电位器 RWC.

3）用 ICL7107A/D 转换器进行常见物理参量的测量

（1）直流电压测量的实现（直流电压表）.

Ⅰ：当参考电压 $V_{\text{ref}}=100\text{mV}$ 时，Rint＝47kΩ.此时采用分压法实现测量 0～2V 的直流电压，电路图见图 3.15.5.

Ⅱ：直接使参考电压 $V_{\text{ref}}=1\text{V}$，Rint＝470kΩ 来测量 0～2V 的直流电压，电路图如图 3.15.6.

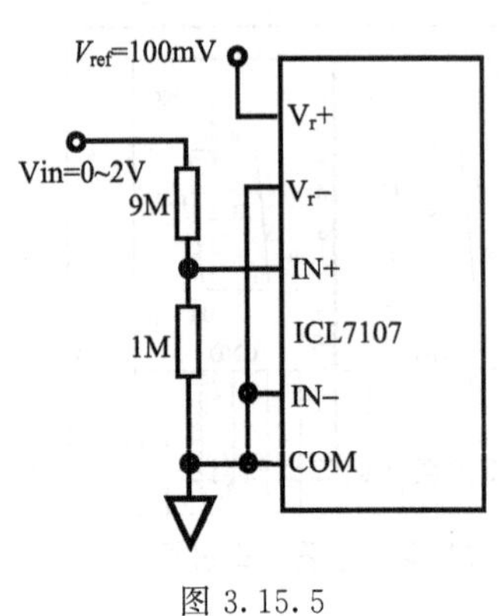

图 3.15.5

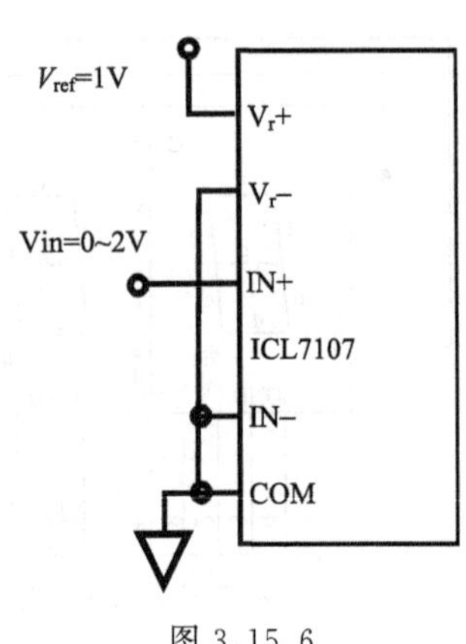

图 3.15.6

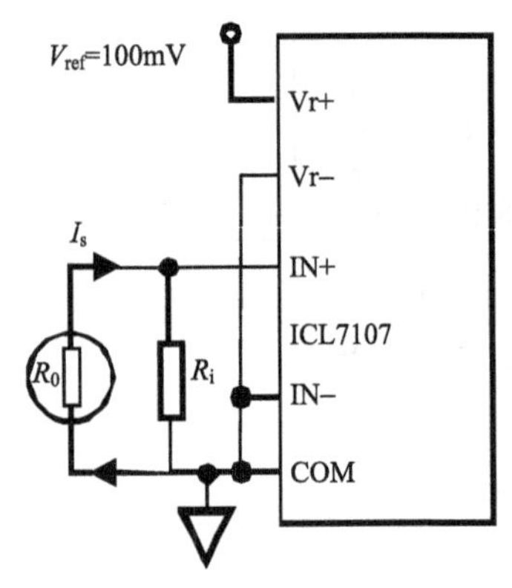

图 3.15.7

(2) 直流电流测量的实现(直流电流表).

直流电流的测量通常有两种方法,第一种方法为欧姆压降法,如图 3.15.7 所示,即让被测电流流过一定值电阻 R_i,然后用 200mV 的电压表测量此定值电阻上的压降 $R_i * I_s$(在 $V_{ref}=$ 100mV 时,保证 $R_i * I_s \leqslant 200\mathrm{mV}$ 就行).由于对被测电路接入了电阻,因而此测量方法会对原电路有影响,测量电流变成 $I_s' = R_0 * I_s/(R_0 + R_i)$,所以被测电路的内阻越大,误差将越小.第二种方法是由运算放大器组成的 I-V 变换电路来进行电流的测量,此电路对被测电路无影响,但是由于运放自身参数的限制,因此只能够用在对小电流的测量电路中.

(3)电阻值测量的实现(欧姆表).

Ⅰ:当参考电压选择在 100mV 时,此时选择 Rint=47kΩ,测试的接线图如图 3.15.8 所示,图中 Dw 是提供的测试基准电压,而 R_t是正温度系数(PTC)热敏电阻,它既可以使参考电压低于 100mV,同时也可以防止因误测高电压时损坏转换芯片,所以必须满足 $R_x=0$ 时,$V_r \leqslant 100\mathrm{mV}$.由前面所讲述的 7107 的工作原理,存在

$$V_r = (V_r +) - (V_r -) = V_d * R_s/(R_s + R_x + R_t) \qquad (3.15.6)$$

$$\mathrm{IN} = (\mathrm{IN}+) - (\mathrm{IN}-) = \mathrm{V_d} * \mathrm{R}_x/(\mathrm{R_s} + \mathrm{R}_x + \mathrm{R_t}) \qquad (3.15.7)$$

由前述理论 $N_2/N_1 = \mathrm{IN}/V_r$有

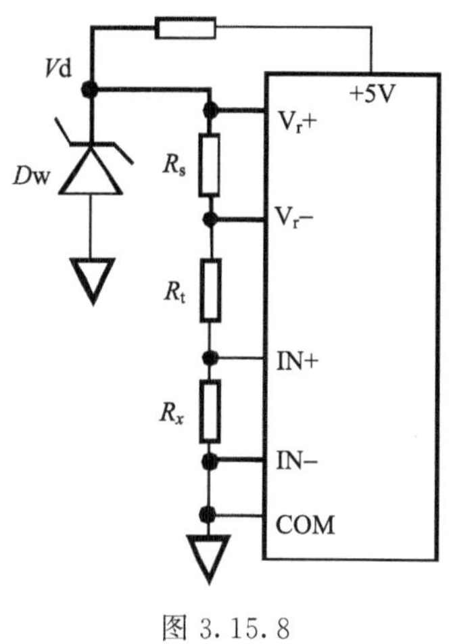

图 3.15.8

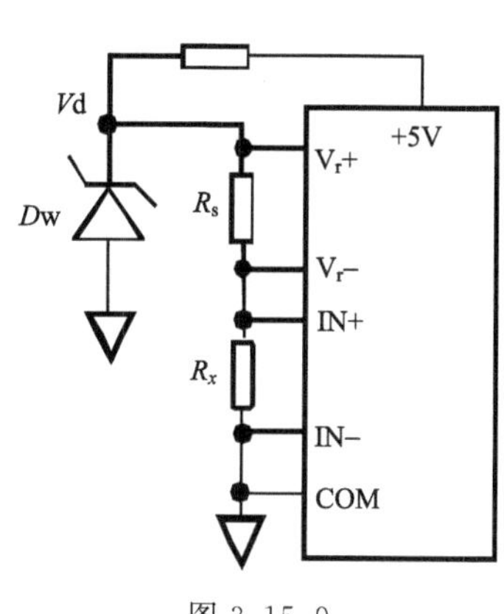

图 3.15.9

$$R_x=(N_2/N_1)*R_s \tag{3.15.8}$$

所以从上式可以得出电阻的测量范围始终是 0～2RsΩ.

Ⅱ：当参考电压选择在 1V 时，此时选择 Rint＝470kΩ，测试电路可以用图 3.15.9 实现，此电路仅供有兴趣的同学参考，因为它不带保护电路，所以必须保证 $V_r \leqslant 1V$.

在进行多量程实验时(万用表设计实验)，为了设计方便，我们的参考电压都将选择为 100mV，除了比例法测量电阻时 Rint＝470kΩ 和在进行二极管正向导通压降测量时 Rint＝470kΩ 并且加上 1V 的参考电压.

2. 数字万用表的设计

常用万用表需要对交直流电压、交直流电流、电阻、三极管 hFE 和二极管正向压降等进行测量，图 3.15.10 为万用表测量的基本原理图.下面我们主要介绍提到的几种参数的测量.

本实验使用的 DH6505 型数字电表原理及万用表设计实验仪，它的核心是由双积分式模数 A/D 转换译码驱动集成芯片 ICL7107 和外围元件、LED 数码管构成.为了同学们能更好地理解其工作原理，我们在仪器中预留了 9 个输入端，包括 2 个测量电压输入端(IN＋、IN－)、2 个基准电压输入端(V_r+、V_r-)、3 个小数点驱动输入端(dp1、dp2 和 dp3)以及模拟公共端(COM)和地端(GND).

1) 直流电压量程扩展测量

在前面所述的直流电压表前面加一级分压电路(分压器)，可以扩展直流电压测量的量程.如图 3.15.11 所示，电压表的量程 U_0 为 200mV，即前面所讲的参考电

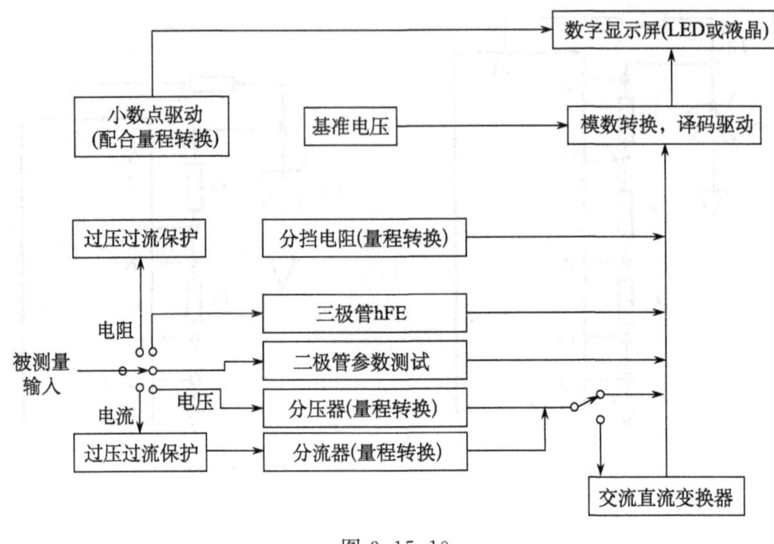

图 3.15.10

压选择 100mV 时所组成的直流电压表，r 为其内阻（如 10MΩ），r_1、r_2 为分压电阻，U_i为扩展后的量程.

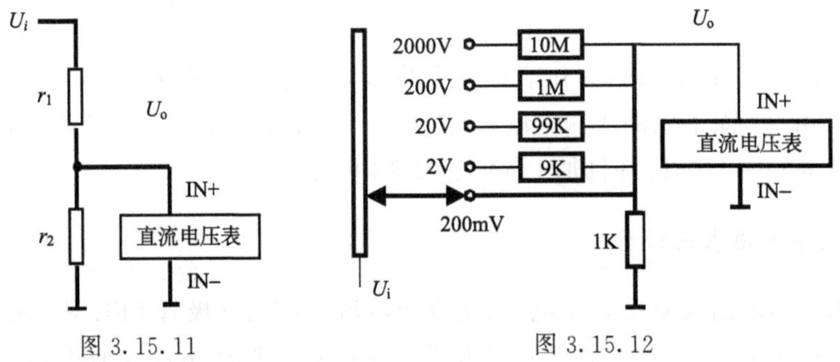

图 3.15.11　　图 3.15.12

由于 $r \gg r_2$，所以分压比为

$$\frac{U_0}{U_i}=\frac{r_2}{r_1+r_2}$$

扩展后的量程为

$$U_i=\frac{r_1+r_2}{r_2}U_0$$

多量程分压器原理电路见图 3.15.12，无挡量程的分压比分别为 1、0.1、0.01、0.001 和 0.0001，对应的量程分别为 200mV、2V、20V、200V 和 2000V.

采用图 3.15.13 的分压电路(见实验仪中的分压器 b)虽然可以扩展电压表的量程,但在小量程挡明显降低了电压表的输入阻抗,这在实际应用中是行不通的.所以,实际通用数字万用表的直流电压挡分压电路(见实验仪中的分压器 a)如图 3.15.13 所示,它能在不降低输入阻抗(大小为 $R//r$,$R=R_1+R_2+R_3+R_4+R_5$)的情况下,达到同样的分压效果.

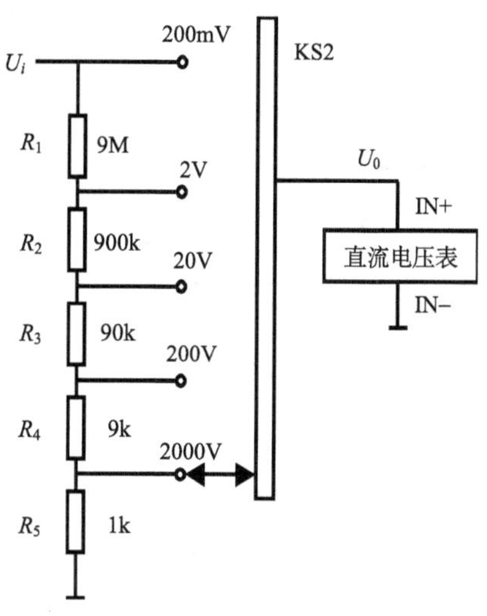

图 3.15.13

例如,其中 20V 挡的分压比为

$$\frac{R_3+R_4+R_5}{R_1+R_2+R_3+R_4+R_5}=\frac{100\text{K}}{10\text{M}}=0.01$$

其余各挡的分压比也可照此算出.

实际设计时是根据各挡的分压比和以及考虑输入阻抗要求所决定的总电阻来确定各分压电阻的.首先确定总电阻

$$R=R_1+R_2+R_3+R_4+R_5=10\text{M}$$

再计算 2000V 挡的分压电阻

$$R_5=0.0001R=1\text{k}$$

然后 200V 挡分压电阻

$$R_4+R_5=0.001R$$
$$R_4=9\text{k}$$

这样依次逐挡计算 R_3、R_2 和 R_1.

尽管上述最高量程挡的理论量程是 2000V,但出于耐压和安全考虑,通常的数字万用表规定最高电压量限为 1000V.由于只重在掌握测量原理,所以我们不提倡大家做高电压测量实验.

在转换量程时,波段转换开关可以根据挡位自动调整小数点的显示.同学们可以自行设计这一实现过程,只要对应的小数位 dp1、dp2 或 dp3 插孔接地就可以实现小数点的点亮.

2) 直流电流量程扩展测量(参考电压 100mV)

测量电流的原理是:根据欧姆定律,用合适的取样电阻把待测电流转换为相应的电压,再进行测量.如图 3.15.14 所示,由于电压表内阻 $r\gg R$,所示取样电阻 R 上的电压降为

$$U_i=I_iR$$

若数字表头的电压量程为 U_o,欲使电流挡量程为 I_o,则该挡的取样电阻(也称分流电阻)$R_o=\frac{U_o}{I_o}$.若 $U_0=200\text{mV}$,则 $I_0=200\text{mA}$ 挡的分流电阻为 $R=1\Omega$.

多量程分流器原理电路见图 3.15.15.

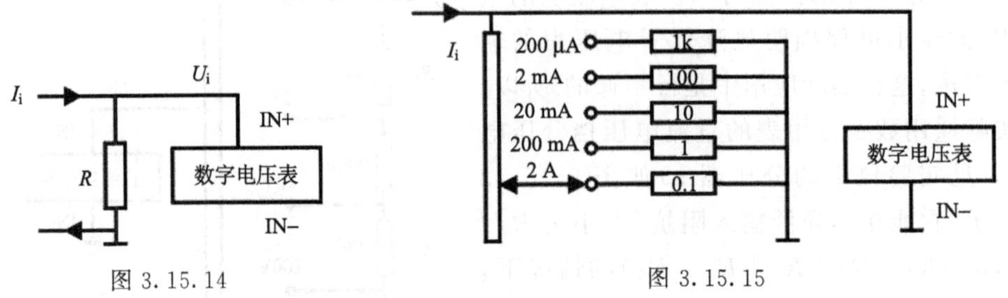

图 3.15.14　　　　图 3.15.15

图 3.15.9 中的分流器(见实验仪中的分流器 b)在实际使用中有一个缺点,就是当换挡开关接触不良时,被测电路的电压可能使数字表头过载,所以,实际数字万用表的直流电流挡电路(见实验仪中的分流器 a)为图 3.15.16 所示.

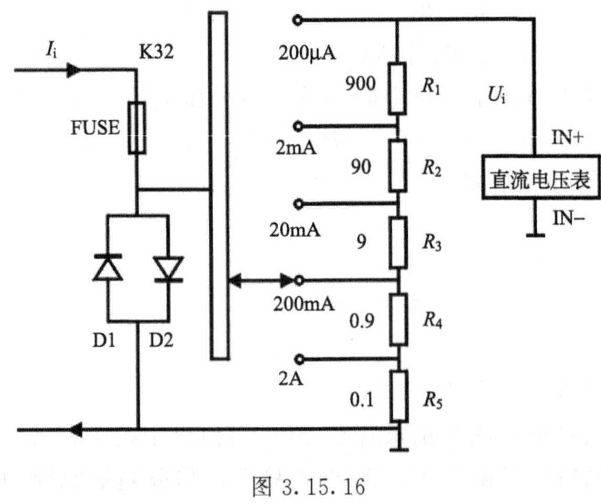

图 3.15.16

图 3.15.16 中各挡分流电阻的阻值是这样计算的:先计算最大电流挡的分流电阻 R_5

$$R_5=\frac{U_0}{I_{m5}}=\frac{0.2}{2}=0.1(\Omega)$$

同理下一挡的 R_4 为

$$R_4=\frac{U_0}{I_{m4}}-R_5=\frac{0.2}{0.2}-0.1=0.9(\Omega)$$

这样依次可以计算出 R_3、R_2 和 R_1 的值.

图 3.15.16 中的 FUSE 是 2A 保险丝管,起过流保护作用.两只反向连接且与分流电阻并联的二极管 D_1、D_2 为硅整流二极管,它们起双向限幅过压保护作用.正

常测量时,输入电压小于硅二极管的正向导通压降,二极管截止,对测量毫无影响.一旦输入电压大于0.7V,二极管立即导通,两端电压被钳制在0.7V内,保护仪表不被损坏.

用2A挡测量时,若发现电流大于1A时,应尽量减小测量时间,以免大电流引起的较高温升而影响测量精度甚至损坏电表.

3) 交流电压、交流电流测量(参考电压100mV)

数字万用表中交流电压、电流测量电路是在直流电压、电流测量电路的基础上,在分压器或分流器之后加入了交直流转换电路,即AC-DC变换电路,具体电路图见图3.15.17.

该AC-DC变换器主要由集成运算放大器、整流二极管、RC滤波器等组成,电位器R_W用来调整输出电压的高低,用来对交流电压挡进行校准之用,使数字表头的显示值等于被测交流电压的有效值.实验仪中用如图3.15.18所示的简化图代替.

同直流电压挡类似,出于对耐压、安全方面的考虑,交流电压最高挡的量限通常限定为750V(有效值).

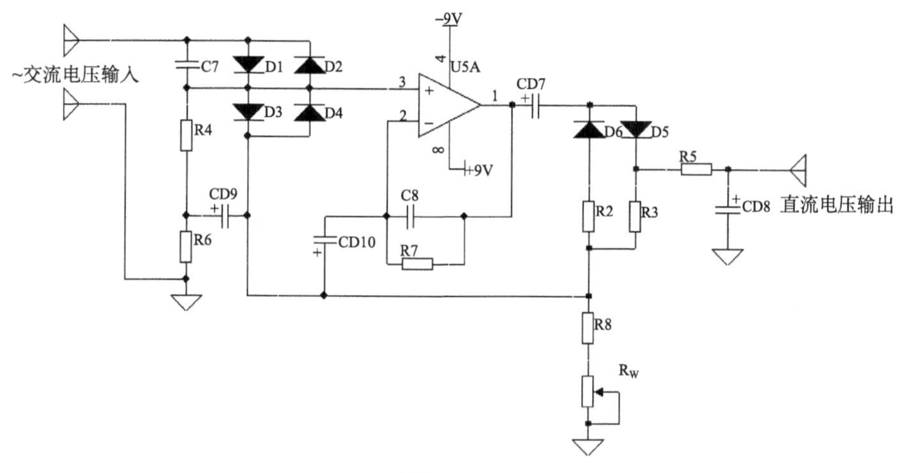

图3.15.17

4) 电阻测量电路(参考电压0～1V)

数字万用表中的电阻挡采用的是比例测量法,其原理电路图见前面的图3.15.8,测量时我们拨动拨位开关K1-1,使Rint=470k,参考电压的范围为0～1V.

如前所述

$$R_x=(N_2/N_1)*R_s$$

$$N_2=1000*R_x/R_s$$

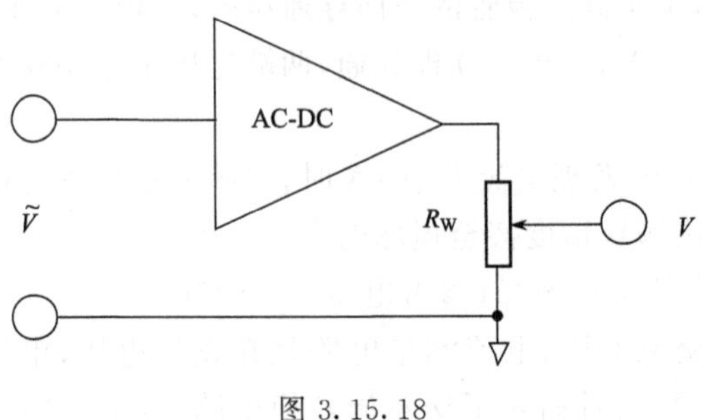

图 3.15.18

当 $R_x=R_s$时，数字显示将为 1000，若选择相应的小数点位就可以实现电阻值的显示.若构成 200Ω 挡，取 $R_s=100\Omega$，小数点定在十位上，即让 dp3 插孔接地，当 R_x变化时，显示从 0.1Ω～199.9Ω；若构成 2kΩ 挡，取 $R_s=1\text{k}\Omega$，小数点定在千位上，即让 dp3 插孔接地；当 R_x 变化时，显示从 0.001～1.999kΩ；其他挡类推.

数字万用表多量程电阻挡电路如图 3.15.10 所示，由上述分析给电阻参数的选择如下：

$$R_1=100\Omega$$
$$R_2=1000-R_1=900\Omega$$
$$R_3=10\text{k}-R_1-R_2=9\text{k}\Omega$$
$$R_4=100\text{k}-R_1-R_2-R_3=90\text{k}\Omega$$
$$R_5=1000\text{k}-R_1-R_2-R_3-R_4=900\text{k}\Omega$$

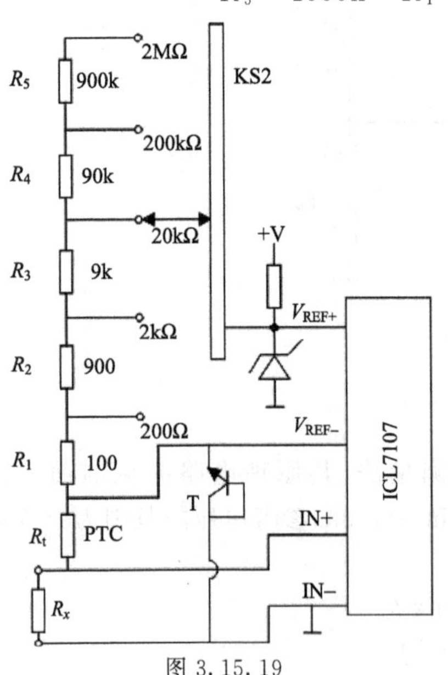

图 3.15.19

图 3.15.19 中由正温度系数(PTC)热敏电阻 R_1 与晶体管 T 组成的过压保护电路，以防误用电阻挡去测高电压时损坏集成电路.当误测高电压时，晶体管 T 发射极将被击穿从而限制了输入电压的升高.同时 R_t 随着电流的增加而发热，其阻值迅速增大，从而限制了电流的增加，使 T 的击穿电流不超过允许范围，即 T 只是处于软击穿状态，不会损坏，一旦解除误操作，R_t 和 T 都能恢复正常.

5）三极管参数 h_{FE} 的测量(参考电压 100mV)

测量 NPN 管的 h_{FE} 大小的电路如图 3.15.20所示，三极管的固定偏置电阻由 $R37$ 和 $R39$ 组成，调整 R37 可使基极电流

$I_B=10\mu A$，$R42$ 为取样电阻，这样输入直流电压表的电压为

$$\mathrm{Vin}=\mathrm{V}_{\mathrm{XNO}}\approx h_{\mathrm{FE}}*I_{\mathrm{B}}*R42=h_{\mathrm{FE}}*10\mu\mathrm{A}*10\Omega=0.1\mathrm{h}_{\mathrm{FE}}(\mathrm{mV})$$

若表头为 200mV 的量程，则理论上的测量范围为 0～1999，但为了不出现较大的误差，实际测量范围限制在 0～1000，测量过程中可以让小数点消隐（即不点亮）.测量 PNP 管的 h_{FE} 大小的电路如图 3.15.21 所示，原理和测量 NPN 管的 h_{FE} 大小一样，所以不再赘述.

测量 h_{FE} 时需注意以下事项.

(1) 仅适用于测量小功率晶体管.这是测试电压较低同时测试电流较小的缘故.倘若测大功率晶体管，测量的结果就与典型值差很大.

(2) 当 Vin≥200mV 时，仪表将显示过载，应该立即停止测量.

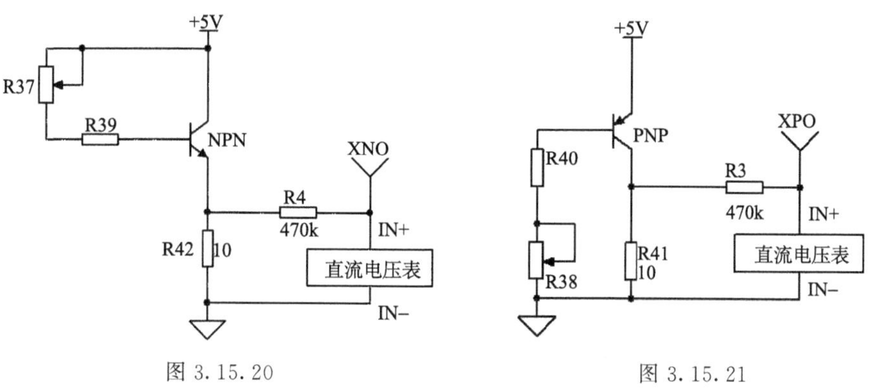

图 3.15.20　　　　图 3.15.21

6) 二极管正向压降的测量(参考电压 1V)

进行二极管正向压降测试的电路图如图 3.15.22 所示，+5V 经过 R36，PTC 向二极管提供 5V 的测试电压，使二极管 D9 导通，测试电流（即二极管正向工作电流）$I_f\approx 1$mA，导通压降 V_f 输入到 IN+和 IN−端，由于 V_f 的大小一般在 0～2V，所以我们可以选择参考电压为 1V，此时通过拨位开关选择 Rint＝470kΩ，这样可以直接测出 V_f 的值.如果想用 200mV 挡测试，必须要对 V_f 分压才行，请同学们自己分析.

［实验仪器］

DH6505 数字电表及万用表设计实验仪、三位半通用数字万用表、示波器、ZX25a 电阻箱.

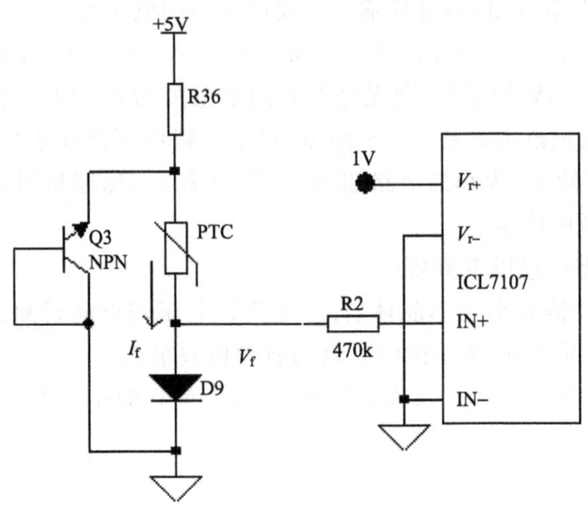

图 3.15.22

[实验内容与步骤]

实验仪组成简介

DH6505 数字电表原理及万用表设计实验仪的面板结构图如图 3.15.23 所示，下面介绍该模块的功能.

(1) ICL7107 模数转换及其显示模块，如图 3.15.23 中标示的“1”.

(2) 量程转换开关模块，如图 3.15.23 中标示的“2”.

(3) 交流电压电流模块，提供交流电压和电流，通过模块中的电位器进行调节.

(4) 直流电压电流模块，提供直流电压和电流，通过模块中的电位器进行调节.

(5) 待测元件模块，提供二极管、电阻、NPN 三极管和 PNP 三极管各一个.

(6) AD 参考电压模块，提供模数转换器的参考电压，通过模块中的电位器进行调节.

(7) 参考电阻模块，提供可调参考电阻和可调待测电阻各一个.

(8) 交直流电压转换模块，把交流电压转换成直流电压，模块中有电位器进行调整.

(9) 电阻挡保护模块，防止过压损坏仪器.

(10) 电流挡保护模块，防止过流.

(11) NPN 三极管测量模块、PNP 三极管测量模块、二极管测量模块.

(12) 量程扩展分压器 a、b，分流器 a、b，以及分挡电阻模块.

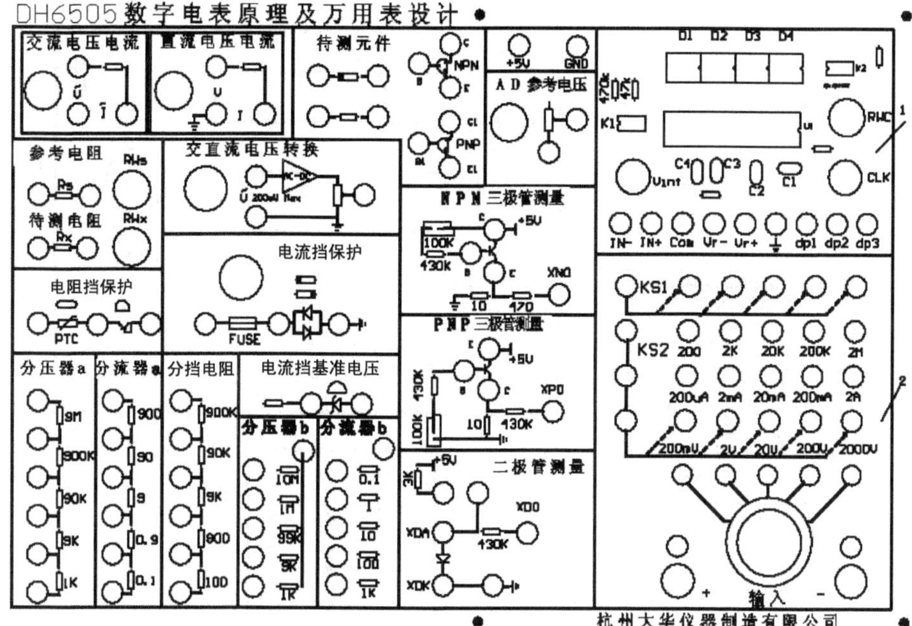

图 3.15.23

[数字电表原理实验]

1. 直流电压的测量

1)200mV 挡量程的校准

(1) 拨动拨位开关 K1-2 到 ON,其他到 OFF,使 Rint＝47kΩ(注:拨位开关 K1 和 K2,拨到上方为 ON,拨到下方为 OFF.).调节 AD 参考电压模块中的电位器,同时用万用表 200mV 挡测量其输出电压值,直到万用表的示数为 100mV 为止.

(2) 调节直流电压电流模块中的电位器,同时用万用表 200mV 挡测量该模块电压输出值,使其电压输出值为 0～199.9mV 的某一具体值(如 150.0mV).

(3) 拨动拨位开关 K2-3 到 ON,其他到 OFF,使对应的 ICL7107 模块中数码管的相应小数点点亮,显示 XXX.X.

(4) 按图 3.15.24 的方式接线.供电并调节模数转换及其显示模块中的电位器 RWC,使外部频率计的读数为 40kHz 或者示波器测量的积分时间 T_1 为 0.1s (原因在实验原理中已述).

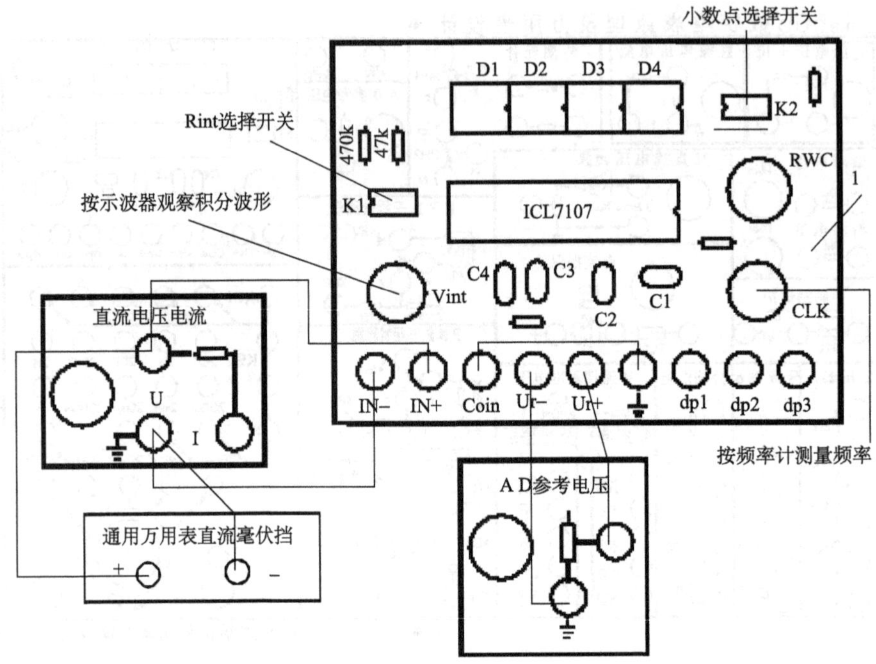

图 3.15.24

(5) 观察 ICL7107 模块数码管显示是否为前述 0～199.9mV 中的那一具体值(如 150.0mV).若有些许差异,稍微调整 AD 参考电压模块中的电位器使模块显示读数为前述那一具体值(如 150.0mV).

(6) 调节电位器 RWC,改变时钟频率,观察模块中数字显示的变化情况以及示波器所观察到的频率以及 T_1 的变化情况,从而理解和认识时钟频率的变化对转换结果的影响.

(7) 重复步骤(4),使 $T_1=0.1\text{s}$,注意以后不要再调整电位器 RWC.

(8) 调节直流电压电流模块中的电位器,减小其输出电压,使模块输出电压为 199.9mV,180.0mV,160.0mV,…,20.0mV,0mV,并同时记录万用表所对应的读数.再以模块显示的读数为横坐标,以万用表显示的读数为纵坐标,绘制校准曲线.

(9) 若输入的电压大于 200mV,请先采用分压电路并改变对应的数码管在进行,请同学们自行设计实验.注意在测量高电压时,务必在测量前确定线路连接正确,避免伤亡事故.

2) 2V 挡量程校准

(1) 拨动拨位开关 K1-1 到 ON,其他到 OFF,使 Rint＝470kΩ.调节 AD 参考

电压模块中的电位器,同时用万用表 2V 挡测量其输出电压值,直到万用表的示数为 1.000V 为止.

(2) 调节直流电压电流模块中的电位器,同时用万用表 2V 挡测量该模块电压输出值,使其电压输出值为 0～1.999V 的某一具体值(如 1.500V).

(3) 拨动拨位开关 K2-1 到 ON,其他到 OFF ,使对应的 ICL7107 模块中数码管的相应小数点点亮,即显示 X.XXX.

(4) 按图 3.15.24 的方式接线.供电并调节模数转换及其显示模块中的电位器 RWC,使外部频率计的读数为 40kHz 或者示波器测量的积分时间 T_1 为 0.1s(原因在实验原理中已述),此步骤若先前已调好,可以跳过.

(5) 观察 ICL7107 模块数码管显示是否为 0～1.999V 中的前述的那某一具体值(如 1.500V).若有些许差异,稍微调整 AD 参考电压模块中的电位器使模块显示读数为前述那一具体值(如 1.500V).

(6) 调节直流电压电流模块中的电位器,减小其输出电压,使模块输出电压为 1.999V、1.800V、1.600V、…、0.020V、0V,并同时记录万用表所对应的读数.再以模块显示的读数为横坐标,以万用表显示的读数为纵坐标,绘制校准曲线.

* 若输入的电压大于 2V,请先采用分压电路并改变对应的数码管小数点位后再进行实验,请同学们自行设计实验.多量程扩展实验将在后面进行详细说明.

* 在进行校准时,由于直流电压电流模块中的电位器细度不够,可能调整不到相应的值(如 150.0mV 和 1.500V),故可以调整到一个很接近的值.但是在微调 AD 参考电压模块中的电位器时,注意一定要使模块显示值与实际测量的直流电压电流模块中输出的电压值显示一样.在以下电流挡的校准也同样遵循这一原则.

2. 直流电流的测量

1) 20mA 挡量程校准

(1) 测量时可以先左旋直流电压电流模块中的电位器到底,使输出电流为 0.

(2) 拨动拨位开关 K1-2 到 ON,其他到 OFF,使 Rint=47kΩ.调节 AD 参考电压模块中的电位器,同时用万用表 200mV 挡测量输出电压值,直到万用表的示数为 100mV 为止.

(3) 拨动拨位开关 K2-2 到 ON,其他 OFF,使对应的 ICL7107 模块中数码管的相应小数点点亮,显示 XX.XX.

(4) 按照图 3.15.25 的方式接线.供电并向右旋转调节直流电压电流模块中的电位器,使万用表显示为 0～19.99mA 的某一具体值(如 15.00mA).

(5) 观察模数转换模块中显示值是否为 0～19.99mA 中前述的某一具体值(如 15.00mA).若有些许差异,稍微调整 AD 参考电压模块中的电位器使模块显示数值为 0～19.99mA 中的前述的某一具体值(如 15.00mA).

(6) 调节直流电压电流模块中的电位器,减小其输出电流,使显示模块输出电流为19.99mA、18.00mA、16.00mA、…、0.20mA、0mA,并同时记录万用表所对应的读数.再以模块显示的读数为横坐标,以万用表显示的读数为纵坐标,绘制校准曲线.

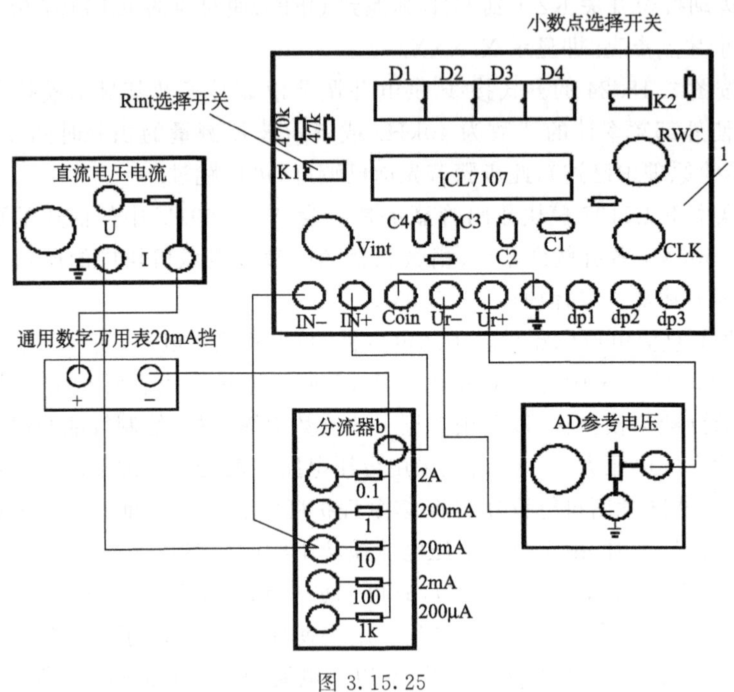

图 3.15.25

2) 2mA 挡量程校准

(1) 若要进行 2mA 挡校准,只需要把分流器 b 中的电阻选为 100Ω,ICL7107 模块中数码管对应的显示为 X. XXX.同时把万用表的量程选择为 2mA 挡,然后重复实验步骤(1)~(6)即可.

(2) 更高量程的输入请用分流电路 a 来实现,同学们可以自行设计实验.

3. 电阻的测量

(1) 由于电阻挡基准电压为 1V,所以在进行电阻测试时,选择参考电压为 1V 的设置,即拨动拨位开关 K1-1 到 ON,其他到 OFF,使 Rint=470kΩ.这样可以保证在 $R_x=0$ 时,R_s上的电压将最大为 1V,即参考电压$(V_r+)-(V_r-)\leqslant 1V$.

(2) 进行 2kΩ 挡校准.把高精度电阻箱的电阻值设定为 1500Ω,拨动拨位开关 K2-1 到 ON,其他到 OFF,使对应的 ICL7107 模块中数码管的相应小数点点亮,显示 X. XXX.

(3) 按照图 3.15.26 的方式接线.

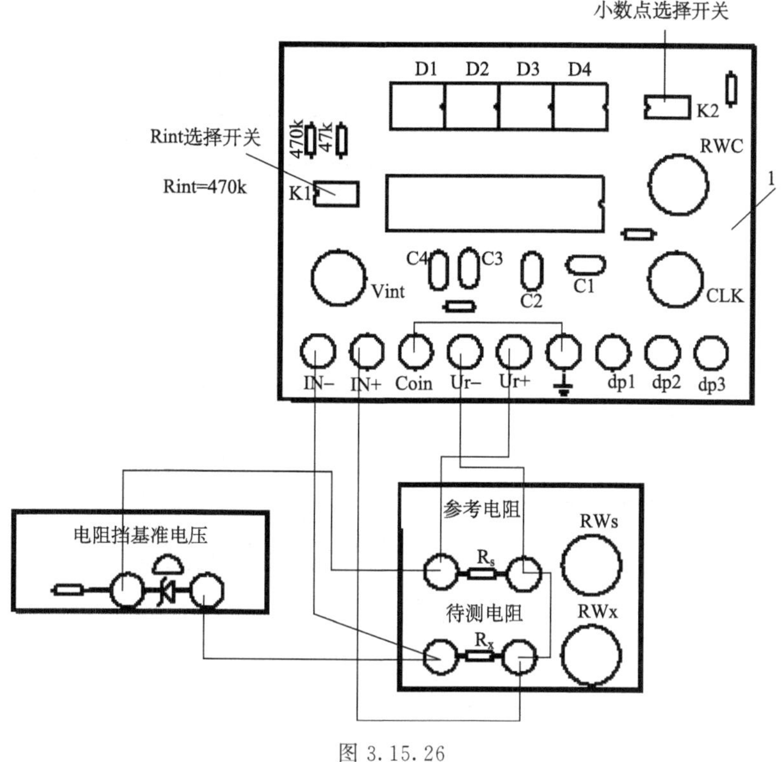

图 3.15.26

(4) 观察模数转换模块中显示值是否为 1.500.若有些许差异,稍微调节 RWs 使模块显示数值为 1.500.

(5) 调节外接高精度电阻箱,使显示模块输出读数分别为 1.999kΩ,1.800kΩ,1.600kΩ,…,0.200kΩ,0.000kΩ,同时记录电阻箱的电阻值.再以模块显示的读数为横坐标,以电阻箱的读数为纵坐标,绘制校准曲线.

(6) 进行未知电阻 R_x的测量.

(7) 首先用万用表测出 R_x的值.调节电位器 RWx,使之在 0～1.999k,记录该电阻的值,然后再按照图 3.15.27 的方式接线,记录模块显示的读数.比较两者测量的误差,重复多次测量,分析误差来源.

(8) 其他挡也可以通过调节电位器 RWs 改变 R_s的值,并用相应的外接高精度电阻箱进行校准,请同学们自行设计实验.

4.200mV 交流电压的校准

(1) 先进行 200mV 直流电压挡量程的校准(具体步骤参照直流电压的测量).

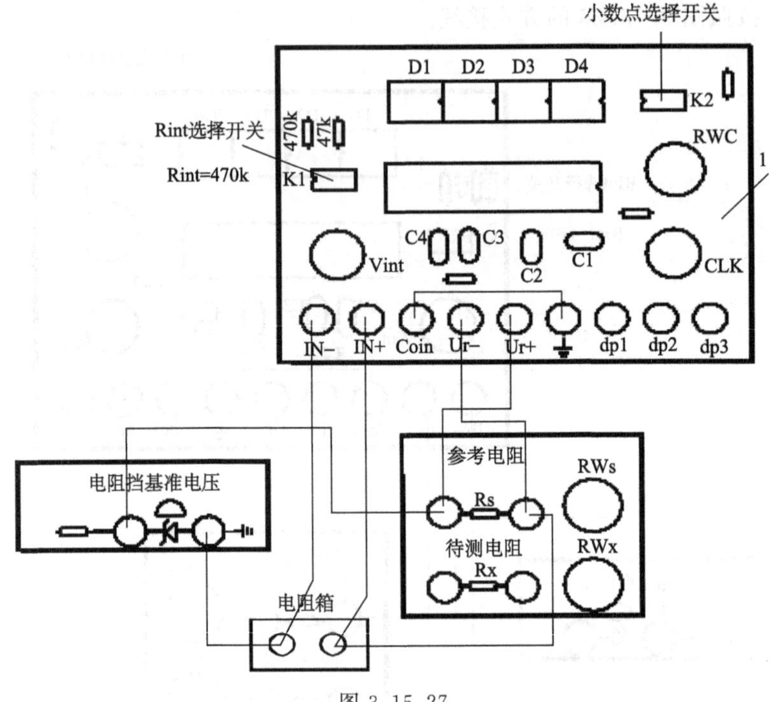

图 3.15.27

(2) 调节交流电压电流模块的交流电压输出,用万用表测量,使之为 0～199.9mV 中的某一具体值(如 150.0mV).

(3) 按照图 3.15.28 的方式接线.供电并观察模块的显示值是否为 0～199.9mV 中前述的那一具体值(如 150.0mV).若有差别,调节交直流电压转换模块中的电位器,使模块与万用表测量的值相同即可.

(4) 调节交流电压电流模块中的电位器,减小其输出电压,使模块输出电压为 199.9mV,180.0mV,160.0mV,…,20.0mV,0mV,并同时记录万用表所对应的读数.再以模块显示的读数为横坐标,以万用表显示的读数为纵坐标,绘制校准曲线.

(5) 如果要测量大于 200mV 的交流信号,必须在交直流转换模块前加入分压器后再进行测量,与多量程直流电压测量一样.注意在测量高电压时,务必在测量前确定线路连接正确,避免伤亡事故.

5. 20mA 交流电流的测量

(1) 进行 200mV 交流电压的校准.

(2) 按图 3.15.29 的方式接线.供电.

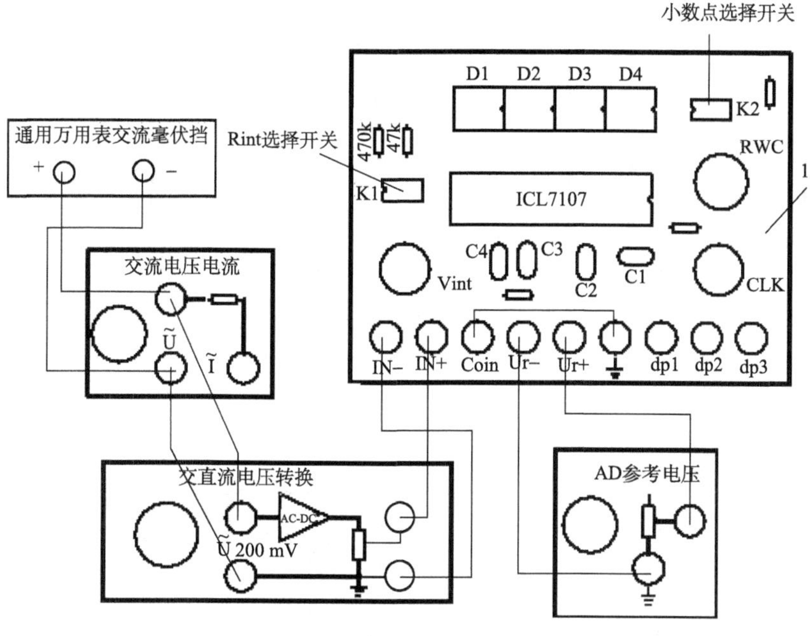

图 3.15.28

（3）调节交流电压电流模块中的电位器，减小输出电流，使显示模块输出电压为 19.99mA，18.00mA，16.00mA，…，0.20mA，0mA，并同时记录万用表对应的读数.再以模块显示的读数为横坐标，以万用表显示的读数为纵坐标，绘制校准曲线.

（4）若需要测量更高量程的输入，需用分流电路 a 来实现，请同学们自行设计实验.注意在测量大电流时，务必在测量前确定线路连接正确，避免伤亡事故.

6. 二极管正向压降的校准和测量

（1）拨动拨位开关 K1-1 到 ON，其他到 OFF，使 Rint＝470kΩ.调节 AD 参考电压模块中的电位器，同时用万用表 2V 挡测量其输出电压值，直到万用表的示数为 1.000V 为止.

（2）用万用表测量一个二极管（如 IN4007）的正向导通压降并记录该值.

（3）按照图 3.15.30 的方式接线.在 XDA 和 XDK 插孔中插入二极管并供电，模块显示的值即为此二极管的正向导通压降.若与万用表测量值有些许差异，可以稍微调整 AD 参考电压的输出与之相同即可，再进行其他二极管的正向导通压降测量.

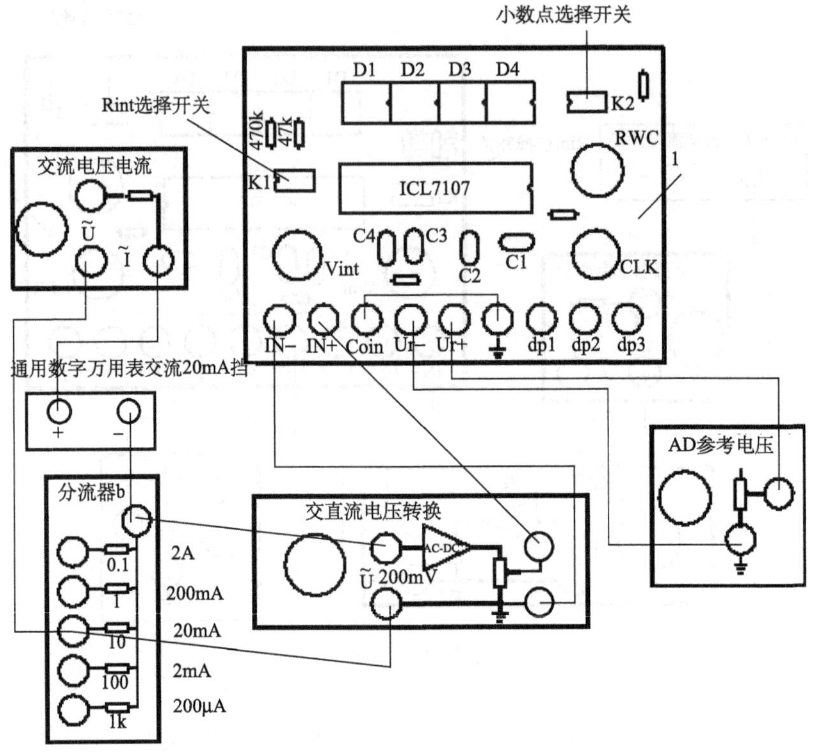

图 3.15.29

[万用表设计实验]

量程转换开关模块如图 3.15.31 所示.通过拨动转换开关,可以使 S2 插孔依次和插孔 A、B、C、D、E 相连并且相应的量程指示灯亮,同时 S1 插孔依次与插孔 a、b、c、d、e 相连.KS1 这组开关用于设计时控制模块小数点位的点亮,KS2 用于分压器、分流器以及分挡电阻上,以实现多量程测量.在进行多量程扩展时,注意把拨位开关 K2 都拨向 OFF,然后把插孔 a、b、c、d、e 和 dp1、dp2、dp3 连接组合成需要的量程(控制相应量程的小数点位).当拨动量程转换开关时,dp1、dp2、dp3 中有且只有一个通过 a、b、c、d、e 与 S1 相连,从而对应的小数点位将被点亮.具体的接线是:dp1-b、dp1-e;dp2-c;dp3-a、dp3-d.

1. 设计制作多量程直流数字电压表

(1) 制作 200mV (199.9mV)直流数字电压表头并进行校准.

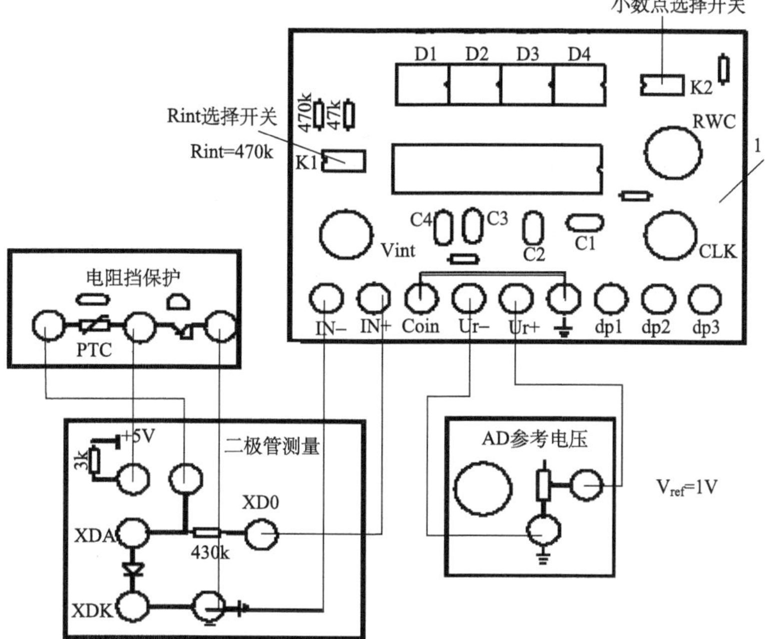

图 3.15.30

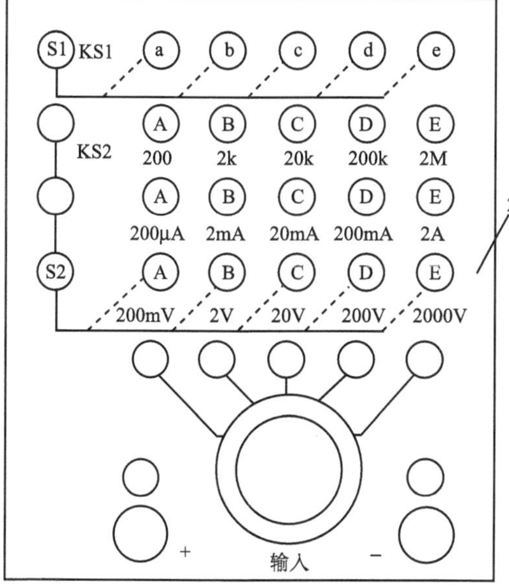

图 3.15.31

(2) 利用分压器将电压表头扩展成为多量程直流电压表，参照图 3.15.13 和图 3.15.24.

(3) 对 200mV 挡和 2V 挡记录数据(表 3.15.1)并作校准曲线.

表 3.15.1

$U_{改}$								
$U_{标}$								
$\Delta U=U_{改}-U_{标}$								

$U_{改}$为改装表头的测量值，$U_{标}$为实际标准值，以$U_{改}$为横轴，$\Delta U=U_{改}-U_{标}$为纵轴，在坐标纸上作校正曲线(注意：校正曲线为折线，即将相邻两点用直线连接).

2. 设计制作多量程直流数字电流表

(1) 制作 200mV (199.9mV)直流数字电压表头并进行校准.

(2) 利用分流器设计多量程直流电流表，参照图 3.15.16 和图 3.15.25.

(3) 对 2mA 挡和 20mA 挡记录数据(表 3.15.2)并作校准曲线.

表 3.15.2

$I_{改}$								
$I_{标}$								
$\Delta I=I_{改}-I_{标}$								

$I_{改}$为改装表头的测量值，$I_{标}$为串联在测量回路中标准电流表的测量值，以$I_{改}$为横轴，$\Delta I=I_{改}-I_{标}$为纵轴，在坐标纸上作校正曲线.

3. 设计制作多量程电阻表

利用分挡电阻原理实现多量程电阻测量，参照图 3.15.19.

4. 设计制作多量程交流电压表

在多量程直流数字电压表的基础上再加入交直流电压转换模块，即可实现多量程交流电压的测量.

[注意事项]

(1) 严格按照实验步骤及要求进行实验.请遵循“先接线，再供电；先断电，再拆线”的原则.在供电前应确认接线已准确无误(特别是在测量高压或大电流时),避免短路造成伤亡事故.

(2) 虽然测量电路已加入保护电路,但注意不要用电流挡或电阻挡测量电压,避免对仪器造成损坏.

(3) 当数字表头最高位显示“1”(或“1”)而其余位都不亮时,表明输入信号过大,即超量程.此时应尽快换大量程挡或减小(断开)输入信号,避免长时间超量程工作而损坏仪器.

第 4 章　光学量测量

4.1　光学量测量基本知识

光学是一门古老科学，人类很早就知道把光作为能源和传递信息的工具加以利用.从 20 世纪 60 年代开始，由于激光的出现和发展，光学和电子学密切结合，在科学研究和精密测量中，导致了光学新的迅速发展，光学仪器在国民经济的各个部门几乎成为不可缺少的工具.

光学量测量的特点之一是与理论联系较紧密，甚至有些测量内容与所学理论内容几乎完全一致，尤其是有关波动光学的测量.因此在测量前一定要复习所学的理论知识，才能顺利地按照测量要求完成测量任务.

光学量测量的另一个特点是所用仪器比较精密，我们在做测量时将会用到读数显微镜、分光计等.对于这些仪器如何调节，如何使用，以及使用时应注意的事项，在操作前一定要了解清楚，然后进行测量.

1. 光学量测量的教学要求

(1) 学会光学仪器的调节和使用.常用的光学仪器大致有以几何光学的反射、折射定律为主而设计的如望远镜、显微镜、折射仪等；以物理光学的原理(干涉、衍射等)为主设计的分光计、迈克耳孙干涉仪等；各种进行光度学测量的光电接收器和单色光源如光电管、钠光灯、汞灯、激光器等.通过这些仪器的使用，要求掌握以下技术：

① 望远镜、显微镜的调焦；

② 平行光的获得及对它的聚焦；

③ 光路的同轴、等高调节技术；

④ 成像清晰程度及真假像的判断，如叉丝反射像，标尺、狭缝的像等；

⑤ 视差的判断与消除；

⑥ 角游标读数的原理.

(2) 学会基本光学量的某些测量方法及原理.如折射率、波长、透镜的焦距等.

(3) 培养独立工作的能力，逐步提高测试技术，养成科学、严谨、一丝不苟、耐心细致的工作作风.如仔细观察实验现象，耐心调节光路，当得不到预期结果时运用理论知识认真分析原因和寻找解决的办法等.

2. 光学仪器的维护

光学仪器一般由两部分组成：光学系统部分和机械系统部分.由于光学仪器一般为精密测量仪器，因而机械部分装配极为精密，光学系统部分则装有极易损坏的玻璃部件.光学玻璃部件的表面应严加保护，避免碰坏、磨损、表面玷污及化学侵蚀，否则将影响观察及成像质量.为此在使用光学仪器时，必须注意以下操作规则：

(1) 轻拿、轻放，勿使仪器受震，更要避免跌落到地板上.光学元件使用完毕，不得随意乱放，应当物归原处.

(2) 在任何时候都不能用手触及光学表面(光线在此表面反射或折射)，只能接触经过磨砂的表面(光线不经过的表面，一般都磨成毛面)，如透镜的侧面、棱镜的上下底面.

(3) 保持光学表面清洁，不能对着光学表面说话、打喷嚏、咳嗽.

(4) 光学表面有污渍时，不要自行处理，应向教师说明，在教师指导下，对没有薄膜的光学表面，用干净的镜头纸轻擦，若表面镀有薄膜，应由教师进行处理.

对于光学仪器中的机械部分，也要正确使用.应在了解它们的性能之后，根据操作规则进行使用，决不允许随意拆卸仪器，乱扭旋钮和螺钉，以免损坏仪器.

3. 光学仪器的调节

光学仪器的调节大都凭眼睛观察，为了有利于实验的顺利进行，在调节时应注意以下几点：

1) 像的亮度

光经过介质时由于反射、吸收、散射，光能量受到损失而使光强减弱或使成像模糊.如果成像太暗，不易看清时可从下面几个方面加以改善：

(1) 增加光源亮度，改进聚光情况，尽量消除或减少像差.

(2) 降低背景亮度，尽可能消除杂散光的影响，如加光阑、改善暗室遮光情况.

(3) 光源的电源电压是否稳定将影响光源发光的强度，因而当像的亮度有变化时亦应考虑光源的电源电压的稳定性.

2) 视差消除

在调节光源仪器或调节各种光路过程中常须判断两个像的位置或比较像和物(如叉丝)的位置是否重合，这时如用眼睛直接观察往往并不可靠，可利用有无视差的方法来进行判断，即眼睛左右(或上下)移动，判断物像之间是否存在相对位移，这种相对位移称为视差.如有视差存在，则必须反复调节直至消除视差.使两像或像与物完全重合.对于望远镜，消除视差的方法是改进物镜和叉丝(包括目镜)之间的距离，而对于显微镜，则应改进显微镜相对于被观察物体的距离.实际上这两种方法都是使物体通过物镜所成的像恰好与叉丝所在平面重合.

3）调焦

测量中往往成像平面进退一段距离时，像的清晰度看不出明显的变化，因而不易判断像的准确位置.这时可将成像平面（或透镜）进退几次，找出像开始出现模糊的两个极限位置取其中点，多调节几次即能得到较准确的结果.

4）光学系统各部件的共轴性

对于由多个透镜等元件组成的光路，应使各光学元件的主光轴重合，否则将严重影响成像的质量，增大测量误差，甚至观察不到应有的现象，而导致实验失败.使用同轴等高的调节方法可达到此要求.

4. 常用光源

发光的物体称为光源.按光的激发方式区分：利用热能激发的光源叫热光源；利用化学能、电能、光能激发的光源叫冷光源.实验室常用的光源有：

1）白炽灯

白炽灯是具有热辐射连续光谱的复色光源.例如钨丝灯、碘钨灯、卤钨灯等.白炽灯以钨丝为发光体，灯泡内充有惰性气体.

2）汞灯

汞灯是利用汞蒸气放电发光的气体放电光源，灯管内充有水银蒸气.因为汞灯在常温下需很高的电压才能点燃，因此灯管内还充有辅助气体.通电时辅助气体首先被电离而放电，使灯管温度升高，汞逐渐气化而产生水银蒸气的弧光放电.弧光放电的安培特性有负阻现象，要求电路接入一定的阻抗以限制电流，否则电流的急剧增长会将灯管烧坏.汞灯点燃后一般需 5～15min 发光才能稳定.

3）钠光灯

钠光灯也是一种气体放电光源，是目前所知发光效率较高的电光源.在可见光范围内它发出两条波长非常相近的强谱线（589.0nm 和 589.6nm），通常我们取其中心近似值 589.3nm 作为黄光的标准参考波长.它是实验室中常用的单色光源.

汞灯与钠光灯使用时灯管应处于铅垂位置，灯脚向下.使用完毕，需待冷却后才能颠倒摇动.汞灯除发出可见光外还有较强的紫外线，对眼睛有刺激作用，因而在实验中应避免用眼睛直视点燃的汞灯.

4）氦氖激光器

氦氖激光器是一种方向性很强、单色性好、空间相干性高的光源，波长为 632.8nm.

4.2 读数显微镜的调节与使用

光的干涉现象是光的波动性的重要特征.建立在光的干涉基础上的光学测量技术具有十分重要的实用价值，如测量微小长度变化、检查光学元件表面质量等.

本实验研究等厚干涉.利用牛顿环测定透镜的曲率半径,这种方法适用于测定大的曲率半径,球面可以是凸面也可以是凹面.利用劈尖膜干涉可以测定金属细丝的直径.

4.2.1　牛顿环法测量透镜曲率半径

[实验目的]

(1) 学会读数显微镜的调节和使用,掌握牛顿环法测透镜曲率半径的方法.

(2) 通过实验加深对等厚干涉原理的理解.

[实验原理]

牛顿环仪示意图如图 4.2.1 所示,在玻璃平板 BB' 上放置一个曲率半径 R 很大的平凸透镜 AOA',透镜凸面和平板 BB' 相切于 O 点,在透镜和平板之间就形成一层以 O 为中心,向四周逐渐增厚的空气薄膜.当有平行单色光垂直入射时,入射光线将在空气膜的上下表面(即透镜的下表面和平板的上表面)被反射,两束反射光是相干光,在空气膜的上表面发生干涉,形成干涉图样.

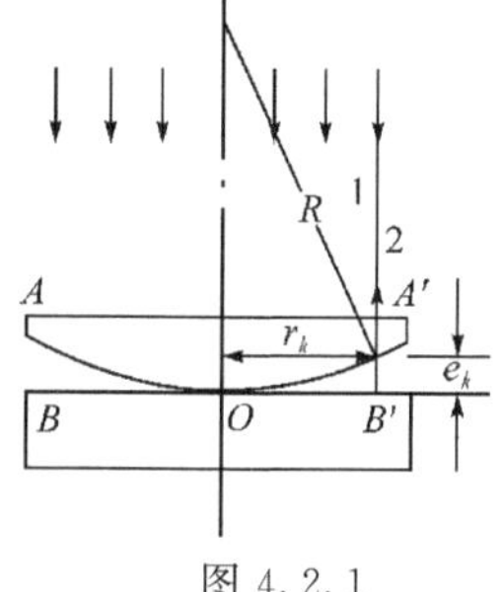

图 4.2.1

由示意图可知,反射光 1 和 2 的光程差为

$$\delta = 2e_k + \frac{\lambda}{2} \tag{4.2.1}$$

式中,e_k 是半径为 r_k 处空气膜厚度;λ 为入射光波长;$\lambda/2$ 是附加光程差(光由光疏介质射向光密介质的界面时,反射光产生 π 的相位突变所引起).

根据干涉条件

亮环　$\delta = 2e_k + \lambda/2 = k\lambda,\quad k = 1, 2, \cdots$　　(4.2.2)

暗环　$\delta = 2e_k + \lambda/2 = (2k+1)\lambda/2,\quad k = 0, 1, \cdots$　　(4.2.3)

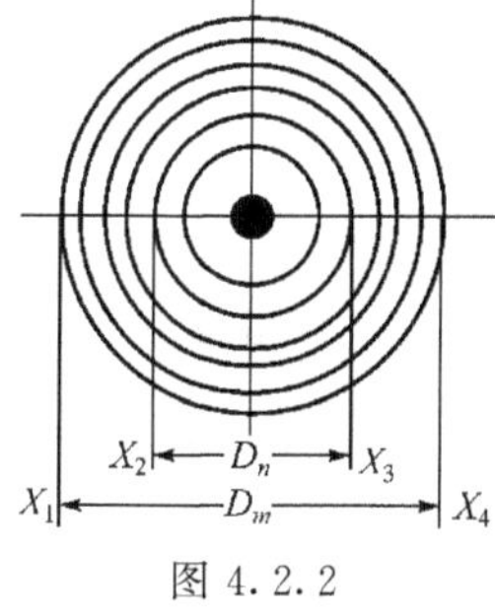

图 4.2.2

由式(4.2.1)可知,光程差 δ 仅与 e_k 有关,即厚度相等的地方干涉效果相同,所以干涉条纹是一组明暗相间的同心圆环,称之为牛顿环,如图 4.2.2 所示.

由图 4.2.1 可得

$$r_k^2 = R^2 - (R - e_k)^2 = 2Re_k - e_k^2$$

因为 $R \gg e_k$,可忽略 e_k^2 得

$$e_k = r_k^2 / 2R \tag{4.2.4}$$

将式(4.2.4)代入式(4.2.3)得

$$R = r_k^2 / k\lambda \tag{4.2.5}$$

由式(4.2.5)可知，只要测出第 k 级暗环的半径 r_k，且单色光源的波长 λ 为已知，就能算出球面的曲率半径 R.

由于平凸透镜和玻璃平板的接触点，会因机械压力、尘埃、缺陷等因素影响，致使牛顿环中心不再是理论分析中的一点，而是一暗斑，甚至是一亮斑，从而使得暗纹级数难以确定，另外环心也难以准确测定.因此用式(4.2.5)来测定计算曲率半径 R 是不可能的.实际测量中，式(4.2.5)改写成如下形式：

$$R = (D_m^2 - D_n^2)/4(m-n)\lambda \tag{4.2.6}$$

式中，D_m、D_n 分别为 m 级与 n 级暗环的直径，两暗环间的级数差 $(m-n)$ 是可以准确数出来的.这样就避免了确定级次和环心的困难，使曲率半径的求解成为可能.而且可以证明，D_m 与 D_n 即使不是直径，而是暗环弦长，也不影响式(4.2.6)的结果.

[实验仪器]

1. 牛顿环仪

牛顿环仪上的三个螺钉是用来调节平凸透镜和玻璃平板之间压力的，进而调节牛顿环干涉图样中心的位置.

在调中心时，注意螺钉千万别拧得太紧，避免产生较大形变影响测量结果.

2. 钠光灯

本实验使用的是低压钠光灯.它在可见光范围内发出的强谱线，俗称钠双线，波长分别为 589.0nm 和 589.6nm，通常取它们的平均值 589.3nm 作为钠黄光的标准参考波长.

钠光灯打开后，不得振动撞击，以免损坏灯丝.另外注意集中使用，减少开关次数，以延长使用寿命.

3. 读数显微镜

读数显微镜构造如图 4.2.3 所示.它由显微镜、螺旋测微装置和底座三部分组成.

读数显微镜上的螺旋测微系统由标尺、读数准线和测微鼓轮组成.测微鼓轮的圆周上刻有 100 个小格，鼓轮转一周，读数准线就沿标尺前进或后退 1mm.鼓轮转动 1 小格，实际移动 0.01mm，读数可估计到 0.001mm.

测量时，转动测微鼓轮，让目镜中叉丝依次对准待测物像上的两个位置，从标尺和鼓轮上读出相应的数值，两者之差即为待测物上这两位置对应的实际距离.

由于测微鼓轮中螺距间有间隙存在，刚开始反向转动时会有空转发生，所以在测量两点间的距离时，测微鼓轮只能沿一个方向转动，不能中途反转，以免产生空转误差.

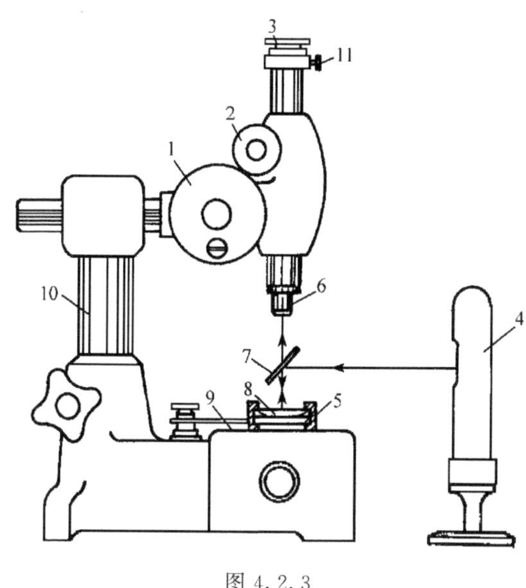

图 4.2.3

1. 测微鼓轮；2. 调焦手轮；3. 目镜；4. 钠光灯；5. 平面玻璃；6. 物镜；7. 45°玻璃片；8. 平凸透镜；9. 载物台；10. 支架；11. 锁紧螺钉

［实验内容］

(1) 打开钠光灯电源，预热 10 分钟.把牛顿环仪放在显微镜的载物台上，并使它在镜筒的正下方.

(2) 把显微镜置于钠光灯前，通过转动钠光灯灯罩和调节显微镜的半反射镜，使整个显微镜视场中充满钠黄光.

(3) 调节显微镜目镜，直到能看到清晰的十字叉丝，然后调节物镜调焦手轮，直到能看到清晰的干涉图样.

(4) 转动测微鼓轮，让叉丝经过干涉圆环中心后依次移向第 1 级暗纹左侧、第 2 级暗纹左侧，一直到 22 级暗纹左侧.这时，再让叉丝缓慢地向右移动，并数着条纹的级数，并分别记下叉丝与 20、19、18、17、16 级和 10、9、8、7、6 级暗条纹左侧边缘相切时相应的标尺和鼓轮读数，然后让叉丝继续向右移动，再分别记下叉丝与 6、

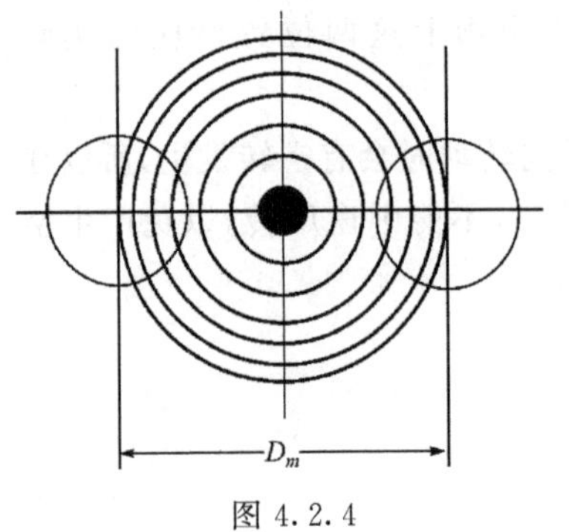

图 4.2.4

7、8、9、10 级和 16、17、18、19、20 级暗纹右侧边缘相切时相应的标尺和鼓轮读数，填入表 4.2.1 中.

(5) 实验完毕，切断电源.

［提示］ 测微鼓轮只能沿一个方向转动，以免产生空转误差.某级暗条纹的直径就等于叉丝分别与该级暗条纹左、右两侧相切时的读数之差，如图 4.2.4 所示.

［数据处理］

表 4.2.1 $\lambda=$______ nm， $m-n=10$

环数	读数/mm		直径/mm	环数	读数/mm		直径/mm	$D_m^2-D_n^2$	$\Delta(D_m^2-D_n^2)$
	左方	右方	D_m(左方－右方)		左方	右方	D_n(左方－右方)		
20				10					
19				9					
18				8					
17				7					
16				6					

(1) 根据表 4.2.1 中测量数据计算平均值

$$\overline{D_m^2-D_n^2}=\frac{1}{5}\sum(D_m^2-D_n^2)$$

$$\overline{\Delta(D_m^2-D_n^2)}=\frac{1}{5}\sum\Delta(D_m^2-D_n^2)$$

(2) 计算曲率半径的平均值和标准偏差

$$\bar{R}=\frac{\overline{D_m^2-D_n^2}}{4(m-n)\lambda} \tag{4.2.7}$$

$$\delta_{\bar{R}}=\frac{\overline{\Delta(D_m^2-D_n^2)}}{4(m-n)\lambda} \tag{4.2.8}$$

(3) 结果写成如下形式：

$$R=\bar{R}\pm\delta_{\bar{R}}$$

[思考题]

(1) 等厚干涉的特点是什么？若干涉图样发生畸变说明了什么？

(2) 若牛顿环中心是亮斑，对牛顿环直径的测量有影响吗？

(3) 为什么在测量曲率半径时，可以用干涉环的弦长代替直径进行计算，证明之.

4.2.2　劈尖干涉法测量微小直径或厚度

[实验目的]

(1) 学会利用劈尖干涉测量微小直径或厚度.

(2) 进一步熟悉读数显微镜的调节和使用.

[实验原理]

两块光学玻璃，一端叠放在一起，另一端夹一细丝(或薄片)，在两块玻璃片之间将形成劈形空气膜，又称空气劈尖，如图 4.2.5 所示.当有平行单色光垂直照射时，由空气劈尖上、下表面反射形成的两束反射光在劈尖上表面处相遇而发生干涉，形成与两玻璃片叠线平行且间隔相等、明暗相间的干涉条纹.显然，这也是一种等厚干涉条纹.两束反射光的光程差为

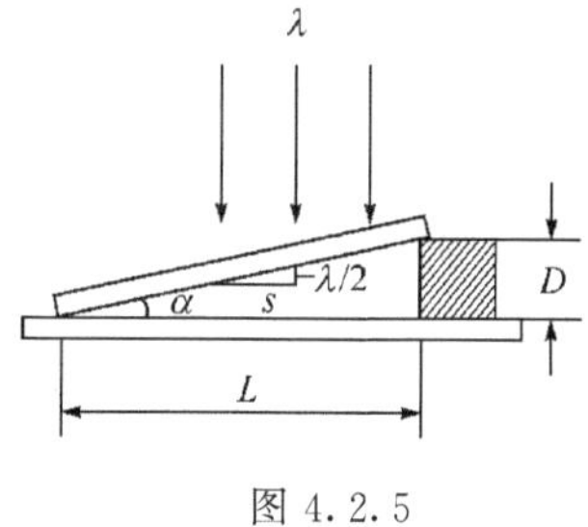

图 4.2.5

$$\delta=2e_k+\frac{\lambda}{2} \tag{4.2.9}$$

两束光干涉产生明暗纹的条件是

$$\delta=2e_k+\frac{\lambda}{2}=\begin{cases}k\lambda, & k=1,2,\cdots, \quad \text{明纹}\\(2k+1)\dfrac{\lambda}{2}, & k=0,1,2,\cdots, \quad \text{暗纹}\end{cases}$$

光程差由薄膜厚度决定.同级明(暗)纹对应的薄膜厚度相同.劈形空气膜上产生的等厚干涉条纹是与两玻片叠线平行且等间距排列的明暗纹，如图 4.2.6 所示.

k 级暗纹中心对应厚度

$$e_k=k\frac{\lambda}{2}, \quad k=0,1,2,\cdots \tag{4.2.10}$$

k 级明纹中心对应厚度

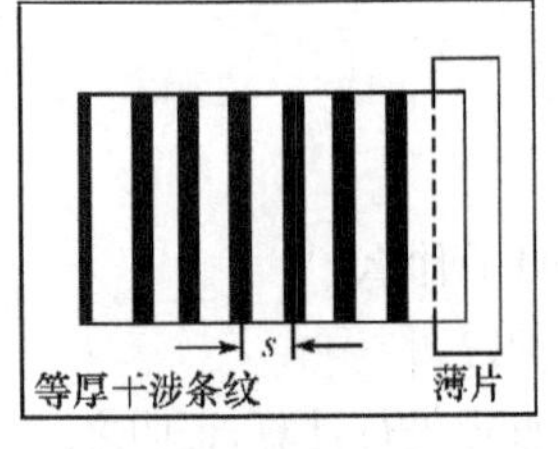

图 4.2.6

$$e_k = k\frac{\lambda}{2} - \frac{\lambda}{4}, \quad k = 1, 2, \cdots \tag{4.2.11}$$

只要数出劈形膜上暗纹(或明纹)总条数,利用公式(4.2.10)或公式(4.2.11),即可算出细丝直径或薄片厚度.

若劈形膜上条纹很多,也可采用下面方法进行微小长度的测量.

测出劈形膜的总长 L(叠线到细丝的距离),再数出单位长上的暗纹条数 n,可知总暗纹条数为

$$k = nL \tag{4.2.12}$$

将式(4.2.12)代入式(4.2.10),也可算得细丝直径或薄片厚度为

$$D = nL\frac{\lambda}{2} \tag{4.2.13}$$

[实验仪器]

读数显微镜、劈尖装置、钠光灯.

[实验内容]

(1) 打开钠光灯,预热一段时间后发出明亮的钠黄光,使光线经显微镜物镜下的 45°半反射镜反射垂直射到载物台上,此时从目镜中可以看到明亮的钠黄光.

(2) 将待测细丝夹在两平晶一端,置于显微镜载物台上.调节显微镜观察劈形薄膜干涉图像.

(3) 可数出干涉暗条纹级数 k,代入式(4.2.10),求得细丝直径,或者测出平晶叠线与细丝的距离 L 及条纹数密度 n,应用式(4.2.13)算得细丝直径.

(4) 重复测量 5 次.

[数据处理]

请自拟表格.

[思考题]

(1) 如果干涉条纹不是一组互相平行的直线,而是发生了弯曲、畸变,这是什

么原因造成的?

(2) 如果移动夹在平晶间的金属丝的位置,干涉条纹的疏密程度会变化吗?为什么?

4.3 单缝衍射

光的衍射现象是光的波动性的重要特征.研究衍射现象无论对理论发展还是实际应用,都具有重要的意义.以衍射理论为基础的傅里叶光学,在光学领域引发了一场深刻的革命,并产生了一系列新的学科分支,取得了许多新成果.本实验对单缝衍射进行研究,并测量单色光的波长.

[实验目的]

(1) 观察单缝衍射现象,了解其特点.

(2) 测定单色光的波长,验证单缝衍射公式.

[实验原理]

光线偏离直线传播的方向,并在其后产生明暗条纹的现象叫做光的衍射,其中入射光和衍射光都是平行光的衍射称为夫琅禾费衍射,其光路如图 4.3.1 所示.

当一束波长为 λ 的平行单色光通过缝宽为 a 的单缝时,根据惠更斯-菲涅耳原理,单缝上的每一点都可视为发射子波的波源,发出球面子波.沿入射光方向传播的衍射光经透镜会聚于 P_0 点,这些平行光经透镜后不产生附加的光程差,因此,在 P_0 点互相加强,形成了中央明条纹.而与入射光线成 φ 角的衍射光经透镜会聚于 P 点,由于各衍射光线到达 P 点的光程不同,这些光线在该点有一定的相位差,利用菲涅耳半波带法,可得出 P 点为明纹或暗纹的条件

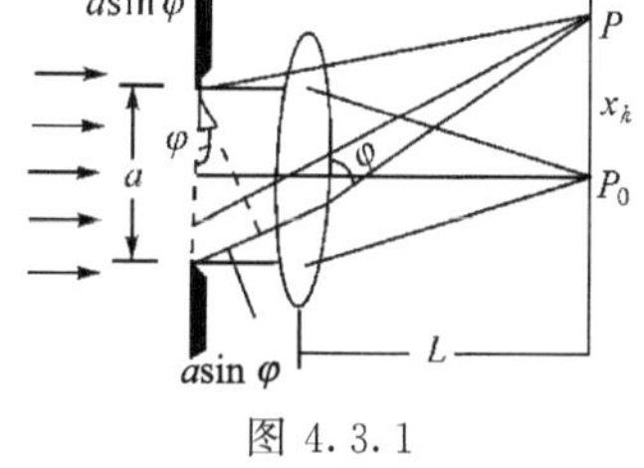

图 4.3.1

$$a\sin\varphi = \pm k\lambda, \qquad k = 1,2,\cdots, \quad 暗$$

$$a\sin\varphi = \pm(2k+1)\frac{\lambda}{2}, \quad k = 1,2,\cdots, \quad 明$$

式中 k 为衍射级数,分别称为 k 级暗条纹或 k 级明条纹,依次分列于中央明条纹两侧,k 越大,明纹亮度越小,明暗纹分界线越不清楚.

如果单缝竖放,并且规定左负右正,则对于中央明纹左边的第 m 级暗纹($k=m$)和右边的第 n 级暗纹($k=n$)有

$$a\sin\varphi_m = -m\lambda$$
$$a\sin\varphi_n = n\lambda$$

因为 φ 很小，故

$$\sin\varphi \approx \varphi = \frac{x_k}{L} = \frac{k\lambda}{a} \tag{4.3.1}$$

则

$$a\varphi_m = -m\lambda$$
$$a\varphi_n = n\lambda$$

两式相减得

$$a(\varphi_n - \varphi_m) = (n+m)\lambda$$

由图 4.3.1 知

$$\varphi_n - \varphi_m = \frac{\Delta x_{nm}}{L}$$

整理得

$$\lambda = \frac{a\Delta x_{nm}}{(m+n)L} \tag{4.3.2}$$

式中，a 为缝宽；Δx_{nm} 为左边第 m 级暗纹和右边第 n 级暗纹间的距离；L 为透镜与光屏之间的距离.

从式 $\varphi=\frac{k\lambda}{a}$ 和 $\lambda=\frac{a\Delta x_{nm}}{(m+n)L}$ 还可以看出：

(1) 对一定的单缝宽度 a，任意两条相邻暗纹之间的距离相等，均为 $\Delta x=\frac{\lambda L}{a}$.

(2) 对于一定的波长 λ，a 越小，一定级数 k 的衍射角 φ 越大，φ 和缝宽 a 成反比，即 $a\Delta x_{nm}=$ 常数.

[实验仪器]

(1) 钠光灯光源，如图 4.3.2 所示.灯罩是八面柱体，每面开有一条狭缝，每一条狭缝为一个光源，发光波长为 $\lambda=589.3\text{nm}$.

(2) 单缝衍射仪，包括望远镜和单缝帽套，其结构如图 4.3.3 所示.

(3) 读数显微镜(见等厚干涉的应用实验).

[实验内容]

(1) 将单缝衍射仪置于光源前 1.0～1.5m 的位置，这样光源即可视为平行光光源.打开电源，给钠光灯预热.

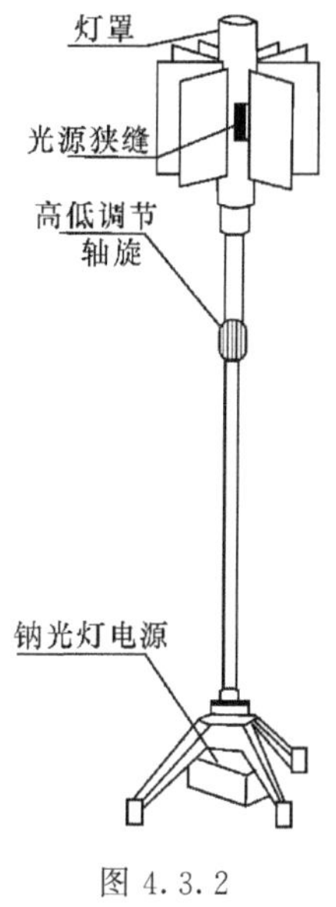

图 4.3.2

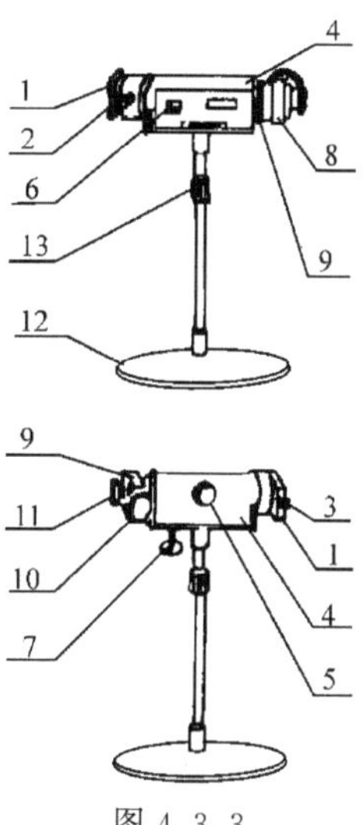

图 4.3.3

1. 单缝帽套；2. 帽套固定手轮；3. 单缝缝宽调节手轮；4. 测微望远镜筒；5. 望远镜调焦手轮；6. L 值读数窗口；7. 望远镜仰角微调螺栓；8. 测微目镜头；9. 测微目镜固定手轮；10. 测微目镜读数鼓轮；11. 测微目镜调焦镜；12. 底座；13. 高低固定手轮

(2) 调节钠光灯的灯罩位置，使狭缝刚好落在钠光灯的最亮部位.然后调节光源的高度，使光源上的狭缝和单缝衍射仪等高.

(3) 取下单缝帽套，移动单缝衍射仪底座，使测微望远镜正对光源狭缝，并能在望远镜中看到狭缝的像，调节望远镜仰角微调螺栓使像落在测微目镜的中央.如有反射像，则应使反射像与像重合，这可以通过移动单缝衍射仪底座和调节仰角微调螺栓来实现.然后调节目镜，使十字叉丝清晰，再调节单缝衍射仪的调焦手轮使狭缝像清晰，从读数窗口读数，则

$$L=125+\text{读数}+\text{修正值}(\text{修正值}\approx 2.5\text{mm})$$

(4) 将单缝帽套套在望远镜的物镜上，使单缝成垂直状态，旋紧帽套固定手轮，调节缝宽调节手轮使单缝有合适的宽度(约 0.5～1.0mm)，这时在测微目镜中即能看到清晰的衍射图样.

(5) 调节测微目镜读数鼓轮，使十字叉丝和左边第 m 级暗纹重合，从测微目镜鼓轮读数 x_m，然后再调节鼓轮，使十字叉丝与右边第 n 级暗纹重合，读数 x_n(注意鼓轮要始终沿一个方向旋转，不得倒转，以避免空转引起读数误差)，则左边第 m 级暗纹和右边第 n 级暗纹间的距离 $\Delta x_{nm}=|x_m-x_n|$，测得的数据记入表 4.3.1 中.

(6) 轻轻取下单缝帽套,注意切勿使缝宽 a 改变,用读数显微镜测出缝宽.

(7) 改变缝宽 a,重复上述步骤 4、5、6,测得的数据记入表 4.3.2 中.

[数据处理]

表 4.3.1　　$L=$　cm,　$a=$　cm

$m+n$	x_m/mm	x_n/mm	Δx_{nm}/mm	$\lambda=\frac{a\Delta x_{nm}}{(m+n)L}$
1+1				
2+2				
3+3				
4+4				

(1) 求出 $\bar{\lambda}$,并与标准值 $\lambda=589.3\text{nm}$ 比较,求出相对误差.

表 4.3.2

	第一组 a_1				第二组 a_2				第三组 a_3			
$m+n$	x_{m1}	x_{n1}	Δx_{nm1}	$a_1\Delta x_{nm1}$	x_{m2}	x_{n2}	Δx_{nm2}	$a_2\Delta x_{nm2}$	x_{m3}	x_{n3}	Δx_{nm3}	$a_3\Delta x_{nm3}$
1+1												
2+2												
3+3												
4+4												

(2) 验证 λ 一定时,一定级数 k 的衍射角与缝宽 a 成反比,即 $a\Delta x_{nm}=$常数.

[思考题]

(1) 用单缝衍射仪测量衍射条纹之间的距离时,你有没有发现螺纹空转误差的存在?为什么?

(2) 如果衍射条纹能看到的级数较低时,应检查哪些地方?

4.4 两次成像法测量凸透镜焦距

透镜是光学仪器中最基本的元件,反映透镜特性的一个主要参量是焦距,它决定了透镜成像的位置和性质(大小、虚实、倒立).薄透镜焦距测量一般有粗略估测法、物距像距法(物像公式法)、自准直法、两次成像法(又称为位移法、贝塞尔物像交换法)等.

[实验要求]

给出设计方案，依据设计的原理、方法和步骤，布置、调整仪器，测量相关数据，计算被测凸透镜的焦距，给出测量的误差分析，并设计回答相关的思考题.

[实验目的]

(1) 掌握简单光路的分析和光学元件同轴等高的调节方法，掌握两次成像法测量凸透镜焦距的方法.

(2) 测量给定凸透镜的焦距.

[实验原理]

凸透镜成像的基本规律

$$\frac{1}{u}+\frac{1}{v}=\frac{1}{f} \tag{4.4.1}$$

如图 4.4.1 所示凸透镜成像光路中，当物屏 H 与像屏 P 之间距 D 大于 4 倍的凸透镜焦距时，沿光轴方向移动透镜 L，必能在 P 上观察到两次成像.

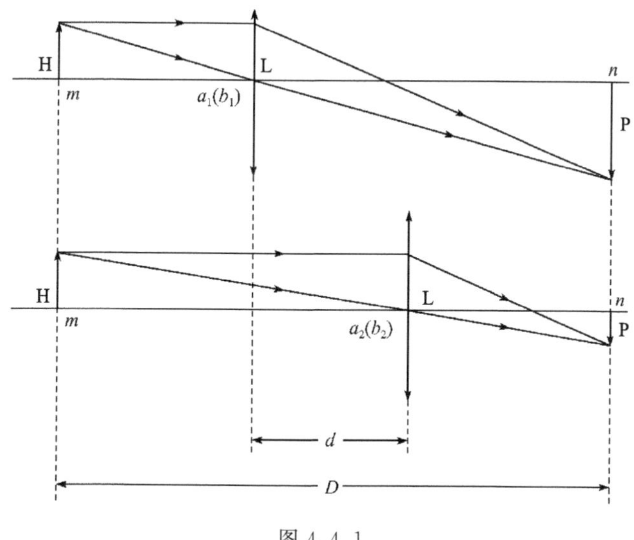

图 4.4.1

$$\frac{1}{u_1}+\frac{1}{v_1}=\frac{1}{f} \tag{4.4.2}$$

$$\frac{1}{u_2}+\frac{1}{v_2}=\frac{1}{f} \tag{4.4.3}$$

则

$$\frac{1}{u_1}+\frac{1}{v_1}=\frac{1}{u_2}+\frac{1}{v_2}$$

可得

$$\frac{u_1+v_1}{u_1v_1}=\frac{u_2+v_2}{u_2v_2} \tag{4.4.4}$$

及

$$\frac{u_2-u_1}{u_1u_2}=\frac{v_1-v_2}{v_1v_2} \tag{4.4.5}$$

而 $u_1+v_1=u_2+v_2=D$，$u_2-u_1=v_1-v_2=d$，由式(4.4.4)、(4.4.5)得

$$u_1v_1=u_2v_2 \tag{4.4.6}$$

$$u_1u_2=v_1v_2 \tag{4.4.7}$$

式(4.4.6)/式(4.4.7)，得

$$u_2^2=v_1^2,\quad u_2=v_1$$

可得

$$u_1=v_2$$

由式(4.4.2)有

$$f=\frac{u_1v_1}{u_1+v_1}=\frac{u_1u_2}{u_1+v_1}=\frac{[(u_2+u_1)^2-(u_2-u_1)^2]/4}{u_1+v_1}=\frac{D^2-d^2}{4D} \tag{4.4.8}$$

只需确定了 H、P 的位置 m、n 和两次成像时 L 所在位置 a_1、a_2(或 b_1、b_2)，即可较精确地计算出凸透镜焦距 f 为

$$f_a=\frac{D^2-d_a^2}{4D},\quad f_b=\frac{D^2-d_b^2}{4D},\quad f=\frac{f_a+f_b}{2}$$

[实验仪器]

如图 4.4.2 所示，光学实验平台，溴钨灯光源，物屏，像屏，190mm 焦距的凸透镜，通用光学底座，二维三维底座，支架等.

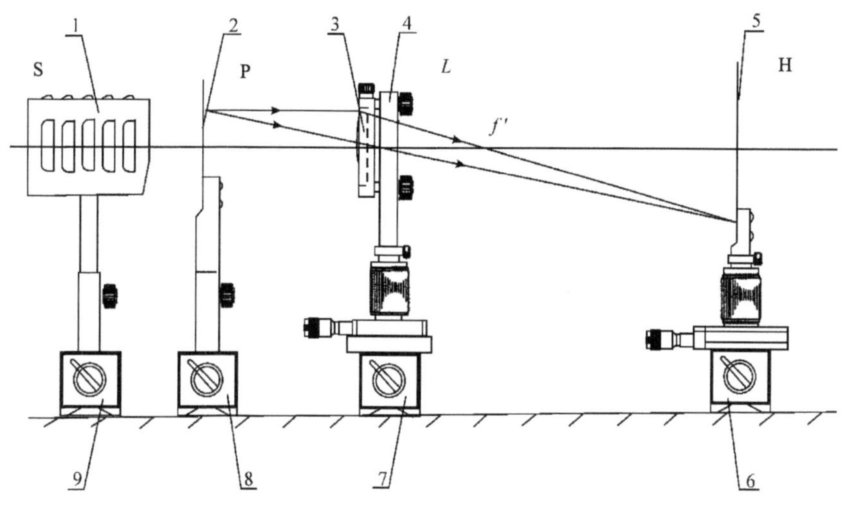

图 4.4.2

1. 溴钨灯 S;2. 物屏 P(SZ-14);3. 凸透镜 L($f'=190$mm);4. 二维架(SZ-07);
5. 白屏 H(SZ-13);6. 二维架(SZ-16);7. 二维平移底座(SZ-02);8、9. 通用底座(SZ-01)

[实验内容]

(1) 按照图 4.4.2 的实物示意图,在光学实验平台上沿直尺布置各器件.注意物屏 P 要靠近光源,物屏 P 与像屏 H 间距 D 要大于 4 倍凸透镜焦距.

(2) 调整光学系统共轴:

① 粗调(目测式调整,使各光学元器件等高、铅直、垂直).

② 细调(根据两次成像规律调整,使两次成像在屏上同一位置,光学系统严格共轴).

(3) 相关数据测量

① 紧靠直尺移动透镜 L,使物体在屏上成清晰的放大实像(第一次成像),将 L、P、H 的位置 a_1、m、n'及物像间距 D 数据记入表 4.4.1 中(注意读数方法).

② 再移动透镜 L,使物体在屏上成清晰的缩小实像(第二次成像),记下 L 的位置 a_2.记入表 4.4.1 中.

③ 将透镜 L 整体转动 180°,重复①、②步骤,又得到 L 的两个位置 b_1、b_2.记入表 4.4.1 中.

④ 改变像屏 H 的位置 n,重复①～③步 5 次.

[数据记录与处理]

表 4.4.1　　$f_0=190\text{mm}$

$D_i=\|m-n_i\|$	a_1	a_2	b_1	b_2	d_a	d_b	f_a	f_b	f_i
$D_1=\|m-n_1\|=$									
$D_2=\|m-n_2\|=$									
$D_3=\|m-n_3\|=$									
$D_4=\|m-n_4\|=$									
$D_5=\|m-n_5\|=$									
$D_6=\|m-n_6\|=$									
$\bar{f}$	$\bar{f}=\sum_i^N f_i/N=$								
s	$s=\sqrt{\sum_i^N (f_i-\bar{f})^2/(N-1)}=$								
f	$F=\bar{f}\pm s=$								
E	$E=\left\|\frac{\bar{f}-f_0}{f_0}\times 100\%\right\|=$								

实验结论及误差分析.

[思考题]

(1) 如何进行光学系统的共轴调整?

(2) 该方法测量凸透镜焦距对物像间距有何要求?

(3) 该方法测量凸透镜焦距,相对于其他测量方法有什么优点?

4.5　分光计的调节与使用

分光计是一种精确测量光线偏转角度的光学仪器,可以用来观察光谱,测量光谱波长、偏转角、棱镜角等与角度有关的光学量.许多光学仪器的基本结构都是以分光计为基础的.现代的 X 射线、γ 射线分光计已用于分析各种物质的成分和放射性剂量的测定.由于分光计比较精密,操作控制部件较多且复杂,使用时必须按一定的规则严格调整,方能获得较高精度的测量结果.

分光计的调整思想、方法与技巧,在光学仪器中有一定的代表性,学习它的调节和使用方法,有助于掌握更为复杂的光学仪器的使用.

[分光计的构造与工作原理]

分光计主要由底座、望远镜、载物平台、平行光管和读数装置等五个部分组成，物理实验常用的 JJY 型分光计实物和结构如图 4.5.1 和图 4.5.2 所示.

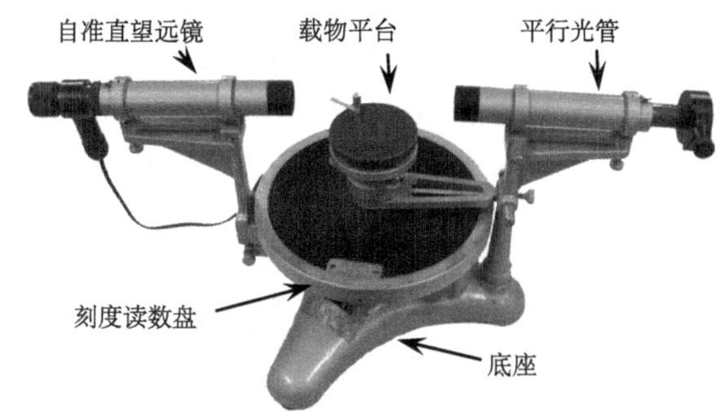

图 4.5.1

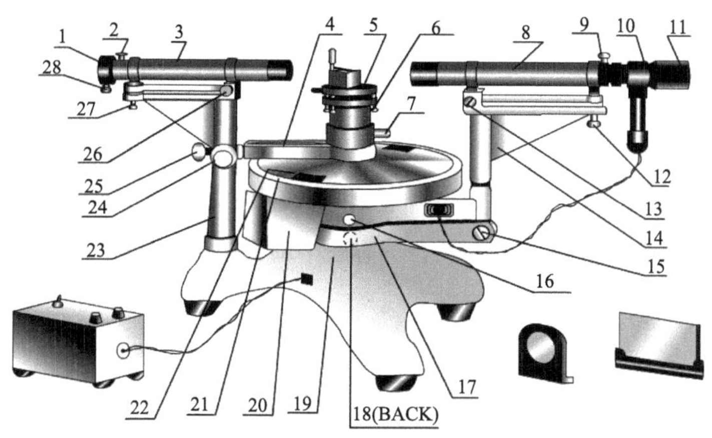

图 4.5.2

1. 狭缝装置；2. 狭缝装置锁紧螺丝；3. 平行光管；4. 止动架(二)；5. 载物台；6. 载物台调节螺丝(共 3 只)；7. 载物台和游标盘间锁紧螺丝；8. 望远镜；9. 目镜筒锁紧螺丝；10. 阿贝式自准目镜；11. 目镜调焦手轮；12. 望远镜光轴倾斜调节螺丝；13. 望远镜光轴左右偏斜度调节螺丝；14. 望远镜微动螺丝；15. 望远镜和度盘间锁紧螺丝；16. 望远镜止动螺丝(另侧)；17. 止动架(一)；18. 转座和刻度盘止动螺钉；19. 底座；20. 转座；21. 刻度盘；22. 游标盘；23. 平行光管立柱；24. 游标盘微动螺丝；25. 游标盘止动螺丝；26. 平行光管光轴左右偏斜度调节螺丝；27. 平行光管光轴倾斜调节螺丝；28. 狭缝宽度调节螺丝

1. 底座

底座上安置着中心轴(又称主轴),轴上装有可绕中心轴转动的望远镜、刻度圆盘、角游标盘、载物台和与底座座脚相连接的平行光管.

2. 望远镜

望远镜采用的是阿贝式自准直望远镜,结构如图 4.5.3 所示.其由目镜、管筒、分划板、小棱镜、小灯泡和物镜组成.望远镜可以绕分光计的中心轴转动,并可以用制动螺钉固定在游标盘的某一位置上,其角度位置可由游标盘的读数装置读得.

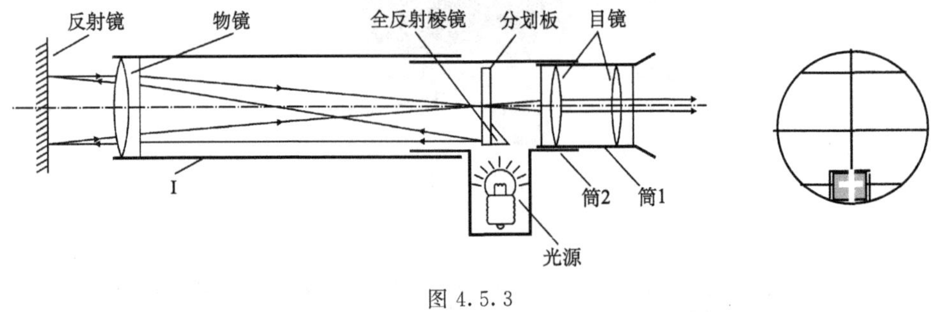

图 4.5.3

3. 载物平台

载物平台是用来放置光学元件的平台,可绕分光计的中心轴转动.松开该平台固定螺钉,可使平台沿中心轴升降.台下有三个调节螺钉,用以调节平台的水平度.

4. 平行光管

如图 4.5.4 所示,平行光管是用来出射平行光束的,它在分光计上的位置是固定的.其狭缝调节可以使狭缝宽度发生变化;松开固定螺钉可使狭缝前后移动,以使狭缝位于平行光管物镜的焦平面上.当狭缝被照亮时,光线便以平行光的形式射出平行光管.

5. 刻度读数盘

读数装置由刻度盘和游标盘两部分组成,读数方法与游标卡尺相似.对于 JJY 型分光计,刻度盘上每一格的值为 30′,游标盘上刻有 30 根小刻线,其最小分辨率为 1′,它即为 JJY 型分光计的误差限.其示意图如图 4.5.5 所示,该图角度示值为 116°12′.

为了消除刻度盘和分光计中心转轴之间的偏心差,在刻度圆盘同一直径的两

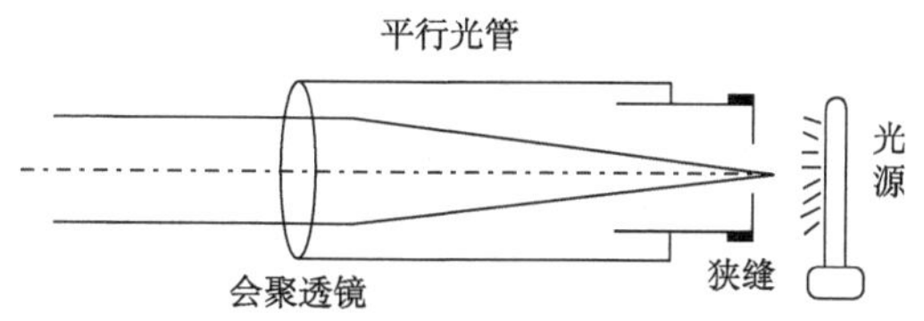

图 4.5.4　平行光管内部构造示意图

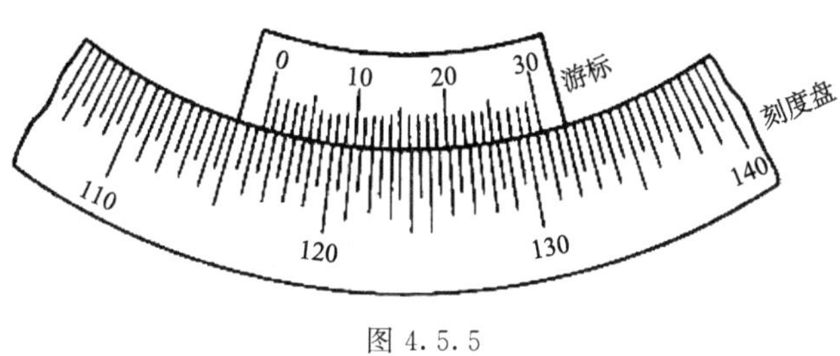

图 4.5.5

端各装一个角游标.测量角度时,对一个角度的两个位置,两个游标都应读数,算出每个游标在两个位置上的读数差,再取它们的平均值作为望远镜或载物台转过的角度.

[分光计调节方法及要求]

1. 分光计的调节的基本要求

分光计调节的基本要求是:①调望远镜聚焦于无穷远处;②调望远镜的光轴与分光计的中心转轴相垂直;③调平行光管能产生平行光,平行光管的光轴应与分光计的中心转轴相垂直.

2. 分光计的调节方法

1) 目测粗调

目测调整望远镜光轴(调倾斜调节螺钉 12)、平行光管光轴(调倾仰调节螺钉 25)、载物台平面(台下三螺钉等高),使三者大致垂直于分光计中心转轴.目测粗调是重要的一步,是进一步细调的基础,它可以缩短调整的时间.

2) 望远镜的调焦

(1)目镜调焦.

开启望远镜照明灯,此时望远镜的目镜视场中叉丝可能不清晰,旋转目镜调节手轮,调整目镜与分划板的相对位置,使叉丝与小十字变清晰为止.

(2) 物镜调焦.

① 在载物台上放置一双面平面反射镜,平面镜平面与载物台下螺钉 a、b 连线垂直或平行,两种放置方法如图 4.5.6 所示.

② 使望远镜光轴大致垂直于平面镜,调望远镜俯仰角,左右转动载物台或望远镜,从望远镜中能看到十字反射像.松开目镜套管固定螺钉,移动套管到物镜距离(即分划板与物镜相对位置),使小十字及其反射像皆十分清晰为止,如图 4.5.7 所示.

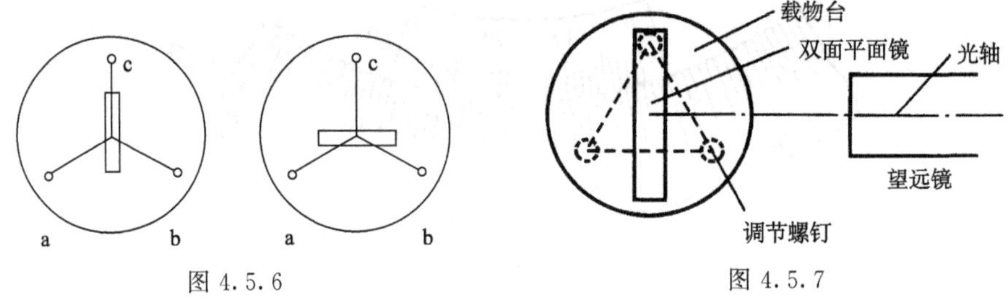

图 4.5.6　　图 4.5.7

③ 眼睛左右移动时,微调目镜系统,使小十字的反射像与叉丝无相对位移,从而消除视差.

3) 调节望远镜光轴和载物台平面与分光计中心轴相垂直

(1) 转动载物台,使平面镜前后两面反射的十字反射像皆在望远镜视场内.仔细调望远镜俯仰角,使之正对平面镜两面都能看到十字反射像.设其中一反射像与上十字叉丝的距离为 h(图 4.5.8(a)),我们用"各半"调节法消除 h.

(2) 调节载物台下 a 或 b 两螺钉之一,使此 h 缩短为 $h/2$(图 4.5.8(b)),再调望远镜的俯仰角,使十字反射像与分划板上的十字叉丝重合(图 4.5.8(c)).

(3) 转动载物台,用"各半"调节法调节使另一反射面的十字反射像与分划板上的十字叉丝重合(图 4.5.8(c)).

(4) 将平面镜转动 90°后放在载物台上(图 4.5.7),调节载物台下螺钉 c,使十字反射像与分划板上的十字叉丝重合.

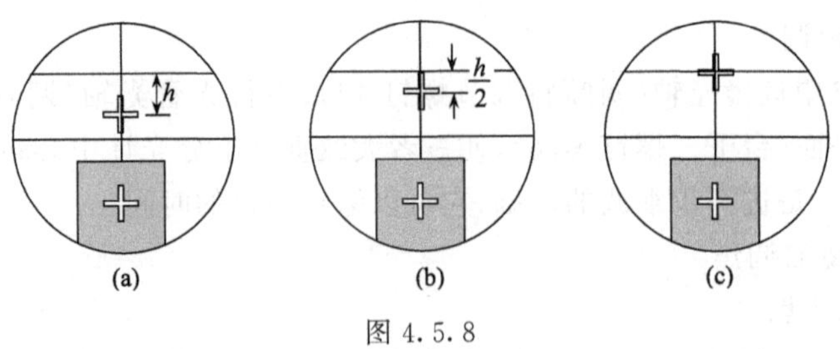

图 4.5.8

4）调整平行光管，使之能发出平行光，并使其光轴与分光计中心轴相垂直

（1）调平行光管产生平行光.

点亮汞灯或钠灯，均匀照亮狭缝，以前面调好的望远镜为准来调节平行光管.改变狭缝与平行光管透镜间的距离，使狭缝在望远镜视场中清晰成像，且像与分划板的叉丝无视差，平行光管发射的光即为平行光了.

（2）调平行光管光轴与分光计中心轴垂直.

调整狭缝宽度，通过望远镜观察使狭缝宽约 0.3mm.转动狭缝，使狭缝亮线呈水平状，再调节平行光管下面的倾角螺丝，改变平行光管的俯仰角，使狭缝亮线位于望远镜分划板的中央，与叉丝线的水平线重合.这时平行光管的光轴与望远镜的光轴就一致了，因而也垂直于分光计中心轴了.此调节过程可用图见图 4.5.9(a)和(b).

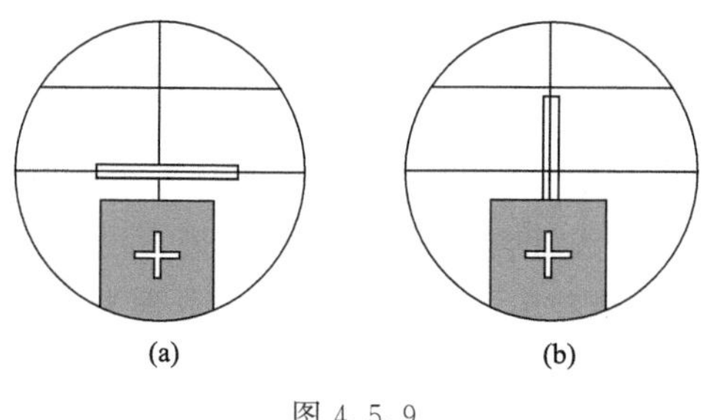

图 4.5.9

分光计完全调好后，望远镜、平行光管、载物台的状态不能再改变(否则整个调节要重新进行).接下去可以进行各种实验测量了.

4.5.1　分光计测量三棱镜的顶角

[实验目的]

（1）了解分光计的结构及其基本原理.

（2）学习分光计的调节方法.

（3）用自准直法或反射法测三棱镜的顶角.

[实验原理]

玻璃三棱镜是光学基本元件如图 4.5.10 所示.AB 和 AC 是两个透光的光学表面，称为“折射面”，其夹角 a 称为三棱镜的顶角；BC 面一般为毛玻璃面，称为

“三棱镜的底面”.

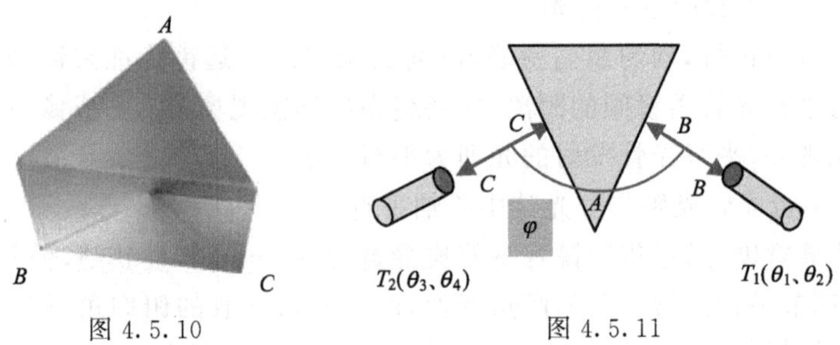

图 4.5.10　　　　图 4.5.11

1. 自准直法测量三棱镜的顶角

如图 4.5.11 所示为自准直法测量三棱镜顶角的示意图.将三棱镜放到分光计载物台上,三棱镜放置方法如图 4.5.12(a)所示.望远镜照明小灯发出的光线垂直入射于三棱镜 AB 面而沿原路反射回来,记下此时光线入射方位 $T_1(\theta_1、\theta_2)$两角度值.然后转动望远镜使光线垂直入射于 AC 面,记下沿原路反射回来的方位 $T_2(\theta_3、\theta_4)$两角度值,则望远镜转角 φ、三棱镜顶角 α 分别为

$$\varphi=|T_2-T_1|=\frac{1}{2}(|\theta_3-\theta_1|+|\theta_4-\theta_2|)$$

$$\alpha=180°-\frac{1}{2}(|\theta_3-\theta_1|+|\theta_4-\theta_2|) \tag{4.5.1}$$

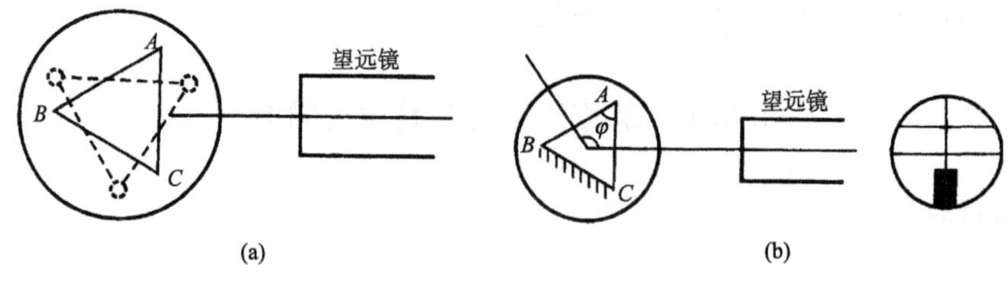

图 4.5.12

2. 反射法测三棱镜的顶角

将三棱镜放置在载物台上并离平行光管远些,转动载物台,使三棱镜顶角对准平行光管,让平行光管射出的光束照在三棱镜的两个折射面上(图 4.5.12(b)).将望远镜转至Ⅰ处观测反射光,调节望远镜微调螺丝使望远镜竖直叉丝对准狭缝像的中心线.再分别从两个游标(设左游标为 A,右游标为 B)读出反射光的方位角

θ_1、θ_2；然后将望远镜转至Ⅱ处观测反射光，用相同方法读出反射光的方位角 θ_3、θ_4. 由图 4.5.13(a)的光路图可以证明得到

$$\varphi = \angle A + \angle 1 + \angle 2$$

$$\angle A = \angle 1 + \angle 2$$

$$\angle A = \alpha = \frac{1}{2}\varphi$$

$$\alpha = \frac{\varphi}{2} = \frac{1}{4}(|\theta_3 - \theta_1| + |\theta_4 - \theta_2|) \tag{4.5.2}$$

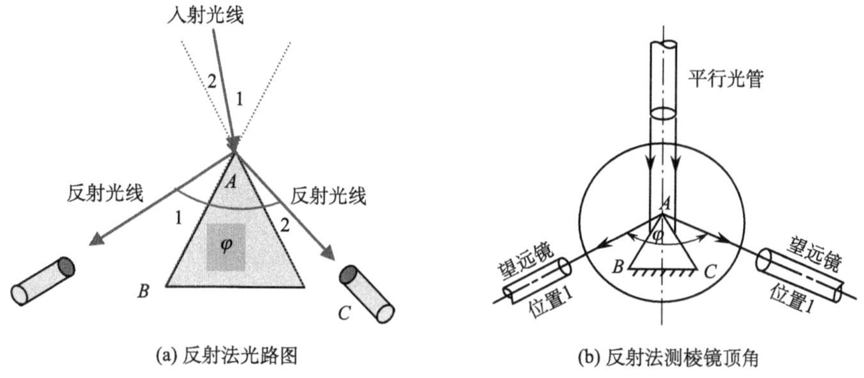

图 4.5.13

［实验仪器］

JJY 型分光计、汞灯或钠灯、平面反射镜、三棱镜.

［实验内容］

1. 分光计的调节

(1) 目测粗调(调节内容见前述).

(2) 调望远镜的焦距(调节方法见前述).

(3) 调节望远镜光轴和载物台平面与分光计中心轴相垂直(调节方法见前述).

(4) 调整平行光管，使之能发出平行光，并使其光轴与分光计中心轴相垂直(调节方法见前述).

2. 用自准直法测三棱镜的顶角

(1) 点亮望远镜照明灯并正对三棱镜 AC 反射面，使反射的小十字像与望远镜分划板上的十字叉丝重合，若偏高或偏低，可调载物台下螺钉 b.再使望远镜正对三棱镜 AB 反射面，若反射的小十字像偏高或偏低，只调载物台下螺钉 c，使小十字像与分划板上的十字叉丝重合.

(2) 记下望远镜两位置的四个角度值(θ_1、θ_2)和(θ_3、θ_4)，重复测量五次，自拟表格记录数据，计算顶角的平均值和不确定度.

3. 用反射法测三棱镜的顶角

(1) 开启汞灯或钠灯照亮平行光管狭缝，三棱镜顶角对准平行光管，使望远镜从三棱镜 AB 面找到狭缝像并对准分划板垂线，记下望远镜两角度值(θ_1、θ_2)，再将望远镜转到 AC 面，使狭缝像对准分划板垂线，记下此时望远镜两角度值(θ_3、θ_4)，重复测量五次，列表记录数据.

(2) 根据计算式计算顶角平均值和不确定度.

顶角不确定度计算公式如下：

$$u_{\mathrm{A}}=\sqrt{\frac{\sum_{i=1}^{5}(a_i-\bar{a})}{n(n-1)}},\quad u_{\mathrm{B}}=\frac{1}{\sqrt{3}}\Delta_{仪},\quad u_a=\sqrt{u_{\mathrm{A}}^2+u_{\mathrm{B}}^2}$$

[思考题]

(1) 使分光仪分划板的叉丝竖线清晰应该如何调节？要看清反射的“+”字又如何调节？

(2) 如何调节分光仪使望远镜的主轴与载物台的中心轴垂直？

(3) 如何调节平行光管与望远镜共轴？

(4) 如何测量顶角？

(5) 如何确定最小偏向角的出射方位？

4.5.2　三棱镜折射率的测定

[实验目的]

(1) 了解分光计的结构及其基本原理.

(2) 学习分光计的调节方法.

(3) 测定三棱镜顶角,观察三棱镜对汞灯的色散现象.

(4) 测定玻璃三棱镜对汞绿光或钠光的折射率.

[实验原理]

一束单色光以 i_1 角入射到 AB 面上,经棱镜两次折射后,从 AC 面射出来,出射角为 i'_2.入射光和出射光之间的夹角 δ 称为偏向角.当棱镜顶角 A 一定时,偏向角 δ 的大小随入射角 i_1 的变化而变化.而当 $i_1=i'_2$ 时,δ 为最小(证明略).这时的偏向角称为最小偏向角,记为 $\delta_{\min}$.

由图 4.5.14 中的几何关系得到

$$i'_1=\frac{A}{2}$$

$$\frac{\delta_{\min}}{2}=i_1-i'_1=i_1-\frac{A}{2} \quad (4.5.3)$$

$$i_1=\frac{1}{2}(\delta_{\min}+A)$$

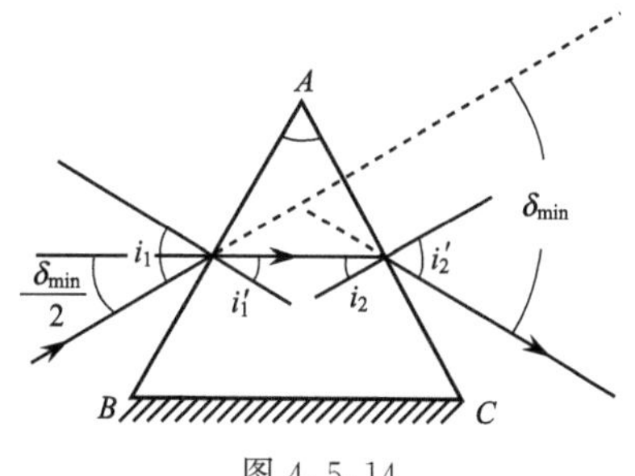

图 4.5.14

设棱镜材料折射率为 n,根据折射定律,则

$$\sin i_1=n\sin i'_1=n\sin\frac{A}{2}$$

故

$$n=\frac{\sin i_1}{\sin\frac{A}{2}}=\frac{\sin\frac{\delta_{\min}+A}{2}}{\sin\frac{A}{2}} \quad (4.5.4)$$

由此可知,要求得棱镜材料的折射率 n,必须测出其顶角 A 和最小偏向角 $\delta_{\min}$.折射率是光波波长的函数.非单色光源(如汞灯)发出的光,经过三棱镜折射以后,其中各单色光成分会有不同的偏向角,出射光形成色散光谱线.可以分别测量偏向角.一般折射率常用钠黄光而言,记做 n_D.

[实验仪器]

JJY 型分光计、汞灯或钠灯、平面反射镜、三棱镜.

[实验内容]

1. 分光计的调节(调节要求和方法见前述)

2. 用自准直法或反射法测三棱镜的顶角 A,测量四次(原理和方法见前述)

3. 测量低压汞灯出射光谱线中绿光的最小偏向角

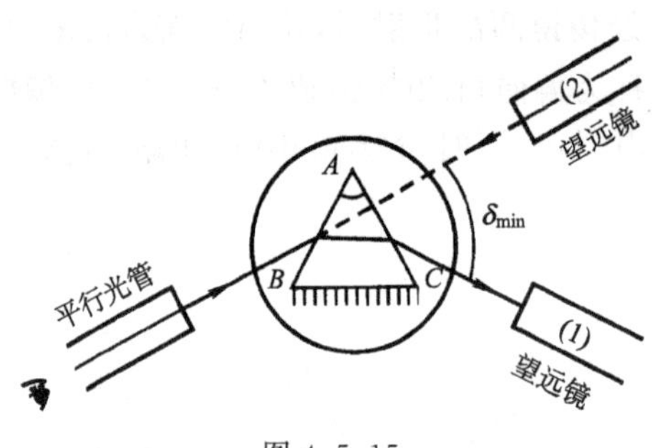

图 4.5.15

(1) 将平行光管狭缝对准汞光源,并使三棱镜、望远镜和平行光管处于如图 4.5.15 所示的相对位置,即可在望远镜中彩色光谱线(即狭缝的单色像).调节缝宽,使光谱线细而清晰地成像在望远镜分划板平面上.

(2) 轻轻转动载物台(改变入射角),在望远镜中将看到谱线跟着动.使谱线往 δ 减小的方向移动(向顶角 A 的方向移动).望远镜要跟踪光谱线转动,直到棱镜继续转动,而谱线开始要反向移动(即偏向角反而变大)为止.这个反向移动的转折位置,就是光线以最小偏向角射出的方向.固定载物台,再使望远镜微动,使其分划板上的中心竖线对准其中的那条绿谱线(546.1mm).记下此时两游标处的读数(θ_1、θ_2),取下三棱镜(载物台保持不动),转动望远镜对准平行光管,以确定入射光的方向,再记下两游标处的读数(θ_3、θ_4).

(3) 按 $\delta_{min}=\frac{1}{2}(|\theta_3-\theta_1|+|\theta_4-\theta_2|)$ 计算最小偏向角,重复测量四次,计算出 δ_{min} 的平均值.

[数据处理]

(1) 列表记录所有测量的数据,表格请自拟.

(2) 将测出的顶角 A 和最小偏向角 δ_{min} 的平均值代入式(4.5.2),求出绿光的折射率 $n_{绿}$.

不确定度计算公式如下:

$$\bar{A}=\frac{\sum A_i}{5},\qquad S_A=\sqrt{\frac{\sum(A_i-\bar{A})^2}{5-1}},\qquad \Delta_A=\sqrt{S_A^2+\Delta_{仪}^2}$$

$$\bar{\delta}=\frac{\sum \delta_i}{5},\qquad S_\delta=\sqrt{\frac{\sum(\delta_i-\bar{\delta})^2}{5-1}},\qquad \Delta_\delta=\sqrt{S_\delta^2+\Delta_{仪}^2}$$

$$(\Delta_n)_A=\left|\frac{\partial n}{\partial A}\cdot\Delta_A\right|=\frac{\frac{1}{2}\cos\frac{\bar{\delta}_{\min}+\bar{A}}{2}\cdot\sin\frac{\bar{A}}{2}-\frac{1}{2}\sin\frac{\bar{\delta}_{\min}+\bar{A}}{2}\cdot\cos\frac{\bar{A}}{2}}{\sin^2\frac{\bar{A}}{2}}\cdot\Delta_A$$

$$(\Delta_n)_\delta=\left|\frac{\partial n}{\partial \delta}\cdot\Delta_\delta\right|=\frac{\frac{1}{2}\cos\frac{\bar{\delta}_{\min}+\bar{A}}{2}}{\sin\frac{\bar{A}}{2}}\cdot\Delta_\delta$$

$$\Delta_n=\sqrt{(\Delta_n)_A^2+(\Delta_n)_\delta^2}$$

$$E_n=\frac{\Delta_n}{\bar{n}}\times 100\%$$

$$n=\bar{n}\pm\Delta_n$$

4.5.3 光栅衍射

衍射光栅简称光栅，是利用多缝衍射原理使光发生色散的一种光学元件.它实际上是一组数目极多、平行等距、紧密排列的等宽狭缝.通常分为透射光栅和平面反射光栅.透射光栅是用金刚石刻刀在平面玻璃上刻许多平行线制成的，被刻划的线是光栅中不透光的间隙.而平面反射光栅则是在磨光的硬质合金上刻许多平行线.实验室中通常使用的光栅是由上述原刻光栅复制而成的，一般每毫米约 250～600 条线.20 世纪 60 年代以来，随着激光技术的发展又制造出了全息光栅.由于光栅衍射条纹狭窄细锐，分辨本领比棱镜高，所以常用光栅作摄谱仪、单色仪等光学仪器的分光元件，用来测定谱线波长、研究光谱的结构和强度等.另外，光栅还应用于光学计量、光通信及信息处理.

本实验主要介绍用衍射光栅测定光栅常数和光谱线波长的原理与方法.分光计的调整与使用方法在实验《分光计的调节和三棱镜顶角的测定》中已做过详细介绍，这里不再重复(本实验使用的光栅是全息光栅).

[实验目的]

(1) 进一步熟悉分光计的调节与使用.

(2) 学习利用透射衍射光栅测定光波波长及光栅常数的原理和方法.

(3) 加深理解光栅衍射公式及其成立条件.

[实验原理]

光的干涉和衍射现象是光的波动性的直接体现.当光源与观察屏都与衍射屏相距无穷远时,衍射现象称为夫琅和费衍射.本实验采用透射光栅做衍射屏,利用夫琅和费衍射规律测量光波波长.图 4.5.16 是光栅衍射的光路图.实验中,形成衍射明纹的条件是

$$d\sin\phi_k=(a+b)\sin\phi_k=k\lambda,\quad k=0,\pm1,\pm2 \tag{4.5.5}$$

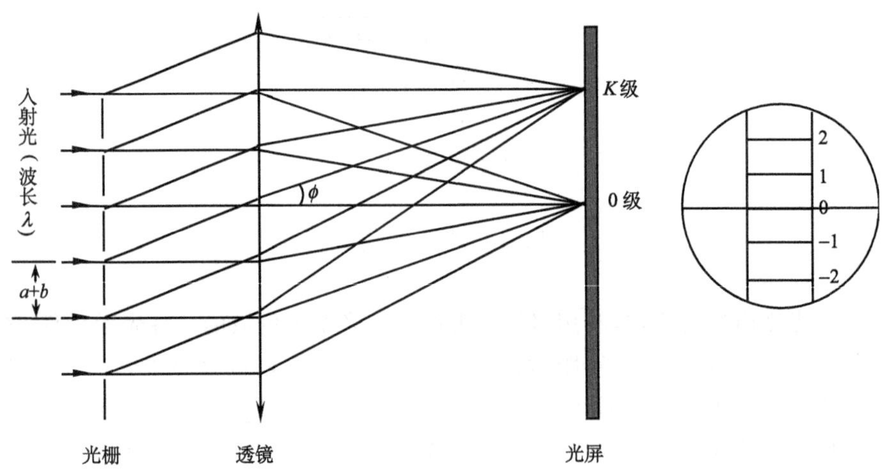

图 4.5.16

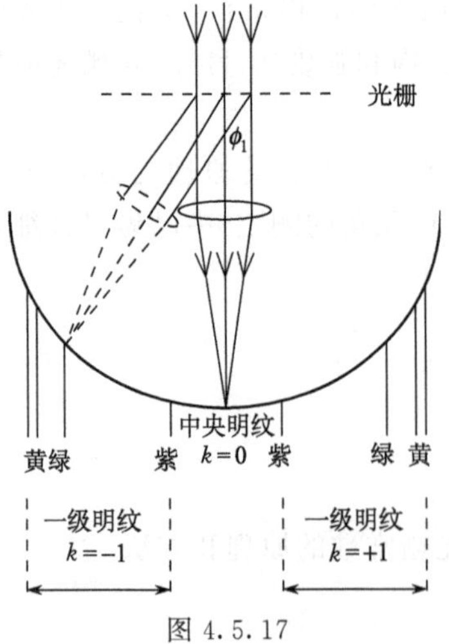

图 4.5.17

式中,$d=a+b$ 为光栅常数;a 为光栅狭缝;b 为刻痕宽度;k 为明纹级数;ϕ_k 为 k 级明纹的衍射角;λ 为入射光波长.

由于汞灯产生不同的单色光,每一单色光有一定的波长,因此对于同一级明纹,各单色光的衍射角 ϕ 是不同的.在中央 $k=0$、$\phi_k=0$ 处,各单色光仍重叠在一起,组成中央明纹.在中央明纹两侧对称地分布着 $k=1,2,\cdots$ 级光谱.本实验中各级有四条不同的明纹按波长次序排列,通过分光计观察时如图 4.5.17 所示.

本实验用分光计对已知波长的绿色光谱线进行观察,测出一级明纹的衍射角 ϕ_1,按光栅公式算出光栅常数 d,然后分别对紫、黄光进行观

察，测出相应的衍射角 ϕ_1，连同求出的光栅常数 d，代入公式(4.5.5)，算出该明纹所对应的单色光的波长.

[实验仪器]

分光计及附件一套、汞灯光源和一片光栅.

[实验步骤]

1. 分光计和衍射光栅的调节

调节分光计时应做到：望远镜聚焦于无穷远、望远镜的光轴与分光计的中心轴垂直，平行光管出射平行光.前面两步的调节见实验《分光计的调节与三棱镜顶角的测量》.调好后固定望远镜(切记不可再调节望远镜).

调节衍射光栅时应做到：平行光管出射的平行光垂直于光栅面，平行光管的狭缝与光栅刻痕平行.调节步骤如下：

(1) 调节平行光管发出的平行光与望远镜共轴.

① 取下载物台上的双面反射镜，启动汞灯光源.

② 转动望远镜并细心调节平行光管水平度调节螺钉，使望远镜、平行光管基本水平且在一条直线上（目测）.

③ 放松狭缝机构制动螺钉，前后移动狭缝机构，使望远镜清晰看到狭缝的像(一条明亮的细线)呈现在分划板上，而且与分划板的刻线无视差.

④ 转动狭缝机构，使狭缝像与目镜分划板的水平刻线平行.调节平行光管水平度调节螺钉，使狭缝与视场中心的水平刻线重合.然后再将狭缝转过 90°，使狭缝与目镜分划板的垂直刻线重合.此时平行光管的光轴与望远镜的光轴同轴，且都与仪器主轴垂直，此时不要再移动狭缝.

⑤ 锁紧狭缝机构制动螺钉.

⑥ 调节狭缝旋转手轮，使狭缝宽调至约 0.5mm.

(2) 调节衍射光栅，使光栅与转轴平行，且光栅平面垂直于平行光管.

① 光栅如图 4.5.18 所示放置于载物台，并使之固定(夹紧).

② 使望远镜对准狭缝，平行光管和望远镜光轴保持在同一水平线上.

③ 松开载物台紧固螺丝，略微转动载物台，直至十字反射像和狭缝像重合.

④ 锁紧载物台紧固螺丝.

⑤ 以光栅面作为反射面，用自准法仔细调节载物台下方的调平螺钉 B、C，使十字反射像位于叉丝上方的交点(图 4.5.19).

⑥ 转动望远镜，观察衍射光谱的分布情况，注意中央明纹两侧谱线是否在同一水平面上.如观察到光谱线有高低变化，说明狭缝与光栅刻痕不平行，调节载物台下方的调平螺钉 A(B、C 不能动)，直至其在同一水平面上为至.调好之后，回头检查步骤⑤是否有变动，这样反复多次调节，直至步骤⑤和⑥两个要求同时满足为止.

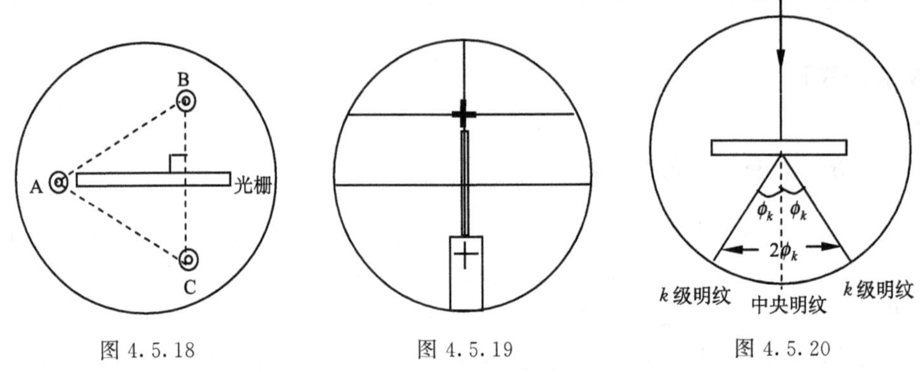

图 4.5.18　图 4.5.19　图 4.5.20

2. 用光栅测波长

用光栅测波长时须注意：由于衍射光栅对中央明纹是对称的，为了提高测量的准确度，测量第 k 级光谱时，应测出 $+k$ 级光谱位置和 $-k$ 级光谱位置，两位置的差值之半即为 ϕ_k(图 4.5.20).为消除分光计刻度盘的偏心差，测量每一条谱线时，要同时读取刻度盘上的两个游标的示值，然后取平均值.为使叉丝精确对准光谱线，必须用望远镜微动螺钉来对准.测量时，可将望远镜移至最左端，从 -1 到 $+1$ 级依次测量，以免漏测数据.

3. 测光栅常数 d

(1) 旋紧游标盘止动螺钉，转座与刻度盘止动螺钉.

(2) 手握望远镜支臂，转动望远镜，观察汞灯绿线(已知 $\lambda_{绿}=\text{nm}$)的一级衍射光谱，让望远镜对准中央明纹，然后转到 $k=-1$ 绿光谱线处，旋紧望远镜止动螺钉，固定望远镜.

(3) 借助望远镜微调螺钉，使分划板的垂直刻线对准谱线，从左、右游标上读取两个，记入表中.

(4) 松开望远镜止动螺钉，同理，测量 $k=1$ 绿光谱的数据.

(5) 从数据获得衍射角 ϕ_1，代入公式 $d\sin\phi=\lambda$，即可求得 d.

4. 测定未知光波的波长

(1) 松开望远镜止动螺钉,移动望远镜,依次对准 $k=-1$ 处黄Ⅰ,黄Ⅱ,紫光谱线,并读取数据.

(2) 测量 $k=1$ 处的谱线数据.

(3) 将光栅常数 d 和衍射角 ϕ 代入公式,求出各谱线波长.

[注意事项]

(1) 分光计各部分的调节螺钉较多,在不清楚这些螺钉的作用与用法前,请不要乱旋乱扳,以免损坏仪器.

(2) 请勿用手触摸光栅表面,如要移动光栅,请拿金属基座.

(3) 不要长时间直视汞灯,以免被紫外线灼伤眼睛.

4.6　迈克耳孙干涉实验

迈克耳孙干涉仪是 1883 年美国物理学家迈克耳孙和莫雷设计制造的精密光学仪器,它在近代物理和计量技术中有着广泛的应用.现代科技中有多种干涉仪都是由迈克耳孙干涉仪衍生出来的.

[实验目的]

(1) 了解并掌握迈克耳孙干涉仪的原理、结构及调整方法.

(2) 观察等倾干涉条纹,测量氦氖激光器所发射激光的波长.

[实验原理]

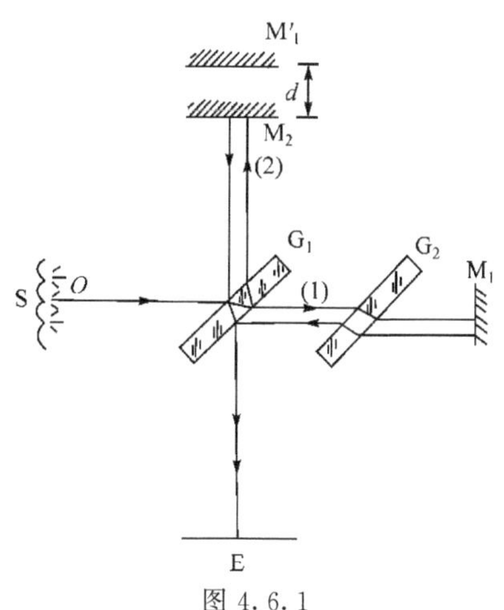

图 4.6.1

迈克耳孙干涉仪的原理如图 4.6.1 所示,来自光源 S 的扩展激光束入射到分光板 G_1 上,因分光板的后表面涂了半透膜,光束在半透膜上由于反射和透射分成互相垂直的两束光.这两束光分别射向相互垂直的参考镜 M_1 和移动镜 M_2,G_1 与 M_1、M_2 间夹角均为 45°,经过 M_1、M_2 反射后,又汇于分光

板 G_1，最后光线朝着屏 E 的方向射出，在屏 E 处我们可以观测到清晰的干涉条纹.通过原理图可以发现，光束 1 只有一次通过分光板 G_1，而光束 2 三次通过分光板 G_1，这样两束光在玻璃板(分光板)中的光程不相等了.为此，在分光板 G_1 和参考镜 M_1 之间放置了一块与分光板 G_1 平行的，折射率和厚度均与分光板 G_1 相同的平面玻璃板 G_2，于是光束 1 也是三次通过玻璃板，因而光束 1、2 经过玻璃板光程相等了，不会因此而产生附加光程差.可见，玻璃板 G_2 的作用是为了补偿其光程差，故称之为补偿板.加上补偿板 G_2 后，考虑两束光的光程差时，只需考虑它们在空气中的几何路程差就可以了.

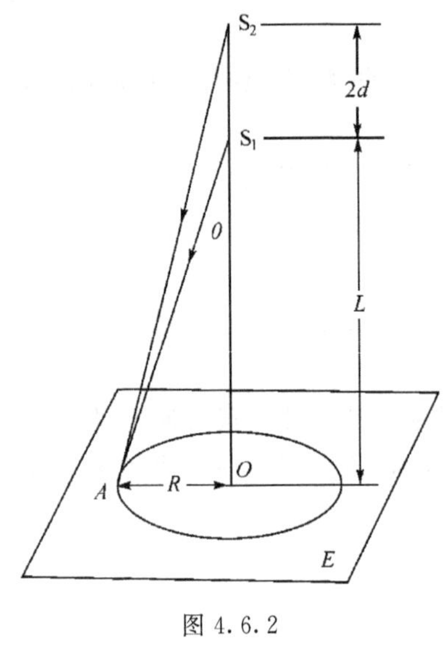

图 4.6.2

在投影屏 E 上的干涉条件由 M_1 经由 G_1 形成的虚像 M_1' 和 M_2 的相对距离 d 所决定，将 M_1'、M_2 的反射光等效为图 4.6.2 所示的虚光源 S_1 和实光源 S_2 发出的相干光束.如 M_1' 和 M_2' 的距离为 d，那么 S_1 和 S_2 之间的距离为 $2d$.

通常 M_1 和 M_2 并不严格垂直，那么，M_1' 和 M_2 也不严格平行，它们之间的空气薄层就形成了一个劈形膜，这时观察到的干涉条纹是等间距排列的等厚干涉条纹.若入射光波长为 λ，则每当 M_2 向前或向后移动 $\frac{\lambda}{2}$ 距离时，可以观察到干涉条纹平移过一条，所以测出视场中移过的条纹数目为 N，M_2 移动的距离为 Δd，则

$$\Delta d = N\frac{\lambda}{2}$$

$$\lambda = \frac{2\Delta d}{N} \tag{4.6.1}$$

利用式(4.6.1)，可以用来测定光的波长.

若 M_1 和 M_2 严格垂直，则 M_1' 和 M_2 也严格平行，它们之间的空气薄膜厚度均匀，这时观察到干涉条纹是明暗相间的圆环形的等倾干涉条纹.如图 4.6.2，投影屏 E 置于垂直于 S_1 和 S_2 连线处，对应的交点为 O，由 S_1 和 S_2 到屏上任一点 A，两光线的光程差为 $\delta = S_2A - S_1A$，当 $L \gg d$ 时，近似有 $\delta = 2d\cos\theta$，在 A 点形成干涉条纹的条件为

$$\delta = 2d\cos\theta = \begin{cases} k\lambda & \text{明纹} \\ (2k+1)\dfrac{\lambda}{2} & \text{暗纹} \end{cases} \quad (k=0,1,2,\cdots) \tag{4.6.2}$$

在倾角为 θ 相等的方向上两相干光束的光程差 δ 均相等，具有相等的 δ 的各方向光束形成一锥面，因此在投影屏 E 处形成的等倾干涉条纹呈圆环形.圆环中心处 $\theta=0$ 时，式(4.6.2)变为

$$\delta = 2d = \begin{cases} k\lambda & \text{明纹} \\ (2k+1)\dfrac{\lambda}{2} & \text{暗纹} \end{cases} \quad (k=0,1,2,\cdots) \tag{4.6.3}$$

转动干涉仪微调手轮带动 M_2 移动，改变 d，例如使 d 增大，k 随着增大，中心处有条纹“涌出”，并向外扩张；反之，d 减小时，k 随着减小，条纹向中心收缩“陷入”.例如，中心处的明纹(或暗纹)数改变 N 时，M_2 移动 Δd，则

$$2\Delta d = N\lambda$$

$$\lambda = \frac{2\Delta d}{N} \tag{4.6.4}$$

式(4.6.4)是利用等倾干涉测量光波波长的原理公式.

[实验仪器]

1. 迈克耳孙干涉仪

仪器主体如图 4.6.3 和图 4.6.4 所示，导轨(5)固定于一只稳定的底座上，由三只调平螺钉(1)支撑，调平后可以拧紧锁紧圈以保持底座稳定.丝杆(3)螺距为 1mm，转动粗调手轮(13)，经一对传动比为 2∶1 的齿轮付带动丝杆旋转与丝杆啮合的可调螺母，带动移动镜(6)在导轨面上滑动，实现粗调，移动距离的毫米数可在机体侧面的毫米刻度尺(17)上读得；通过刻度读数窗口，在刻度盘(11)上读到 0.01mm，转动微调手轮(15)，经 1∶100 的蜗轮付传动，可实现微动，微调手轮的最小刻度读数值为0.0001mm.移动镜(6)和参考镜(8)的倾角可分别用镜背后

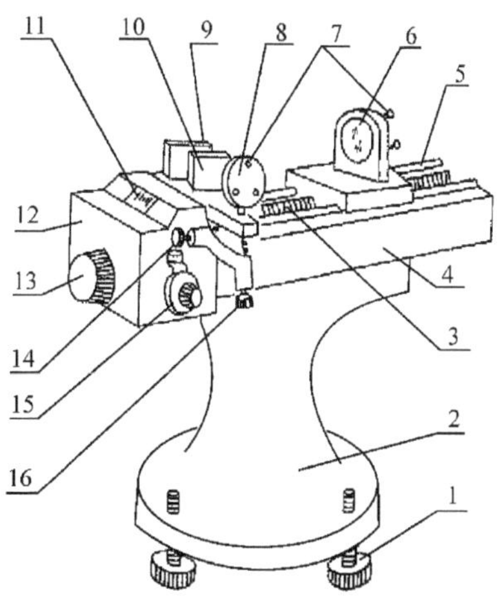

图 4.6.3

1. 调平螺钉；2. 铸铁底座；3. 精密丝杠；4. 机械台面；5. 导轨；6. 移动镜；7. 滚花螺钉；8. 参考镜；9. 分光板；10. 补偿板；11. 读数窗口(刻度盘)；12. 齿轮系统；13. 精调手轮；14. 水平微调螺钉；15. 微调手轮；16. 垂直微调螺钉

的三颗滚花螺钉(7)来调节，各螺钉的调节范围是有限度的.如果螺钉向前顶得过松，在移动时，可能因震动而使镜面倾角变化；反之顶得过紧，致使条纹形状不规则，因此，螺钉必须在能对干涉条纹有影响的范围内进行调节.在参考镜(8)下有两个微调螺钉(14)、(16)，垂直的螺钉使镜面干涉图像上下微动，水平的螺钉则使干涉图像水平移动.丝杆的顶进力可通过滚花螺帽(18)来调整.由于结构原因，微调手轮正反空回，仪器允许在 0.03mm 以内，这对测量是无影响的.

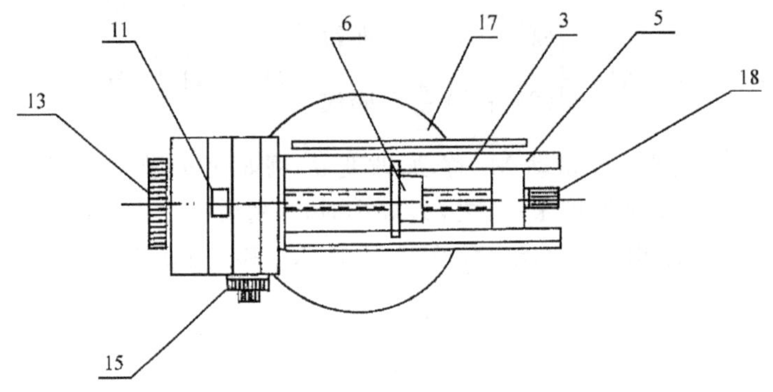

图 4.6.4

17. 毫米刻度值；18. 滚花螺帽

2. 多束光纤光源

每台激光器(He-Ne 激光器)配备 7 条分束光纤，同时供 7 台迈克耳孙干涉仪同时工作.

[实验内容]

(1) 首先用调平螺钉将干涉仪调到水平状态，再用锁紧圈使之固定，转动粗调手轮使参考镜与移动镜到分光板距离大致相等.

(2) 打开激光器电源，待激光器正常工作后，调节激光器光束射向分光板 G_1 中部.去掉投影屏，视线对 G_1 观察，可看到两排光点，每排光点中有一个最亮的，仔细调节 M_1、M_2 背面的滚花螺钉，使两个最亮的光点重合，其他光点也会随之重合.在光源与分光极之间的光路上放置扩束镜，装好投影屏，可以观察到干涉条纹.

(3) 如干涉条纹图像太小，可通过粗调手轮改变条纹密度，直到适中为止；如干涉条纹不在投影屏中间部位，可通过调整参考镜附近的两个微调螺钉(14)、(16)，将图像调至位置合适为止.

(4) 调节微调手轮，保持长距离，缓慢、连续地调节，从投影屏上观察到“陷入”

或"涌出"干涉条纹,数出移过的条纹数目,从刻度尺、刻度读数窗口及微调手轮上可读取移动镜位置坐标,记入表 4.6.1 中.

(5)保持同方向转动微调手轮,取干涉条纹中央的相对最清晰的暗点为测量起点(对应干涉条纹变化 0 级),读取动镜位置坐标 d_0,记入表 4.6.1.

(6)继续转动微调手轮,连续读取、记录相应条纹相对变化级次数为 20 的整数倍的动镜位置坐标 d_n、d_m,直至条纹变化数为 200.

[注意事项] ① 不得用眼睛直视激光束,以免损伤眼睛.

② 迈克耳孙干涉仪属精密仪器,G_1、G_2、M_1、M_2 表面不能用手触摸,不能任意擦拭.表面不清洁请指导老师处理.

③ 爱护光纤,不得压、捏、折光纤,保持光路畅通.

④ 为避免出现回程误差,测量读数时,应使微调手轮向一个方向转动,中途不得倒退.

⑤ 测量开始阶段,有时出现空转现象,转动微调手轮,干涉图像不移动变化.这是由于微调手轮与粗调手轮未同步,没有带动移动镜 M_2 所致.此时将粗调手轮转动一下,微调手轮再向同一方向旋转即可.

⑥ 实验中应保持安静,不得离开座位随意走动,以免振动影响本人及他人测量.

[数据处理]

根据要求进行测量,记录数据至表 4.6.1,要求用逐差法进行数据处理.

表 4.6.1

n 条	0	20	40	60	80	100
d_n/mm						
m 条	100	120	140	160	180	200
d_m/mm						
$\|d_m-d_n\|$/mm						

注:He-Ne 激光器发出的激光波长(632.8nm).

$N=|n-m|$

$\overline{\Delta d}=\sum_{i=1}^{\sigma}\Delta d_i=$　　　　$\lambda=\frac{2\overline{\Delta d}}{N}=$

$E=\frac{|\lambda-\lambda_0|}{\lambda_0}\times 100\%=$

[思考题]

(1) 在什么条件下产生等倾干涉条纹?什么条件下产生等厚干涉条纹?

(2) 迈克耳孙干涉仪产生的等倾干涉条纹与牛顿环有何不同?

(3) 试解释为什么迈克耳孙等倾干涉条纹内疏外密?

4.7　透明材料折射率的测量

折射率是透明材料的重要光学常数之一.测量透明材料折射率的方法很多,最常用的是最小偏向角法和全反射法.其中全反射法对环境条件要求低,具有操作方便快捷、不需要单色光源等优点.阿贝折射仪就是利用光的全反射原理制成的,专门用来测量透明或半透明的液体或固体的折射率及平均色散的仪器,是光学仪器制造、石油工业、油脂工业、制药工业、制漆工业、食品工业、日用化学工业、制糖工业和地质勘察等有关工厂、学校及有关研究单位不可缺少的常用设备之一.

[实验目的]

(1) 理解全反射原理及其应用,学会使用阿贝折射仪测量折射率.

(2) 测量几种液体的折射率.

(3) 测量糖水溶液的百分比浓度.

[实验原理]

光在两种不同介质的交界面发生折射现象时,遵循折射定律

$$n_1 \sin a_1 = n_2 \sin a_2$$

式中,n_1为样品的折射率;n_2为折射棱镜的折射率(图 4.7.1);a_1为入射角;a_2为折射角.由于折射棱镜一般用高折射率光学玻璃做成,故 $n_2 > n_1$,折射界面的光线为从光疏到光密,$a_1 > a_2$,a_1为 90°时(图 4.7.2)的a_2称为临界角 S.

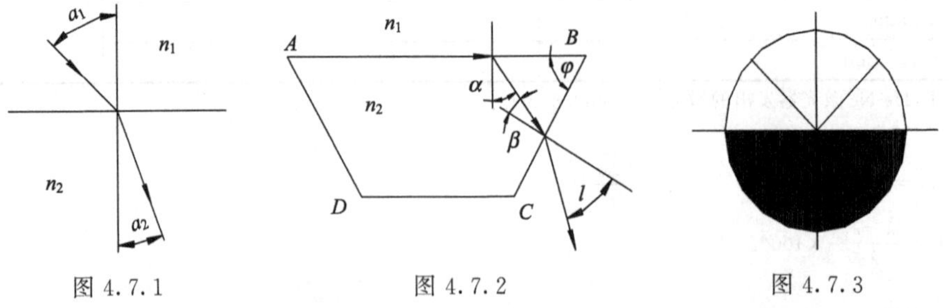

图 4.7.1　　图 4.7.2　　图 4.7.3

若光线迎着图 4.7.2 的箭头方向,即从光密介质 n_2进入光疏介质 n_1,入射角小于折射角,改变入射角可以使折射角达到 90°,此时的入射角称为临界角.大于临

界角 i 的入射光线均被全反射了，故称全反射临界角.由于光线是可逆的，本仪器光线按箭头方向前进，即采用了掠入射法.此时，最小的入射角为 0°，最大的入射角为 90°，最小的折射角为 0°，最大的折射角为临界角 i.若以望远镜迎着折射光线观察，将看到图 4.7.1 半明半暗的视场，二者之间有明显的分界，明暗分界处即为临界角的位置，如图 4.7.3 所示.十字交叉丝为分划板上的照准线.因为图 4.7.2 中 n_2 及角为已知值，i 值可以用望远镜及刻度盘测得，因此可以通过数学运算以临界角的大小求得样品的折射率.

根据折射定律，在 AB 面上可以得到

$$n_1 \sin 90° = n_2 \sin\alpha \tag{4.7.1}$$

在 BC 面上可以得到

$$n_2 \sin\beta = \sin i \tag{4.7.2}$$

因为

$$\varphi = \alpha + \beta$$

所以

$$\alpha = \varphi - \beta$$

代入式(4.7.2)，可以得到

$$n_1 = n_2 \sin(\varphi - \beta)$$

$$n_1 = n_2(\sin\varphi\cos\beta - \cos\varphi\sin\beta) \tag{4.7.3}$$

从式(4.7.2)，可以得到

$$n_2^2 \sin^2\beta = \sin^2 i$$

$$n_2^2(1 - \cos^2\beta) = \sin^2 i$$

$$n_2^2 - n_2^2 \cos^2\beta = \sin^2 i$$

$$\cos\beta = \sqrt{\frac{n_2^2 - \sin^2 i}{n_2^2}}$$

代入式(4.7.3)，得

$$n_1 = n_2(\sin\varphi\cos\beta - \cos\varphi\sin\beta)$$

$$n_1 = n_2\left(\sin\varphi\sqrt{\frac{n_2^2 - \sin^2 i}{n_2^2}} - \cos\varphi\sin\beta\right)$$

$$n_1 = n_2 \sin\varphi\sqrt{\frac{n_2^2 - \sin^2 i}{n_2^2}} - n^2\cos\varphi\sin\beta$$

应用式(4.7.2)，得到

$$n_1 = \sin\varphi\sqrt{n_2^2 - \sin^2 i} - \cos\varphi\sin i \tag{4.7.4}$$

式中，n_2 及 φ 角为已知值，当求得 i 时，n_1 可以通过计算求得.这就是临界角测定样品折射率的基本原理.这种方法称为掠射法.

[实验仪器]

1. 光学部分

仪器的光学部分由望远系统与读数系统两个部分组成(图 4.7.4).

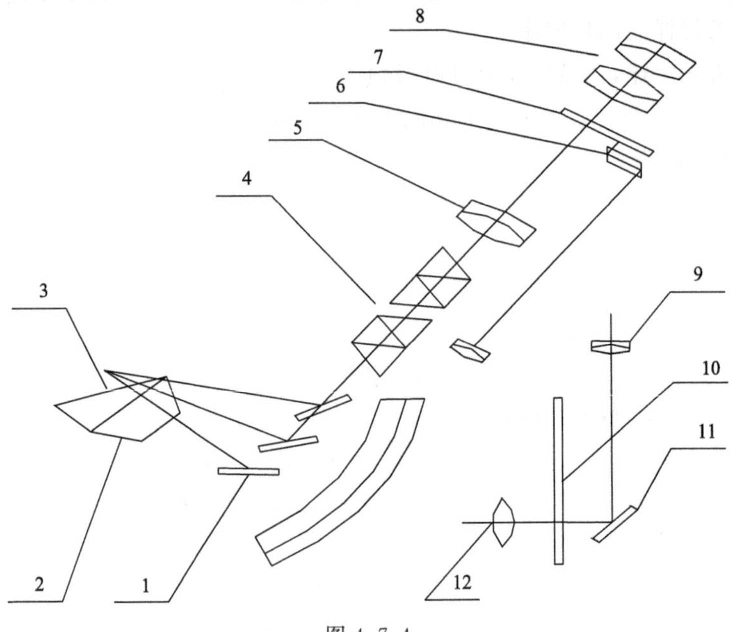

图 4.7.4

1. 进光棱镜;2. 折射棱镜;3. 摆动反光镜;4. 消色散棱镜组;5. 望远物镜组;6. 平行棱镜;7. 分划板;8. 目镜;9. 读数物镜;10. 反光镜;11. 刻度板;12. 聚光镜

进光棱镜 3 与折射棱镜 2 之间有一微小均匀的间隙,被测液体就放在此空隙内.当光线(日光或白炽灯光)射入进光棱镜 3 时,在其下方的磨砂面上将产生漫折射,使被测液层内有各种不同角度的入射光,经过折射棱镜 2 产生一束折射角均大于临界角 s 的光.摆动与刻度板同轴相连的反射镜 1 可将此束光线射入消色散棱镜组 4,此消色散棱镜组是一对等色散阿米西棱镜,其作用是相互转动时可获得一定的色散以抵消由折射棱镜对被测物体所产生的色散.望远物镜组 5 将此束具有不同方向的光线会聚于分划板 7 上,分划板上有十字分划线,通过目镜 8 能看到如图四所示有明暗分界线的像.

光线经聚光镜 12 照明刻度板 11,刻度板与摆动反射镜 13 连成一体,同时绕刻度中心作回转运动.通过反射镜 10、读数物镜 9、平行棱镜 6 将刻度板上不同部位的折射率示值成像于分划板 7 上.

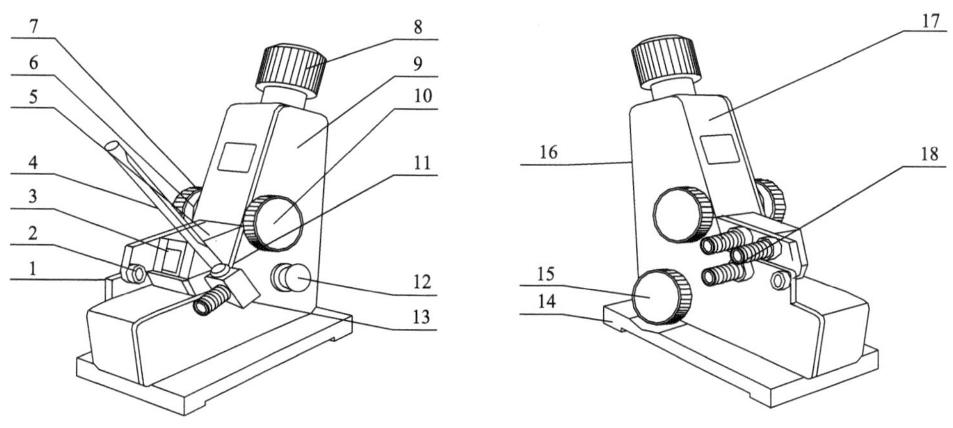

图 4.7.5

2. 结构部分(图 4.7.5)

壳体 17 固定在底座 14 上.棱镜和目镜以外的其他光学组件及主要结构封闭于壳体内部.折光棱镜组由进光棱镜、折射棱镜以及棱镜座等组成,5 为进光棱镜座,11 为折射棱镜座,固定于壳体上.两棱镜分别用特种黏合剂胶粘在棱镜座内.两棱镜座由转轴 2 连接.进光棱镜能打开和关闭,当两棱镜座密合并用手轮 10 锁紧时,二棱镜面之间有一均匀的间隙,被测液体应充满于此间隙.3 为遮光板,4 为温度计,13 为温度计座,18 为四只恒温器接头,可用乳胶管与恒温器连接使用.1 为反射镜,8 为目镜,9 为盖板,15 为折射率刻度调节手轮,6 为色散调节手轮,7 为色散值刻度圈,12 为照明刻度盘聚光镜.

[实验内容]

1. 准备工作

(1) 在开始测定前,必须先用标准试样校对读数.对折射棱镜的抛光面加 1～2 滴蒸馏水,再贴上标准试样的抛光面,当读数视场指示于 1.333(水的折射率)时,观察望远镜内明暗分界线是否在十字线中间,若有偏差则用螺丝刀稍微旋转图七上小孔 16 内的螺钉,此螺钉带动物镜偏摆,使分界线象位移至十字线中心.通过反复地观察与校正,使示值的起始误差降至最小(包括操作者的瞄准误差).校正完毕后,在以后的测定过程中不允许随意再动此部位.

如果在日常的测量工作中,对所测的折射率示值有怀疑时,可按上述方法用标准试样进行检验,是否有起始误差,并进行校正.

(2) 每次测定工作之前及进行示值校准时必须将进光棱镜的毛面、折射棱镜的抛光面及标准试样的抛光面，用无水酒精与乙醚(1∶4)的混合液和脱脂棉花轻擦干净，以免留有其他物质，影响成像的清晰度和测量精度.

2. 测定工作

1) 测定透明、半透明液体

将被测液体用干净滴管加在折射棱镜表面，并将进光棱镜盖上，用手轮 10 锁紧，要求液层均匀，充满表面，无气泡.打开遮光板 3，合上反射镜 1，调节目镜视度，使十字线成像清晰，此时旋转读数手轮 15 并在目镜视场中找到明暗分界线的位置，再旋转消色手轮 6 使分界线不带任何彩色，微调读数手轮 15，使分界线位于十字线的中心，再适当转动聚光镜 12，此时目镜视场下方显示的示值即为被测液体的折射率.

2) 测定透明固体

被测物体上需有一个平整的抛光面.把进光棱镜打开，在折射棱镜的抛光面上加 1～2 滴溴代萘，并将被测物体的抛光面擦干净放上去，使其接触良好，此时便可在目镜视场中寻找分界线，瞄准和读数的操作方法如前.

3) 测定半透明固体

被测半透明固体上也需有一个平整的抛光面.测量时将固体的抛光面用溴代萘黏在折射棱镜上，打开反射镜 1 并调整角度利用反射光束测量，具体操作方法同上.

4) 测量蔗糖内糖量浓度

操作与测量液体折射率时相同，此时读数可直接从视场中示值的上半部读出，即为蔗糖溶液含糖量浓度的百分数.

5) 测定平均色散值

基本操作方法与测量折射率时相同，只是以两个不同方向转动色散调节手轮 6 时，使视场中明暗分界线无彩色为止，此时需记下每次在色散值刻度圈 7 上指示的刻度值 Z，取其平均值，再记下其折射率 n_D.根据折射率 n_D 值，在阿贝折射仪色散表的同一横行中找出 A 和 B 值(若 n_D 在表中二数值中间时用内插法求得).再根据 Z 值在表中查出相应的 δ 值.当 $Z>30$ 时 δ 值取负值.当 $Z<30$ 时 δ 取正值，按照所求出的 A、B、δ 值代入色散公式 $n_C-n_F=A+B\delta$ 就可以求出平均色散值.

6) 若需测量在不同温度时的折射率，需将温度计旋入温度计座 13 中，接上恒温器的通水管，把恒温器的温度调节到所需测量的温度，接通循环水，待温度稳定 10min 后，即可测量.

[注意事项]

为了确保仪器的精度，防止损坏，请注意维护保养，应注意下列要点：

(1) 仪器应置于干燥、空气流通的室内,以免光学零件受潮后生霉.

(2) 当测试腐蚀性液体时应及时做好清洗工作(包括光学零件、金属零件以及油漆表面),防止侵蚀损坏,仪器使用完毕后必须做好清洁工作,放入木箱内,木箱内应存有干燥剂(变色硅胶)以吸收潮气.

(3) 被测试样中不应有硬性杂质,当测试固体试样时,应防止把折射棱镜表面拉毛或产生压痕.

(4) 经常保持仪器清洁,严禁油手或汗手触及光学零件,若光学零件表面有灰尘可用高级麂皮或长纤维的脱脂棉轻擦后用皮吹风吹去.如光学零件表面沾上了油垢应及时用酒精乙醚混合液擦干净.

(5) 仪器应避免强烈振动或撞击,以防止光学零件损伤及影响精度.

[数据处理]

实验数据如表 4.7.1.

表 4.7.1　　$n_0=1.3625$

测量次数	无水乙醇的折射率 n_i	葡萄糖溶液浓度 $d_i/\%$
1		
2		
3		
4		
5		
平均值	$n_{平均值}=\Sigma n_i/n=$	$d_{平均值}=\Sigma d_i/n=$
绝对误差	$\Delta n=\lvert n_0-n_{平均值}\rvert=$	$\Delta d=[(d_i-d_{平均值})^2/(n-1)]^{1/2}=$
相对误差	$E_N=\Delta n/n_0\times 100\%=$	$E_d=\Delta d/d_{平均值}\times 100\%=$
测量结果	$n=n_{平均值}\pm\Delta n=$	$d=d_{平均值}\pm\Delta d=$

[思考题]

(1) 如何进行零点校准?

(2) 如果测量过葡萄糖溶液的阿贝折射仪用蒸馏水校准时没有擦拭干净,测量的待测液体折射率与真实值相比有何特点?

(3) 分析望远镜中观察到的明暗视场分界线是如何形成的?

4.8 旋光物质溶液浓度测量

阿喇果(D.F.J.Arago)在1811年发现,当线偏振光通过某些透明物质时,它的振动面将以光的传播方向为轴线旋转一定的角度,这种现象称为旋光现象.能使振动面旋转的物质称为旋光性物质,例如:石英晶体、朱砂、松节油、石油、食糖溶液、酒石酸溶液等都是旋光性较强的物质.这些物质可用旋光仪来测定它们的比重、纯度、浓度与含量.

[实验目的]

(1) 加深对偏振光的使用.

(2) 掌握旋光仪的结构原理,学会用旋光仪测定旋光物质的比重、纯度、浓度与含量.

[实验原理]

线偏振光通过旋光性物质后,其振动面发生旋转,如果迎着光线观察,旋光性物质使振动面顺时针方向旋转,称为右旋物质;使振动面沿逆时针方向旋转的称为左旋物质.对以上晶体、溶液分析可知,对于晶体的旋光性物质,振动面旋转的角度φ与光所透过的晶体厚度成正比.若为溶液,则正比于液柱的长度和溶液的浓度.此外,旋转角还与入射光波长及溶液的温度等有关.如果当光的波长和溶液的温度一定时,偏振光透过溶液后,其振动面旋转的角度φ为

$$\varphi=[\alpha]_{\lambda}^{t}cl \tag{4.8.1}$$

式中,c为溶液的浓度,通常用100ml溶液中含溶质的克数为单位;l是光所透过的溶液厚度,以dm为单位;$[\alpha]_{\lambda}^{t}$则是溶液对波长λ的光在温度t时的旋光率,在数值上等于通过单位厚度、单位浓度的溶液所产生的旋转角.旋光率$[\alpha]_{\lambda}^{t}$约与光波长的平方成反比,即

$$[\alpha]_{\lambda}^{t}\approx\frac{1}{\lambda^{2}} \tag{4.8.2}$$

通常取$t=20℃$,$\lambda=589.3\text{nm}$时,葡萄糖的旋光率$[\alpha]_{\lambda}^{t}=52.5$度/分米(克/厘米^3).

旋光仪采用两个正交尼科耳棱镜来测量旋转角,因此为了更精确测量采用了

“半波片”来判断视场两半的亮度是否相等，用它来测量偏振面的旋转角，精确度可达到 0.01°.

“半波片”的作用如图 4.8.1，它将视场分为两半①、②，在①的一半里，光波 P_1 在平面内振动，光波 P_2 在②的一半内振动.P_1P_2 之间的夹角为 φ，当 P_1P_2 通过检偏振动器 A，有如下几种情况分析可知：

（1）当检偏器的透振方向 $A\perp P_2$ 时，视场②变为黑暗，而视场①变为明亮.

（2）当检偏器的透振方向 $A\perp P_1$ 时，则情况与上述相反.

（3）当 $A\perp OC$ 或 $A/\!/OC$ 时，两半视场的亮度相等，因为人的眼睛观察微弱亮度变化是比较敏感的，估测量时应使 $A\perp OC$.

只有当 $A\perp OC$ 时，视场两半亮度才会相等，人的眼睛在判断视场亮度是否相同上是有误差的，如图 4.8.2，当仪器调到 OA' 的位置时，就认为视场两半亮度相等，此时设角度误差用 $\Delta\alpha$ 表示，此时两视场光强之比为

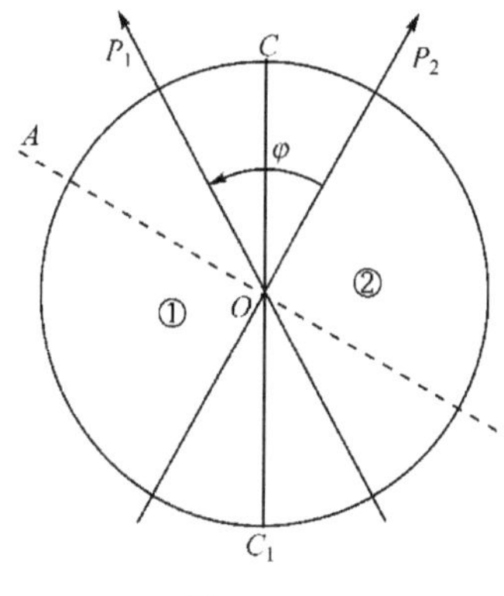

图 4.8.1

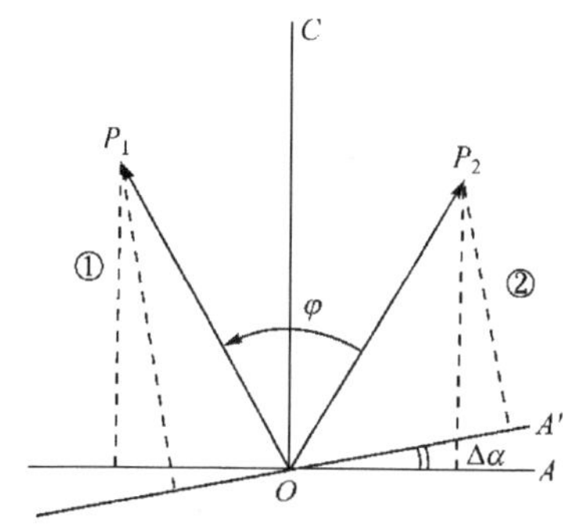

图 4.8.2

$$\frac{I_2}{I_1}=\frac{I_0\sin^2\left(\frac{\varphi}{2}+\Delta\alpha\right)}{I_0\sin^2\left(\frac{\varphi}{2}-\Delta\alpha\right)}=\left(\frac{\sin\frac{\varphi}{2}\cos\Delta\alpha+\cos\frac{\varphi}{2}\sin\Delta\alpha}{\sin\frac{\varphi}{2}\cos\Delta\alpha-\cos\frac{\varphi}{2}\sin\Delta\alpha}\right)^2$$

$$=\left(\frac{1+\cot\frac{\varphi}{2}\tan\Delta\alpha}{1-\cot\frac{\varphi}{2}\tan\Delta\alpha}\right)^2$$

因 $\Delta\alpha$ 很小，上式近似为

$$\frac{I_2}{I_1}=1+4\Delta\alpha\cdot\cot\frac{\varphi}{2}$$

当两视场光强 $I_1=I_2$ 时，故相对光强差

$$\Delta\left(\frac{I_2}{I_1}\right)=4\Delta\alpha\cdot\cot\frac{\varphi}{2}$$

式中，$\Delta\alpha$ 弧度换算成度，则角误差是

$$\Delta\alpha=\frac{45}{\pi}\Delta\left(\frac{I_2}{I_1}\right)\tan\frac{\varphi}{2} \tag{4.8.3}$$

例如，光强差 $\Delta\left(\frac{I_2}{I_1}\right)$ 为 2%时，则

$$\varphi=1^\circ \text{ 时}，\quad \Delta\alpha=0.0025^\circ$$
$$\varphi=2^\circ \text{ 时}，\quad \Delta\alpha=0.005^\circ$$
$$\varphi=8^\circ \text{ 时}，\quad \Delta\alpha=0.02^\circ$$

由此可见，在 φ 相当小的情况下，读数至少精确到$\frac{1}{100}$度.

［实验仪器］

旋光仪及其附件(测定范围：±180°，盘格值 1°)，试管长度 100mm、200mm 各一支，钠光灯(波长 589.3nm)，糖溶液.

旋光仪中采用钠光灯作为光源，在起偏器和检偏器之间装有半波片，半波片由一片石英和一片玻璃(或一片石英两片玻璃或是各一)组成，如图 4.8.3 所示，线偏振光从石英晶片通过后，振动面就转过一个小角度，从玻璃部分透过后，仍保持原来的振动方向.因而，以半波片出射两束振动方向略有不同的线偏振光.经过盛有待测样品的试管，它们的振动方向同时转过一定角度，然后进入检偏器.当检偏器的振动面和这两束光的振动方向近似垂直，并且平分这两个振动方向间的夹角，即图 4.8.2所示 $A\perp OC$，在物目镜组观察到两部分视场同样亮(整个视场较暗)，如果不能平分，就会出现半明半暗的视场，即 $A\perp P_1$ 或 $A\perp P_2$，所以人的眼睛

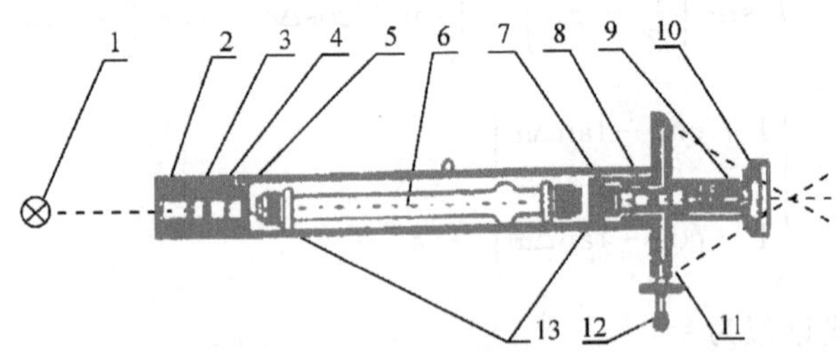

图 4.8.3

1. 光源(钠光)；2. 聚光镜；3. 滤色镜；4. 起偏镜；5. 半波片；6. 试管；
7. 检偏镜；8. 物镜；9. 目镜；10. 放大镜；11. 度盘游标；12. 度盘转动手轮；13. 保护片

在较暗视场下区别明暗差别的能力较强，只要微调检偏器，视场就变化明显，因而设置了半波片，大大提高仪器灵敏度.半波片的结构及工作原理如图 4.8.4 所示，旋光仪的外形如图 4.8.5 所示.

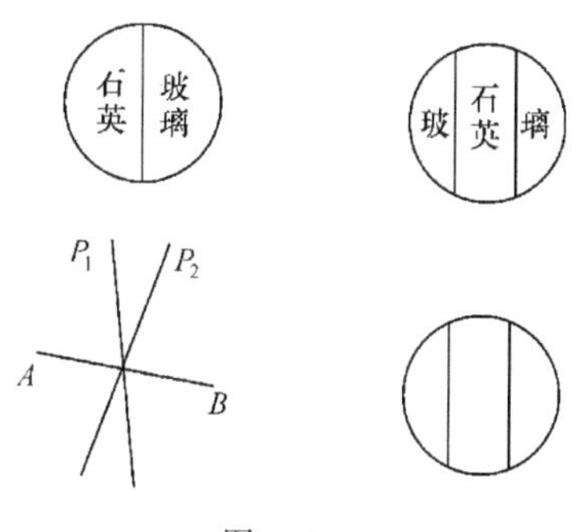

图 4.8.4

AB：检偏器偏振化方向

$P_1(P_2)$：通过玻璃（石英）后振动方向

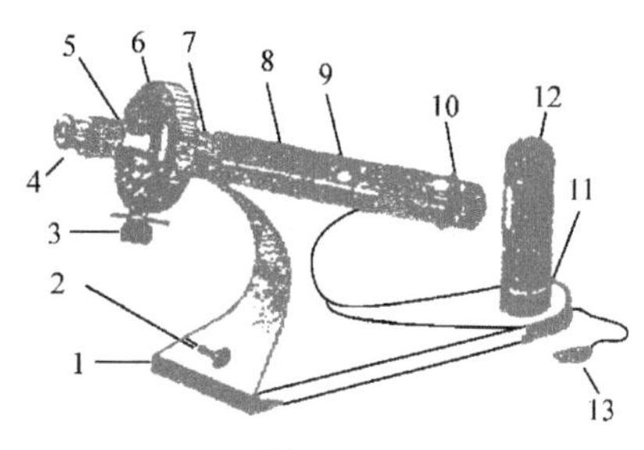

图 4.8.5

1. 底座；2. 电源开关；3. 检偏器与度盘转动手轮；4. 放大镜座；5. 视度调节螺旋；6. 度盘游标；7. 试管筒；8. 试管筒盖；9. 筒盖把手；10. 连接圈；11. 灯座；12. 灯罩；13. 电源插头

仪器采用双游标读数，精度为 0.05°，如图 4.8.6 所示，以消除度盘偏心差，测量时必须同时读出两个游标上的示数，分别计算角度，并取平均值.

[实验内容]

(1) 先把预测溶液配好，并加以稳定和沉淀.

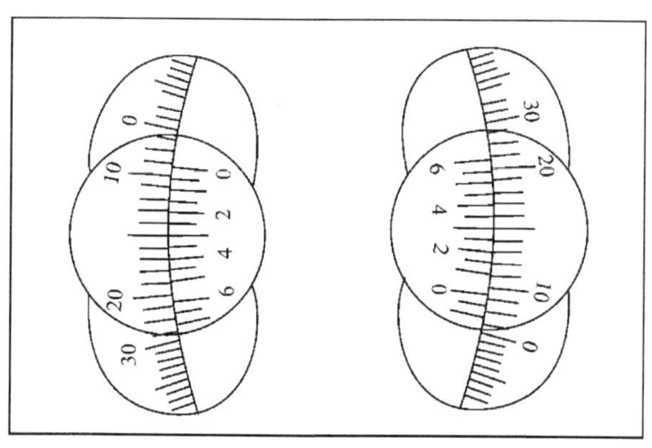

图 4.8.6

(2) 把预测溶液盛入试管待测.但应注意试管两端螺旋不能拧得太紧（一般不漏为止），以免护玻片产生应力而引起视场亮度发生变化，影响测定准确度，并将两端残液揩拭干净.

(3) 接通电源,点亮钠光灯后,检验度盘零度位置是否正确,如不正确,在老师指导下进行.

(4) 测定旋光仪的零点.将装有蒸馏水的试管放入镜筒盒内,调节物目镜组,使之清楚地看到三分视场分界线,然后转动检偏器,在暗视场条件下使三个区域亮度相同,记录左右刻度盘上的读数,重复 5 次,求其平均值,作为旋光仪的零点位置 φ_0.

(5) 取出蒸馏水试管,放入装有已知浓度的葡萄糖溶液的试管,重新调节物目镜组,使三分视场分界线清晰,然后转动检偏器,使三分域亮度再次相同,记录刻度盘读数 φ_1',重复测量 5 次,取平均值.由 $\varphi'-\varphi_0$ 即得线偏振光振动面的旋转角 φ_1,已知试管长度 $l=20\text{cm}$,求出糖溶液的旋光率$[\alpha]_\lambda^t$.

(6) 把未知浓度的葡萄糖溶液试管置于镜筒盒内,用同样方法测定旋转角φ_2',重复 5 次,取平均值,由 $\varphi_2'-\varphi_0$ 即得线偏振光振动面旋转角 φ_2,用已知的旋光率,计算未知溶液含糖的百分率.

[数据处理]

表 4.8.1

φ / n	φ_0		φ_1'		φ_2'		φ_1	φ_2
	左	右	左	右	左	右	$\varphi_1'-\varphi_0$	$\varphi_2'-\varphi_0$
1								
2								
3								
4								
5								
平均值								

(1) 根据已知葡萄糖溶液浓度、试管长度及旋转角度 φ_1,求出糖溶液的旋光率$[\alpha]_\lambda^t$.

(2) 用已知旋光率,预测糖溶液试管长度及旋转角度 φ_2,求未知溶液含糖量的百分率.

[思考题]

(1) 旋光角的大小和哪些因素有关?

(2) 半波片的作用是什么?

(3) 怎样知道检偏器 A 的偏振化方向是处在和 OC 垂直的位置呢? 还是处在和 OC 平行的位置?

(4) 为何要选择亮度相等的暗视场进行读数?

(5) 测量不同浓度的溶液时需要将物目镜组调至不同状态,你知道这是为什么吗?

4.9　光强分布的测量

光的衍射和干涉揭示了光的波动性.本实验通过对光的各种衍射现象的研究,不仅有助于对光的波动性的认识,而且有助于了解光子(对电子等其他微观粒子也适用)运动受不确定性关系制约.光的衍射是近代光学技术(光谱分析、全息技术、晶体分析、光学信息处理等)的实验基础.

利用硅光电池作为光电转换器研究衍射光强空间分布并测量光强的相对变化,是光强测量中常用的一种新型技术.

光的偏振性显示了光的横波性.偏振光在光学计量、应力分析、薄膜技术等许多方面均有广泛应用.

[实验目的]

(1) 测量单缝衍射的相对光强分布.

(2) 测量偏振光的光强分布.

(3) 观察单缝、单丝、多缝、小孔、小屏、矩孔、双孔、光栅和正交光栅的衍射现象.

[实验原理]

1. 单缝衍射的相对光强

衍射现象分为两大类:夫琅禾费衍射和菲涅耳衍射.本实验仅研究单缝的夫琅禾费衍射.

夫琅禾费衍射属平行光的衍射,要求光源及接收屏到衍射屏的距离都是无限远(或相当于无限远).在实验中可借助两个透镜来实现.如图 4.9.1 所示,位于透镜 L_1 的前焦平面上的单色狭缝光源 S 发出的光,经 L_1 后变成平行光,垂直照射在单缝 D 上,通过 D 衍射后,在透镜 L_2 的后焦平面上呈现出单缝衍射花样,它是一组平行于狭缝的明暗相间的条纹.与光轴平行的衍射光束会聚于屏上 P_0 处,P_0 是中央亮纹的中心，其光强设为 I_0.与光轴成 θ 角的衍射光束会聚于 P_θ 处，由惠更斯-菲涅耳原理可知，单缝衍射图像中的光强分布规律为

$$I_\theta = I_0 \frac{\sin^2 u}{u^2} \tag{4.9.1}$$

式中，$u=\dfrac{\pi a \sin\theta}{\lambda}$，其中 a 为单缝宽度、θ 为衍射角、λ 为单色光的波长.

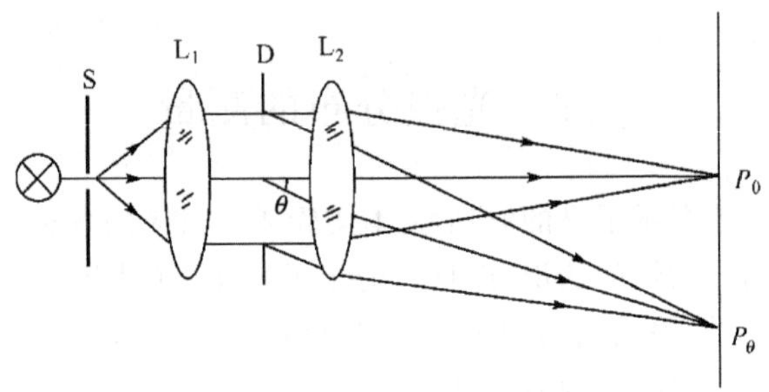

图 4.9.1

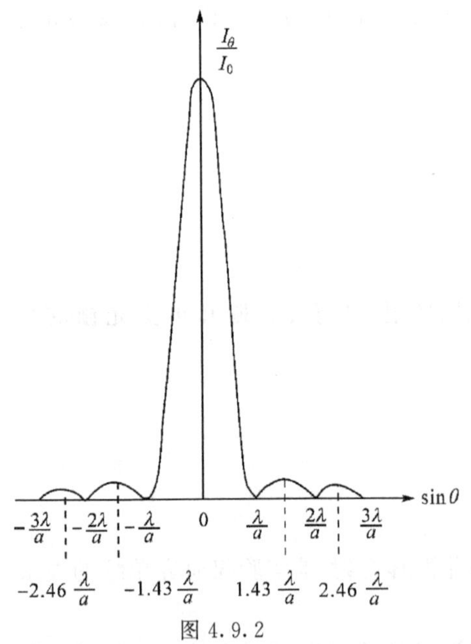

图 4.9.2

当 $\theta=0$ 时，$u=0$，$I_\theta=I_0$，衍射光强有最大值.此光强对应于屏上 P_0 点，称为中央主极大.

当 $u=k\pi(k=\pm1,\pm2,\pm3,\cdots)$，即 $a\sin\theta=k\lambda$，$I_\theta=0$，衍射光强有极小值，对应于屏上暗纹.由于 θ 值实际很小，因此可近似地认为暗条纹所对应的衍射角为 $\theta\approx\dfrac{k\lambda}{a}$.显然，主极大两侧暗纹之间的角宽度 $\Delta\theta=\dfrac{2\lambda}{a}$，而其他相邻暗纹之间的角宽度 $\Delta\theta=\dfrac{\lambda}{a}$，即中央亮纹的宽度为其他亮纹宽度的两倍.

除中央主极大外，两相邻暗纹之间都有一个次极大，对式(4.9.1)求导为零，可求得这些次极大的位置出现在 $\sin\theta=\pm1.43\dfrac{\lambda}{a}$，$\pm2.46\dfrac{\lambda}{a}$，$\pm3.47\dfrac{\lambda}{a}$，$\pm4.48\dfrac{\lambda}{a}$，…处；其相对光强依次为 $\dfrac{I_\theta}{I_0}=0.047, 0.017, 0.008, 0.005, \cdots$.夫琅禾费单缝衍射相对光强分布曲线如图 4.9.2 所示.

2. 偏振光的光强

光是电磁波，电磁波的横波性说明光矢量的振动方向与光的传播方向垂直.在与光传播方向垂直的平面内，若光矢量的振动取一切可能的方向，并且任一方向的光矢量振幅相等，这样的光是自然光；若某个方向的光矢量振动较其他方向强，这样的光是部分偏振光；若光矢量只在某一特定方向内振动，这种光称作线偏振光或平面偏振光.

可以采用光的反射和透射，光通过双折射晶体或二向色性晶体等方法获得偏振光.

从自然光中获取偏振光的过程称起偏.比较经济实用，面积又可做得较大的起偏器是偏振片.将具有二向色性的硫酸碘奎宁微晶涂在薄膜上，并沿某一方向拉伸，使晶粒沿光轴定向排列，就制成了偏振片.偏振片能透过光矢量的方向称为偏振化方向或透振方向，用符号“↕”表示.偏振片也可用来检验光的偏振状态，做检偏器用.

根据马吕斯定律，强度为 I_0 的线偏振光通过偏振片，透射光的光强为

$$I = I_0 \cos^2\alpha \tag{4.9.2}$$

α 为入射光矢量的振动方向与偏振片偏振化方向的夹角.如图 4.9.3 所示为两平行放置的偏振片，A 为起偏器，B 为检偏器.自然光通过起偏器 A 后，成为线偏振光，强度减为原来的一半.转动检偏器 B，在 B 一侧迎着光传播方向看去，会发现光强变化.当 B 的偏振化方向与 A 的夹角为 0°时，视场最亮，光强最大，如图 4.9.3(a)所示；当夹角为 90°时，视场最暗，光强为零，如图 4.9.3(b)所示；当夹角介于 0°和 90°之间时，光强 I 也介于最明最暗之间.若将 B 旋转一周，视场中会出现两次最亮，两次最暗.可见，通过检偏器观察光强变化，可以将自然光、部分偏振光和线偏振光分检出来.

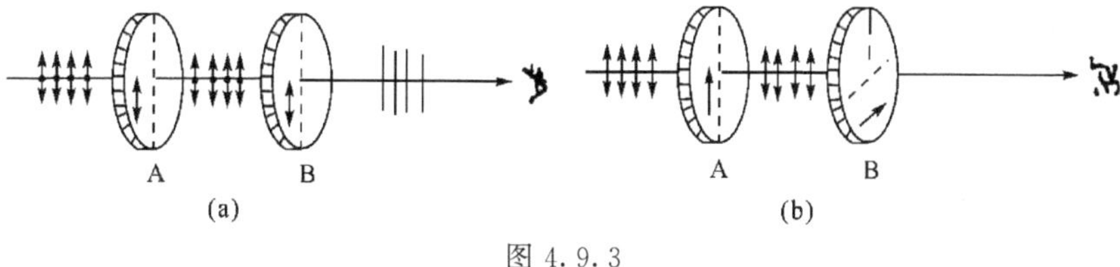

图 4.9.3

[实验仪器]

导轨、激光器、激光电源、单缝、二维调节架、小孔屏、一维光强测量装置、扩束镜及起偏器、检偏装置、数字式检流计.

[实验内容]

1. 测量单缝衍射的相对光强分布

(1) 按图 4.9.4 安装好仪器.

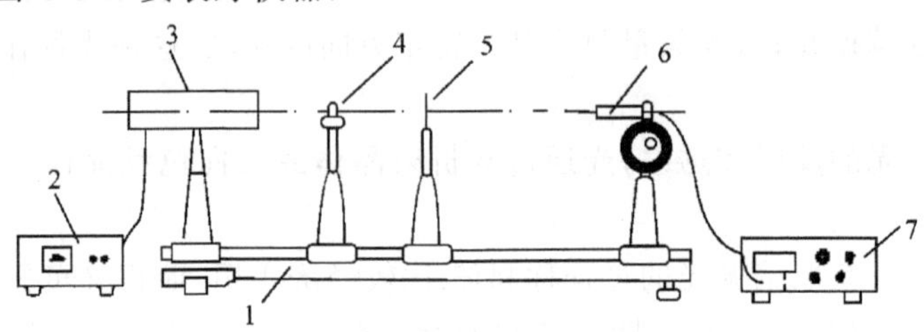

图 4.9.4

1. 导轨;2. 激光电源;3. 激光器;4. 单缝或双缝二维调节架;5. 小孔屏;6. 一维光强测量装置;7. 数字式检流计

(2) 打开激光电源,用小孔屏调整激光光路.

(3) 打开检流计电源,预热 15min,对检流计调零.测量导线连接检流计与光电探头.

(4) 调整二维调节架,选择所需的单缝对准激光束中心,使之在小孔屏上形成清晰的衍射图样.

(5) 拿去小孔屏,调整一维光强测量装置,使光电探头中心与激光束等高,移动方向与激光束垂直,选择起始位置适当.沿衍射图像的展开方向(x 轴),从左到右(或反之)以 0.5mm 间隔单向、逐点测量衍射图像的光强,从数字检流计中依次读取数值,记录表 4.9.1 中.

(6) 将所测光电流数据归一化,即将所测数据对其中最大值 I_0 取相对比值 $\frac{I_\theta}{I_0}$,作$\frac{I_\theta}{I_0}$-x 单缝衍射相对光强分布曲线.

(7) 由光强分布曲线确定各级亮条纹光强次极大的位置及相对光强,并与理论值比较,归纳单缝衍射图样的分布规律和特点.

[数据处理]

表 4.9.1 $\lambda=$ nm,$a=$ mm

x/mm	
$I_\theta/(\times 10^{-7}\text{A})$	
$\frac{I_\theta}{I_0}$	

2. 测量偏振光的光强

(1) 用干净的脱脂棉花蘸上酒精乙醚混合液擦洗起偏器与检偏器，按图 4.9.5 安装好实验仪器.

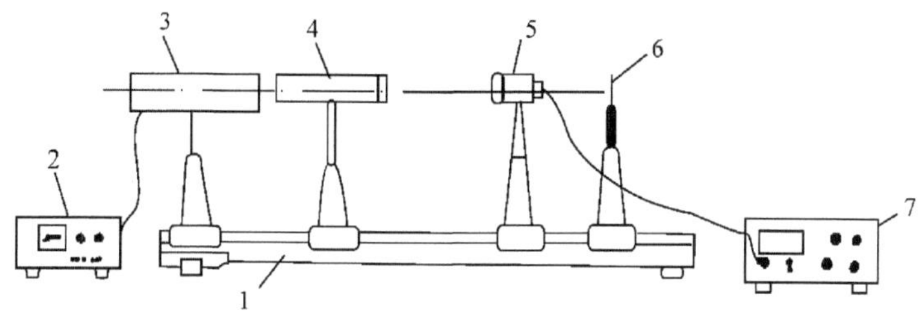

图 4.9.5

1. 导轨；2. 激光电源；3. 激光器；4. 扩束镜及起偏器；
5. 检偏装置；6. 小孔屏；7. 数字检流计

(2) 打开激光电源调好光路.

(3) 打开数字式检流计电源，预热并调零.将测量导线连接检流计与光电探头.

(4) 取下光电探头，转动分度盘(检偏器)，在小孔屏上观察光强变化.

(5) 装上光电探头进行测量，转动分度盘 2°或 4°，从数字式检流计上读取一个数值，自拟表格，逐点记录下来，测量一周.

(6) 用方格纸或极坐标纸，将记录下来的数值描出来就是偏振光实验的光强分布图，其结果应符合马吕斯定理 $I=I_0\cos^2\alpha$.

3. 观察各种衍射现象

将单缝换为单丝、小孔、小屏、矩孔、双孔、光栅及正交光栅，将它们的衍射、干涉现象在小孔屏上演示出来.

[思考题]

(1) 什么叫夫琅禾费衍射？用 He-Ne 激光器做光源的实验装置(图 4.9.4)是否满足夫琅禾费衍射，为什么？

(2) 当缝宽增加一倍时，衍射花样的光强和条纹宽度将会怎样改变？如果减半，又怎样改变？

(3) 如何区分自然光、部分偏振光和线偏振光？

4.10 双棱镜干涉法测光波的波长

[实验目的]

(1) 掌握获得双光束干涉的一种方法.

(2) 掌握在光具座上进行光路调整的技术.

(3) 学习用双棱镜测定钠光和激光的波长.

[实验原理]

如图 4.10.1 所示,双棱镜 B 是由两个折射角很小的直角棱镜组成.从狭缝 S 射出的光经双棱镜两次折射,形成两束如同从虚光源 S_1 和 S_2 发出的频率相同、振动方向相同,而且在相遇点有恒定的相位差的相干光束,它们在空间传播时,相互叠加的部分将产生干涉.如果将一光屏 P 放置在干涉区域的任何一个地方,则可在屏上看到明暗交替的干涉条纹.

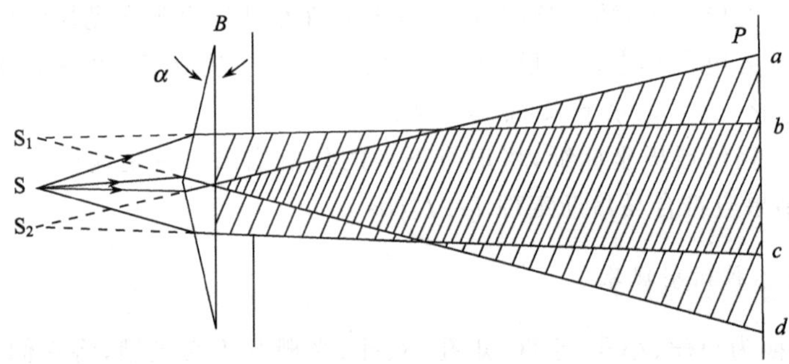

图 4.10.1

设 S_1 与 S_2 的间距为 d(图 4.10.2),到光屏的距离为 D,若屏的中央 O 点到 S_1 和 S_2 的距离相等,则由 S_1 和 S_2 射出的两束光的光程差也相等,在 O 点处两束光相互加强,形成中央明条纹.假定 P 点为屏上的任意一点,它距中央 O 点的距离为 X,在 D 较 d 大很多时,若

$$\delta = \frac{xd}{D} = k\lambda, \quad k = 0, \pm 1, \pm 2, \cdots$$

或

$$x = \frac{D}{d}k\lambda, \qquad k = 0, \pm 1, \pm 2, \cdots \tag{4.10.1}$$

则两束光在 P 点相互加强，形成明条纹.若

$$\delta=\frac{xd}{D}=(2k-1)\lambda,\quad k=0,\pm1,\pm2,\cdots$$

或

$$X=\frac{D}{d}(2k-1)\lambda,\quad k=0,\pm1,\pm2,\cdots \tag{4.10.2}$$

则两束光在 P 点相互削弱，形成暗条纹.相邻两明(或暗)条纹间的距离为

$$\Delta x=x_{k+1}-x_k=\frac{D}{d}\lambda \tag{4.10.3}$$

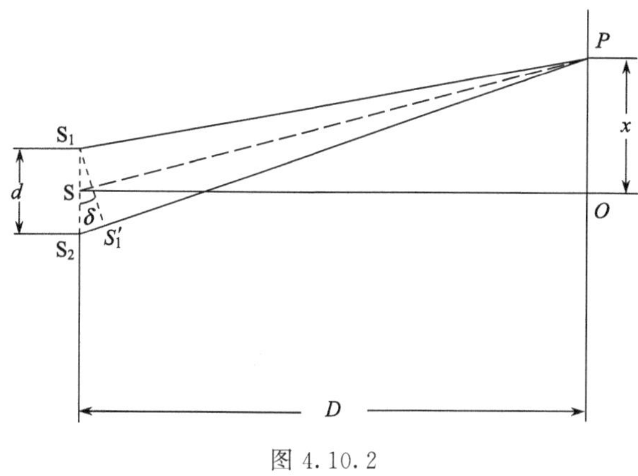

图 4.10.2

测出 D，d 和相邻两条纹的距离 Δx 后，由式(4.10.3)即可求得波长 λ.

由于干涉条纹宽度 Δx 很小，必须使用测微目镜进行测量.两虚光源间的距离 d，可用一已知焦距为 f 的会聚透镜 L 置于双棱镜与测微目镜之间，如图 4.10.3 所示，只要使测微目镜到狭缝的距离满足 $d>4f$.前后移动透镜，就可以在透镜的两个不同位置上从测微目镜中看到两虚光源 S_1 和 S_2 经过透镜所成的实像 S'_1 和 S'_2.其中一组为放大的实像，另一组为缩小的实像.如果分别测得两放大像的间距 d_1 和二缩小像的间距 d_2，则有

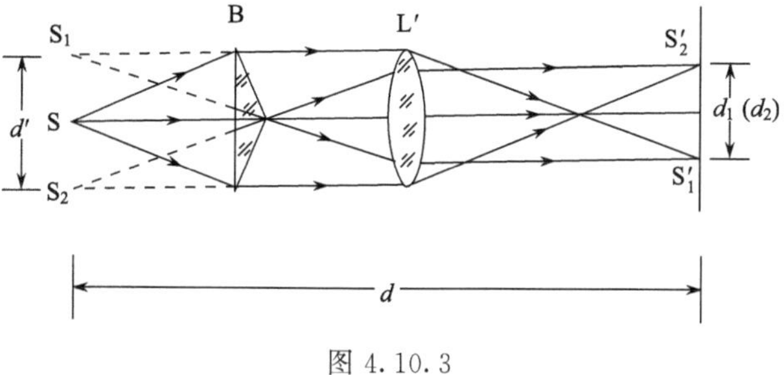

图 4.10.3

$$d=\sqrt{d_1 d_2}$$

[实验仪器]

光具座、钠光灯、半导体激光器、狭缝、菲涅耳棱镜、凸透镜、测微目镜、直尺.

[实验内容]

1. 仪器光路调整

(1) 将单色光源(钠光灯和半导体激光器)、会聚透镜、狭缝、测微目镜按如图 4.10.4 所示依次放在光具座上,用目视粗调,使其共轴,使双棱镜的底面与系统的光轴垂直,棱脊和狭缝大体平行,并用光屏检查干涉区是否进入目镜.狭缝宽度调至 0.3cm 左右,绕系统光轴缓慢地向左或向右转转双棱镜 B,将显现出清晰的干涉条纹,这时棱镜的棱脊与狭缝严格平行.

(2) 为了便于测量,在看到清晰的干涉条纹后,应将双棱镜或测微目镜前后移动,使干涉条纹宽度适当,可适当调节缝宽,使干涉条纹有足够的宽度.双棱镜到狭缝的距离不能过小,因为它们的距离减小,S_1 和 S_2 的间距也将减小,将导致 d 的测量不准.

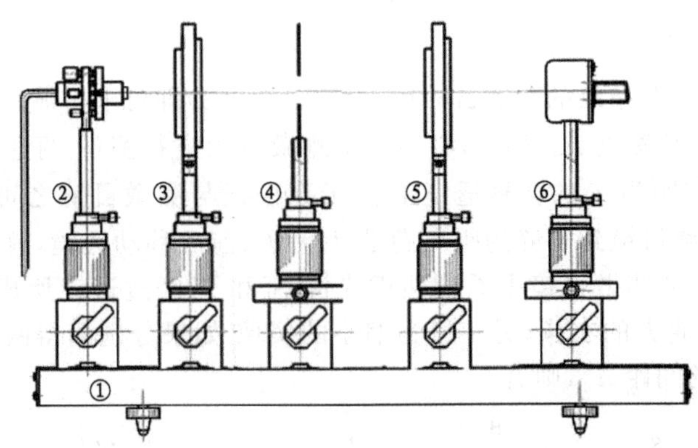

图 4.10.4 双棱镜干涉仪简图

①导轨平台;②半导体激光器及调整架;③聚光器和调整架;④白屏;⑤狭缝及调整架;⑥测微目镜

2. 测量与计算

(1) 用测微目镜测干涉条纹宽度 Δx 时,可测出 n 条干涉条纹的间距,再除以

n，即得到. 测量 Δx 时，先使目镜叉丝对准某亮纹的中心，然后旋转测微螺旋，使叉丝移动 n 个条纹，读出数值，重复测量几个，求出 Δx.

(2) 用米尺测出狭缝到测微目镜叉丝平面的距离 d，重复几次，求平均值.

(3) 用透镜两次成像法测虚光源的间距 d，保持狭缝与双棱镜原来的位置不变，在双棱镜和测微目镜之间放置一已知焦距为 f 的会聚透镜 L，移动测微目镜，使它到狭缝的距离大于 $4f'$，分别测得两次成清晰像时实像的间距为 d_1，d_2，重复测量几次，取其平均值，再计算出 d 值.

(4) 根据所测量的数据，自拟表格，进行数据处理，求出钠黄光波长 λ 值.

[思考题]

(1) 为什么狭缝很窄时才能看到清晰的干涉条纹？

(2) 证明公式 $d=\sqrt{d_1 d_2}$.

第 5 章　综合性实验

5.1　电子电量测量

由美国实验物理学家密立根(R. A. Millikan)首先设计完成的密立根油滴实验,在物理学发展史上具有十分重要的地位.它证明任何带电体所带的电量都是某一最小电量——基本电量的整数倍;明确了电荷的不连续性;并精确测定了基本电量的数值,为从实验上测定一些基本物理量提供可能性.由于密立根油滴实验设计巧妙、原理清楚、设备简单、结果准确,所以历来是一个著名而又有启发性的物理实验.通过学习密立根油滴实验的设计思想与实验技巧,以提高学生实验能力和素质.

[实验目的]

(1) 了解、掌握密立根油滴实验的设计思想、实验方法和实验技巧.

(2) 测定电子电荷量并验证电荷的不连续性.

(3) 复习用逐差法处理数据.

[实验原理]

一个质量为 m、带电量为 q 的油滴处在二块平行极板之间,在平行极板未加电压时,油滴在重力作用而加速下降,由于空气黏滞阻力的作用,下降一段距离后,油滴将做匀速运动,速度为 v_g,这时重力与阻力平衡(空气浮力忽略不计),如图 5.1.1所示.根据斯托克斯定律,黏滞阻力为

$$f_r = 6\pi\eta r v_g$$

式中,η 是空气的黏滞系数;r 是油滴的半径,这时有

$$6\pi\eta r v_g = mg \tag{5.1.1}$$

当在平行极板上加电压 U 时,油滴处在场强为 E 的静电场中,油滴受到的电场力和重力作用,有如下三种情况:

(1) 当 $qE > mg$ 时,油滴向上作加速运动;

(2) 当 $qE < mg$ 时,油滴向下作加速运动;

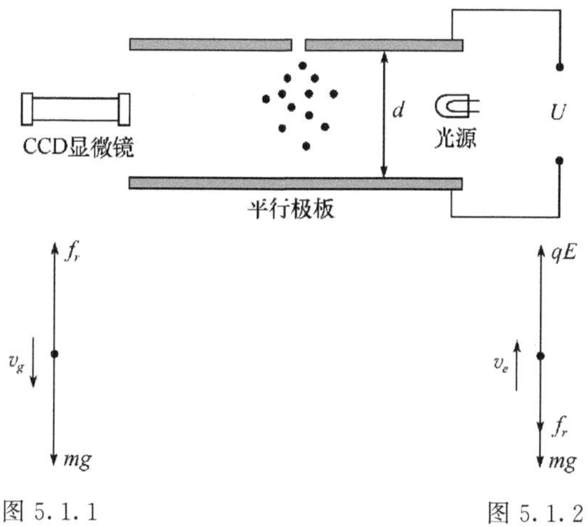

图 5.1.1　　图 5.1.2

(3) 当 $qE=mg$ 时，油滴保持静止状态，此时平行极板上的电压，即平衡电压 U_0.

设电场力 $qE>mg$ 且与重力 mg 相反，如图 5.1.2 所示，使油滴受电场力加速上升，由于空气黏滞阻力作用，上升一段距离后，油滴所受的空气黏滞阻力、重力与电场力达到平衡(空气浮力忽略不计)，则油滴将以匀速上升，此时速度为 v_e，则有

$$6\pi\eta r v_e = qE - mg \tag{5.1.2}$$

又因为

$$E=\frac{U}{d} \tag{5.1.3}$$

由上述式(5.1.1)～(5.1.3)可解出

$$q = mg\,\frac{d}{U}\left(\frac{v_g + v_e}{v_g}\right) \tag{5.1.4}$$

为测定油滴所带电荷 q，除应测出 U、d 和速度 v_e、v_g 外，还需知油滴质量 m. 由于空气中悬浮和表面张力作用，可将油滴看作圆球，其质量为

$$m=\frac{4}{3}\pi r^3\rho \tag{5.1.5}$$

式中 ρ 是油滴的密度.

由式(5.1.1)和式(5.1.5)，得油滴的半径

$$r=\left(\frac{9\eta v_g}{2\rho g}\right)^{\frac{1}{2}} \tag{5.1.6}$$

考虑到油滴非常小，空气已不能看成连续介质，空气的黏滞系数 η 应修正为

$$\eta' = \frac{\eta}{1+\dfrac{b}{pr}} \tag{5.1.7}$$

式中 b 为修正常数，p 为空气压强，r 为未经修正过的油滴半径，由于它在修正项中，不必计算得很精确，由式(5.1.6)计算就够了.

实验时取油滴匀速下降和匀速上升的距离相等，都取为 l，测出油滴匀速下降的时间 t_g，匀速上升的时间 t_e，则

$$v_g = \frac{l}{t_g}, \quad v_e = \frac{l}{t_e} \tag{5.1.8}$$

将式(5.1.5)～(5.1.8)代入式(5.1.4)，可得

$$q = \frac{18\pi}{\sqrt{2\rho g}}\left(\frac{\eta l}{1+\dfrac{b}{pr}}\right)^{3/2}\frac{d}{U}\left(\frac{1}{t_e}+\frac{1}{t_g}\right)\left(\frac{1}{t_g}\right)^{1/2}$$

令

$$K = \frac{18\pi}{\sqrt{2\rho g}}\left(\frac{\eta l}{1+\dfrac{b}{pr}}\right)^{3/2} d$$

得

$$q = K\left(\frac{1}{t_e}+\frac{1}{t_g}\right)\left(\frac{1}{t_g}\right)^{1/2}\frac{1}{U} \tag{5.1.9}$$

此式是动态(非平衡)法测油滴电荷的公式.

下面导出静态(平衡)法测油滴电荷的公式.

调节平行极板间的电压，使油滴不动，该电压即使油滴保持静止的平衡电压 U_0，此时 $v_e=0$，有 $t_e \to \infty$，由式(5.1.9)可得

$$q = K\left(\frac{1}{t_g}\right)^{3/2}\frac{1}{U_0}$$

或者

$$q = \frac{18\pi}{\sqrt{2\rho g}}\left[\frac{\eta l}{t_g\left(1+\dfrac{b}{pr}\right)}\right]^{3/2}\frac{d}{U_0} \tag{5.1.10}$$

上式即为静态法测油滴电荷的公式.

式(5.1.8)和式(5.1.10)中油的密度 $\rho=981\text{kg}\cdot\text{m}^{-3}$(20℃)；平行极板间距离 $d=5.00\pm0.01\text{mm}$；重力加速度 $g=9.79878\text{m}\cdot\text{s}^{-2}$(山东淄博)；空气黏滞系数 $\eta=1.83\times10^{-5}\text{kg}\cdot\text{m}^{-1}\cdot\text{s}^{-1}$；油滴匀速下落和上升距离 $l=1.5\times10^{-3}\text{m}$；修正常数 $b=8.22\times10^{-3}\text{m}\cdot\text{Pa}$；大气压强 $p=1.013\times10^{5}\text{Pa}$.

为了求电子电荷 e，对实验测得的各个电荷 q 求最大公约数，就是基本电荷 e

的值，也就是电子电荷 e

$$q = ne \quad (n = \pm 1, \pm 2, \cdots)$$

为了验证油滴所带电量的不连续性，实验时需要测定数个不同油滴的带电量 q_1，q_2，…，通过处理这些数据，可以发现各个油滴所带的电量存在着一个最大公约数，即 $q_1 = n_1 e$，$q_2 = n_2 e$，…，并且 n_1，n_2，…均为整数.可见，这个最大公约数就是单个电子所带的电量，从而验证了电荷的不连续性.

［实验仪器］

密立根油滴仪主要由油滴盒、CCD电视显微镜、电路箱、监视器、喷雾器等组成.

油滴盒是个重要部件，由两块经过精磨的平行极板及中间加垫的绝缘胶木圆环组成，结构见图 5.1.3.在上电极板中心有一个 0.4mm 的油雾落入孔，在胶木圆环上开有显微镜观察孔和照明孔.在油滴盒外套上有防风罩，罩上放置一个可取下的油雾杯，杯底中心有一个落油孔及一个挡片，用来开关落油孔.在上电极板上方有一个可以左右拨动的压簧，只有将压簧拨向最边位置，方可取出上极板.油滴仪照明灯采用了带聚光的半导体发光器件，安装在照明座中间位置，照明光路与显微光路间的夹角为 150°～160°，油滴像特别明亮.CCD 摄像头与显微镜是整体设计，成像质量好.油滴盒底部装有三只调平手轮用来调节水平，由水准泡进行检查.

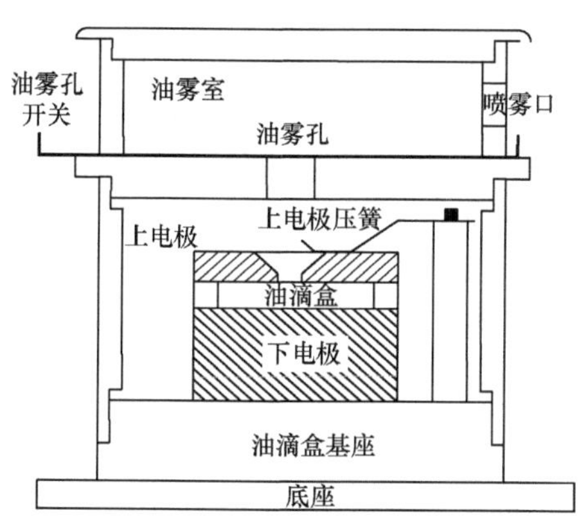

图 5.1.3

电路箱体内装有高压电源、测量显示等电路，面板结构见图 5.1.4.测量显示电路产生的电子分划板刻度.油滴仪备有两种分划板，标准分划板 A 是 8×3 结构，垂直线视场为 2mm，分八格，每格值为 0.25mm.为观察油滴的布朗运动，设计了另一种 X、Y 方向各为 15 小格的分划板 B.用随机配备的标准显微物镜时，每格为 0.08mm；换上高倍显微物镜后，每格值为 0.04mm.进入或退出分划板 B 的方法是按住“计时/停”按钮大于 5 秒即可切换分划板.

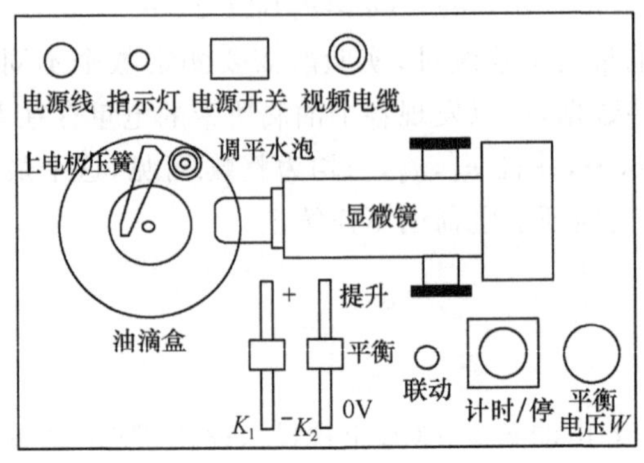

图 5.1.4

在面板上有两只控制平行极板电压的三挡开关，K_1 控制极板电压的极性，K_2 控制极板上电压的大小.当 K_2 处于中间位置即“平衡”挡时，可用电位器调节平衡电压.打向“提升”挡时，自动在平衡电压的基础上增加 200～300V 的提升电压，打向“0V”挡时，极板上电压为 0V.为了提高测量精度，油滴仪将 K_2 的“平衡”、“0V”挡与计时器的“计时/停”联动.在 K_2 由“平衡”打向“0V”，油滴开始匀速下落的同时开始计时，油滴下落到预定距离时，迅速将 K_2 由“0V”挡打向“平衡”挡，油滴停止下落的同时停止计时.这样，在屏幕上显示的是油滴实际的运动距离及对应的时间.由于空气阻力的存在，油滴是先经一段变速运动然后进入匀速运动的.但这变速运动时间非常短，远小于 0.01s，与计时器精度相当.可以看作当油滴自静止开始运动时，油滴是立即作匀速运动的；运动的油滴突然加上原平衡电压时，将立即静止下来.所以，采用联动方式完全可以保证实验精度.根据不同的实验要求，也可以不联动(关闭联动开关即可).油滴仪的计时器采用“计时/停”方式，即按一下开关，清 0 的同时立即开始计数，再按一下，停止计数，并保存数据.

[实验内容]

1. 调整仪器

调节仪器底座上的三只调平手轮，将水泡调平.由于底座空间较小，调手轮时应将手心向上，用中指和无名指夹住手轮调节较为方便.照明光路不需调整.CCD 显微镜对焦也不需用调焦针插在平行电极孔中来调节，只需将显微镜筒前端和底座前端对齐，然后喷油后再稍稍前后微调即可.在使用中，前后调焦范围不要过大，取前后调焦 1mm 内的油滴较好.

2. 练习测量

练习是顺利做好实验的重要一环,包括练习控制油滴运动,练习测量油滴运动时间和练习选择合适的油滴.

(1) 练习控制油滴.喷雾器内的油不可装得太满,否则会喷出很多“油”而不是“油雾”,堵塞上电极的落油孔.K_2 选择“平衡”挡,调节平衡电压旋钮使平行极板上加上起始工作电压 200～300V,用喷雾器喷入油雾后,迅速调节显微镜调节手轮,在监视器中看到大量油滴,注意几颗缓慢运动、较为清晰明亮的油滴.选取其中一颗,仔细调节平衡电压旋钮,使油滴静止不动;将 K_2 置“0V”,让其自由下落,下降一段距离后再将 K_2 置“提升”,使油滴上升.如此反复练习,以掌握控制油滴的方法.

(2) 练习测量油滴运动时间.任意选择几滴运动速度快慢不同的油滴,用计时器测量出它们下降和上升一段距离所用的时间,如此反复练习几次,掌握测量油滴运动时间的方法.

(3) 练习选择合适油滴.做好本实验,选择一颗合适的油滴十分重要.大而亮的油滴必然质量大,所带电荷也多,而匀速下降时间则很短,增大了测量误差和给数据处理带来困难;过小的油滴观察困难,布朗运动明显,会引入较大的测量误差.通常选择平衡电压为 200～300V,匀速下落 1.5mm(6 格)的时间在 8～20s 左右的油滴较适宜.选取方法:喷油后,K_2 置“平衡”挡,调平衡电压旋钮使极板电压为 200～300V,注意几颗缓慢运动、较为清晰明亮的油滴.试将 K_2 置“0V”挡,观察各颗油滴下落大概的速度,从中选一颗作为测量对象.

3. 正式测量

实验方法可选用平衡测量法(静态法)和动态测量法.

(1) 平衡法(静态法)测量.

平衡法需要测量的量有两个,一个是使油滴保持静止的平衡电压 U_0,一个是在重力和黏滞阻力作用下油滴匀速下降一段距离 l 所需时间 t_g.平衡电压 U_0 需要仔细调节,并将油滴置于分划板某条横线附近,便于判断油滴是否平衡.将已调平衡的油滴用 K_2 控制移到“起点”线上(一般取第 2 格上线),按 K_3(计时/停),让计时器停止计时(值未必要为 0),然后将 K_2 拨向“0V”,油滴开始匀速下降的同时,计时器开始计时.到“终点”(一般取第 6 格下线)时迅速将 K_2 拨向“平衡”,油滴立即静止,计时也立即停止,此时电压值和下落时间 t_g 值显示在屏幕上.对某颗油滴可重复测量,每次测量需要重新调整平衡电压,用同样方法分别对多滴油滴进行测量,将数据记入表 5.1.1 中.

表 5.1.1

序号 i	U_0/V	t_g/s	$q_i/(\times10^{-19}\text{C})$	$\Delta q=q_{i+1}-q_i$	n		$e_i/(\times10^{-19}\text{C})$
					计算值	取整值	
1							
2							
3							
4							
5							

(2) 动态法测量.

动态法测量需要测量的量有 3 个，一个是提升电压 U，另两个分别是油滴上升的时间 t_e 和下落的时间 t_g.提升电压 U(K_2 由“平衡”挡打向“提升”挡时自动在平衡电压的基础上增加 200～300V，该电压即提升电压).油滴的运动距离 l 一般取 1.5mm(取第 2 格上线和第 7 格下线间距离)，分别测出加“提升”电压时油滴上升的时间 t_e 和不加电压“0V”时油滴下落的时间 t_g.对某颗油滴重复测量，选择多颗油滴测量，将数据记录于表 5.1.2 中，每次测量时都要重新调整平衡电压，以减小偶然误差和因油滴挥发而使平衡电压发生变化.

表 5.1.2

序号 i	U/V	t_g/s	t_e/s	$q_i/(\times10^{-19}\text{C})$	$\Delta q=q_{i+1}-q_i$	n		$e_i/(\times10^{-19}\text{C})$
						计算值	取整值	
1								
2								
3								
4								
5								

[思考题]

(1) 在测量油滴下降一段距离 l 所需要的时间 t 时，应选哪段 l 最合适？为什么？

(2) 如何选择合适的待测油滴？

(3) 对油滴进行跟踪测量时，有时油滴会变得逐渐模糊，为什么？应如何避免在测量中丢失油滴？

5.2　爱因斯坦方程验证及普朗克常量测量

金属在波长较短的可见光或紫外光照射下，有电子从表面逸出的现象称为光电效应，逸出的电子称为光电子.该效应是赫兹在 1887 年研究电磁辐射时发现的. 1905 年，爱因斯坦用光量子理论圆满解释了光电效应.本实验用“减速电势法”测量光电子的动能，从而验证爱因斯坦方程，并测得普朗克常量.

光电效应和光量子理论在近代物理学的发展中具有深远意义，利用光电效应制成的光电元件在科学技术中得到广泛应用.

［实验目的］

（1）通过实验加深对光的量子性的了解.

（2）验证爱因斯坦方程并测定普朗克常量.

［实验原理］

当一定频率的光照射到某些金属表面时，可以使电子从金属表面逸出，这就是光电效应现象.为解释这一现象，爱因斯坦提出了光量子理论，认为光由称作光子（全称光量子）的微粒流组成；频率为 ν 的一个光子具有的能量为 $h\nu$，其中 h 为普朗克常量.根据这一理论，当金属中的电子吸收一个频率为 ν 的光子，成为光电子，便获得了光子的全部能量 $h\nu$，如果此能量大于或等于电子摆脱金属表面约束的逸出功 A，电子就能从金属中逸出.按照能量守恒定律有

$$h\nu=\frac{1}{2}mv_{\mathrm{m}}^{2}+A \qquad (5.2.1)$$

式(5.2.1)称为爱因斯坦方程. v_{m} 表示逸出光电子的最大速度，$\frac{1}{2}mv_{\mathrm{m}}^{2}$ 为光电子逸出金属表面时所具有的最大动能.产生光电效应的最低入射光频率 $\nu_0=A/h$，称作红限频率.不同的金属材料因逸出功不同，其红限频率也各不相同.

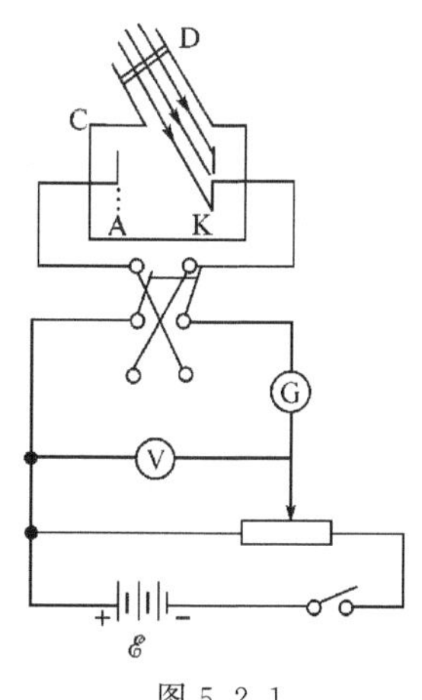

图 5.2.1

光电效应的实验原理如图 5.2.1 所示.入射光照射到光电管阴极 K 上，产生的光电子在电场的作用下向阳极 A 迁移形成光电流，改变外加电压 U_{AK}，测量出光电流 I 的大小，即可得出光电管的伏安特性曲线.

(1) 对应于某一频率,光电效应的 $I\text{-}U_{AK}$ 关系如图 5.2.2所示.可见,对一定的频率,有一电压 U_a,满足

$$eU_a=\frac{1}{2}mv_m^2 \tag{5.2.2}$$

显然当 $U_{AK}\leqslant U_a$ 时,光电流为零,这个相对于阴极的负值的阳极电压 U_a,称为截止电压.

(2) 当 $U_{AK}\geqslant U_a$ 后,I 迅速增加,然后趋于饱和,饱和光电流 I_M 的大小与入射光的强度 P 成正比.

(3) 对于不同频率 ν 的光,其截止电压 U_a 的值不同,如图 5.2.3 所示.

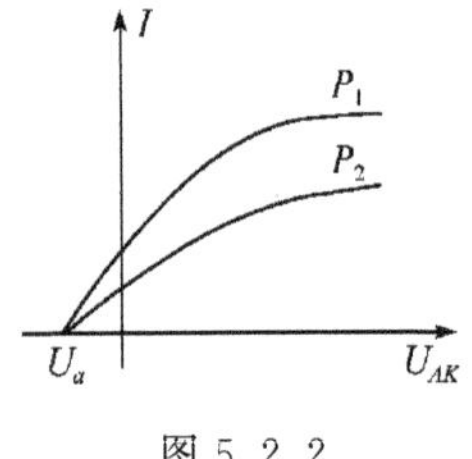

图 5.2.2

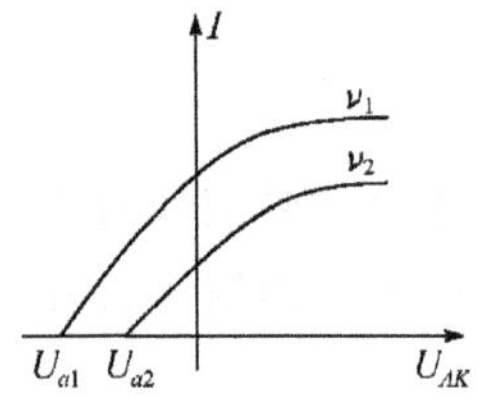

图 5.2.3

(4) 当入射光频率低于某极限值 ν_0(ν_0 随不同金属而异)时,不论光的强度 P 如何,照射时间多长,都没有光电流产生,由式(5.2.1),显然有 $A=h\nu_0$.将 $A=h\nu_0$ 及式(5.2.1)代入式(5.2.2)得

$$U_a=\frac{h}{e}(\nu-\nu_0)$$

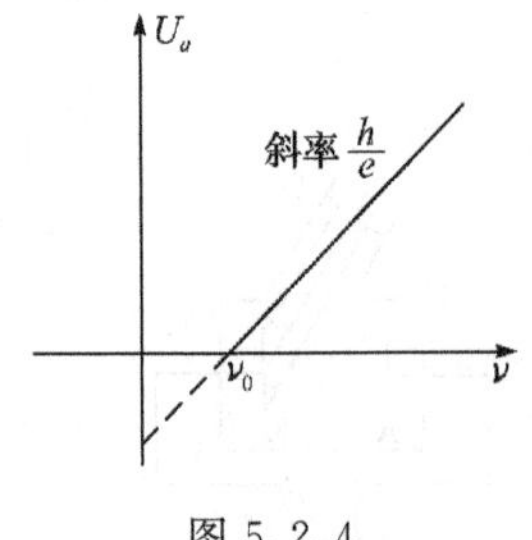

图 5.2.4

表示截止电压 U_a 和入射光频率 ν 之间存在线性关系.截止电压 U_a 与频率 ν 的关系如图 5.2.4 所示,图中斜率等于 $\frac{h}{e}$.可以从 U_a 与 ν 的数据分析中求出普朗克常量 h.

(5) 光电效应是瞬时效应.即使入射光的强度非常微弱,只要频率大于 ν_0,在开始照射后立即有光电子产生,所经过的时间至多为 10^{-9} 秒的数量级.

说明:实际,反向电流并不为零.图 5.2.2 和图 5.2.3 中从零开始,是因为反向电流极小,仅为 $10^{-14}\sim10^{-13}$ 数量级,所以在坐标上反映不出来.

[实验仪器]

智能光电效应(普朗克常量)实验仪.仪器结构如图 5.2.5 所示,由汞灯电源及汞灯、滤色片、光阑、光电管、基座组成.实验仪的调节面板如图 5.2.6 所示.实验仪有手动和自动两种工作模式,具有数据自动采集,存储,实时显示采集数据,动态显示采集曲线(连接普通示波器,可同时显示 5 个存储区中存储的曲线),及采集完成后查询数据的功能.

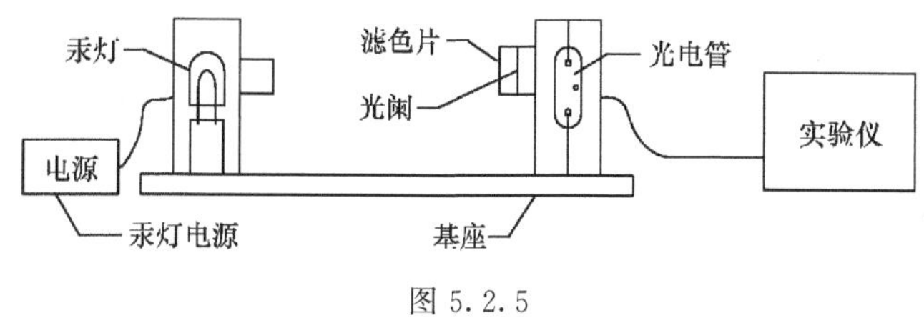

图 5.2.5

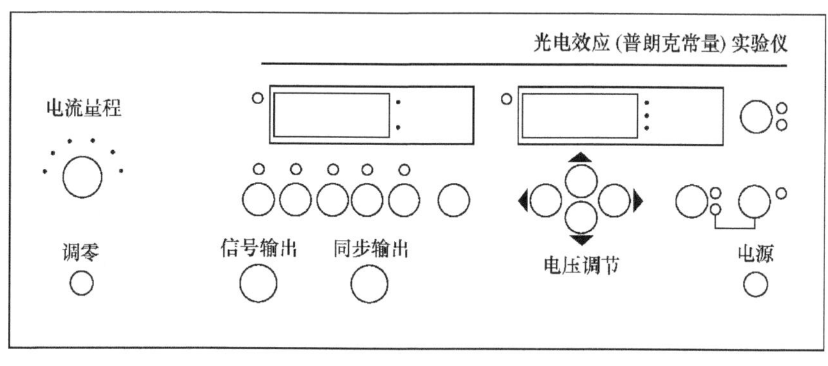

图 5.2.6

[实验内容]

1. 实验前的准备工作

(1) 将汞灯及光电管暗盒遮光盖盖上,接通实验仪及汞灯电源,预热 20 分钟.

(2) 调整光电管与汞灯距离为约 40cm 并保持不变.

(3) 用专用连接线将光电管暗箱电压输入端与实验仪电压输出端(后面板上)连接起来(红—红,蓝—蓝).

(4) 将光电管暗盒电流输出端 K 与实验仪微电流输入端(后面板上)断开(高频匹配电缆),“电流量程”选择开关置于 10^{-13} A 挡.

(5) 旋转“调零”旋钮使电流指示为 000.0.调节好后，用高频匹配电缆将电流输入连接起来.

(6) 按“调零确认/系统清零”键，系统进入测试状态.

2. 测量截止电压 U_a

测量截止电压 U_a 时，“伏安特性测试/截止电压测试”状态键应为“截止电压测试”状态.

a. 手动测量方法

(1) 使“手动/自动”模式键处于手动模式.

(2) 将直径 4mm 的光阑先套在光电管暗箱光输入口套筒内，再将 365.0nm 的滤色片装在光电管暗箱光输入口，打开汞灯遮光盖.此时电压表显示 U_{AK} 的值，电流表显示与 U_{AK} 对应的电流值 I.

(3) 用电压调节键←↕→(←、→调节位，↑、↓调节值的大小).

(4) 调节时应从高电势到低电势调节电压(绝对值减小)，寻找电流为零时对应的 U_{AK}，以其绝对值作为该波长对应的 U_a 的值.

(5) 依次换上 404.7nm、435.8nm、546.1nm、577.0nm 的滤色片，重复以上测量步骤，并将数据记于表 5.2.1 中.

b. 自动测量方法

(1) 按“手动/自动”键将仪器切换到自动模式.

(2) 此时电流表左边指示灯闪烁(表示系统处于自动测量扫描范围设置状态)，用电压调节键设置扫描起始电压和扫描终止电压(显示区左边设置起始电压，显示区右边设置终止电压). 建议扫描范围：

365.0nm，－1.95～－1.55V；404.7nm，－1.65～－1.25V；435.8nm，－1.40～－1.00V；546.1nm，－0.80～－0.40V；577.0nm，－0.70～－0.30V.

(3) 设置好后，按动相应的存储区按键，右边显示区显示倒记时 30 秒.倒记时结束后，开始以 4mV 为步长自动扫描，此时右边显示区显示电压，左边显示区显示相应电流值.

(4) 扫描完成后，“查询”指示灯亮，用电压调节键改变电压，读取电流为零时的电压值，以其绝对值作为 U_a 的值，并将数据记于表 5.2.1 中.

(5) 按“查询”键，查询指示灯灭，此时系统回复到扫描范围设置状态，可进行下一次测试.

(6) 依次换上 404.7nm、435.8nm、546.1nm、577.0nm 滤光片(更换滤光片时应盖上汞灯遮光盖).

(7) 重复步骤(2)～(6)，直到测试结束.在自动测量过程中或测量完成后，按

“手动/自动”键,系统回复到手动测量模式,模式转换前工作的存储区内的数据将被清除.

(8) 若要动态显示采集曲线,仪器与示波器连接方式,需将实验仪的“信号输出”端口接至示波器的“Y”输入端,“同步输出”端口接至示波器的“外触发”输入端.示波器“触发源”开关拨至“外”,“Y 衰减”旋钮拨至约“1V/格”,“扫描时间”旋钮拨至约“20μs/格”.此时示波器将用轮流扫描的方式显示 5 个存储区中存储的曲线,横轴代表电压 U_{AK},纵轴代表电流 I.则可观察到 U_{AK} 为负值时各谱线在选定的扫描范围内的伏安特性曲线.

[数据处理]

表 5.2.1 U_a-ν 关系 光阑孔 Φ=____ mm

波长 λ_i/nm		365.0	404.7	435.8	546.1	577.0
频率 ν_i/($\times 10^{14}$ Hz)		8.214	7.408	6.879	5.490	5.196
截止电压 U_{ai}/V	手动					
	自动					

由表 5.2.1 的实验数据,得出 U_a-ν 直线的斜率 k,即可用 $h=ek$ 求出普朗克常量 h,并与 h 的公认值 h_0 比较求出相对误差 $E=\dfrac{h-h_0}{h_0}$,式中 $e=1.602\times 10^{-19}$ C,$h_0=6.626\times 10^{-34}$ J · s.

测光电管的伏安特性曲线 I-U_{AK} 关系

A. 准备工作.

5 条谱线在同一光阑、同一距离下的伏安饱和特性曲线(以 400mm 距离,4mm 光阑为例).

(1) 断开光电管暗箱电流输出端 K 与实验仪微电流输入端,将“电流量程”置于 10^{-10} 挡,系统进入调零状态,进行调零(调零时必须把光电管暗箱电流输出端 K 与实验仪微电流输入端断开,且必须断开实验仪一端).

(2) 用高频匹配电缆(短 Q9 线,长 500mm)将电流输入连接起来,按“调零确认/系统清零”键,系统进入测试状态.

a. 手动方法

(1) 按“手动/自动”键将仪器切换到手动模式.

(2) 将 4mm 的光阑及 365.0nm 的滤光片安装在光电管暗箱光输入口上,打开汞灯遮光盖.

(3) 按电压值由小到大调节电压(←、→调节位,↑、↓调节值的大小),记录下不同电压值及其对应的电流值.所测 U_{AK} 及 I 的数据记录到表 5.2.2 中.

(4) 更换滤光片,重复步骤(2)~(4).

(5) 测试结束,依据记录下的数据作出 I-U_{AK} 图像.

b. 自动方法

(1) 按“手动/自动”键将仪器切换到自动模式.

(2) 此时电流表左边指示灯闪烁(表示系统处于自动测量扫描范围设置状态),用电压调节键设置扫描起始电压和扫描终止电压(最大扫描范围为−1~50V).

(3) 设置好后,按动相应的存储区按键,右边显示区显示倒记时 30 秒.倒记时结束后,开始以 1V 为步长自动扫描,此时右边显示区显示电压,左边显示区显示相应电流值.

(4) 扫描完成后,“查询”指示灯亮,用电压调节键改变电压,记录下不同电压值及其对应的电流值.所测 U_{AK} 及 I 的数据记录到表 5.2.2 中.

(5) 按“查询”键,查询指示灯灭,此时系统回复到扫描范围设置状态,可进行下一次测试.

(6) 依次换上 404.7nm、435.8nm、546.1nm、577.0nm 滤光片(更换滤光片时应盖上遮光盖).

(7) 重复步骤(2)~(6),直到测试结束,依据记录下的数据作出 I-U_{AK} 图像.

B. 在 U_{AK} 为 50V 时,将仪器设置为手动模式,测量并记录对同一谱线、同一入射距离,光阑分别为 2mm、4mm、8mm 时对应的电流值数据记录到表 5.2.3 中,验证光电管的饱和光电流与入射光强成正比.

C. 在 U_{AK} 为 50V 时,将仪器设置为手动模式,测量并记录对同一谱线、同一光阑时,光电管与入射光在不同距离,如 300mm、400mm 等对应的电流值数据记录到表 5.2.4 中,验证光电管的饱和电流与入射光强成正比.

表 5.2.2 I-U_{AK} 关系

U_{AK}/(V)												
I/($\times10^{-10}$A)												
U_{AK}/(V)												
I/($\times10^{-10}$A)												

表 5.2.3 I_M-P 关系

U_{AK}= V, λ= nm, L= mm

光阑孔 Φ			
I/($\times10^{-10}$A)			

表 5.2.4　I_M-P 关系

$U_{AK}=$　　V，$\lambda=$　　nm，$\Phi=$　　mm

入射距离 L			
$I/(\times10^{-10}\text{A})$			

［提示］ 实验过程中，仪器暂不使用时，均须将汞灯和光电暗箱用遮光盖盖上，使光电暗箱处于完全闭光状态.切忌汞灯直接照射光电管.

［思考题］

(1) 本实验基本的设计思想是什么？

(2) 实验时，如果改变光电管的照明度，对 I-U 曲线有何影响？

(3) 光电管的阴极上均涂有逸出功小的光敏材料，而阳极则选用逸出功大的金属来制造，为什么？

(4) 本实验中有哪些误差来源？实验中如何减少误差？你有何建议？

5.3　金属电子逸出功的测量

金属电子逸出功(或逸出电势)的测定实验，综合性地应用了直线测量法、外延测量法和补偿测量法等多种实验方法.在数据处理方面，有比较独特的技巧性.因此，这是一个十分有意义的实验.

［实验目的］

(1) 用里查孙直线法测定金属(钨)电子的逸出功.

(2) 学习直线测量法、外延测量法和补偿测量法等多种基本实验方法.

(3) 进一步学习数据处理的方法.

［实验原理］

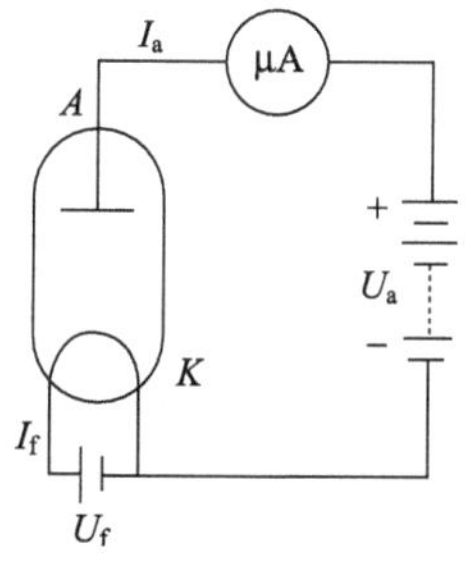

图 5.3.1

当真空二极管的阴极(用被测金属钨丝做成)通以电流加热，并在阳极上加以正电压时，在连接这两个电极的外电路中将有电流通过，如图 5.3.1 所示.这种电子从热金属发射的现象，称热电子发射.从工程学上说，研究热电子发射的目的是用以选择合适的阴极材料，这可以通过在相同加热温度下测量不同阴极材料的二极管的饱和电流，然后相互比较，加以选择.但从学习物理学来说，通过对阴极材料物理性质的研究来掌握其热电子发射的性能，这是带有根本性的工作，因而更为重要.

1. 热电子发射公式

1911 年里查孙提出了之后又经受住了 20 年代量子力学考验的热电子发射公式(里查孙定律)为

$$I = AST^2 \exp\left(-\frac{e\varphi}{kT}\right) \tag{5.3.1}$$

式中，$e\varphi$ 为金属电子的逸出功(或称功函数)，其常用单位为电子伏特(eV)，它表征电子从金属表面逸出需要克服阴极表面的势垒 E_b 所要做的功；φ 为逸出电势，其数值等于以电子伏特为单位的电子逸出功；I 为热电子发射的电流强度，单位为安培(A)；A 为和阴极表面化学纯度有关的系数，单位为安培/(米^2 · 开^2)(A/(m^2 · K^2))；S 为阴极的有效发射面积，单位为米^2(m^2)；T 为发射热电子的阴极的绝对温度，单位为开(K)；K 为玻尔兹曼常量，$k = 1.38\times10^{-23}$焦耳/开(J/K).

热电子发射是用提高阴极温度的办法以改变电子的能量分布，使其中一部分电子的能量，可以克服阴极表面的势垒 E_b，从金属中发射出来.因此，逸出功 $e\varphi$ 的大小，对热电子发射的强弱，具有决定性作用.

原则上我们只要测定 I、A、S 和 T 等各量，就可以根据式(5.3.1)计算出阴极材料的逸出功 $e\varphi$.但困难在于 A 和 S 这两个量是难以直接测定的，所以在实际测量中常用下述的里查孙直线法，以设法避开 A 和 S 的测量.

2. 里查孙直线法

具体的做法是将式(5.3.1)两边除以 T^2，再取对数得

$$\begin{aligned}\log\frac{I}{T^2} &= \log AS - \frac{e\varphi}{2.30kT} \\ &= \log AS - 5.04\times10^3\varphi\frac{1}{T}\end{aligned} \tag{5.3.2}$$

从式(5.3.2)可见，$\log\frac{I}{T^2}$与$\frac{1}{T}$呈线性关系.如以 $\log\frac{I}{T^2}$为纵坐标，以$\frac{1}{T}$为横坐标作图，从所得的直线的斜率，即可求出电子的逸出电势 φ，从而求出电子的逸出功 $e\varphi$.该方法叫里查孙直线法，其特点是可以不必求出 A 和 S 的具体数值，直接从 I 和 T 就可以得出 φ 的值，A 和 S 的影响只是使 $\log\frac{I}{T^2}$-$\frac{1}{T}$直线产生平移.这是一种十分巧妙的物理学处理方法.

3. 从加速电场外延求零场电流

为了维持阴极发射的热电子能连续不断地飞向阳极，必须在阴极和阳极间外加一个加速电场 E_a.然而 E_a 的存在会使阴极表面的势垒 E_b 降低，因而逸出功减小，发射电流增大，这一现象称为肖特基效应.可以证明，在阴极表面加速电场 E_a 的作用下，阴极发射电流 I_a 与 E_a 有如下的关系：

$$I_a = I\exp\left(\frac{0.439\sqrt{E_a}}{T}\right) \tag{5.3.3}$$

式中，I_a 和 I 分别为加速电场为 E_a 和零时的发射电流.对式(5.3.3)取对数得

$$\log I_a = \log I + \frac{0.439}{2.30T}\sqrt{E_a} \tag{5.3.4}$$

如果把阴极和阳极做成共轴圆柱形，并忽略接触电势差和其他影响，则加速电场可表示为

$$E_a = \frac{U_a}{r_1 \ln \frac{r_2}{r_1}} \tag{5.3.5}$$

式中，r_1 和 r_2 分别为阴极和阳极的半径，U_a 为阳极电压，将式(5.3.5)代入式(5.3.4)得

$$\log I_a = \log I + \frac{0.439}{2.30T}\frac{1}{\sqrt{r_1 \ln \frac{r_2}{r_1}}}\sqrt{U_a} \tag{5.3.6}$$

由式(5.3.6)可见，对于具有一定几何尺寸的管子，当阴极温度 T 一定时，$\log I_a$ 和 $\sqrt{U_a}$ 呈线性关系.如果以 $\log I_a$ 为纵坐标，以 $\sqrt{U_a}$ 为横坐标作图，如图 5.3.2 所示.这些直线的延长线与纵坐标的交点为 $\log I$，由此即可求出在一定温度下加速电场为零时的发射电流 I——零场电流.

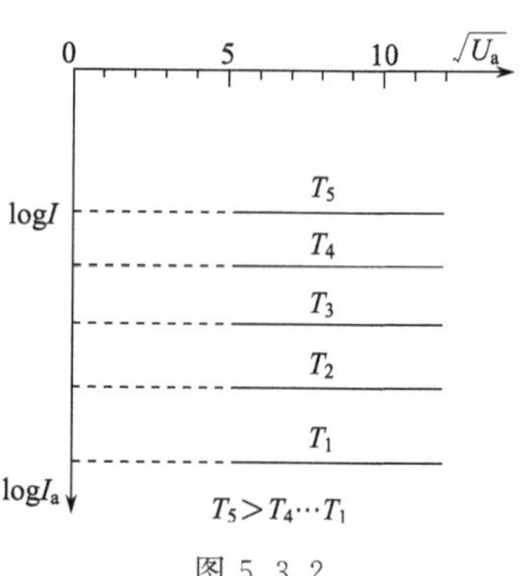

图 5.3.2

综上所述，要测定金属材料的逸出功，首先应该把被测材料做成二极管的阴极.当测定了阴极温度 T，阳极电压 U_a 和发射电流 I_a 后，通过上述的数据处理，得到零场电流 I.再根据式(5.3.2)，即可求出逸出功 $e\varphi$(或逸出电势 φ).

[实验仪器]

本实验所用仪器为 HEE-4 型热电子发射综合实验仪(或 WF 型系列金属电子逸出功测定仪).全套仪器包括理想(标准)二极管及座架、专用电源,测量阳极电压、阳极电流、灯丝电流、励磁电流等的电表、励磁线圈等.

图 5.3.3

1. 理想(标准)二极管

为了测定钨的逸出功,我们将钨作为理想二极管的阴极(灯丝)材料.所谓"理想"是指把电极设计成能够严格进行分析的几何形状.根据上述原理,我们设计成同轴圆柱形系统."理想"的另一含义是把待测的阴极发射面限制在温度均匀的一定长度内和近似地能把电极看成是无限长的,即无边缘效应的理想状态.为了避免阴极的冷端效应(两端温度较低)和电场不均匀等的边缘效应,在阳极两端各装一个保护(补偿)阳极,它们在管内相连后再引出管外,但主阳极(中间的部份)和它们绝缘.因此保护阳极虽和主阳极加相同的电压,但其电流并不包括在被测热电子的发射电流中.在主阳极上还开有一个小孔(辐射孔),通过它可以看到阴极,以便用光测高温计测量阴极温度.理想二极管的结构如图 5.3.3 所示.

2. 阴极(灯丝)温度 T 的测定

阴极温度 T 的测定有两种方法.一种是用光测高温计通过理想二极管阳级上的小孔直接测定.但用这种方法测温时,需要判定二极管阴极和光测高温计灯丝的亮度是否一致.该项判定具有主观性,尤其对初次使用光测高温计的学生,测量误差更大.另一方法是根据已经标定的理想二极管的灯丝(阴极)电流 I_f,查表得到阴极温度 T(表 5.3.1).相对而言,此种方法的实验结果比较稳定,要求灯丝供电电源的电压 U_f 必须稳定.测定灯丝电流的安培表应选用级别较高的,如 0.5 级表.本实验采用第二种方法确定灯丝温度.

表 5.3.1

灯丝电流 I_f/A	0.54	0.58	0.62	0.66	0.70	0.74	0.78	0.82
灯丝温度 $T/10^3$K	2.03	2.10	2.17	2.24	2.31	2.38	2.45	2.52

3. 实验电路和实验仪器

根据实验原理,实验电路和实验仪器分别如图 5.3.4 和图 5.3.5 所示.

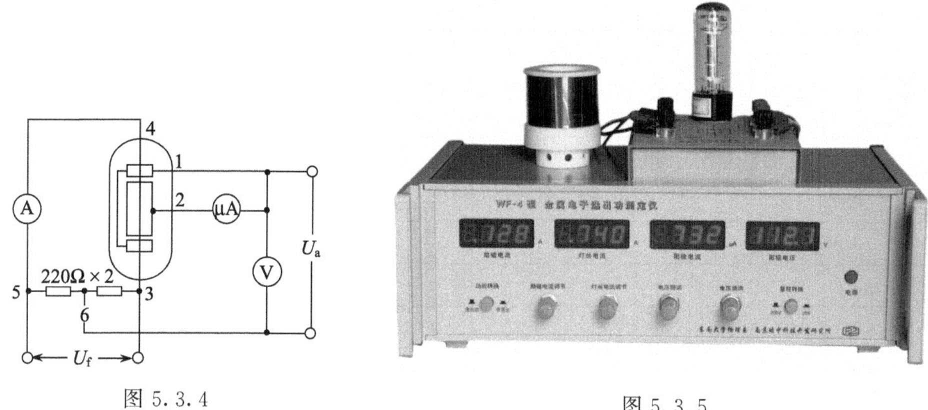

图 5.3.4　　图 5.3.5

[实验内容]

(1) 熟悉并连接好仪器装置,接通电源,预热 10min.连接电路时,切勿将阳极电压 U_a 和灯丝电压 U_f 接错,以免烧坏管子.

(2) 做逸出功测量实验时,"功能转换"和"量程转换"两只按键的开关置于弹出位置.

(3) 取理想二极管灯丝电流 I_f 从 0.58～0.78A,每间隔 0.04A 进行一次测量.如果阳极电流 I_a 偏小(出现第一条实验线离散)或偏大(出现第六条实验线超出坐标范围),也可适当增加或降低灯丝电流 I_f,如从 0.56 或从 0.60 做起(注意按比例重新调整表 5.3.2 中的电流值和表 5.3.3 中的温度值).对应每一灯丝电流,在阳极上加 25V、36V、49V、64V、…、144V 电压(为什么这样选取阳极电压?),各测出一组阳极电流 I_a.记录数据于表 5.3.2,并换算至表 5.3.3.

(4) 根据表 5.3.3 数据,作出 $\log I_a$-$\sqrt{U_a}$ 图线.求出截距 $\log I$,即可得到在不同阴极温度时的零场热电子发射电流 I,并换算成表 5.3.4.

(5) 根据表 5.3.4 数据,作 $\log \dfrac{I}{T^2}$-$\dfrac{1}{T}$ 图线,从直线斜率求出钨的逸出功 $e\varphi$(或逸出电势 φ).

[数据处理]

表 5.3.2

$I_a/10^{-6}$A U_a/V I_f/A	25	36	49	64	81	100	121	144
0.58								
0.62								
0.66								
0.70								
0.74								
0.78								

表 5.3.3

$\log I_a$ $\sqrt{U_a}$ $T/10^3$K	5.0	6.0	7.0	8.0	9.0	10.0	11.0	12.0
2.10								
2.17								
2.24								
2.31								
2.38								
2.45								

表 5.3.4

$T/10^3$K	2.10	2.17	2.24	2.31	2.38	2.45
$\log I$						
$\log \frac{I}{T^2}$						
$\frac{I}{T}/(\times 10^{-4}\text{K}^{-1})$						

直线斜率 $m=$　　　　　,逸出功 $e\varphi=$　　　　　eV

逸出功公认值 $e\varphi=4.54$eV,相对误差 $E=$　　　　　%

［思考题］

(1) 试说明里查孙直线法的优点?

(2) 求加速电场为零时的阴极发射电流 I,需要在 $\log I_a$-$\sqrt{U_a}$ 曲线图上用外延图解法.为什么不能直接测量阳极电压为零时的阴极发射电流?

5.4　智能法测刚体转动惯量

转动惯量是刚体转动时惯性大小的量度,它与刚体的质量及质量对轴的分布有关,如果刚体形状简单,质量分布均匀,可以直接计算出它绕特定轴的转动惯量,但对几何形状不规则和质量分布不均匀的物体,只能用实验的方法来测量.

［实验目的］

(1) 测定刚体的转动惯量,刚体上的外力矩与刚体角速度的关系.

(2) 验证刚体转动定理,平行移轴定理.

［实验原理］

根据定轴转动定理

$$M=J\beta=J\ \frac{\mathrm{d}w}{\mathrm{d}t}$$

只要测出刚体转动时所受合外力矩及在该力矩作用下刚体转动的角加速度 β,则可计算出刚体的转动惯量.

设转动惯量仪空载时的转动惯量为 J_0,加试件后的转动惯量为 J_1,根据转动惯量的叠加原理,该试件的转动惯量为

$$J_2=J_1-J_0 \tag{5.4.1}$$

(1) 系统不加重锤,该系统将在某一初角速度的启动下转动,此时,只受摩擦力矩的作用

$$-M=J_0\beta_1 \tag{5.4.2}$$

式中,M 为摩擦力矩(负号是因 M 的方向与外力矩的方向相反),β_1 为角加速度(计算出 β_1 值应为负值),J_0 为空载时的转动惯量.

(2) 给系统加适当的重锤,则

$$mg - T = ma \tag{5.4.3}$$

$$T \times r - L = J_0\beta_2 \tag{5.4.4}$$

$$a = r\beta_2 \tag{5.4.5}$$

式中，β_2 为在外力矩作用下(外力矩与摩擦力矩)的角加速度，r 为塔轮的半径.

由式(5.4.2)、式(5.4.3)、式(5.4.4)、式(5.4.5)联立求得

$$J_0 = \frac{mgr}{\beta_2 - \beta_1} - \frac{\beta_2}{\beta_2 - \beta_1}mr^2 \tag{5.4.6}$$

由于 β_1 本身是负值所以计算时 $\beta_2 - (-\beta_1) = \beta_2 + \beta_1$，则(5.4.6)式应该为

$$J_0 = \frac{mgr}{\beta_2 + \beta_1} - \frac{\beta_2}{\beta_2 + \beta_1}mr^2 \tag{5.4.7}$$

因此加试件(J_1)也可以由式(5.4.1)求得.上式中 m、g、r 为可知物理量，关键在如何测 β_1，β_2 量，由刚体运动知道角位移 θ 和时间的关系为：设转动体系的初角速度为 ω_0，当 $t=0$ 时开始计时角位移 $\theta=0$

$$\theta = \omega_0 t + \frac{1}{2}\beta t^2 \tag{5.4.8}$$

在一次转动过程中，取两个不同的角位移 θ_1，θ_2 则有

$$\theta_1 = \omega_0 t_1 + \frac{1}{2}\beta t_1^2 \tag{5.4.9}$$

$$\theta_2 = \omega_0 t_2 + \frac{1}{2}\beta t_2^2 \tag{5.4.10}$$

因此求得

$$\beta = \frac{2(\theta_2 t_1 - \theta_1 t_2)}{t_1 t_2 (t_2 - t_1)} \tag{5.4.11}$$

本实验采用电脑数字式毫秒计自动记录，每过 π 弧度记录一次时间和相对应转过 π 弧度的次数值为 k 值.因为开始时，$k=1$；$t=0$ 经过 $\theta=1\pi$ 时，$k=2$ 于是 $\theta=(k-1)\pi=(2-1)\pi$

同理

$$\beta = \frac{2[(k_2-1)\pi t_1 - (k_1-1)\pi t_2]}{t_2 t_1 (t_2 - t_1)}$$

$$\beta = \frac{2\pi[(k_2-1)t_1 - (k_1-1)t_2]}{t_2 t_1 (t_2 - t_1)} \tag{5.4.12}$$

k_1，k_2 不一定取相邻的两个数，例如 k_2 取 6，k_1 取 4；或者 k_2 取 5，k_1 取 3 均可.k_1 与 k_2 的差不宜太大，而且取偶数为好.

只要测出张力矩，摩擦阻力矩和角加速度，根据刚体转动定律即可求出其转动惯量.

注：$t_1, t_2, \cdots, t_n$ 记录前 $n\pi$ 弧度总积累的时间.

[实验内容]

(1) 用三个调平螺钉，将载物台调水平，如图 5.4.1 所示.

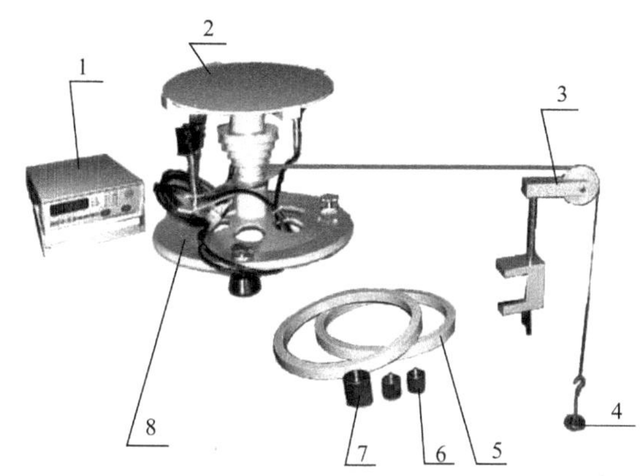

图 5.4.1

1. 电脑存储测试仪；2. 平盘；3. 滑轮组；4. 砝码；5. 铁环；6. 100g 重物砝码；
7. 300g 重物砝码；8. 转动惯量仪主体

(2) 滑轮支架固定在实验台边沿调正滑轮槽与选取的绕线塔轮槽等高，且方位相互垂直.

(3) 将电脑数字式毫秒计连接好并按其使用说明操作.操作中光电门一只工作.

(4) 向实验台施加微小力矩产生加(减)速转动测定相应的角位移及时间.

(5) 验证平行轴定理，将待测砝码插入载物台相应的圆孔中，并测定圆孔中心到中心转轴距离.

(6) 置相应选定的砝码放于砝码托盘上，将细线沿塔轮上开的细缝塞入并密绕于塔轮上，线不可重叠，释放托盘，由数字毫秒计记录相应的角位移和时间.

(7) 在砝码没接触地面前，细线释放完毕，自然从塔轮上脱落，此时塔轮作减速运动，此时所记录的角位移和时间可用以计算阻力矩，因而可计算出加速时的合力矩.

(8) 可以改变塔轮半径和重锤砝码质量组合，形成相同和不同的力矩在不同状态下测定同一被测物体的转动惯量可做 16 组的组合.也可以塔轮和重锤砝码一定的情况，改变测件重锤砝码的质量或轴距，测得多种组合的转动惯量.

[数据处理]

J / β / K	J_0(本底)	$J_{圆环}+J_0$	$J_{圆盘}+J_0$	$J_{球的本底}$	$J_{球+本底}$
1					
2					
3					
4					
5					
6					
7					
8					
9					
10					
11					
$\bar{\beta}_2$					
16					
17					
18					
19					
20					
21					
22					
23					
24					
25					
26					
$\bar{\beta}_1$					

重力砝码 $m=39.995\text{g}=3.9995\times10^{-2}\text{kg}$,塔轮半径 $r=15.00\text{mm}=1.500\times10^{-2}\text{m}$

1. 本底转动惯量 J_0 的测量

$\beta_2 =$　　$\beta_1 =$　　$\beta_2 - (-\beta_1) =$

$$J_0 = \frac{mgr}{\beta_2 + \beta_1} - \frac{\beta_2}{\beta_2 + \beta_1} mr^2$$

$J_0 =$

2. 圆环加本底的转动惯量

$\beta_2 =$　　$\beta_1 =$　　$\beta_2 - (-\beta_1) =$

$J_{圆环} + J_0 =$

$J_{圆环} =$

$$J_{圆环(理论)} = \frac{1}{2} \cdot m(R_{内}^2 + R_{外}^2) = \frac{1}{8} \cdot m(D_{内}^2 + D_{外}^2)$$

环的质量 $m = 418.0\text{g} = 418.0 \times 10^{-3}\text{kg}$

$D_{外} = 23.976\text{cm} = 0.23976\text{m}$

$D_{内} = 20.990\text{cm} = 0.20990\text{m}$

$J_{圆环(理论)} =$

理论值与实验值相比较 $E =$　　%

3. 圆盘加本底的转动惯量

$\beta_2 =$　　$\beta_1 =$　　$\beta_2 - (-\beta_1) =$

$J_{圆环} + J_0 =$

$J_{圆盘} =$

$$J_{圆盘(理论)} = \frac{1}{2} \cdot mr^2 = \frac{1}{8} mD^2$$

$m = 482.6\text{g} = 0.4826\text{kg}$

$D = 0.2399\text{m}$

$J_{圆盘(理论)} =$

理论值与实验值相比较 $E =$　　%

4. 球的本底转动惯量

$\beta_2 =$　　$\beta_1 =$　　$\beta_2 - (-\beta_1) =$

$J_{球的本底}=$

$\beta_2=$ $\beta_1=$ $\beta_2-(-\beta_1)=$

$J_{球+本底}=$

$J_{球(理论)}=\frac{1}{10}mD^2$

球的质量 $m=225.7\times10^{-3}$ kg

球的直径 $D_1=7.440$cm $D_2=7.450$cm $D_3=7.462$cm

$D_4=7.450$cm $D=7.450$cm $=7.450\times10^{-2}$m

$J_{球(理论)}=$

理论值与实验值百分误差 $E=$ %

[附录]电脑数字毫秒计使用说明

一、技术性能

本仪器采用 ECU 内部定时器计时方式,可顺时序记录 64 个光电脉冲的间隔时间,并可由此计算出等运动间距的加速度值,并将这些所测数据存储于内部或外部扩展的数据存储器中供提取记录;该仪器还可进行脉冲编组的存储和计算,并设有备用通道,即双光电门信号"或"输入.

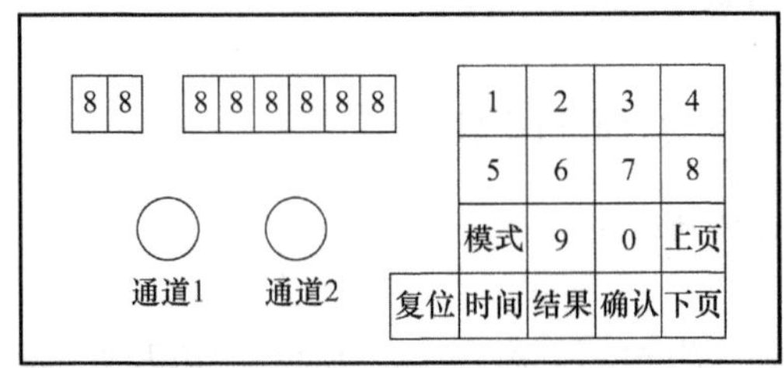

注:左上两位数码管为脉冲个数显示窗,中上六位数码管为计时时间显示窗

面板安排及按键功能:

二、使用方法

1. 将转动惯量仪的两组光电门信号输出接口和毫秒计输入接口的 I 和 II 两个通道分别连接,系统自动选择通道进行测量并记录;通常情况下只选择一路信号测量,当一路信号有问题时,系统自动切换到另外一路测量.

2. 通电后,显示 PP-HELLO,3 秒钟后进入模式设定等待状态,显示 F-0164:显示数字的前两位表示几个输入脉冲为一组(一个计时单位),如 01 表示一个脉冲计时一次,05 表示 5 个脉冲作为一个计时单元;后两位表示可记录的次数,注意:"组脉冲数"与"记录次数"的乘积应不大于 64.如果设定数值在正常范围内,按下

“确认”键确认设定结束.当设定值超出机器正常记录的范围,系统会显示 OUPLUSE,提示溢出,需再次按“模式”键重新进入设定等待状态,重新设定.

3. 设定结束后系统显示 88-888888 进入待测状态,当第一个光电脉冲通过时开始计时,显示 00-000000;测量过程中屏上显示的组数和时间值随计时变化跳动,表示计数正常运行.

4. 计算和测量完毕显示“EE”(数据提取模式),此时各组数据已被存储,以备提取,若未显示“EE”,则不能提取各类参数.(如果 5 分钟内未完成测量,将显示 HOVE,此时应按复位键重新开始).

5. 提取时间:按“时间”键,显示 01-tt 后按“确认”键则显示记录第一个脉冲的起始时间,按“上页”键则依次递增提取各次记录的数据,按“下页”键则依次递减提取各次记录的数据;也可以在显示 01-tt 时按数字键设定要提取的时间组数,然后按“确认”键即可提取相应组的时间.

6. 提取角加速度:按“结果”键,显示 01-bb 后按“确认”键则显示记录第一个角加速度值,按“上页”键则依次递增提取各次记录的数据,按“下页”键则依次递减提取各次记录的数据;也可以在显示 01-bb 时按数字键设定要提取的角加速度的组数,然后按“确认”键即可提取相应组的角加速度.

7. 软启动:“模式”键也作软启动键使用,每次设定的模式测量完成之后,按“模式”键可重新设定;重新设定完毕按“确定”键,开始新的实验,在进行新的实验之前,上次的实验数据尚未清除,还可以再次提取.

8. 串口通讯:用串口线连接该仪器和上位机,启动该仪器,打开上位机应用程序界面,就可以方便地通过上位机控制该仪器执行相应的操作.实验过程中测得的时间数据也可以实时地被上位机监测,以方便提取和计算.

三、注意事项

1. t 的单位为秒,(角)加速度的单位为弧度除以秒的平方.作其他用途时,需自行修改;配套仪器为转动惯量仪,角加速度的计算公式为

$$\beta=\frac{2\pi[(k_2-1)\times t_1-(k_1-1)\times t_2]}{(t_1\times t_2\times t_2)-(t_1\times t_1\times t_2)}$$

从加速到减速机器记录的时间是独立的,计算 β 值为负时,是用新的时间原点 t'和新的计时次数 K',K'是实际显示值减去最后一个 PASS 点的新值,然后再代入上述公式计算.

2. 摩擦随运动速度有一些变化,所以在 F 为 0164 模式下测量,角加速度值不多,而角减速度值有几十个,而且还是逐渐减少的,如何取舍?建议从开始减速起,取与加速度相同个数的值,再平均.这才与实际情况接近.由此可见,本仪器可以作为研究转轴摩擦的方便工具.

3. 因内存的限制,两次计数脉冲的时间间隔应小于 6 秒,否则将出现计时不

准的现象.测量总时间应不大于 5 分钟,超时会显示 HOUE,需要重新启动.

4. 电脑在计算正 β 值和时间较小的负 β 值时,对 t 值多取了一位有效数字(而又未被显现出)以减小计算的误差,而当时间值较大时负 β 值仅平均值相符.

5.5 气体流速测量

在科学技术和工业生产的诸多领域,流速测量是最常见的物理测量,根据测量原理不同有多种流速测量方法,常见的有压差法流速测量、旋浆流速测量、热线流速测量、激光流速测量和涡街流速测量等.压差法测量原理基于机械能守恒原理和流体力学基本方程——伯努利方程测量流速的大小,是管道流速和流量测量中最常见的方法,有孔板、比托管、喷嘴、文丘利管等多种形式;它们技术特性参数不同,可以满足不同场合的使用要求.热线法流速测量原理基于介质流动时与传感器的强迫热交换,常用于测量空间流场流速分布.

本实验采用喷嘴压差法和热线法对实验小型风洞的空气流速进行测量,通过实验学习流速测量原理,掌握使用的流速测量方法,绘制流速测量校正曲线.

[实验目的]

(1) 进行喷嘴法测量空气流速实验,掌握力学功能原理和伯努利方程的实际应用.

(2) 进行热线传感器测量空气流速实验,掌握热传导理论的实际应用.

(3) 通过热线流速仪校正,掌握电子测量仪器校正的一般方法.

[实验原理]

1. 压差法测量管道流速

压差流速仪是目前用量最大的工业测量仪器,压差流速仪利用节流元件形成的压力差测量管道中连续介质流速,在被测管道内安装一较小孔径的节流元件,流束在节流处形成局部收缩,由于管道内各点的流速和压力满足机械能守恒原理和由此导出的伯努利方程,于是在节流件上下游两侧会产生随流速变化的静压力差(或称差压),通过测量此差压可以计算流体经过节流件时的流速和流量.

伯努利方程表述为:对于由不可压缩、非黏滞性流体流线组成的流管内的点,其压力和单位体积的机械能(动能势能)之和为常数,即对于流管内的任意点,均有下式成立:

$$p+\frac{1}{2}\rho u^2+\rho gh=\text{常数}$$

其中 p 为压力，u 为流速，ρ 为流体密度，h 为相对高度，g 为重力加速度.

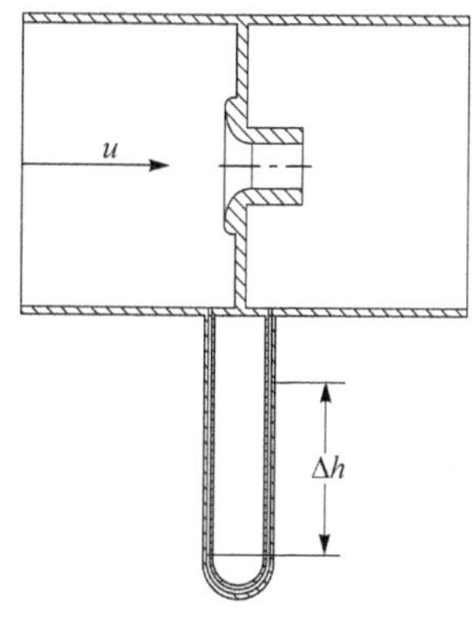

图 5.5.1

喷嘴结构见图 5.5.1.流线型喷嘴前后的压差由水柱压差计测出，设水柱压差为 Δh，空气流过喷嘴的流速为 u，根据喷嘴两边的压力势能在喷嘴内转换为气体动能(机械能守恒)或伯努利方程均可得知

$$u=k\sqrt{2g\Delta h\rho'/\rho} \tag{5.5.1}$$

其中 k 为修正喷嘴孔口流速不均匀的修正系数，对于本实验所使用的小型实验风洞为 0.935，ρ'是水的密度，近似取 $\rho'=1.000\text{g/cm}^3$，ρ 为被测流体空气的密度，空气的密度为：$\rho=\frac{273}{273+T}\cdot\rho_0$，其中 T 为环境温度(℃)，ρ_0 为 0℃时的空气密度，取 $\rho_0=1.290\times10^{-3}\text{g/cm}^3$，代入上式化简后有

$$u=1150\sqrt{\frac{273+T}{273}\Delta h} \tag{5.5.2}$$

把室温 T(℃)和压差计读数 Δh(cm)代入(5.5.2)式，即可求出喷嘴处的空气流速.

对于其他的压差流速仪如比托管、孔板和文丘利管，Δh 和 u 仍具有式(5.5.1)的表达形式，但修正系数 k 的数值略有不同.

2. 热交换法测量流场流速分布

热线法采用热线传感器测量流速，热线传感器体积小，响应快，对流场干扰小，可以测量流场中空间点的瞬态流速，例如汽车发动机为取得合适的油气混合比，需要对空气进气量进行测量，采用热线法实现的.

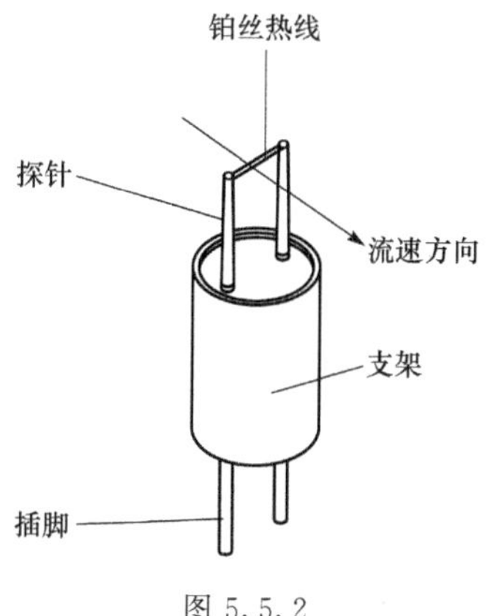

图 5.5.2

热线传感器结构见图 5.5.2，主要部分是一根极细的金属丝，典型尺寸长约 3mm、直径约 10mm，一般选用钨、铂等稳定性好、电阻温度系数大的金属材料.用电流加热使它的温度高于周围温度，故称之为“热线”.流体流动时带走热线的热量，使热线的温度或电流发生变化，从而把流速转变为电信号.

热线也有其他形式，常见的有热膜、热球等.本实验采用的是铂热传感器，体积为 0.5×5mm，安装在风洞喷嘴的出风口处.

当热线温度恒定时,热线由电加热获得的热量等于热线散失的热量,可列出热平衡方程

$$Q_d = Q + Q_1 + Q_2$$

式中,Q_d 为电流加热产生的热量,Q 为由于周围流体强迫对流散失的热量,Q_1 为由于热线支架热传导散失的热量,Q_2 为热线向周围空间热辐射散失的热量.

实验中传感器的构造设计使 Q_1 和 Q_2 忽略不计,可以认为热线的换热基本只有强迫对流换热.热平衡方程可简化为

$$Q_d = Q$$

强迫对流散失的热量 Q 与流体强迫掠过热线的换热系数 K 、热线表面积 S、热线温度 T_w 和流体温度 T_f 关系为

$$Q = KS(T_w - T_f) \tag{5.5.3}$$

换热系数 K 与热线几何形状、流体流速 u、流体导热系数 λ、流体黏滞系数 γ、流体热扩散率 α 有关.

以长直细圆柱体热线为边界条件,求解三维流场中的热交换微分方程组可获得(5.5.3)的具体形式,该公式由 King 氏(L. V. King,1914)给出,故称金氏公式

$$Q = [A_2(\lambda,\gamma,\alpha,l) + B_2(\lambda,\gamma,\alpha,l,d)]u^{1/m}(T_w - T_f) \tag{5.5.4}$$

其中,A_2 和 B_2 是 λ、γ 、α、热线几何尺寸 d、l 的函数,与 u 无关,因此在传感器和被测流体确定后,对于变量 u,A_2 和 B_2 为常数

$$Q = (A_2 + B_2 u^{1/m})(T_w - T_f) \tag{5.5.5}$$

流经热线的电流 I 在热线上产生的热量 Q_d 为

$$Q_d = 0.24V_B^2/R \tag{5.5.6}$$

其中 V_B 是电桥电压,R 是热线电阻,因为 $Q=Q_d$ 两者相等,有

$$V_B^2 = (A + Bu^{1/m})(T_w - T_f) \tag{5.5.7}$$

写成 u 的显函数以方便应用,有

$$u = \left(a\,\frac{V_B^2}{T_w - T_f} - b\right)^m \tag{5.5.8}$$

(5.5.7)、(5.5.8)式给出传感器端电压 V_B 与流速 u 之间的关系,是非线性关系,见图 5.5.3.上述结论同样适用于其他形状的传感器.(5.5.8)式中 a,b 和 m 可由实验获得,m 取值在 2 附近,本实验所用热线传感器 m 值为 2.2.

为了验证流速仪的传感器端电压 V_B 与流速 u 之间的关系是否符合(5.5.8)式,我们可以把 V_B 与 u 之间的函数关系改写成

$$u^{\frac{1}{2.2}} = a\,\frac{V_B^2}{T_w - T_f} - b \tag{5.5.9}$$

$$V_B^2 = \frac{T_w - T_f}{a}u^{\frac{1}{2.2}} + \frac{T_w - T_f}{a}b \tag{5.5.10}$$

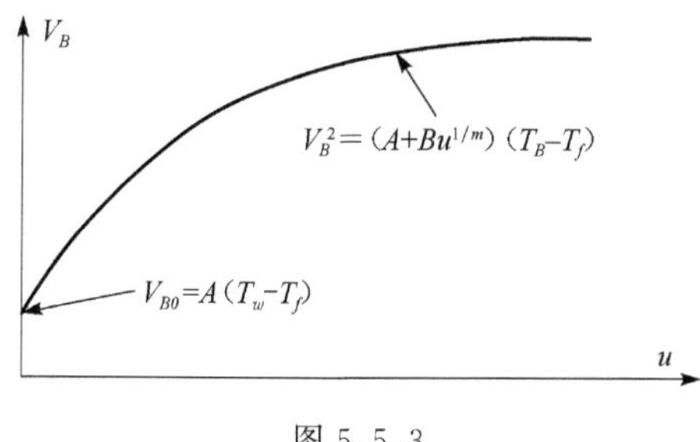

图 5.5.3

在温度 T_w 和 T_f 确定的情况下 $\frac{T_w-T_f}{a}$ 和 $\frac{T_w-T_f}{a}b$ 为常数，V_B^2 与 $u^{\frac{1}{2.2}}$ 之间为线性关系，可以通过作图法验证 V_B^2 与 $u^{\frac{1}{2.2}}$ 的关系是否满足线性关系，如果 V_B^2-$u^{\frac{1}{2.2}}$ 图线是直线，也就验证了(5.5.8)式的正确性，间接验证了导出(5.5.8)式的理论是正确的.通过图解法还可以求出斜率 $\frac{T_w-T_f}{a}$ 和截距 $\frac{T_w-T_f}{a}b$，进一步求出 a 和 b，代入(5.5.8)式获得 u 和 V_B 的具体表达式.

也可以利用最小二乘法对 V_B^2 和 $u^{\frac{1}{2.2}}$ 的一组数据进行直线拟合，在计算出这两个量之间的相关系数 $r\approx1$(表示满足线性关系)的基础上，直接利用公式计算出直线的截距和斜率.相关系数越是接近 1，表示线性程度越好.本实验使用的热线流速仪，V_B^2 和 $u^{\frac{1}{2.2}}$ 的相关系数可达 0.999 以上.

热线流速仪主机由非平衡测量电桥、信号调理、A/D 转换、单片机、显示器、电源组成，结构框图见图 5.5.4.主机不仅提供热线传感器正确的工作点，而且完成线性化校正，其原理概述如下：

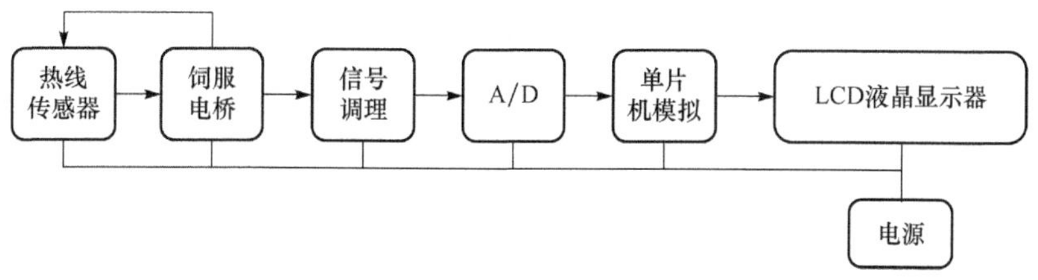

图 5.5.4

非平衡测量电桥根据 R 的变化自动调整热线传感器电流，补偿由风速变化带走的热量，使热线传感器处于恒温状态，这时电桥输出信号 V_B 与流速 u 满足(5.5.8)式规律，V_B 经过信号调理和 A/D 转换，送入单片机进行处理，输出与流速成线性关系的信号 V_{Line}.

由于 a，b 参数与传感器状态、被测流体性质有关，当传感器状态或被测流体发生变化时热线流速仪需要通过校正重新确定公式中的 a、b 的值，常用的校正方法是把热线传感器置于风洞的已知流速的流体中，调整仪器参数使流速仪输出与已知风速一一对应，由于主机中的单片机已经进行线性化处理，V_{Line} 与 u 的关系是线性的，因此只要简单进行两点校正即可，具体做法是调整流速仪上的调零旋钮使流速 V_{Line} 为零时，调整满度旋钮使流速最大时 V_{Line} 与流速值相等即可，经校正后的热线流速仪可以直接从仪器上读出现场的流速测量值.

[实验仪器]

流速测量实验装置如图 5.5.5 所示，由实验风洞、水柱压差计、热线流速仪主机构成，实验风洞由吸气风机、透明缓冲筒、喷嘴、进气口组成，风洞上有一风速旋

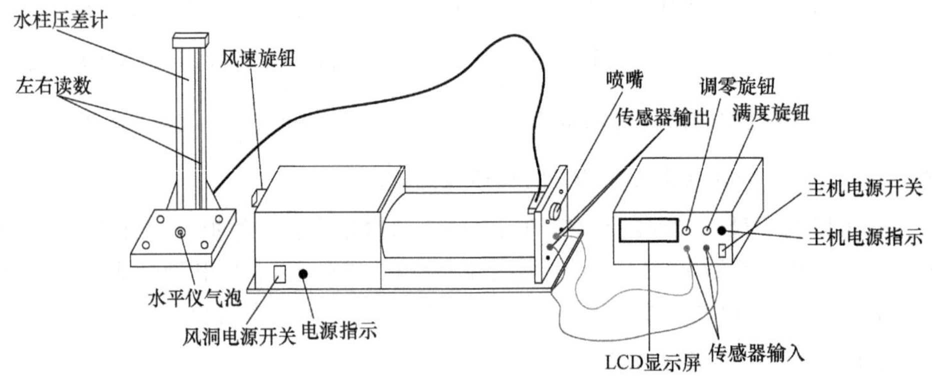

图 5.5.5

钮用以调整风洞内空气流速大小，喷嘴前后的压力差 Δh 可由水柱压差计左右两个水柱读数差求出，代入(5.5.2)式可求出风洞喷嘴的风速值.热线传感器装在喷嘴后方的支架上，实验风洞上的传感器插座与主机上的传感器输入插座相连(不分正负).主机上有调零旋钮和满度旋钮，调零旋钮用于使风洞流速为零时流速仪 V_{Line} 为零，满度旋钮用于使流速为测量最大值时 V_{Line} 与其对应.主机上有一 LCD 液晶显示器，显示器第一行显示电桥电压 V_B，V_B 与风速 u 满足(5.5.7)式和式(5.5.8)关系，第二行显示经过单片机处理的线性输出 V_{Line}，V_{Line} 与 u 为线性关系，数值上可以通过标定取得相等.

[实验步骤]

(1) 实验前熟悉试验风洞和流速仪主机，观察喷嘴及传感器构造.

(2) 把风速旋钮逆时针旋转到底($U=0$)，按图(5.5.5)所示连接好仪器(注意

导线的极性).

(3) 调整水柱压差计的底脚使水平气泡居中(保证压差计垂直).

(4) 打开主机电源,风洞电源,仪器开始工作.LED 的第一行显示电桥输出电压(V_B),第二行显示风速 U_{Line}. 缓慢调整风速旋钮(顺时针),可以听到风机噪声加大,压差计水柱差变大,V_B 随 U 的增大而增大.如此反复 1～2 次即可做实验(做实验时最大压差不宜超过 21cm).

(5) 调整风速旋钮使风速为 0,用随机附带的风罩盖住喷嘴.调整主机调零旋钮使 $V_{\text{Lline}}=0$ 并记下电桥输出电压 V_B.

(6) 测量室温 T,根据(5.5.2)式计算出 $\Delta h=20.00\text{cm}$ 风速 $u_{20.00\text{cm}}$,去掉风罩,调整风速使 $\Delta h=20.00\text{cm}$.调整满度旋钮使 $V_{\text{Line}}=u_{20.00\text{cm}}$ 重复(5),(6)两步骤二到三遍.

(7) 完成以上步骤后记下水柱左右读数,$h_{左}$,$h_{右}$.由小到大顺时针调整风速旋钮逐渐改变风速.根据表一要求记下不同水柱差下的风速,电桥输出的读数记入下表.

[实验数据处理]

实验风洞编号:________热线流速仪主机编号:________

室内温度:$T_f=$________℃;　$h_{左}=$________ cm;　$h_{右}=$________ cm;

$\Delta h=20.00\text{cm}$ 时的风速值 $u_{20.00}=$________ cm/s.

热线温度 $T_w=$200.0℃______,流体温度(环境温度)$T_f=$________

编号	Δh/(cm)	u/(cm/s)	$u^{\frac{1}{2.2}}$	V_B(V)				V_B^2	V_{Line}/(cm/s)			
				(1)	(2)	(3)	平均	(V^2)	(1)	(2)	(3)	平均
0	0.00											
1	2.00											
2	4.00											
3	6.00											
4	8.00											
5	10.00											
6	12.00											
7	14.00											
8	16.00											
9	18.00											
10	20.00											

(1) 用毫米方格纸,选取适当坐标,分别绘出 $u\text{-}\Delta h$;$u\text{-}V_B$;$u\text{-}V_{\text{Line}}$三张曲线图,观察 $u\text{-}\Delta h$、$u\text{-}V_B$ 变化规律,观察 $u\text{-}V_{\text{Line}}$线性化程度.

(2) 用毫米方格纸,选取适当坐标,绘制 $V_B^2\text{-}u^{\frac{1}{2.2}}$图线;用图解法求出斜率$=\dfrac{T_w-T_f}{a}$和截距$=\dfrac{T_w-T_f}{a}b$;代入热线温度 T_w 和流体温度 T_f 的数据解出参数 a 及 b;按照(5.5.8)式写出 u 和 V_B 之间函数关系的解析式.

(3) 利用公式计算 V_B^2 与 $u^{\frac{1}{2.2}}$这两个量之间的相关系数 r,对线性相关程度作出判断.

[注意事项]

(1) 由于采用单片机技术,可能出现程序故障现象,此时关机后过 3 秒再重启即可。

(2) 由于热线流速仪低风速时灵敏度很高,因此调零时(风速为零),一定要罩上风罩,防止自然风在喷嘴处流动造成的 V_B 误差;而压差计低风速时灵敏度较低,Δh 较小时读数要注意避免水柱读数视觉误差.

(3) 测量时注意取下风罩.

(4) 由于风速较高时喷嘴内存在一定的紊流干扰导致压差计水柱不稳,V_{Line}跳动,读数时取平均值即可.

[思考题]

(1) 简述压差流速仪和热线流速仪工作原理.

(2) 为什么热线流速仪使用前要进行校正?简述校正过程,什么情况下不用进行校正?

(3) 当 T_W 增加(热线温度上升),流速为零时,电桥电压是增大还是减少?为什么?

(4)试论述 T_W 对测量风速的影响?

5.6 声速测量

声波是一种在弹性介质中传播的机械波,它在不同介质中传播的速度是不同的.频率高于 20kHz 的声波叫超声波,超声波具有方向性好、穿透本领大等特点.声速的测量,在定位、探伤、显示和测距等应用中具有十分重要的意义.本实验主要测量超声波在空气中传播速度.

[实验目的]

(1) 学习用驻波共振法和行波相位比较法测量超声波在空气中传播速度.

(2) 加深对相位概念和振动合成理论的理解.

(3) 熟悉示波器和信号发生器的使用方法.

[实验原理]

声速、声源振动频率和波长之间的关系为

$$v=\nu\lambda \tag{5.6.1}$$

式中,v 为声速;ν 为频率;λ 为波长.频率 ν 就是低频信号发生器输出频率,声波波长用驻波共振法、行波相位比较法测量.

1. 驻波共振法

实验装置如图 5.6.1,S_1 和 S_2 为压电换能器,S_1 与低频信号发生器相连,利用压电效应,将来自信号发生器的电压信号转变为机械振动信号,超声波从 S_1 端平面发出(可近似作为平面波),它经空气传播到达接收器 S_2,S_2 在接收超声波的同时,向右反射部分声波,入射波和反射波的波动方程为

$$y_1=A\cos2\pi\left(\nu t-\frac{x}{\lambda}\right) \tag{5.6.2}$$

$$y_2=A\cos2\pi\left(\nu t+\frac{x}{\lambda}\right) \tag{5.6.3}$$

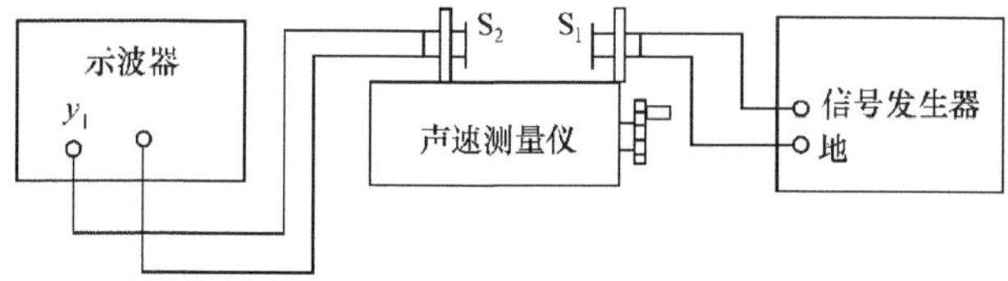

图 5.6.1

叠加后的驻波方程为

$$y=\left(2A\cos2\pi\frac{x}{\lambda}\right)\cos2\pi\nu t \tag{5.6.4}$$

当 $\left|\cos2\pi\frac{x}{\lambda}\right|=1$ 或 $2\pi\frac{x}{\lambda}=k\pi$ 时,在 $x=k\frac{\lambda}{2}(k=1,2,\cdots)$ 位置上振幅最大,

称波腹，两相邻波腹间距离为$\frac{\lambda}{2}$.

入射波与反射波干涉后形成驻波，驻波场可看成是一振动系统，当信号发生器的输出频率等于驻波系统的固有频率时发生共振，声波波腹处的振幅达到相对最大值，共振时 S_1、S_2 端平面间的距离 L 恰好等于该超声波半波长的整数倍，即

$$L=n\frac{\lambda}{2} \tag{5.6.5}$$

此时，示波器上显示的电信号的幅度也出现极大值，在移动 S_2 过程中，示波器显示相邻两次出现的极大值之间的距离就等于$\frac{\lambda}{2}$.

2. 行波相位比较法

实验装置如图 5.6.2，声源 S_1 处与接收器 S_2 处声波之间相位差为

$$\Delta\varphi=\varphi_2-\varphi_1=2\pi\frac{x}{\lambda} \tag{5.6.6}$$

所以，输入到示波器 y 轴和 x 轴的电信号的相差为 $\Delta\varphi=2\pi\frac{x}{\lambda}$，而频率相同.

设输入到示波器 y 轴和 x 轴信号的振动方程分别为

$$y=A_1\cos(\omega t+\varphi_1) \tag{5.6.7}$$

$$x=A_2\cos(\omega t+\varphi_2) \tag{5.6.8}$$

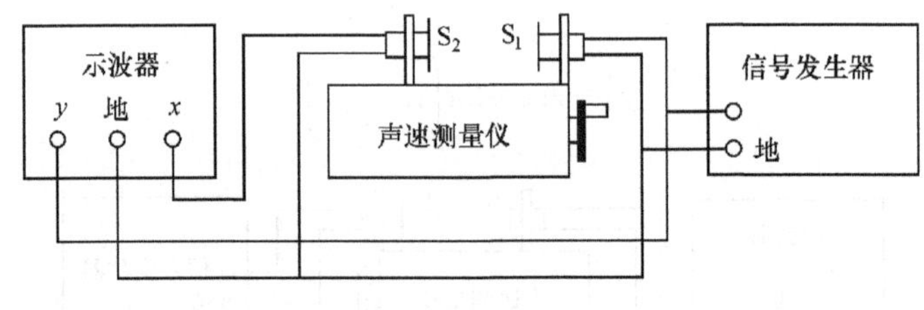

图 5.6.2

合成后为

$$\left(\frac{x}{A_2}\right)^2+\left(\frac{y}{A_1}\right)^2-\frac{2xy}{A_1A_2}\cos(\varphi_2-\varphi_1)=\sin^2(\varphi_2-\varphi_1) \tag{5.6.9}$$

方程(5.6.9)为椭圆方程，椭圆的长短轴大小和方向由相位差 $\varphi_2-\varphi_1$ 决定.不同相位差时几种特定的李萨如图形如图 5.6.3 所示.

由式(5.6.6)可知，当波长一定时，相位差 $\Delta\varphi$ 由 S_1、S_2 之间距离 x 决定.

若 S_2 在远离 S_1 的方向移动时，$\Delta\varphi$ 随之变化，李萨如图形随之由图 5.6.3 中(a)→(b)→(c)→(a)周期性变化，从图形(a)→(c)(或(c)→(a))，相位差改变了 π，

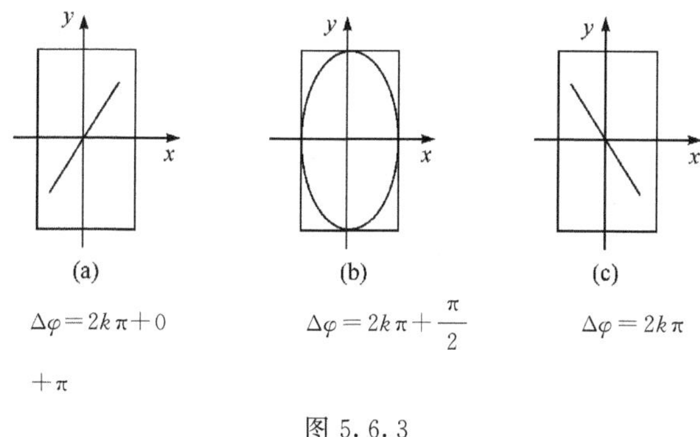

图 5.6.3

S_2 移动距离为半波长 $x_{i+1}-x_i=\dfrac{\lambda}{2}$.

［实验仪器］

SW-1 声速测量仪、SS5702 通用示波器和低频信号发生器.

［实验内容］

1. 用驻波共振法测量声速

(1) 按图 5.6.1 接好电路.

(2) S_1 接信号发生器电压输出端，频段在 20～200kHz 挡，输出旋钮反时针调至最小，接通电源预热半分钟，顺时针方向调大输出电压至 1～2V，频率调至 40kHz 左右.

(3) 接通示波器电源，扫描速度调至 10μs/格左右，垂直偏转因数调至 10mV/格左右，其他按键、旋钮置于合适位置(参考示波器使用说明书).

(4) 将 S_2 移近 S_1(3mm)，然后再缓慢离开 S_1，同时缓慢地调节信号发生器调谐旋钮，使示波器上出现振幅极大值，记下此时频率 ν 及 S_1、S_2 间距离 x_1，此频率与驻波系统固有频率相同时，发生共振.

(5) 继续移动 S_2，依次记下各振幅极大时的 $x_2, x_3, \cdots$.

2. 行波相位比较法测量声速

(1) 按图 5.6.2 接好电路.

(2) 示波器扫描旋钮旋至 y-x 外接，垂直因数旋至 0.2V/格左右，“触发源”开关置于 ExT 位置.

(3) 在共振频率下，使 S_2 靠近 S_1，再缓慢远离 S_1，当示波器出现图 5.6.3 中(a)或(c)图线时，适当调节信号发生器输出电压和示波器垂直因数，使斜线接近 45°，记下 S_2 的位置 x_1.

(4) 继续移动 S_2，示波器上李萨如图形由(a)→(b)→(c)→(a)周期变化，依次记下出现(a)、(c)图线时 S_2 的位置 x_2、x_3、…(7 次左右).

3. 双曲线相位比较法

(1) 按图 5.6.4 接好电路，示波器上的旋钮→交替，极性→拉出，内触发→拉出，t/div，v/div 可调，在示波器显示屏的坐标系中；直接观察发生器 S_1 与接收器 S_2 发出的两列波的波形.

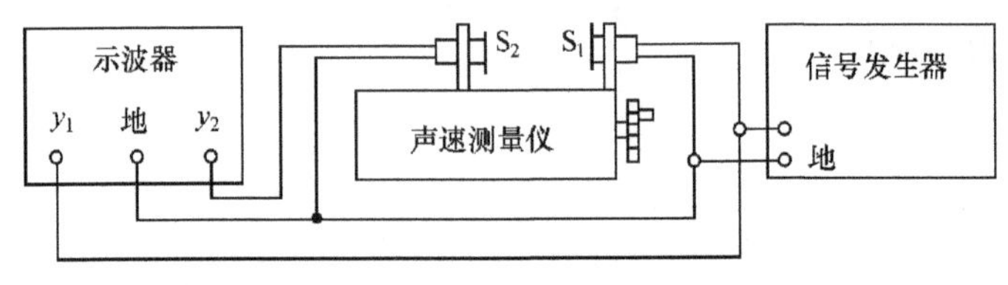

图 5.6.4

(2) 在共振频率 ν 下，使接收器 S_2 靠近发生器 S_1，再缓慢地远离 S_1，在远离的过程中观察两列波形的相同点，记下该点的位置 x_1.

(3) 依次移动 S_2，记下波形相同点处的 x_2，x_3，….

[数据处理]

(1) 自拟表格记录测量数据.

(2) 用逐差法处理数据，分别计算出驻波共振法和相位比较法的波长 λ 和 λ'，用式(5.6.1)计算声速 v 和 v'.

(3) 记录实验室温度 t，按理论公式

$$v_s = v_0\sqrt{\frac{T}{T_0}} \approx 331.45\sqrt{1+\frac{t}{273}}$$

计算出声速理论值.

(4) 分别用 v 和 v_s，v' 和 v_s 求相对误差，并加以分析.

[思考题]

(1) 在本实验中驻波是怎样形成的？

（2）用逐差法处理数据的优点是什么?

（3）实验前怎样调整系统的谐振频率?

5.7　太阳能电池基本特性的研究

太阳能的利用和太阳能电池特性的研究是 21 世纪新能源开发的重点课题.目前硅太阳能电池的应用领域除人造卫星和宇宙飞船外,已应用于许多民用领域:如太阳能汽车、太阳能游艇、太阳能收音机、太阳能计算机、太阳能乡村电站等.太阳能是一种清洁、绿色的能源,因此,世界各国十分重视对太阳能电池的研究和利用.本实验的目的主要是探讨太阳能电池的基本特性,太阳能电池能够吸收光的能量,并将所吸收的光子能量转换为电能.本实验旨在提高学生对太阳能电池特性的认识,研究太阳能电池的基本光电特性,学会电学与光学的一些重要实验方法及数据处理方法.

[实验目的]

（1）在没有光照时,太阳能电池的主要结构为一个二极管,测量该二极管在正向偏压时的伏安特性曲线,并求得电流与电压关系的经验公式.

（2）测量太阳能电池在光照时的输出伏安特性,作伏安特性曲线图,由图求得它的短路电流(I_{sc})、开路电压(U_{oc})、最大输出功率 P_m 及填充因子 $FF[(P_m/(I_{sc}U_{oc}))]$.填充因子是代表太阳能电池性能优劣的一个重要参数.

（3）测量太阳能电池的光照特性:测量短路电流 I_{sc} 和相对光强度 $\frac{J}{J_0}$ 之间关系,画出 I_{sc} 与相对光强 $\frac{J}{J_0}$ 之间的关系图.测量开路电压 U_{oc} 和相对光强度 $\frac{J}{J_0}$ 之间的关系,画出 U_{oc} 与相对光强 $\frac{J}{J_0}$ 之间的关系图.

[实验原理]

太阳能电池在没有光照时其特性可视为一个二极管.在没有光照时其通过电流 I 与正向偏压 U 的关系式为

$$I = I_0(e^{\beta U} - 1) \tag{5.7.1}$$

式中,I_0 和 β 是常数.

由半导体理论可知,二极管主要是由能隙为 E_C-E_V 的半导体构成,如图 5.7.1

所示.E_C为半导体导电带,E_V为半导体价电带.当入射光子的能量大于能隙时,光子会被半导体吸收,产生电子和空穴对.电子和空穴对会分别受到二极管之内电场的影响而产生光电流.

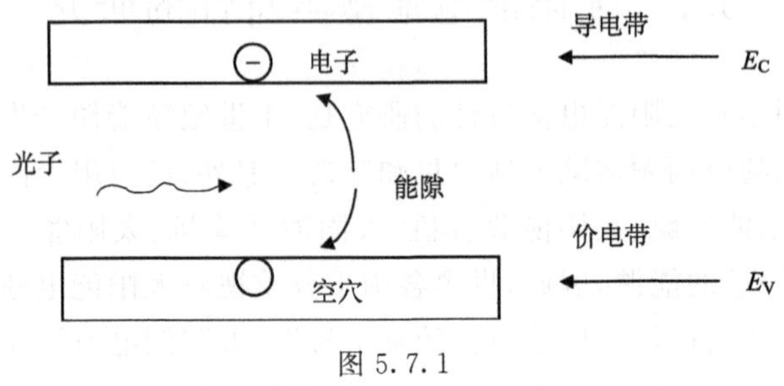

图 5.7.1

假设太阳能电池的理论模型是由一理想电流源(光照产生光电流的电流源)、一个理想二极管、一个并联电阻 R_{sh}与一个电阻 R_s 所组成,如图 5.7.2 所示.

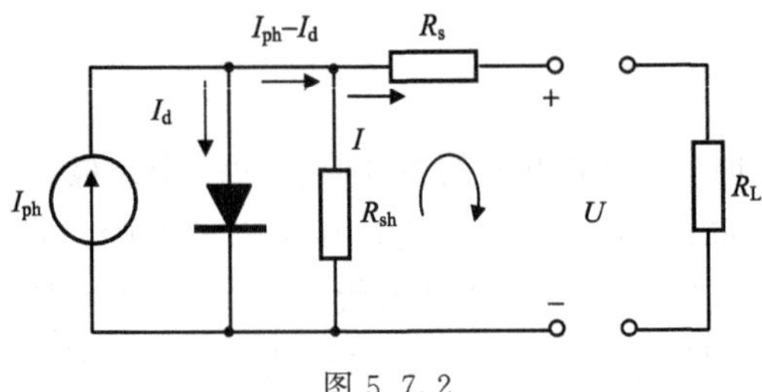

图 5.7.2

图 5.7.2 中,I_{ph}为太阳能电池在光照时该等效电源的输出电流;I_d 为光照时通过太阳能电池内部二极管的电流.由基尔霍夫定律得

$$IR_s + U - (I_{ph} - I_d - I)R_{sh} = 0 \tag{5.7.2}$$

式中,I 为太阳能电池的输出电流;U 为输出电压.由式(5.7.1)可得

$$I\left(1 + \frac{R_s}{R_{sh}}\right) = I_{ph} - \frac{U}{R_{sh}} - I_d \tag{5.7.3}$$

假定 $R_{sh} = \infty$和 $R_s = 0$,太阳能电池可简化为如图 5.7.3 所示的电路.这里

$$I = I_{ph} - I_d = I_{ph} - I_0(e^{\beta U} - 1)$$

短路时

$$U = 0, \quad I_{ph} = I_{sc}$$

而开路时

$$I = 0, \quad I_{sc} - I_0(e^{\beta U_{oc}} - 1) = 0$$

所以

$$U_{oc}=\frac{1}{\beta}\ln\left[\frac{I_{sc}}{I_0}+1\right] \tag{5.7.4}$$

式(5.7.4)即为在 $R_{sh}=\infty$ 和 $R_s=0$ 的情况下,太阳能电池的开路电压 U_{oc} 和短路电流 I_{sc} 的关系式.其中 U_{oc} 为开路电压,I_{sc} 为短路电流,而 I_0、β 是常数.

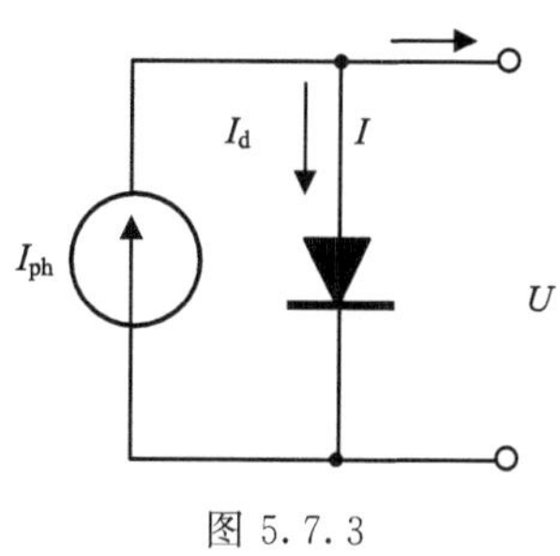

图 5.7.3

[实验仪器]

光具座及滑块座、具有引出接线的盒装太阳能电池、数字电压表 1 只、电阻箱 1 只、白光源 1 只(射灯结构,功率 40W)、光功率计(带 3V 直流稳压电源)、导线若干.实验装置图见图 5.7.4.

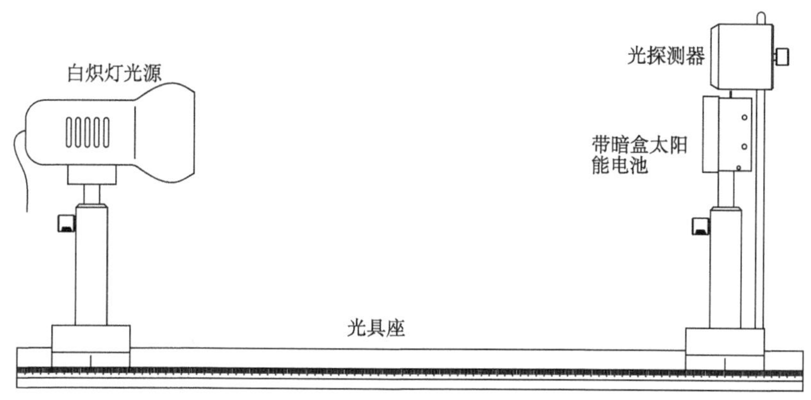

图 5.7.4

[实验内容]

(1) 在没有光源(全黑)的条件下,测量太阳能电池正向偏压时的 I-U 特性,利用测得的正向偏压时的 I-U 关系数据,画出 I-U 曲线并求得常数 β 和 I_0 的值.

(2) 在不加偏压时,用白色光源照射,测量太阳能电池的特性.注意此时光源到太阳能电池的距离保持为 20cm.

① 画出测量线路图.

② 测量电池在不同负载电阻下,I 对 U 变化关系,画出 I-U 曲线图.

③ 用外推法求短路电流 I_{sc} 和开路电压 U_{oc}.

④ 求太阳能电池的最大输出功率及最大输出功率时的负载电阻.

⑤ 计算填充因子 $FF=P_m/(I_{sc}\cdot U_{sc})$.

(3) 测量太阳能电池的光照特性

取离白光源 20cm 的水平距离的光强作为标准光照强度,用光功率计测量该处的光照强度 J_0;改变太阳能电池到光源的距离 x,用光功率计测量 x 处的光照强度 J,求光强 J 与位置 X 关系.测量太阳能电池接收到相对光强度 J/J_0 的不同值时,相应的 I_{sc} 和 U_{oc} 的值.

①描绘 I_{sc} 和相对光强度 J/J_0 之间的关系曲线,求 I_{sc} 与相对光强 J/J_0 之间的近似关系函数.

②描绘 U_{oc} 和相对光强度 J/J_0 之间的关系曲线,求 U_{oc} 与相对光强度 J/J_0 之间的近似函数关系.

[数据处理]

(1) 在全暗的情况下,测量太阳能电池在正向偏压下流过太阳能电池的电流 I 和太阳能电池的输出电压 U.测量电路如图 5.7.5 所示.正向偏压从 0～3V 的条件下,测量结果如表 5.7.1 所示.

$R=1000\Omega$

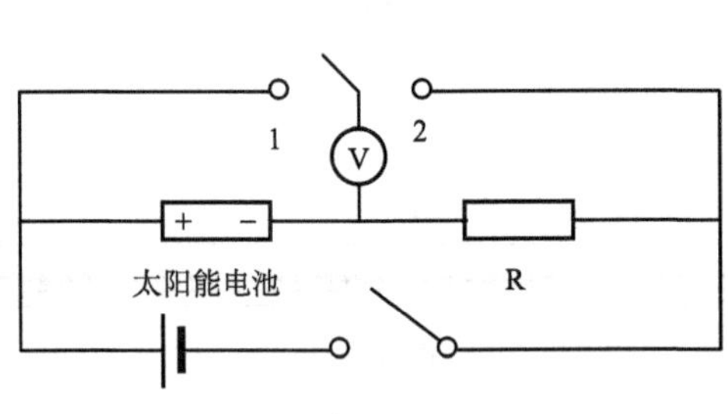

图 5.7.5

表 5.7.1 全暗情况下太阳能电池在外加偏压时伏安特性

U_1/V	U_2/mV	I/μA
0.40	72	
0.99	316	
1.31	482	
1.60	654	
1.91	845	
2.04	932	
2.20	1038	
2.36	1145	

续表

U_1/V	U_2/mV	I/μA
2.50	1244	
2.66	1357	
2.80	1456	
2.96	1567	

由$\frac{I}{I_0}=e^{\beta U}-1$可得，当$U$比较大时，$e^{\beta U}\gg 1$，即$\ln I=\beta U+\ln I_0$，由最小二乘法，将表 5.7.1 中最后 8 点数据经处理得

$$\beta=\qquad \mathrm{V}^{-1},\quad I_0=\qquad \mathrm{mA}$$

相关系数 $r=$______.

(2) 不加偏压，保持白光源到太阳能电池的距离为 20cm，测量太阳能电池的输出 I 与太阳能电池的输出电压 U 的关系，测量电路如图 5.7.6 所示，测量结果如表 5.7.2 所示.

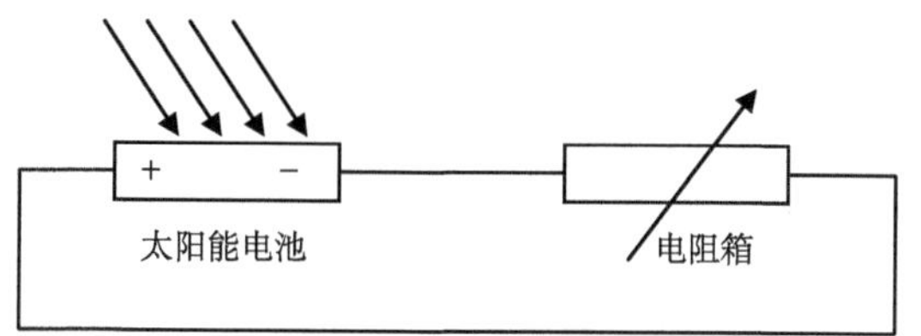

图 5.7.6

表 5.7.2　恒定光照下太阳能电池在不加偏压时伏安特性

R/kΩ	U/V	I/mA	P/mW
	0.00		
0.07	0.20		
0.14	0.40		
0.22	0.60		
0.31	0.80		
0.45	1.00		
0.54	1.10		
0.66	1.20		
0.83	1.30		
1.09	1.40		

续表

R/kΩ	U/V	I/mA	P/mW
1.50	1.50		
2.39	1.60		
5.48	1.70		

根据实验数据，绘制恒定光照下太阳能电池在不加偏压时的伏安特性曲线.

根据恒定光照下太阳能电池在不加偏压时的伏安特性曲线可得短路电流 $I_{sc}=$ ______ mA，开路电压 $U_{oc}=$ ______ V.根据太阳能电池在光照时，输出功率 $P=I\times U$ 与负载电阻 R 的关系，画出 R(kΩ)与 P(mW)的关系曲线.

根据恒定光照无偏压下的太阳能电池输出功率与负载电阻的关系曲线，可得到最大输出功率 $P_{max}=$ ______ mW，负载电阻 $R=$ ______ kΩ，填充因子 $FF=\dfrac{P_m}{I_{sc}U_{oc}}=$ ______.

(1) 测量太阳能电池 I_{sc} 和 U_{oc} 与相对光强 J/J_0 的关系，短路电流直接用万用表的电流挡测出，开路电压直接用万用表的电压挡测出.

(2) 根据测量结果，画出太阳能电池短路电流 I_{sc} 与相对光强 J/J_0（太阳能电池 U_{oc} 与相对光强 J/J_0）的关系曲线.

(3) 根据太阳能电池短路电流 I_{sc} 与相对光强 J/J_0（太阳能电池 U_{oc} 与相对光强 J/J_0）的关系曲线，找出 I_{sc} 及 U_{oc} 与相对光强 J/J_0 的近似函数关系为

$$I_{sc}=A(J/J_0) \tag{5.7.5}$$

$$U_{oc}=BIn(J/J_0)+C \tag{5.7.6}$$

利用最小二乘法拟合，得 $I_{sc}=$ __ J/J_0+ __，相关系数 $r=$ __；$U_{oc}=$ __ $In(J/J_0)+$ __；

相关系数 $r=$ ______.从最小二乘法拟合中可知短路电流 I_{sc} 和开路电压 U_{oc} 关系式(5.7.5)和式(5.7.6)成立.

[思考题]

(1) 光强 J 与位置 X 有何关系？

(2) 电池在不同负载电阻下，对 I 和 U 的变化关系有何影响？

5.8　多普勒效应综合实验

对于机械波、声波、光波和电磁波而言，当波源和观察者(或接收器)之间发生

相对运动，或者波源、观察者不动而传播介质运动，或者波源、观察者、传播介质都在运动时，观察者接收到的波的频率和发出的波的频率不相同的现象，称为多普勒效应.

多普勒效应在核物理、天文学、工程技术，交通管理，医疗诊断等方面有十分广泛的应用.如用于卫星测速、光谱仪、多普勒雷达、多普勒彩色超声诊断仪等.

[实验目的]

(1) 测量超声接收换能器的运动速度与接收频率的关系，验证多普勒效应.

(2) 用步进电机控制超声换能器的运动速度，通过测频求出空气中的声速.

(3) 在直射式和反射式两种情况下，用时差法测量空气中的声速.

[实验原理]

1. 声波的多普勒效应

设声源在原点，声源的振动频率为 f，接收点在 x，运动和传播都在 x 方向.对于三维情况，处理稍复杂一点，但其结果相似.当声源、接收器和传播介质不动时，在 x 方向传播的声波的数学表达式为

$$p = p_0 \cos\left(\omega t - \frac{\omega}{c_0} x\right) \tag{5.8.1}$$

1) 声源的运动速度为 V_S，介质和接收点不动

设声速为 c_0，在时刻 t，声源移动的距离为

$$V_S(t - x/c_0)$$

因而声源实际的距离为

$$x = x_0 - V_S(t - x/c_0)$$

所以

$$x = (x_0 - V_S t)/(1 - M_S) \tag{5.8.2}$$

式中，$M_S = V_S/c_0$ 为声源运动的马赫数.声源向接收点运动时 V_S（或 M_S）为正，反之为负，将式(5.8.2)代入式(5.8.1)得

$$p = p_0 \cos\left\{\frac{\omega}{1 - M_S}\left(t - \frac{x_0}{c_0}\right)\right\}$$

可见，接收器接收到的频率变为原来的 $\frac{1}{1 - M_S}$，即

$$f_S = \frac{f}{1 - M_S} \tag{5.8.3}$$

2）声源、介质不动，接收器的运动速度为 V_r，同理可得接收器接收到的频率：

$$f_r=(1+M_r)f=\left(1+\frac{V_r}{c_0}\right)f \tag{5.8.4}$$

式中，$M_r=\frac{V_r}{c_0}$为接收器运动的马赫数.接收点向着声源运动时，V_r（或 M_r）为正，反之为负.

3）介质不动，声源运动速度为 V_S，接收器运动速度为 V_r，可得接收器接收到的频率

$$f_{rs}=\frac{1+M_r}{1-M_s}f \tag{5.8.5}$$

4）介质运动，设介质运动速度为 V_m，得

$$x=x_0-V_m t$$

根据式（5.8.1）可得

$$p=p_0\cos\left[(1+M_m)\omega t-\frac{\omega}{c_0}x_0\right] \tag{5.8.6}$$

式中，$M_m=V_m/c_0$ 为介质运动的马赫数.介质向着接收点运动时 V_m（或 M_m）为正，反之为负.

可见，若声源和接收器不动，则接收器接收到的频率

$$f_m=(1+M_m)f \tag{5.8.7}$$

还可看出，若声源和介质一起运动，则频率不变.

为了简单起见，本实验只研究第 2 种情况：声源、介质不动，接收器运动速度为 V_r.根据式（5.8.4）可知，改变 V_r 就可得到不同的 f_r 以及不同的 $\Delta f=f_r-f$，从而验证了多普勒效应.另外，若已知 V_r、f，并测出 f_r，则可算出声速 c_0，并将用多普勒频移测得的声速值与用时差法测得的声速值做比较.

2. 时差法测量原理

连续波经脉冲调制后由发射换能器发射至被测介质中，声波在介质中传播，经过时间 t 后，到达距离 L 处的接收换能器（图 5.8.1）.由运动定律可知，声波在介质中的传播速度可由以下公式求出：

速度 V=距离 L/时间 t

通过测量两换能器发射接收平面之间的距离 L 和时间 t，就可以计算出当前介质下的声波传播速度.

[实验步骤]

把测试架上的收发换能器（固定的换能器为发射，运动的换能器为接受）及光

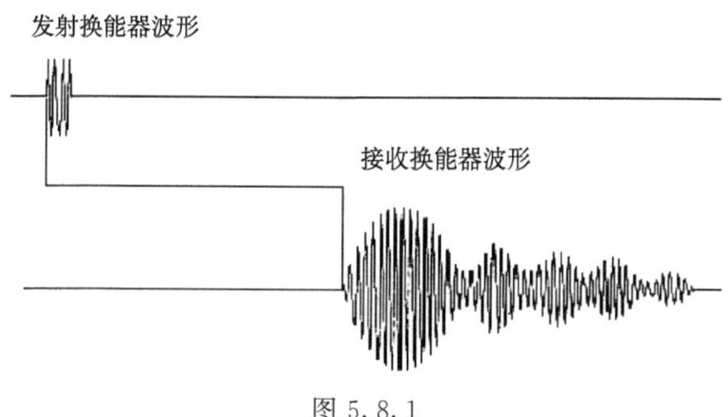

图 5.8.1

电门Ⅰ连在实验仪的相应插座上，实验仪上的“发射波形”及“接收波形”与普通双路示波器相接，将“发射强度”及“接收增益”调到最大，将测试架上的光电门Ⅱ、限位及电机控制接口与智能运动控制系统的相应接口相连，将智能运动控制系统“电源输入”接实验仪的“电源输出”.开机后可进行下面的实验.

1. 验证多普勒效应

进入“多普勒效应实验”画面后，先“设置源频率”，用“▶”“◀”增减信号频率，一次变化 10Hz，同时观察示波器的波形.当接收波幅达最大时，源频率即已设好.

接着转入“瞬时测量”，确保小车在两限位光电门之间后，开启智能运动控制系统电源，设置匀速运动的速度，使小车运动，测量完毕后，可得到通过光电门时的信号频率、多普勒频移及小车的运动速度.

改变小车速度，反复多次测量，可作出 $\bar{f}$-$\bar{v}$ 或 $\Delta\bar{f}$-$\bar{v}$ 关系曲线.

改变小车的运动方向，再改变小车速度，反复多次测量，作出 $\bar{f}$-$\bar{v}$ 或 $\Delta\bar{f}$-$\bar{v}$ 关系曲线.

2. 用多普勒效应测声速

测量步骤和 1 相同，只是转入“动态测量”或“瞬时测量”，小车的运动速度由智能运动控制系统确定，频率由“动态测量”或“瞬时测量”确定，因而可由式(5.8.4)求出声速 c_0.进行多次测量后，求出声速的平均值，并与由时差法测出的声速做比较.

3. 用时差法测空气中的声速

可在直射式和反射式两种方式下进行，进入“时差法测声速”画面，这时超声发射换能器发出 75μs 宽(填充 3 个脉冲)，周期为 30ms 的脉冲波.在直射方式下，接收换能器接收直达波，在反射方式下接收由反射面来的反射波，这时显示一个 Δt 值：Δt_1；用步进电机或用手移动小车（注意：手动移动小车时，最好通过转动步进电机上的滚花帽使小车缓慢移动，以减小实验误差），或改变反射面的位置，再得到一个 Δt 值：Δt_2，从而算出声速值 $c_0=\dfrac{\Delta x}{\Delta t_2-\Delta t_1}$，其中 Δx 为小车移动的距离（可以直接从标尺上读出或参考控制器中显示的距离），或为反射法时前后两次经过反射面的声程差.

注意：按照如图 5.8.4 所示的时差法测量原理，时间 t 为发射波到接收波的第一个波峰之间时间；在移动 Δx 的过程中，只要 Δt 的变化是连续的，测量误差即最小.

反射法测量声速时，反射屏要远离两换能器，调整两换能器之间的距离、两换能器和反射屏之间的夹角 θ 以及垂直距离 L，如图 5.8.2 所示，使数字示波器（双踪，由脉冲波触发）接收到稳定波形.利用数字示波器观察波形，通过调节示波器使接收波形的某一波头 b_n 的波峰处在一个容易辨识的时间轴位置上，然后向前或向后水平调节反射屏的位置，移动 ΔL，记下此时示波器中先前那个波头 b_n 在时间轴上移动的时间 Δt，如图 5.8.3 所示，从而得出声速值 $c_0\left(c_0=\dfrac{\Delta x}{\Delta t}=\dfrac{2\Delta L}{\Delta t\cdot\sin\theta}\right)$.

用数字示波器测量时间同样适用于直射式测量，而且可以使测量范围增大.

重复上述实验，得到多个声速值，最后求出声速的平均值，再与多普勒效应得到的声速值及如下的理论值相比较：$c_0=331.45\sqrt{1+\dfrac{t}{273.16}}$ (m/s)其中 t 为室温，单位为℃.

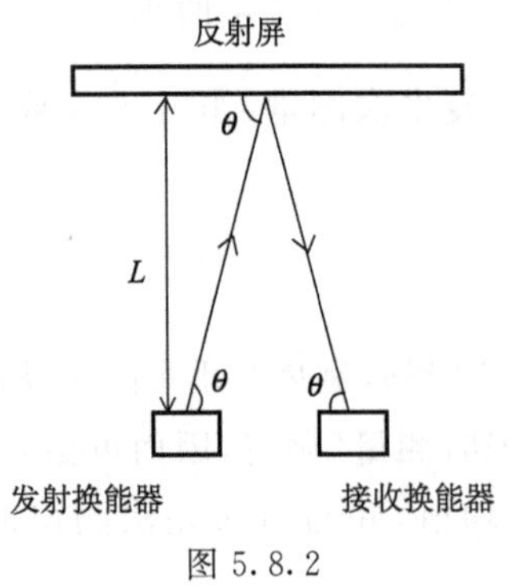

图 5.8.2

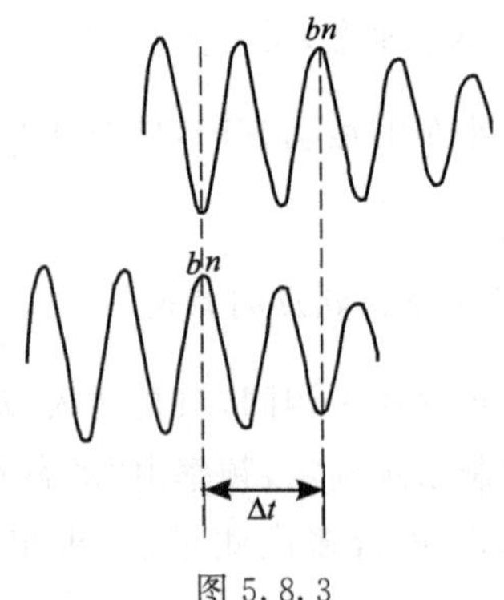

图 5.8.3

[实验仪器]

运动系统结构示意图如图 5.8.4 所示.各部分的使用情况如下.

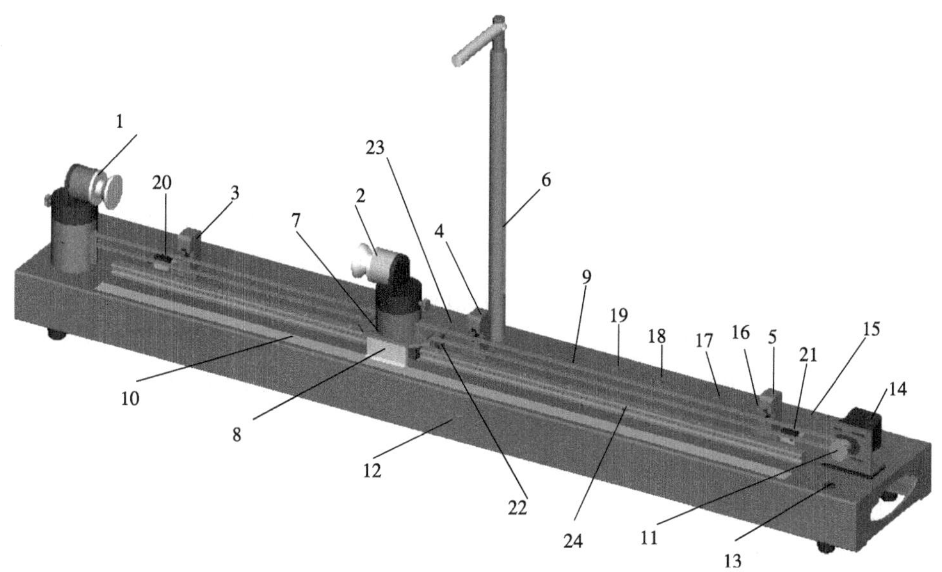

图 5.8.4

1. 发射换能器；2. 接收换能器；3、5. 左、右限位保护光电门；4. 测速光电门；6. 接收线支撑杆；7. 小车；8. 游标；9. 同步带；10. 标尺；11. 滚花帽；12. 底座；13. 复位开关；14. 步进电机；15. 电机开关；16. 电机控制；17. 限位；18. 光电门 II；19. 光电门 I；20. 左行程开关；21. 右行程开关；22. 行程撞块；23. 挡光板；24. 运动导轨

1. 实验仪主画面

开机时或按复位键时显示："欢迎使用多普勒效应及声速综合实验仪".

按"确认"键(即中心键)后显示主菜单：

"时差法测声速"

"多普勒效应实验"

"变速运动实验"

"数据查询"

按"▲""▼"键选择不同的任务，按"确认"键进入以下各任务：

"时差法测声速"：

"时间差 Δt：xxxμs"

"返回"，按 "确认"键返回主菜单.

"多普勒效应实验"：

"设置源频率"："▶""◀"增减信号频率，一次变化 10Hz.

"瞬时测量"：测通过光电门时的平均频率及平均速度.

"动态测量":不用光电门测得的动态频率(频率计).

"返回",按"确认"键返回主菜单.

2. 智能运动控制系统

用于控制小车的启、停及小车做匀速运动的速度.此外,内建了七种变速运动模式:从零加速,后减速到零;再反向从零加速,后减速到零……不停循环.

为了防止小车运动时发生意外,设计了小车限位功能,该功能由光电门限位和行程开关控制组成.当小车运动到导轨两侧的限位光电门处时,根据不同的运行方式,小车会自行停止运行或反向运行.当因误操作致使小车越过限光电门后,会触发行程开关,使系统复位停车,此时小车被锁住,切断测试架上的电机开关按钮,移动小车到导轨中央位置后再接通电机开关按钮,接着按一下复位开关即可.

注意:为了保证电机运动状态的准确性,开启电源时必须确保小车的起始位置在两限位光电门之间.

(1) 在匀速运动模式下,即显示速度 V 为 0. XXXm/s 或 −0. XXXm/s("−"表示方向为负),单击 Set 键,进入速度设定模式,显示速度 V 为 0. XXXm/s 或 −0. XXXm/s,并且高位"0"处于闪烁状态;这时再按 Up 键(速度增加)或 Down 键(速度减小)来对速度的大小进行设定,设定好后再单击 Set 键进行确定即可.

速度显示误差为±0.002m/s.此速度可以当成已经确定的物理量,也可以用外部测速装置来测量.

(2) 单击 Run/Stop ——启动/停止控制键,将使电机加速启动到设定速度或从设定速度减速到停止运行(为了防止步进电机的失步和过冲现象,需加速启动和减速停止).此键在小车运行时才有效.

(3) 在电机停止时单击 Dir ——正/反转控制键,速度显示方向改变,电机下次的运行方向将会改变.需要注意的是,当电机运行到导轨两侧的限定位置而停止时,只有按此键改变电机运行方向才可反向运行.

(4) 在速度设定完毕,即显示速度 V 为 0. XXXm/s 或 −0. XXXm/s 时,单击 Up——上键将显示上次电机运行的距离 D,显示为 XXX. XXmm,可用于时差法测声速.再次单击此键将停止查看,恢复原来速度的显示数.在查看的过程中,其他键盘将失效.

(5)速度设定完毕后,单击 Down ——下键将进入最小步进距离 L 设定,显示 L0. XXX mm,并且最低位开始闪烁;此时按 Up 加键(加 1)或 Set 减键(减 1)来对该位的大小进行设定;再次单击 Down ——下键,向左移位闪烁,再按 Up 加键(加 1)或 Set 减键(减 1)来对该闪烁位的大小进行设定……依次对各位进行设定,继续单击 Down ——下键,直到自动显示速度 V 为 0. XXXm/s 或

−0.XXXm/s时，表示设定完毕.最大步进距离可设定到 0.300mm，最小为 0.050mm，初始设定值为 0.102mm，具体设定方法见速度设定说明.

(6)在速度设定完毕后，按下 Set 键不放，直到数码管显示 ACCX 或−ACCX 时再释放，即可进入变速运动模式.再次按 Set 键不放直到显示速度 V 为 0.XXXm/s 或−0.XXXm/s 时将返回原来的匀速运动模式.

(7)在变速运动模式下，当电机处于停止状态时，单击 Down ——下键将改变速度曲线，总共有 7 条先加速再减速的曲线(速度都是从 0.000m/s 加速到系统速度所能设定的最大值(0.475m/s)然后再减速停止)，显示 ACCX 或−ACCX，X 为 1～7.

(8)速度曲线选择好后，单击 Run/Stop ——启动/停止控制键将启动变速运行曲线，运行的过程中将显示瞬时速度 0.XXXm/s 或−0.XXXm/s，反映瞬时速度的大小和方向变化.运动过程中再次单击 Run/Stop ——启动/停止控制键将停止运行变速曲线，显示 ACCX 或−ACCX，X 为 1～7.

(9)在变速运动模式下，当电机不运行时，单击 Dir ——正/反转控制键，变速运动速度显示方向改变，电机下次的运行方向将会改变.

(10)当变速运动停止时显示 ACCX 或−ACCX，单击Up键将显示上次变速运行的距离 D，当 0mm＜D＜1000mm 时显示 XXX.XX mm；当 1000mm＜D＜10000mm 时显示 XXXX.X mm；当 10000mm＜D＜100000mm 时显示 XXXXX mm.

3. 速度设定说明

(1)启动电机开始运行时，要先将固定接收换能器的小车置于导轨中间，即两个限位光电门之间的位置，然后按一下控制器后面的复位键或测试架上面的复位键即可做实验.若切换运动模式，需再重复上面操作，确保初始运动状态正确.

在匀速运动模式下，限位停车后，要按 Dir 键改变电机运行方向后方可再按 Run/Stop 键启动运行，在变速运动模式下，到限位位置后，电机运行方向将自动改变且继续运行，按 Run/Stop 键才可停止运行.

若小车越限触发行程开关后，小车将停车，此时小车被锁住，需要切断测试架上的电机开关按钮，移动小车到导轨中央位置后再接通电机开关按钮，接着按一下复位开关即可.

(2)7 条加速曲线都是先从 0 加速到最大速度 V，再减速到 0，然后反向再从 0 加速到最大速度 V，再减速到 0……变速运行的距离可以查看.

(3)通过外部测距来校对设定电机的最小步进距离 L.先设定一个速度，使电机匀速运行，运行一段距离后停车，记下控制器中显示的运行距离 D 和小车实际运行的距离 S(从标尺上读出).由于步进电机运行的步数一定，设原最小步进为

L,需设定的最小步进为 L_S,则有 $D/L=S/L_S$.把计算出的 L_S 值设入系统,那么下次运行距离显示值即为实际测量值.本系统已预置一个参考值 $L=0.102\text{mm}$,可以通过多次实验设定该值.

[实验内容]

1. 时差法测量声速

例:直射法测量,室温,换能器谐振频率 $f=37730\text{Hz}$.

(1)正确接线.

(2)把载接收换能器的小车移动到导轨最右端(移动时可以关闭智能运动控制系统电源或在通电时保证移动区域在两限位光电门之间,智能运动控制系统的使用请参看使用说明)并把实验仪超声波发射强度和接收增益调到最大.

(3)进入"多普勒效应实验"子菜单,切换到"设置源频率"后,按"▶""◀"键增减信号频率,一次变化 10Hz.用示波器观察接收换能器波形的幅度是否达到最大值,该值对应的超声波频率即为换能器的谐振频率.

(4)谐振频率调好后,"动态测量",我们可以看到画面中换能器的接收频率(测量频率)和发射源频率是相等的,而且改变接收换能器的位置,该测量频率和发射频率始终是相等的,证明调谐成功.

(5)切换到"时差法测声速",使接收换能器与发射换能器的最大距离保持在 0~300mm,通过步进电机上的滚花帽使小车缓慢移动,改变两换能器之间的距离,在测量时间差 Δt 连续变化的区间内进行实验数据记载(表 5.8.1).

表 5.8.1 S 代表小车位置,Δt 为时间差

S_1/mm	$\Delta t_1/\mu\text{s}$	S_2/mm	$\Delta t_2/\mu\text{s}$	S_3/mm	$\Delta t_3/\mu\text{s}$	S_4/mm	$\Delta t_4/\mu\text{s}$
114.0		138		154.5		176.7	
S_5/mm	$\Delta t_5/\mu\text{s}$	S_6/mm	$\Delta t_6/\mu\text{s}$	S_7/mm	$\Delta t_7/\mu\text{s}$	S_8/mm	$\Delta t_8/\mu\text{s}$
200.4		216.6		249.5		287.5	

(6) 数据处理与误差分析

$$c_0=331.45\sqrt{1+\frac{t}{273.16}}=\qquad\text{m/s}$$

理论声速:

测量值:

$$V_{2-1}=\frac{S_2-S_1}{\Delta t_2-\Delta t_1}=\qquad\text{m/s},\qquad \delta=\frac{V_{2-1}-c_0}{c_0}=$$

$$V_{3-1}=\frac{S_3-S_1}{\Delta t_3-\Delta t_1}=\qquad \text{m/s},\quad \delta=\frac{V_{3-1}-c_0}{c_0}=$$

$$V_{3-2}=\frac{S_3-S_2}{\Delta t_3-\Delta t_2}=\qquad \text{m/s},\quad \delta=\frac{V_{3-2}-c_0}{c_0}=$$

$$V_{7-4}=\frac{S_7-S_4}{\Delta t_7-\Delta t_4}=\qquad \text{m/s},\quad \delta=\frac{V_{7-4}-c_0}{c_0}=$$

$$V_{7-5}=\frac{S_7-S_5}{\Delta t_7-\Delta t_5}=\qquad \text{m/s},\quad \delta=\frac{V_{7-5}-c_0}{c_0}=$$

$$V_{7-6}=\frac{S_7-S_6}{\Delta t_7-\Delta t_6}=\qquad \text{m/s},\quad \delta=\frac{V_{7-6}-c_0}{c_0}=$$

$$V_{8-7}=\frac{S_8-S_7}{\Delta t_8-\Delta t_7}=\qquad \text{m/s},\quad \delta=\frac{V_{8-7}-c_0}{c_0}=$$

$$\bar{V}=\frac{V_{2-1}+V_{3-1}+V_{3-2}+V_{7-4}+V_{7-5}+V_{7-9}+V_{8-7}}{7}=\qquad \text{m/s}$$

$$\bar{\delta}=\frac{\bar{V}-c_0}{c_0}\times 100\%=$$

实验时可以多次测量求平均值,误差分析略.

2. 验证多普勒效应

室温下,$c_0=347\text{m/s}$,换能器谐振频率 $f=37730\text{Hz}$,声源、介质不动,接收器运动速度为 V_r.

(1) 按照例 1 的实验步骤(1)～(4)进行操作,使调谐成功.

(2) 切换到“瞬时测量”,设定小车速度,使小车正或反通过中间的测速光电门,每次测量完毕后记下测量频率和源频率之差 $\Delta f_{正}$ 和 $\Delta f_{反}$,智能运动控制系统给出的小车速度 V_r.

(3) 测量和记录的相关数据如表 5.8.2 所示.

表 5.8.2

V_r/(m/s)	$\Delta f_{正}$/Hz	$\Delta f_{反}$/Hz	Δf/Hz
0.059			
0.115			
0.150			
0.177			
0.193			
0.235			

续表

V_r/(m/s)	$\Delta f_{正}$/Hz	$\Delta f_{反}$/Hz	Δf/Hz
0.282			
0.367			
0.407			
0.475			

(4) 数据处理:以 Δf 为 y 轴,V_r为 x 轴,作 Δf-V_r曲线,用曲线拟合法得到直线斜率 K.

从曲线拟合数据可以得出,曲线方程为 $y=ax-b$,线性相关系数 $R^2=$ ________,直线斜率 $K=$ ________.

(5) 验证多普勒效应并比较实验得到的斜率 K 和理论值 f/c_0的关系.

[注意事项]

(1) 使用时,应避免信号源的功率输出端短路.

(2) 注意仪器部件的正确安装、线路的正确连接.

(3) 仪器的运动部分是由步进电机驱动的精密系统,严禁运行过程中人为阻碍小车的运动.

(4) 注意避免传动系统的同步带受外力拉伸或人为损坏.

(5) 不允许小车在导轨两侧的限位位置外侧运行,意外触发行程开关后要先切断测试架上的电机开关,接着把小车移动到导轨中央位置后再接通电机开关并且按一下复位键即可.

[思考题]

多普勒效应中,声源频率、介质、接收频率三者之间有何关系?

5.9 偏振光综合实验

光的偏振现象证实了光是横波,即光的振动方向是垂直于它的传播方向的.对于光的偏振现象的研究在光学中有很重要的地位.光的偏振使人们对光的传播(反射、折射、吸收和散射)规律有了新的认识,并在光学计量、晶体性质研究和实验应力分析等技术部门有广泛的应用.

[实验目的]

(1) 了解线偏振光的起偏及检偏过程.

(2) 验证布儒斯特定律和马吕斯定律.

(3) 观察圆偏振光和椭圆偏振光.

[实验原理]

1. 偏振光的基本概念

光是电磁波,它的电矢量 ***E*** 和磁矢量 ***H*** 相互垂直,且均垂直于光的传播方向 ***C***,如图 5.9.1 所示.通常用电矢量 ***E*** 代表光的振动方向,并将电矢量 ***E*** 和光的传播方向 ***C*** 所构成的平面称为光振动面.

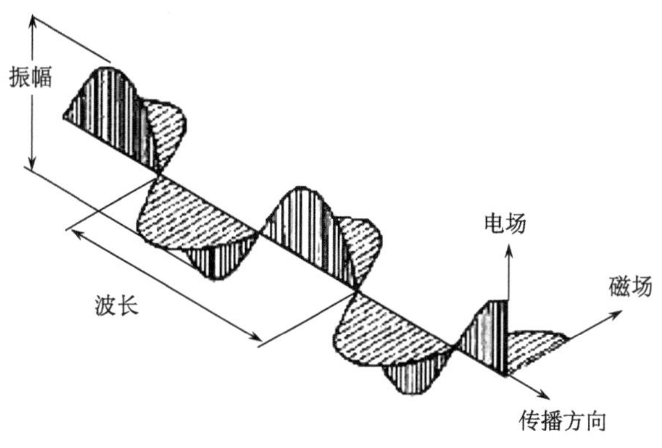

图 5.9.1

在传播过程中,电矢量的振动方向始终在某一确定方向的光称为平面偏振光或线偏振光.光源发射的光是由大量原子或分子辐射构成的,单个原子或分子辐射的光是偏振光.由于大量原子或分子的热运动和辐射的随机性,它们所发射的光的振动面出现在各个方向的概率是相同的,故这种光源发射的光对外不显现偏振的性质,称为自然光.

还有一些光,其振动面的取向和电矢量的大小随时间做有规律的变化,而电矢量的末端在垂直于传播方向平面上的轨迹呈椭圆或圆,这种光称为椭圆偏振光或圆偏振光.

2. 获得偏振光的常用方法

将非偏振光变成偏振光的过程称为起偏,起偏的装置称为起偏器.常用的起偏装置有以下几种.

1) 反射起偏器

当自然光在两种介质的界面上反射和折射时,反射光和折射光都将成为部分偏振光,逐渐增大入射角,当达到某一特定值 φ_b 时,反射光成为完全偏振光,其振动面垂直于入射面(图 5.9.2),而角 φ_b 称为起偏振角.由布儒斯特定律得

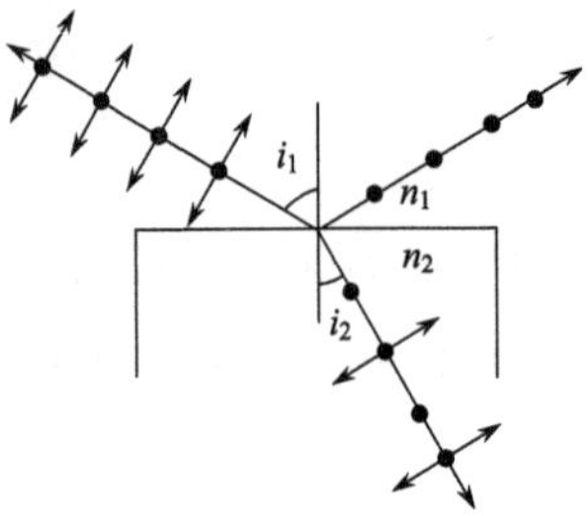

$$\tan\varphi_b = n_2/n_1 \tag{5.9.1}$$

式中,n_1 和 n_2 分别为两种介质的绝对折射率.

图 5.9.2

一般介质在空气的起偏振角在 53°～58°.例如,当光由空气射向 $n=1.54$ 的玻璃时,$\varphi_b=57°$.

若入射光以起偏振角 φ_b 射到多层平行玻璃片上,经过多次反射,最后透射出来的光也就接近于线偏振光,其振动面平行于入射面.由多层玻璃片组成的这种透射起偏器又称为玻璃片堆.

2) 偏振片

聚乙烯醇胶膜内部含有刷状结构的链状分子,在胶膜被拉伸时,这些链状分子被拉直并平行排列在拉伸方向上,由于吸收作用,拉伸过的胶膜只允许振动取向垂直于分子排列方向(此方向称为偏振片的偏振轴)的光通过.因此,利用偏振片可从自然光中获得偏振光.

3. 偏振光的检测

鉴别光的偏振状态的过程称为检偏,所用的装置称为检偏器.

按照马吕斯定律,强度为 I_0 的线偏振光通过检偏后,透射光的强度为

$$I = I_0 \cos^2\theta \tag{5.9.2}$$

式中,θ 为入射光偏振方向与检偏器偏振轴之间的夹角.显然,当以光线传播方向为轴转动检偏器时,透射光强度 I 将发生周期性变化.当 $\theta=0°$时,透射光强度最大;当 $\theta=90°$时,透射光强度为极小值(消光状态),接近于全暗;当 $0°<\theta<90°$时,透射光强度介于最大值和最小值之间.

4. 圆偏振光和椭圆偏振光

(1) 圆偏振光的电矢量 $\boldsymbol{E}$ 不是限定在一个平面上,而是以恒定的大小在垂直于传播方向的平面内旋转.圆偏振光还可以用 $\boldsymbol{E}$ 的 X 和 Y 分量 E_x 和 E_y 来表示,

这两个分量始终有相等的振幅，但有 90°的相位差，这就同一个质点的圆周运动可以用两个方向互相垂直而相位差为 90°的简谐运动的叠加来表示一样.利用一种对 $\boldsymbol{E}$ 的两个分量有不同折射率的材料便可以产生圆偏振光.假如有一列偏振方向与 X 和 Y 轴都成 45°的平面偏振光入射到这种材料上，那么当光波刚进入这种材料时，$\boldsymbol{E}$ 的 X 和 Y 分量是同相位的.然而由于这两个分量在这种材料中以不同的速度传播，随着光波的传播，这两个分量的相位差会不断扩大，如果这片材料的厚度适当，这两个分量正好出现圆偏振所需要的 90°相位差，将这片材料称为 1/4 波片.

（2）如果 $\boldsymbol{E}$ 的 X 和 Y 两个分量的相位差不是 90°，或当这两个分量具有不同的振幅，$\boldsymbol{E}$ 矢量旋转时描出的就不是一个圆，而是一个椭圆.具有这种性质的光称为椭圆偏振光，它可以视为平面偏振光和圆偏振光的叠加.

（3）如果使一束线偏振光通过一片 1/4 波片，则由此得到的光的性质将唯一地取决于 1/4 波片的光轴方向与线偏振光的偏振平面之间的夹角 α：

当 $\alpha=0°$ 时，获得振动方向平行于光轴的线偏振光；

当 $\alpha=\pi/2$ 时，获得振动方向垂直于光轴的线偏振光；

当 $\alpha=\pi/4$ 时，获得圆偏振光；

当 α 为其他值时，获得椭圆偏振光.

[实验仪器]

WZP-1 型偏振光实验仪：仪器由导轨平台、滑座、光源、偏振部件、光电接收单元和聚光镜及白屏（观察实验现象）组成，图 5.9.3 为结构示意图.导轨带有导向凸台并附有标尺，实验时根据需要选择部件并将滑座的基准面靠入导轨凸台，旋转滑座可进行升降调节使系统达到同轴.

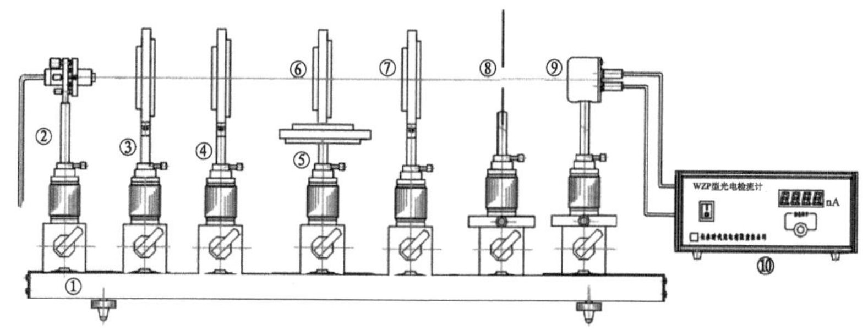

图 5.9.3

①导轨平台；②半导体激光器及调整架；③聚光器和调整架；④偏振片组及调整架；⑤旋转载物台；⑥玻璃堆；⑦半波片；⑧白屏；⑨光电接收器；⑩检流计数显箱

[实验内容]

1. 观察光的偏振现象、起偏和检偏

在光源和接收器之间放置偏振片，此为起偏器，放置的另一偏振片为检偏器，旋转检偏器观察到光强发生变化.由偏振片转盘刻度值可知，当起偏器、检偏器的偏振方向平行时，光最强；当偏振方向垂直时，光最暗.将检偏器旋转一周，光强变化四次，两明两暗.固定检偏器，旋转起偏器可产生同样的现象.

通过实验我们知道光通过偏振片后成为偏振光，偏振片起到了起偏器和检偏器的作用.

2. 验证马吕斯定律

(1) 依照上述实验的方法安置仪器，使起偏器和检偏器正交，记录光电接收的示值 I，然后将检偏器间隔 10°转动一次并记录，直至转动 90°为止.

(2) 以$\cos^2\theta$ 为横坐标，以 I/I_0 为纵坐标(I_0 为 $\theta=0°$时的光电流值)作图，试根据图线验证马吕斯定律.

3. 布儒斯特定律

(1) 配置：光源、旋转载物台、玻璃堆、偏振片、光电池及白屏.观察白屏，对激光器进行调焦.按照载物台以上约 2/3 玻璃堆高度调整入射光.

(2) 将玻璃堆置于载物台上，使玻璃堆垂直于光轴，此时入射光通过玻璃堆的法线射向光电池.放入偏振片、白屏.旋转内盘使入射光以 50°～60°射入玻璃堆，反射光射到白屏上并使偏振片、白屏与反射光垂直.旋转偏振片，使其处于较暗的位置.

(3) 转动内盘，观察白屏中反射光亮度的改变，如果亮度渐渐变弱，再旋转偏振片使亮度更弱.反复调整直至亮度最弱，接近全暗.这时再转动偏振片，如果反射光的亮度由暗变亮，再变暗，说明此时反射光已是线偏振光.记下刻度盘的两个读数 θ_1 和 θ_1'.

(4) 转动内盘，使入射光与玻璃堆的法线同轴并射到光电池上，使数显表头读数最大.记下刻度盘的两个读数 θ_2 和 θ_2'.

布鲁斯特角

$$\phi_b=\frac{1}{2}(|\theta_1-\theta_2|+|\theta'_1-\theta'_2|)$$

4. 观察圆偏振光、椭圆偏振光

在光源前放入两偏振片，将 1/4 波片放入两偏振片之间，并使 1/4 波片的光轴与起偏器的偏振方向成 45°角，透过 1/4 波片的光就是圆偏振光.因为人眼不能分辨圆、椭圆偏振光，所以借助检偏器来检验，旋转检偏器可在白屏看到在各个方向上光强保持均匀(由于 1/4 波片的波长与光源的波长不一定能完全相配，所以光强在各个方向上只是大体均匀).

如果 1/4 波片的光轴与起偏的偏振化方向不是 45°角，则由波片出来的光为椭圆偏振光，旋转检偏器可看到光强在各个方向上有强弱变化.

[数据处理]

1. 验证马吕斯定律：$I=I_0\cos^2\theta$(表 5.9.1)

表 5.9.1

θ	0°	10°	20°	30°	…	90°
I						
$\cos^2\theta$						0
I/I_0						0

I_0 为 $\theta=0°$时电流值，以$\cos^2\theta$ 为横坐标，以 I/I_0 为纵坐标画图，验证马吕斯定律.

2. 布儒斯特定律(表 5.9.2)

表 5.9.2

左窗读数	右窗读数
$\theta_1=$	$\theta'_1=$
$\theta_2=$	$\theta'_2=$

布鲁斯特角

$$\phi_b=\frac{1}{2}(|\theta_1-\theta_2|+|\theta'_1-\theta'_2|)$$

3. 观察圆偏振光、椭圆偏振光

测定表格自拟.

[思考题]

(1) 求下列情况下理想起偏器、理想检偏器两个光轴之间的夹角为多少？

① 透射光是入射自然光强度的 1/3；

② 透射光是最大透射光强度的 1/3.

(2) 如果在互相正交的偏振片 P_1、P_2 中间插入一块 1/2 波片，使其光轴跟起偏器 P_1 的光轴平行，那么透过检偏器 P_2 的光斑是亮的还是暗的？将 P_2 转动 90°后，光斑的亮暗是否发生变化？为什么？

5.10　光敏传感器的光电特性测试实验

光敏传感器是将光信号转换为电信号的传感器，也称为光电式传感器，它可用于检测直接引起光强度变化的非电量，如光强、光照度、辐射测温、气体成分分析等；也可用来检测能转换成光强变化的其他非电量，如零件直径、表面粗糙度、位移、速度、加速度及物体形状、工作状态识别等.光敏传感器具有非接触、响应快、性能可靠等特点，因而在工业自动控制及智能机器人中得到了广泛应用.

光敏传感器的物理基础是光电效应，即半导体材料的许多电学特性都因受到光的照射而发生变化.光电效应通常分为外光电效应和内光电效应两大类：外光电效应是指在光照射下，电子逸出物体表面的外发射现象，也称光电发射效应，基于这种效应的光电器件有光电管、光电倍增管等；内光电效应是指入射光强改变物质导电率的物理现象，称为光电导效应.几乎大多数光电控制应用的传感器都是此类，通常有光敏电阻、光敏二极管、光敏三极管、硅光电池等.近年来新的光敏器件不断涌现，如具有高速响应和放大功能的 APD 雪崩式光电二极管，半导体色敏传感器、光电闸流晶体管、光导摄像管、CCD 图像传感器等，开创了光电传感器的进一步应用.本实验主要研究光敏电阻、硅光电池、光敏二极管、光敏三极管四种光敏传感器的基本特性.掌握光敏传感器基本特性的测量方法，为合理应用光敏传感器打好基础.

[实验目的]

(1) 了解光敏电阻的基本特性，测出它的伏安特性和光照特性曲线.

(2) 了解硅光电池的基本特性，测出它的伏安特性和光照特性曲线.

(3) 了解硅光敏二极管的基本特性，测出它的伏安特性和光照特性曲线.

(4) 了解硅光敏三极管的基本特性,测出它的伏安特性和光照特性曲线.

[实验原理]

1. 光敏传感器的伏安特性

光敏传感器在一定的入射照度下,光敏元件的电流 I 与所加电压 U 之间的关系称为光敏器件的伏安特性.改变照度则可以得到一簇伏安特性曲线.它是传感器应用设计时选择电参数的重要依据.某种光敏电阻、硅光电池、光敏二极管、光敏三极管的伏安特性曲线分别如图 5.10.1～图 5.10.4 所示.

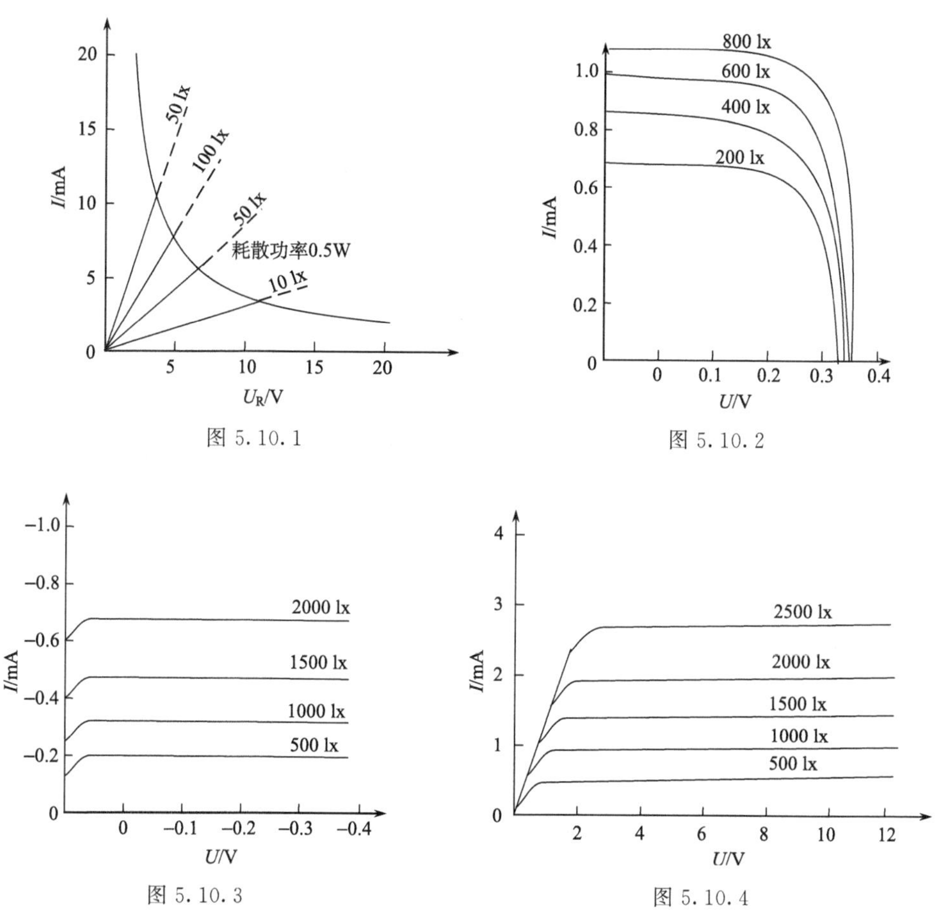

图 5.10.1　图 5.10.2

图 5.10.3　图 5.10.4

从上述四种光敏器件的伏安特性可以看出,光敏电阻类似于一个纯电阻,其伏安特性线性良好,在一定照度下,电压越大光电流越大,但必须考虑光敏电阻的最大耗散功率,超过额定电压和最大电流都可能导致光敏电阻的永久性损坏.光敏二极管的伏安特性和光敏三极管的伏安特性类似，但光敏三极管的光电流比同类型的光敏二极管大许多倍，零偏压时，光敏二极管有光电流输出，而光敏三极管则无光电流输出.硅光电池在零偏置时，流过 PN 结的电流 $I=I_P$（反向光电流），故硅光电池在零偏置且无光照时，其输出电压不为 0，只有当硅光电池处于负偏置时，且流过 PN 结的电流 $I=I_P-I_S$（反向饱和电流）=0 时，才能使硅光电池的输出电压为零.在一定的光照度下，硅光电池的伏安特性呈非线性.

2. 光敏传感器的光照特性

光敏传感器的光谱灵敏度与入射光强之间的关系称为光照特性，有时光敏传感器的输出电压或电流与入射光强之间的关系也称为光照特性，它也是光敏传感器应用设计时选择参数的重要依据之一.某种光敏电阻、硅光电池、光敏二极管、光敏三极管的光照特性曲线分别如图 5.10.5～图 5.10.8 所示.

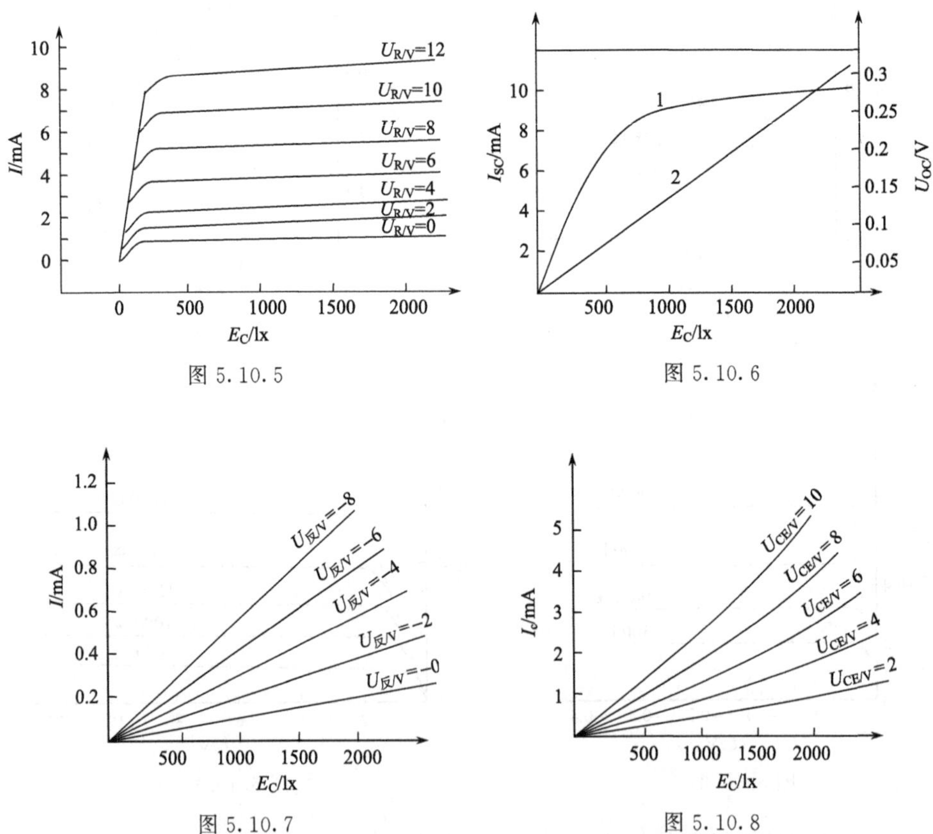

图 5.10.5　　图 5.10.6

图 5.10.7　　图 5.10.8

从上述四种光敏器件的光照特性可以看出光敏电阻、光敏三极管的光照特性呈非线性，一般不适合作线性检测元件.硅光电池的开路电压也呈非线性且有饱和现象，硅光电池的短路电流呈良好的线性，故以硅光电池作测量元件应用时，应该利用短路电流与光照度的良好线性关系.所谓短路电流是指外接负载电阻远小于硅光电池内阻时的电流，一般负载在 50Ω 以下时，其短路电流与光照度呈良好的线性，且负载越小，线性关系越好、线性范围越宽.如图 5.10.7 所示光敏二极管的光照特性是其在反向偏置时的光照特性，亦呈良好线性，而其正向偏置时正向电流随偏置电压升高按指数规律上升，如导通的普通二极管，因此不可用于光电测量.而光敏三极管在大电流时有饱和现象，故一般在作线性检测元件时，可选择光敏二极管而不能用光敏三极管.

[实验仪器]

光敏传感器光电特性实验仪，仪器由光敏电阻、光敏二极管、光敏三极管、硅光电池四种光敏传感器及可调光源、电阻箱、数字电压表等组成.

[注意事项]

(1) 本实验仪器所有光敏传感器的特性测量所用光源强度均为相对光照强度，待测传感器与定标传感器(硅光电池)装在同一平面，可同时得到相同的照度，利用硅光电池的短路电流与光照强度的线性关系来对比测量待测传感器的特性，实验设计的光照度为参考值.本实验仪器可得到的最大照度≥1500lx.

(2) 本实验仪器不能长时间用最大照度进行实验，每做完一次大照度实验后必须将照度调至最小，以免传感器受温度影响引起测量误差及损坏.

(3) 由于白炽灯灯丝冷态电阻非常小，对于供电电源相当于瞬时短路，故可能启动电源短路保护电路(保护电路电压越高越容易启动).灯丝电阻受温度影响较大，温度越高灯丝电阻越大，即同样的电压下，白炽灯得到的功率就越小，其照度就降低.故实验时，随着实验时间的增加，灯丝温度升高，照度降低，传感器产生的光照电流也就会下降，这是正常现象.

[实验内容及数据处理]

1. 光敏电阻的特性测试

1) 光敏电阻的伏安特性测试

(1) 按仪器面板示意图 5.10.9 接好实验线路，基准硅光电池接入相对照度处的硅光电池接口，输出接定标系统的数字电压表，光源用标准钨丝灯，将待测光敏电阻接入测量点，连接 0～12V 电源，光源电压 0～24V 电源(可调).

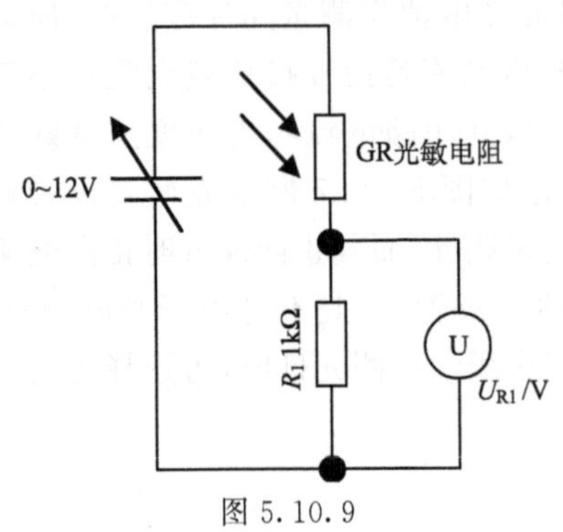

图 5.10.9

(2) 从 0(相对照度,以下相同)开始到 30.0mV,每次在一定的光照条件下,测出加在光敏电阻上的电压 U 为 2V、4V、6V、8V、10V 时以及相应电压 U_R 的 5 组数据,计算 $I=\dfrac{U_R}{1\text{k}\Omega}$,同时算出此时光敏电阻的阻值,即 $R_g=\dfrac{U-U_R}{I}$.

本实验仅利用硅光电池的短路电流与光照强度的线性关系来测量光敏元件的光照特性,硅光电池(内阻较大)串联了一个 50Ω 的取样电阻 R_0,因此可用 R_0 两端电压 U_0 表示相对光照强度.

(3) 将测算出的数据填入表 5.10.1.

表 5.10.1　光敏电阻在不同光照度时,电流 I 随所加电压变化的测量数据

相对光强 U_0/mV	5.0			10.0			15.0		
U/V	U_R/V	I/mA	R_g/Ω	U_R/V	I/mA	R_g/Ω	U_R/V	I/mA	R_g/Ω
2.0									
4.0									
6.0									
8.0									
10.0									
相对光强 U_0/mV	25.0			30.0					
U/V	U_R/V	I/mA	R_g/Ω	U_R/V	I/mA	R_g/Ω			
2.0									
4.0									
6.0									
8.0									
10.0									

(4) 根据表 5.10.1 的数据画出光敏电阻的一簇伏安特性曲线.

2) 光敏电阻的光照特性测试

(1) 实验线路见图 5.10.9.

(2) 从 $U=0$ 开始到 $U=10$V,每次在一定的外加电压下测出光敏电阻在相对光照强度为 0～30mV 时的 9 组数据，计算 $I=\dfrac{U_R}{1\text{k}\Omega}$，同时算出此时光敏电阻的阻值，即 $R_g=\dfrac{U-U_R}{I}$.

（3）将测算的数据填入表 5.10.2.

表 5.10.2　光敏电阻在不同电压时 I 随光照度变化的测量数据

相对光强 U_0/mV	U=0V			U=2V			U=4V		
	U_R/V	I/mA	R_g/Ω	U_R/V	I/mA	R_g/Ω	U_R/V	I/mA	R_g/Ω
3.0									
6.0									
9.0									
12.0									
15.0									
18.0									
21.0									

相对光强 U_0/mV	U=6V			U=8V			U=10V		
	U_R/V	I/mA	R_g/Ω	U_R/V	I/mA	R_g/Ω	U_R/V	I/mA	R_g/Ω
3.0									
6.0									
9.0									
12.0									
15.0									
18.0									
21.0									

（4）根据表 5.10.2 的数据画出光敏电阻的一簇光照特性曲线.

2. 硅光电池的特性测试

1）硅光电池的伏安特性测试

（1）按仪器面板示意图 5.10.10 接好实验线路，基准硅光电池接入相对照度处的硅光电池接口，输出接定标系统的数字电压表，光源用标准钨丝灯，将待测的硅光电池接入测量点，光源电压 0～24V（电源可调）.

测 I_{sc}时将 R_2短接；测负载特性（伏安特性）时调节可变电阻 R_{x1}（10kΩ），利用检测已知电阻 R_2上的电压间接测试负载电流.

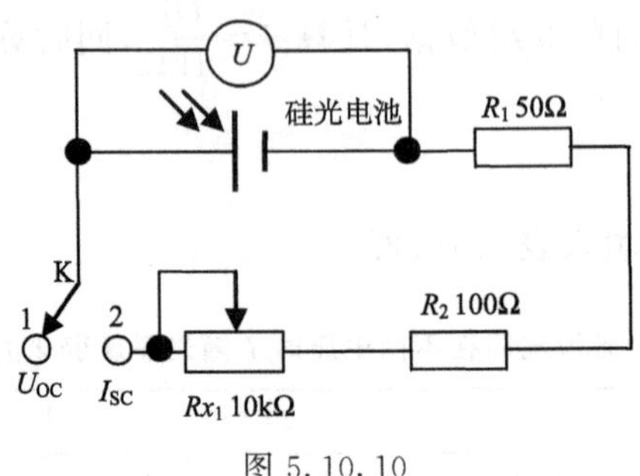

图 5.10.10

(2) 从 0 开始到 30.0mV，每次在一定的相对光强下，测出硅光电池的光电流 I 与光电压 U_0' 在不同的负载条件下的关系（100Ω～10kΩ）数据，其中 $I=\frac{U_0}{50\Omega}$. 图 5.10.10 中 R_1（50Ω）为取样电阻.

(3) 将测出的数据填入表 5.10.3.

(4) 根据表 5.10.3 的数据画出硅光电池的一簇伏安曲线.

2) 硅光电池的光照特性测试实验

(1) 实验线路见图 5.10.10，R_{x1} 可变电阻调至零，R_2 短接.

表 5.10.3 硅光电池在不同的光照度时，光电流与光电压在不同负载电阻时的关系测量数据

U_0/mV	5.0		10.0		15.0		20.0		25.0	
$R_负$/Ω	U_0'/V	I/mA	U_0'/V	I/mA	U_0'/V	I/mA	U_0'/V	I/mA	U_0'/V	I/mA

(2) 从 0 开始到 30mV，每次在一定的照度下，测出硅光电池的开路电压 U_{oc} 和短路电流 I_{sc} 数据，其中短路电流为 $I_{sc}=\frac{U_0}{50\Omega}$（近似值）. R_1（50Ω）为取样电阻.

(3) 将测出的数据填入表 5.10.4.

表 5.10.4 硅光电池的开路电压与短路电流与照度的关系测量数据

U_0/mV	U_{oc}/V	I_{sc}/mA	U_0/mV	U_{oc}/V	I_{sc}/mA
3.0			18.0		
6.0			21.0		
9.0			24.0		
12.0			27.0		
15.0					

(4) 根据表 5.10.4 的数据画出硅光电池的光照特性曲线.

3. 光敏二极管的特性测试

1) 光敏二极管的伏安特性测试

(1) 按仪器面板示意图 5.10.11 接好实验线路,基准硅光电池接入相对照度处的硅光电池接口,输出接定标系统的数字电压表,光源用标准钨丝灯,将待测的光敏二极管接入测量点,连接 0～12V 电源.

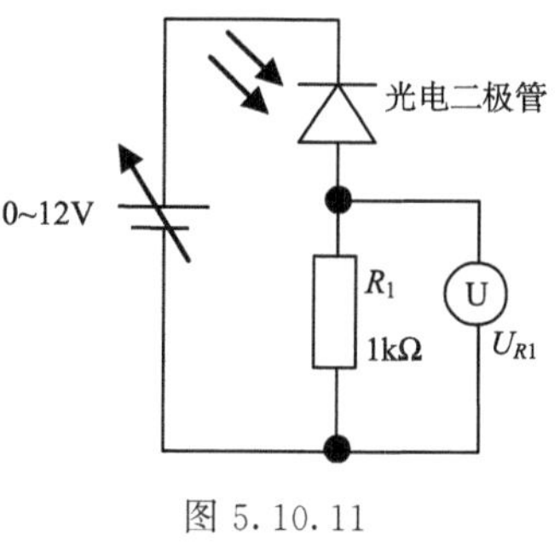

图 5.10.11

(2) 从 0 开始到 30.0mV,每次在一定的照度下,测出加在光敏二极管上的偏置电压与产生的光电流的关系数据,其中光电流为 $I=\frac{U_R}{1\text{k}\Omega}$.$R_1$(1kΩ)为取样电阻.

(3) 将测出的数据填入表 5.10.5.

表 5.10.5 光敏二极管在一定照度下,偏置电压与光电流的关系测量数据

偏置电压 U_c/V	I/mA								
	U_0=3.0mV	U_0=6.0mV	U_0=9.0mV	U_0=12.0mV	U_0=15.0mV	U_0=18.0mV	U_0=21.0mV	U_0=24.0mV	U_0=27.0mV
2.00									
4.00									
6.00									
8.00									
10.00									

(4) 根据表 5.10.5 的数据画出光敏二极管的一簇伏安曲线.

2) 光敏二极管的光照特性测试实验

(1) 实验线路见图 5.10.11.

(2) 偏置电压从 $U_c=0$ 开始到 $U_c=12\mathrm{V}$,每次在一定的偏置电压下测出光敏二极管在光照度为 0～30mV 的 9 组数据,其中 $I=\frac{U_R}{1\mathrm{k\Omega}}.R_1(1\mathrm{k\Omega})$为取样电阻.

(3) 将测出的数据填入表 5.10.6.

表 5.10.6　光敏二极管在不同偏置电压时,光照度与光电流的关系测量数据

U_0/mV	I/mA						
	$U_c=0$	$U_c=2\mathrm{V}$	$U_c=4\mathrm{V}$	$U_c=6\mathrm{V}$	$U_c=8\mathrm{V}$	$U_c=10\mathrm{V}$	$U_c=12\mathrm{V}$
3.0							
6.0							
9.0							
12.0							
15.0							
18.0							
21.0							
24.0							
27.0							

(4) 根据表 5.10.6 的数据画出光敏二极管的一簇光照特性曲线.

4. 光敏三极管的特性测试

1) 光敏三极管的伏安特性测试

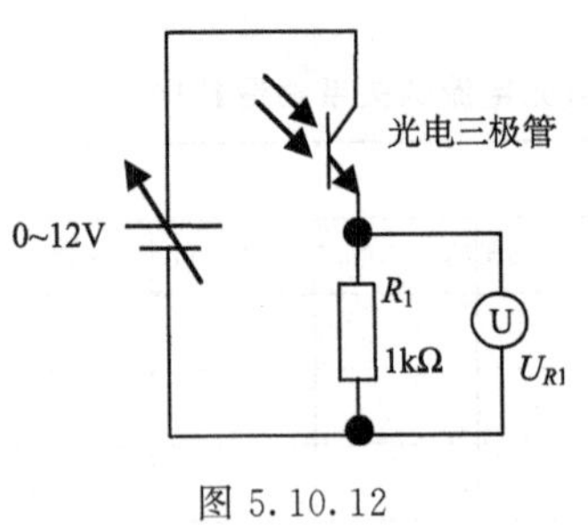

图 5.10.12

(1) 按仪器面板示意图 5.10.12 接好实验线路,基准硅光电池接入相对照度处的硅光电池接口,输出接定标系统的数字电压表,光源用标准钨丝灯,将待测的光敏三极管接入测量点,连接 0～12V 电源.

(2) 从 0 开始到 30mV,每次在一定光照条件下,测出加在光敏三极管的偏置电压 U_c 与产生的光电流 I 的关系数据.其中光电流为 $I=\frac{U_R}{1\mathrm{k\Omega}}.R_1(1\mathrm{k\Omega})$为取样电阻.

(3) 将测出的数据填入表 5.10.7.

表 5.10.7　光敏三极管在一定的照度下，偏置电压与光电流的关系测量数据

偏置电压 U_c/V	I/mA								
	$U_0=3.0$mV	$U_0=6.0$mV	$U_0=9.0$mV	$U_0=12.0$mV	$U_0=15.0$mV	$U_0=18.0$mV	$U_0=21.0$mV	$U_0=24.0$mV	$U_0=27.0$mV
2.00									
4.00									
6.00									
8.00									
10.00									

（4）根据表 5.10.7 的数据画出光敏三极管的一族伏安特性曲线.

2）光敏三极管的光照特性测试实验

（1）实验线路见图 5.10.12.

（2）偏置电压 U_c从 0 开始到 12V，每次在一定的偏置电压下测出光敏三极管在光照度为 0～30mV 的 9 组数据，其中 $I=\dfrac{U_R}{1\text{k}\Omega}.R_1$（1kΩ）为取样电阻.

（3）将测出的数据填入表 5.10.8.

表 5.10.8　光敏三极管在不同偏置电压时光照度与光电流的关系测量数据

U_0/mV	I/mA						
	$U_c=0$	$U_c=2$V	$U_c=4$V	$U_c=6$V	$U_c=8$V	$U_c=10$V	$U_c=12$V
3.0							
6.0							
9.0							
12.0							
15.0							
18.0							
21.0							

（4）根据表 5.10.8 的数据画出光敏二极管的一簇光照特性曲线.

［思考题］

怎样利用已有的实验电路来测出硅光电池的内阻？

5.11 温度传感器测试与半导体致冷控温实验

对温度传感器性能的了解及测试是大学物理实验的一项必备内容，但大多数实验仪器只具备做环境温度以上的实验，FD-TM 温度传感器测试及半导体致冷控温实验仪器具备了半导体致冷功能使之能做环境温度以下的实验.

[实验目的]

(1) 测试温度传感器 AD590 的性能(可根据要求增加多种温度传感器的测试).

(2) 了解 TCF708 智能温度调节仪及半导体致冷堆的应用和性能.

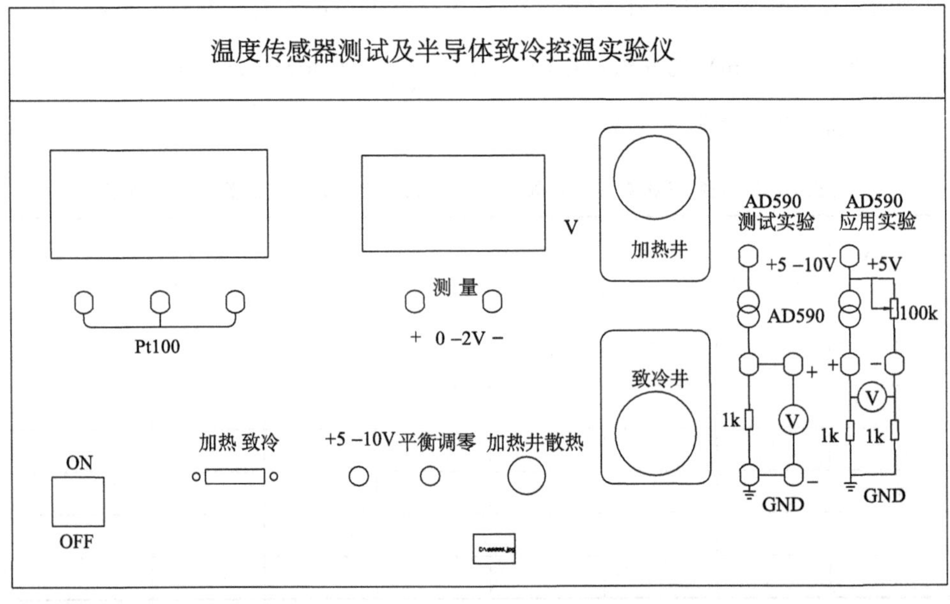

图 5.11.1

[实验原理]

1. 温度传感器 AD590 的原理

AD590 电流型集成电路温度传感器是将 PN 结(温度传感器)与处理电路利用集成化工艺制作在同一芯片上的具有测温功能的器件.它具有精度高、动态电阻大、响应速度快、线性好、使用方便等特点.芯片中 R_1，R_2 是采用激光校正的电阻.在 298.15K(＋25℃)下，输出电流为 298.15μA.V_{T8} 和 V_{T11} 产生与热力学温度(K)成正比的电压信号，再通过 R_5，R_6 把电压信号转换成电流信号，为了保证良好的温度特性，R_5，R_6 采用激光校准的 SiCr 薄膜电路，其温度系数低至(－30～－50)$\times 10^{-6}$/℃.V_{T10} 的 C 极电流跟随 V_{T9} 和 V_{T11} 的 C 极电流的变化使总电流达到额定值.R_5，R_6 同样在 298.15K(＋25℃)的温度标准下校正.AD590 等效于一个高阻抗的恒流源，其输出阻抗＞10Ω，能大大减小因电源电压变动而产生的测温误差(图 5.11.2).

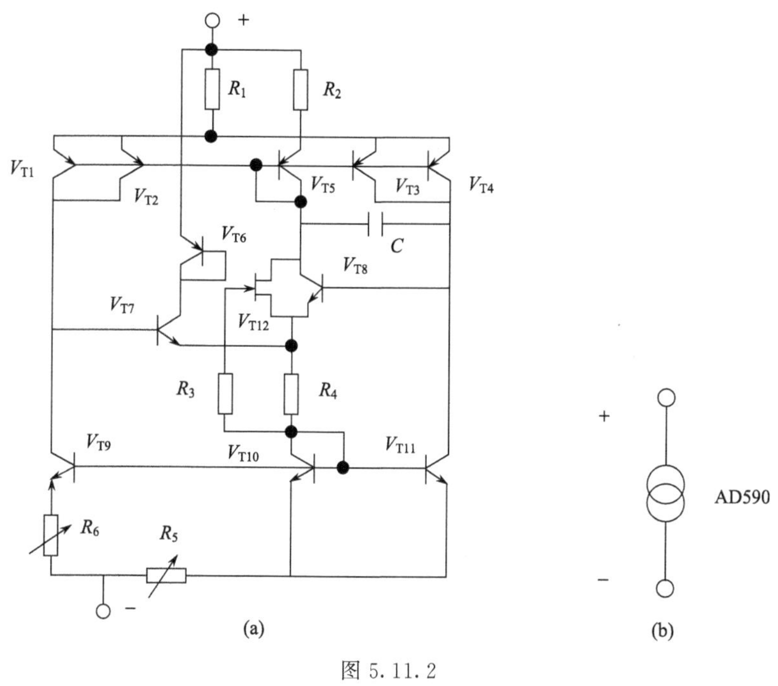

图 5.11.2

AD590 的工作电压为＋4～＋30V，测温范围是－55～150℃.对应于热力学温度 T，每变化 1K，输出电流变化 1μA.其输出电流 I_0(μA)与热力学温度 T(K)严格成正比.电流温度系数 K_I 的表达式为

$$K_I = \frac{I_0}{T} = \frac{3k}{qR}\ln 8$$

式中，k，q 分别为玻尔兹曼常量和电子电量；R 是内部集成的电阻.ln8 表示内部 V_{T9} 与 V_{T11} 的发射极面积之比 $R = S_9/S_{11} = 8$ 倍.然后再取自然对数值，将 $k/q = 0.0862\text{mV/K}$，$R = 538\Omega$ 代入上式，即可得到

$$K_I = \frac{I_0}{T} = 1.000\mu\text{A/K}$$

因此,输出电流 I_0 的微安数就代表着被测温度的热力学温度值(K).AD590 的电流-温度($I-T$)特性曲线如图 5.11.3 所示.

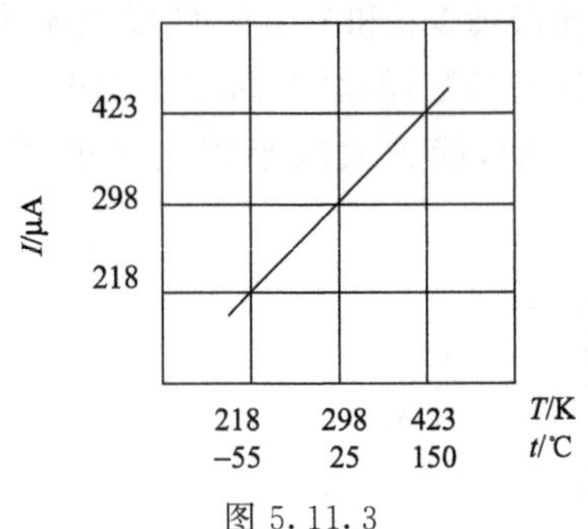

图 5.11.3

AD590 经激光调整其准确度在整个测温范围内≤±0.5℃(AD590 准确度与其级别有关),线性极好.利用 AD590 的上述特性,在最简单的应用中,用一个电源、一个电阻、一个电压表即可构成温度的测量.由于 AD590 以热力学温度 K 定标,因此实际应用中应该进行℃的转换,即实际应用中,为了与显示温度的仪表一致(如电压表),必须进行技术调零处理(即 0℃时其输出为 273.15μA,需进行技术调零处理,使其输出为 0V).

2. TCF-708 智能温度调节仪的原理及应用

TCF-708 智能温度调节仪是一种高精度的单片 PC 控温仪表,该仪表的 P.I.D 自适应整定功能使仪表能适应不同的加热、致冷系统及不同的工作环境,使控温精度保证达到 0.5%±1 字或 0.2%±1 字(两挡).但对于要求超高精度的控制显然是不够的.但合理的操作控制能使仪表在全量程范围内达到更高的控温精度(如在−20～120℃范围内达到±0.1℃).

我们知道控温系统的 P.I.D 参数调节(比例、积分、微分)是控温精度的关键,但是即使一个专业人员调节一个加热、致冷系统的 P.I.D 参数也得花费大量的时间,P.I.D 参数如失调是达不到满意的控温精度的.TCF-708 智能控温仪表就是把专家对系统调节的经验参数存入仪表内存,由仪器根据加热、致冷系统及环境进行自适应整定,经仪表的 P.I.D 自适应整定,在整定点的控温精度可达±0.1℃.即使这样,对全温度范围,仪表仍无法达到±0.1℃的控温精度,如在一个 0～100℃的温度范围内,P.I.D 自整定点选为 50℃,则仪表的全温度范围控温误差如图 5.11.4所示.

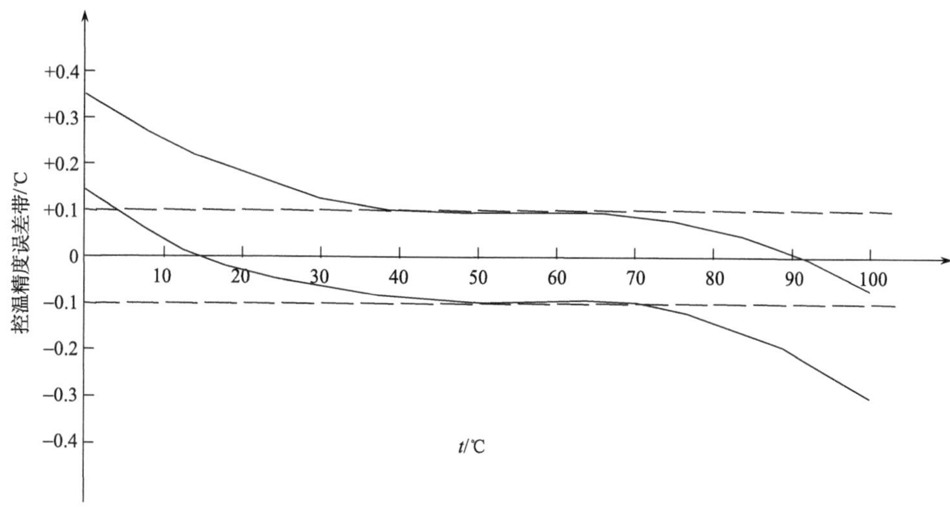

图 5.11.4

实线为经 60℃时 PID 自适应整定偏差带虚线为经“UU”微调后的偏差带

由图中可见一个加热、致冷系统如在上述温度范围内 50℃时自整定，则在 40～60℃时尚能达到±0.1℃的控温精度.低于 40℃时，控温出现过冲，高于 60℃时，则出现滞后.但由于该仪表除了 P.I.D 自适应整定外，另外还有一个功能——保温时功率与加热功率之比(即：UU 用%表示)可从 1%～100%设定.这样当改变温度设定点时，可根据上述的“过冲”及“滞后”合理地调节 UU 的值，就能使仪表在全温度范围内的控温精度达到满意的±0.1℃.

如加热系统全温度范围 30～120℃，60℃自适应整定，UU 初始值 30%，在小于 60℃时“UU”逐渐从 30%～5%方向下调.当大于等于 60℃“UU”则逐渐从 30%方向上调(均需看系统实际控温偏差大小决定).经过“UU”值的每个设定点微调，系统在全温度范围内可达到满意的控温效果(±0.1℃).实际控温效果见表 5.11.1.

表 5.11.1　实际控温效果记录表

实际控温效果及测试记录		
定标(Pt100)		“UU”值
t/℃	不确定度/℃	
100	±0.1	
95	±0.1	
90	±0.1	

续表

实际控温效果及测试记录		
定标(Pt100)		"UU"值
t/℃	不确定度/℃	
85	±0.1	
80	±0.1	
75	±0.1	
70	±0.1	
65	±0.1	
60	±0.1	
55	±0.1	
50	±0.1	

仪表的 P.I.D 整定及"UU"值改变操作可参见 TCF-708 控温仪说明书.

3. 半导体致冷堆的原理

把一个 N 型和 P 型半导体粒子用金属片焊接成一个电偶对,当直流电流从 N 极流向 P 极时,一端产生吸热现象(此端称为冷端),另一端则产生放热现象(此端称为热端).由于一个电偶产生的热效应较小,实际上将几十个甚至上百个电偶连成一个热电堆(半导体致冷堆),所以半导体致冷堆从吸热到放热是由载流子(电子和空穴)流过结点,由势能的变化引起的能量传递见图 5.11.5,这就是半导体致冷的本质,称为佩尔捷(Peltier)效应.

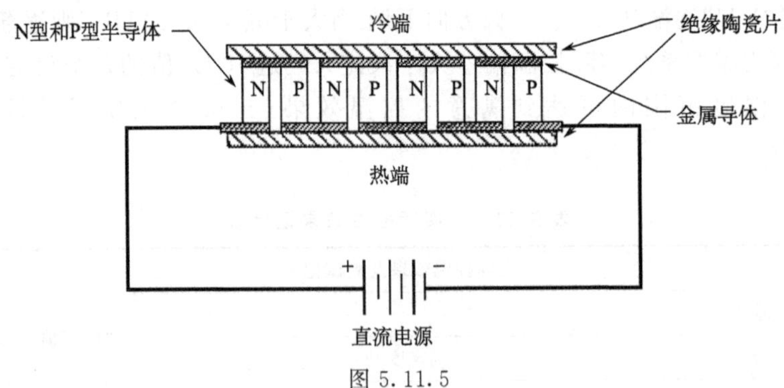

图 5.11.5

将直流电流反向,半导体致冷堆的冷端、热端就会互换.

[实验内容]

1. 测试 AD590 输出电流与温度的变化关系，并求出灵敏度、斜率及相关系数(输出电流 $I_0=V_r/1k\Omega$，实验电路见图 5.11.6)

(1) 按实验电路接线，将控温传感器(Pt100)和温度传感器 AD590 分别插入加热井中.

(2) 首先在加热状态下进行 P. I. D 自整定.将仪器温度设置为比环境温度高至少 20℃ 的温度进行 P. I. D 自整定，并将自整定开关设置为开启状态.按下“加热”按钮，开始 P. I. D 自整定(仪表的 P. I. D 自整定详细操作可参见 TCF-708 控温仪说明书，自整定调节大约需要 45min，请耐心等待).

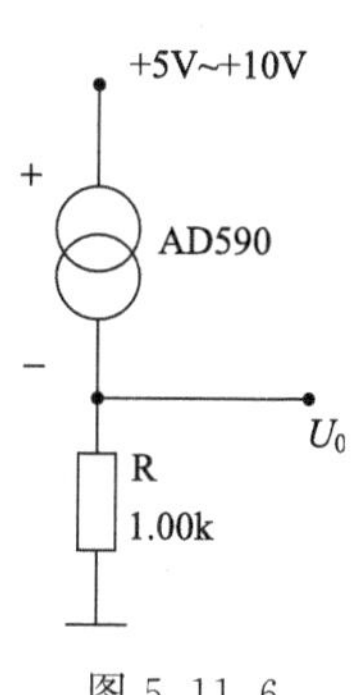

图 5.11.6

(3) P. I. D 自整定结束后，将温度设置为从环境温度起加热，每隔 10℃ 设置一次，每次待温度稳定 2min 后，记录一次输出电压，直到 100℃ 为止.同时将输出电压从 +5～10V 改变，观察输出电压是否有变化(设置加热温度时还可调节 UU 值，使仪表在全温度范围内的控温精度达到满意的 ±0.1℃，UU 值调节的详细操作可参见 TCF-708 控温仪说明书).

(4) 加热实验结束后，先将仪器调节成致冷模式，方可进行致冷实验.调节方法：按 TCF-708 控温仪说明书的操作流程图进入第三设定区，连续按“SET”键(每次 0.5s)至主控输出方式(cd)，按上、下三角键设置所需的输出方式.加热时请调节至“01”即固态继电器输出，正向控制；致冷时请调节至“11”即固态继电器输出，反向控制.

(5) 其次在致冷状态下进行 P. I. D 自整定.将仪器温度设置为比环境温度低至少 15℃的温度进行 P. I. D 自整定，并将自整定开关设置为开启状态.按下“致冷”按钮，开始 P. I. D 自整定.

(6) P. I. D 自整定结束后，将温度设置从环境温度起致冷，每隔 5℃ 设置一次，每次待温度稳定 2min 后，记录一次输出电压，一直到 −15℃.同时将输出电压从 +5～+10V 改变，观察输出电压是否有变化(表 5.11.2).

表 5.11.2　AD590 输出电流与温度 t(℃)关系

t/℃	−15.0	−10.0	−5.0	0.0	10.0	20.0	30.0
$(V_r/1k\Omega)/\mu A$							
t/℃	40.0	50.0	60.0	70.0	80.0	90.0	100.0
$(V_r/1k\Omega)/\mu A$							

用最小二乘法进行直线拟合得

$B=$______ μA/K，$A=$______ μA，$r=$______

由于控温系统 P. I. D 只对一个系统的自适应调节有效，加热、致冷是两个系统，因此要分别调节，自适应调节大约需要 45min，故建议实验时用两台仪器，一台做加热实验（室温～120℃），一台做致冷实验（室温～－15℃）. 两组实验（加热实验、致冷实验）分别做好后将被测传感器（AD590）互换继续做实验. 这样两个传感器将分别得到全温度范围的测试数据（－15～100℃）.

2. 测试 AD590 在实际温度测量中的应用特性，掌握 AD590 在摄氏温度应用技术调零

实验电路如图 5. 11. 7 所示.

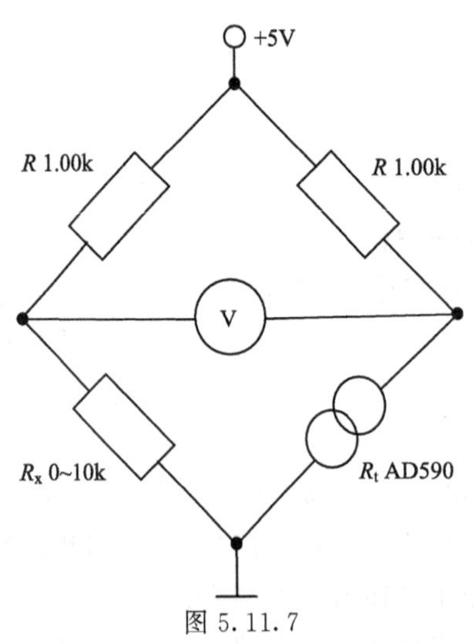

图 5. 11. 7

按实验电路接线，AD590 在一个非平衡电桥中由可变电阻 R_x 改变电桥的输出电压，调节"平衡调零"，使电桥的输出电压在 0℃时为零，并观察输出电压随温度的变化规律.（加热和致冷操作步骤同实验 1.）

3. 半导体致冷堆的降温实验

半导体致冷堆是利用半导体佩尔捷原理的热电模块在一定的电流下，一端面加热，一端面致冷. 当电流反向时冷热面互换. 实验了解了半导体致冷堆的基本原理及测试了半导体致冷堆的降温速率及对半导体致冷堆的控温方法及精度控制.

[注意事项]

(1) 由于加热、致冷是两个不同的系统且共用一个控温系统，因此在加热或致冷时必须分别进行自适应整定，不然达不到理想控温效果. 特别要注意的是由于加热、致冷共用一个智能控温系统，所以加热和致冷的控制指令不同，改变加热或致冷时必须改变工作指令仪器才能正常控温.

(2) 每次做完实验后（待致冷井恢复环境温度后），请用纸巾将致冷井中的冷凝水擦拭干净.

(3) 仪器装有温度保护装置，最高温度不要超过 120℃.

[思考题]

(1)半导体制冷堆的原理是什么?

(2)温度传感器 AD590 有何优点?

第 6 章　设计性实验

6.1　设计及创新应用性试验概述

“物理量测量”教材系统的编制了实验教学内容及新的教学体系，并从基础的力学量、热学与波动学量、电磁学量、光学量的测量以及综合性实验方面，全面系统进行了物理量测量基本训练，掌握了大量物理测量的基本知识及仪器设备的应用，在此基础上又增加了大量的设计及创新应用性实验方面的内容，更进一步培养学生的自主研究及创新能力，是实验教学中一项新的重要内容.

一、设计及创新应用性实验的性质和任务

(1) 学生通过设计性及应用性内容的实验创新，使学生更进一步对学过的实验知识及仪器的创新利用，增加学生对知识的更高追求，达到提高学生的设计及创新开发利用的能力.

(2) 按学生自己的设想写出研究论证报告，实验室给学生提供有力的创新环境，进一步提高实验层次性教学，给学生一个发挥创新的机会，提高学生的技术研究水平.

二、设计及创新应用性实验的实施程序

(1) 课题的确定：一是学生自己提出题目，经老师审查通过后实施.二是实验室给出题目.三是采取指导教师和学生相结合的方式共同确定题目.

(2) 论证课题：查阅文献资料，写出设计性目的、原理、设计方案(试验方法、使用的仪器、原理图、试验步骤、实验耗材等).经教师审查修改后，方可实施.

(3) 课题实施：在指导教师指导下，设计原理图，选择元件，组装电路，仪器调试，仪器成型等，逐项进行.

(4) 课题报告：写出设计及实验过程，采取数据，进行数据处理及分析，写出完整研究报告.

6.2　霍尔效应的研究及磁场强度测量

[实验目的]

(1) 学会用霍尔集成电路测量磁场的基本方法.

(2) 测量螺线管内轴线上磁场的分布情况.

(3) 电磁铁极间磁场强度的研究.

[实验原理]

1. 霍尔效应

霍尔效应是用半导体材料制成的霍尔元件,在磁场作用下会产生霍尔电压,如在一块长方形的薄金属板两边的对称点 1 和 2 之间接一个灵敏电流计(如图 6.2.1所示).沿 x 轴正方向通以电流 I,若在 z 方向不加磁场,电流计不显示任何偏转,则 1、2 两点是等电势的. 若在 z 方向加磁场 B,电流计立即显示偏转,则 1、2 两点间建立了电势差. 说明电势差与电流强度 I 及磁感应强度 B 均成正比,与板的厚度 d 成反比,即

$$U_{\mathrm{H}}=\frac{R_{\mathrm{H}} I B}{d} \tag{6.2.1}$$

式中,U_{H} 叫霍尔电压,R_{H} 叫霍尔系数,现在可以用洛伦兹力来加以说明.

设一块厚度为 d、宽度为 b、长度为 l 较长的半导体材料制成的霍尔片,如图 6.2.2所示.设控制电流 I 沿 x 轴正向流过半导体,如果半导体内的载流子电荷为 e(正电荷,空穴型),平均迁移速度为 v,则载流子在磁场中受到洛伦兹力的作用,其大小为

$$F_{\mathrm{B}}=evB$$

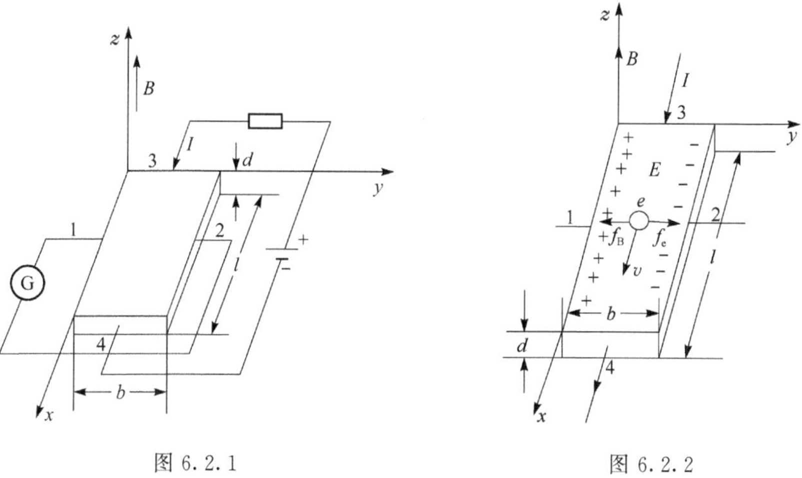

图 6.2.1　　图 6.2.2

在 F_{B} 的作用下,电荷将在元件的两边堆积并形成一横向电场 E,电场对载流子产生一个方向和 F_{B} 相反的静电力 F_{e},其大小为

$$F_e = eE$$

式中，F_e 阻碍着电荷的进一步堆积，最后达到平衡状态时有 $F_B = F_e$，即

$$evB = Ee = \frac{eU_H}{b}$$

于是 1、2 两点间的电势差为

$$U_H = vbB$$

我们知道，控制电流 I 与载流子电荷 e、载流子浓度 n、迁移速度 v 及霍尔片的截面积 bd 之间的关系为 $I = nevbd$，则

$$U_H = \frac{IB}{ned} \tag{6.2.2}$$

和式(6.2.1)相比较，霍尔系数 R_H 为

$$R_H = \frac{1}{ne}$$

通常把式(6.2.1)写成

$$B = \frac{U_H}{K_H I} \tag{6.2.3}$$

式中的 K_H 为霍尔片的灵敏度，它是一个重要参数，表示该元件在单位磁感应强度和单位控制电流时霍尔电压的大小.从式(6.2.3)可知：如果知道了霍尔片的灵敏度 K_H，用仪器测出 U_H 和 I，就可以算出磁感应强度 B.这就是利用霍尔效应测磁场的原理.

在推导公式(6.2.3)时，还包括其他因素带来得附加电压，为了减小副效应带来的误差.采用霍尔集成电路.霍尔集成电路由电压调整器、霍尔元件、差分放大器、输出极等组成，利用射极输出形式，输入(即接受)的是线性变化的磁感应强度，得到与磁感应强度成线性关系的电压

$$U = KB \tag{6.2.4}$$

K 为霍尔集成电路的磁电转换灵敏度.

2. 螺线管中心的磁感应强度

螺线管中心的磁感应强度 $B = \frac{\mu_0 IN'}{2r}$，其中 $2r$ 为螺线管的直径，μ_0 为真空中的磁导率 $\mu_0 = 12.566371 \times 10^{-7}$ H/m.

3. 电磁铁空气隙中的磁感应强度

在理想的磁路中，磁通量的表达式类似于电学中的欧姆定律

$$\text{磁通量} = \frac{\text{磁动势}}{\text{磁阻}}$$

磁动势为磁化线圈的安匝数(电流与匝数乘积),带有空气隙的电磁铁的磁阻可以表示为

$$\frac{l_1}{\mu_0\mu_r A}+\frac{l_2}{\mu_0 A}$$

式中,l_1、l_2 分别为轭铁及空气隙的磁路长度,A 为它们的截面积;μ_r 为轭铁的相对磁导率;在不考虑漏磁的情况下,空气隙中的磁感应强度为

$$B=\frac{\mu_0 NI}{l_1/\mu_r+l_2}$$

当轭铁远未磁化饱和时(μ_r 近似为常数),电磁铁极间的磁感强度与电流及匝数成正比.

[实验仪器]

(1) 主机面板如图 6.2.3 所示.

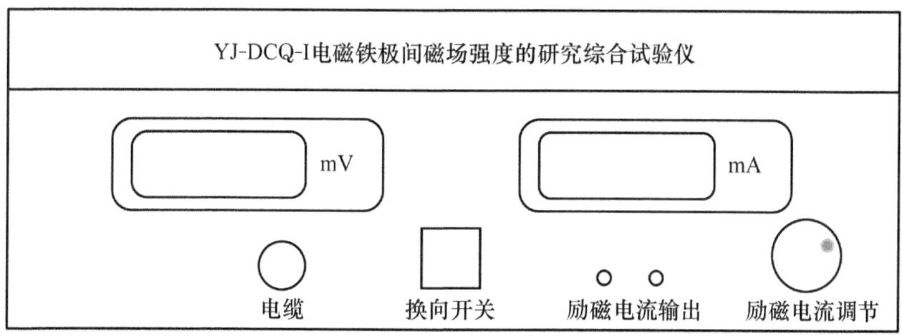

图 6.2.3

(2) 实验装置如图 6.2.4 所示.

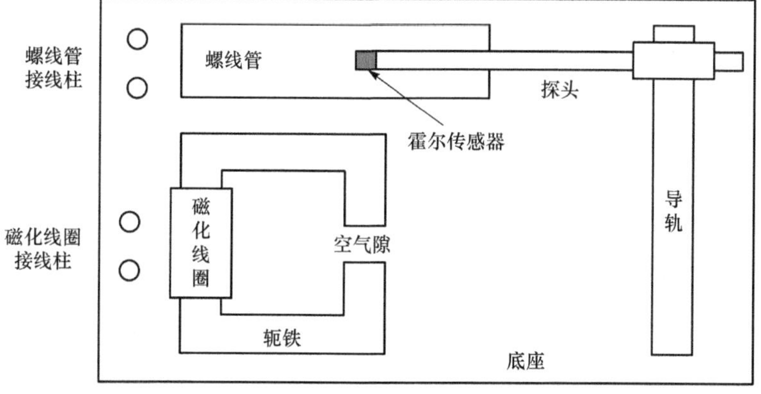

图 6.2.4

(3) 测量螺线管内轴线上磁场的分布情况探头装置如图 6.2.5 所示.

霍尔传感器 探头

图 6.2.5

(4) 电磁铁极间磁场强度的研究探头装置如图 6.2.6 所示.

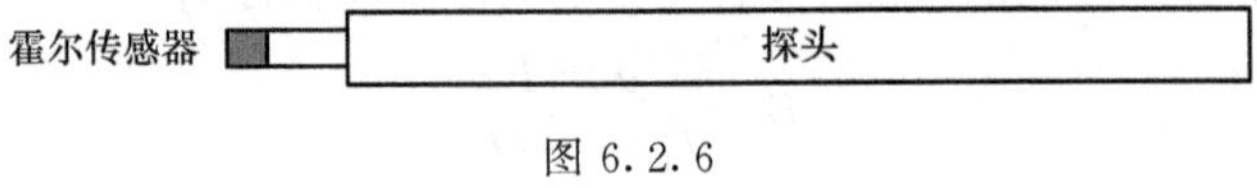

图 6.2.6

[实验内容]

1. 测霍尔集成电路的磁电转换灵敏度 K

(1) 如图 6.2.3、图 6.2.4、图 6.2.5 所示，霍尔传感器调整至如图 6.2.5 所示位置，固定好紧固螺丝，将励磁电流调节旋钮逆时针旋到最小，接好霍尔传感器插头，打开电源开关，预热 5 分钟后，记下霍尔集成电路静态输出电压 U_0.

(2) 接好励磁电流电路，抽动探头，使探头伸入螺线管中间位置，调节励磁电流为 500mA，记下输出电压 V_1，按动换向开关，改变电流方向，使励磁流为 -500mA，记下输出电压 V_1'，则实际霍尔电压为

$$u_1 = V_1 - V_0, \quad u_2 = V_1' - V_0$$

取其平均值

$$U = \frac{(|u_1| + |u_2|)}{2}$$

即为霍尔传感器在螺线管中间位置的霍尔电压.由 $B = \frac{\mu_0 IN'}{2r}$ 求螺线管中间磁感强度 B，由 $B = \frac{U}{K}$ 求 K 得

$$K = \frac{2rU}{\mu_0 IN'}$$

式中，$2r$ 为螺线管的直径(参见仪器标示)，N' 为螺线管匝数(参见仪器标示)，励磁流 I 为 500mA. U 为霍尔传感器在螺线管中间位置的霍尔电压.

2. 测绘螺线管内的 B-x 分布曲线

(1) 霍尔传感器调整至如图 6.2.5 所示位置，固定好紧固螺丝，将励磁电流调节旋钮逆时针旋到最小，接好霍尔传感器插头，打开电源开关，预热 5 分钟后，记下霍尔集成电路静态输出电压 V_0.

(2) 接好励磁电流电路，抽动探头，使探头伸入螺线管中间位置，记下标尺读数 x_1，调节励磁电流为 500mA，记下输出电压 V_1，按动换向开关，改变电流方向，使励磁电流为 −500mA，记下输出电压 V_1'，则实际霍尔电压为 $u_1=V_1-V_0$，$u_2=V_1'-V_0$.取其平均值 $U_1=\frac{(|u_1|+|u_2|)}{2}$，即为螺线管在 x_1 位置的霍尔电压.

(3) 变探头位置，记下标尺读数 x_i，测出与 x_i 相对应的霍尔电压 ν_i，可求出相应的 B_i，即可绘出螺线管内的 B-x 分布曲线；

3. 测绘螺线管的 B-I 分布曲线

将探头位于螺线管中间位置，将励磁电流依次取 0，±50mA，±100mA，±150mA，±200mA，…，±500mA，得出相应的 B，并绘出 B-I 关系曲线.

4. 测绘电磁铁空气隙中的 B-I 关系曲线

将霍尔传感器调整至如图 6.2.6 所示位置，固定好紧固螺丝，霍尔传感器插头与主机插座相连，主机励磁电流输出与磁化线圈接线柱用连接线连接，将霍尔传感器置于电磁铁空气隙中间位置.将励磁电流依次取 0，±50mA，±100mA，±150mA，±200mA，…，±500mA，测出相应的霍尔电压 ν_i，由 $B=\frac{U}{K}$ 得出相应的 B，并绘出 B-I 关系曲线.

5. 测轭铁的相对磁导率 μ_r

根据电磁铁空气隙中的 B-I 关系曲线；当轭铁远未磁化饱和时(μ_r 近似为常数)，电磁铁极间的磁感强度与电流及匝数成正比.由式

$$B=\frac{\mu_0 NI}{l_1/\mu_r+l_2}$$

即可求出轭铁的相对磁导率 μ_r.l_1、l_2 分别为轭铁及空气隙的磁路长度，$l_1=263\text{mm}$，$l_2=6\text{mm}$.

[数据处理]

1. 测霍尔集成电路的磁电转换灵敏度 K

$$K=\frac{2rU}{u_0 IN'}$$

式中，$2r$ 为螺线管的直径(参见仪器标示)，N' 为螺线管匝数(参见仪器标示)，真空中的磁导率 $\mu_0=12.566371\times10^{-7}\,\text{H/m}$，励磁电流 I 为 500mA.U 为霍尔传感

器在螺线管中间位置的霍尔电压.

2. 测绘螺线管内的 B-x 分布曲线(表 6.2.1)

表 6.2.1　B-x 分布　$V_0=$____mV, $I=500$mA.

x(cm)	V_i(mV)($+I$)	V_i'(mV)($-I$)	u_1(mV)	u_2(mV)	U_i(mV)	B_i(mT)

3. 测绘螺线管的 B-I 分布曲线(表 6.2.2)

表 6.2.2　螺线管的 B-I 关系　$V_0=$____mV

I(mA)	V_i(mV)($+I$)	V_i'(mV)($-I$)	u_1(mV)	u_2(mV)	U_i(mV)	B_i(mT)
0						
50						
100						
150						
200						
250						
300						
350						
400						
450						
500						

4. 测绘电磁铁空气隙中的 B-I 关系曲线(表 6.2.3)

表 6.2.3　电磁铁空气隙中的 B-I 关系　$V_0=$____mV

I(mA)	V_i(mV)($+I$)	V_i'(mV)($-I$)	u_1(mV)	u_2(mV)	U_i(mV)	B_i(mT)
0						
50						

续表

I(mA)	V_i(mV)($+I$)	V_i'(mV)($-I$)	u_1(mV)	u_2(mV)	U_i(mV)	B_i(mT)
100						
150						
200						
250						
300						
350						
400						
450						
500						

5. 测轭铁的相对磁导率 μ_r

$$B=\frac{\mu_0 NI}{l_1/\mu_r+l_2}$$

[思考题]

（1）什么叫霍尔效应？霍尔效应测磁场的原理是什么？

（2）阐述螺线管管口处及中心处的磁感应强度的关系如何？

（3）本实验测量缝隙中磁场的探头应该是怎样的？

6.3　气轨斜面上测滑块的瞬时速度

[实验目的]

测定运动滑块上某点在气轨斜面上某处的瞬时速度.

[使用部件]

遮光片若干、数字毫秒计、气垫导轨、游标卡尺等部件.

[设计内容]

（1）要求设计出一种测量瞬时速度的方法，写出实验原理.

（2）写出实验步骤.

(3) 数据处理.

(4) 对实验进行讨论.

6.4 千分表法测量金属线膨胀系数

在一维情况下,固体受热后长度的增加称为线膨胀.在相同条件下,不同材料的固体,其线膨胀的程度各不相同,线膨胀系数是物质的基本物理参数之一,在道路、桥梁、建筑等工程设计,精密仪器仪表设计,材料的焊接、加工等各种领域,都必须对物质的膨胀特性予以充分的考虑.本实验提供的线膨胀系数测量仪和温控仪,能对固体的线膨胀系数予以准确测量.

本实验提供的温控仪针对学生实验的特点,让学生自行设定调节参数,并能观察到对于特定的参数、温度及功率随时间的变化关系及控制精度,加深学生对PID调节过程的应用.

[实验目的]

(1) 测量金属的线膨胀系数.

(2) 学习PID调节的应用.

[实验原理]

绝大多数物质具有“热胀冷缩”的特性,这是由于物体内部分子热运动加剧或减弱造成的.这个性质在工程结构的设计中,在机械和仪表的制造中,在材料的加工(如焊接)中都应考虑到,否则,将影响结构的稳定性和仪表的精度.本实验仪通过加热温度控制仪,精确地控制实验样品在一定的温度下,由千分表直接读出实验样品的伸长量,实现对固体线胀系数测定.

在一定的温度范围内,原长为 L 的物体,受热后其伸长量 ΔL 与其温度的增加量 Δt 近似成正比,即

$$\Delta L = \alpha L \Delta t \tag{6.4.1}$$

式中的比例系数 α 称为固体的线胀系数.不同材料的线胀系数不同,塑料的线胀系数最大,金属次之,殷钢、熔融石英的线胀系数很小.殷钢和石英的这一特性在精密测量仪器中有较多的应用.

几种材料的线胀系数

材料	铜、铁、铝	普通玻璃、陶瓷	殷钢	熔凝石英
α 数量级	$\sim 10^{-5}(℃)^{-1}$	$\sim 10^{-6}(℃)^{-1}$	$<2\times10^{-6}(℃)^{-1}$	$10^{-7}(℃)^{-1}$

为测量线胀系数,将材料做成条状或杆状.由(6.4.1)式可知,测量出 t_1 时杆长 L、受热后温度达 t_2 时的伸长量 ΔL 和受热前后的温度 t_1 及 t_2,则该材料在(t_1,t_2)温区的线胀系数为

$$\alpha=\frac{\Delta L}{L(t_2-t_1)} \tag{6.4.2}$$

其物理意义是固体材料在(t_1,t_2)温区内,温度每升高一度时材料的相对伸长量,单位为$(℃)^{-1}$.

测线胀系数的主要是如何测伸长量 ΔL.先粗估算出 ΔL 的大小,若 $L\approx 400\text{mm}$,温度变化 $t_2-t_1\approx 100℃$,金属的 α 数量级为 $10^{-5}(℃)^{-1}$,对于这么微小的伸长量,用普通量具如刚尺或游标卡尺是测不准的,可采用千分表(分度值为 0.001mm).本实验中采用千分表测微小的线胀量.

[实验仪器]

线膨胀系数测定仪装置、千分表、待测材料铜、铁、铝各一根.

千分表是一种通过齿轮的多极增速作用,把一微小的位移,转换为读数圆盘上指针的读数变化的微小长度测量工具,它的传动原理如图 6.4.1 所示,结构如图 6.4.2所示.

千分表在使用前,都需要进行调零,调零方法是:在测头无伸缩时,松开“调零固定旋钮”,旋转表壳,使主表盘的零刻度对准主指针,然后固定“调零固定旋钮”.调零好后,毫米指针与主指针都应该对准相应的 0 刻度.

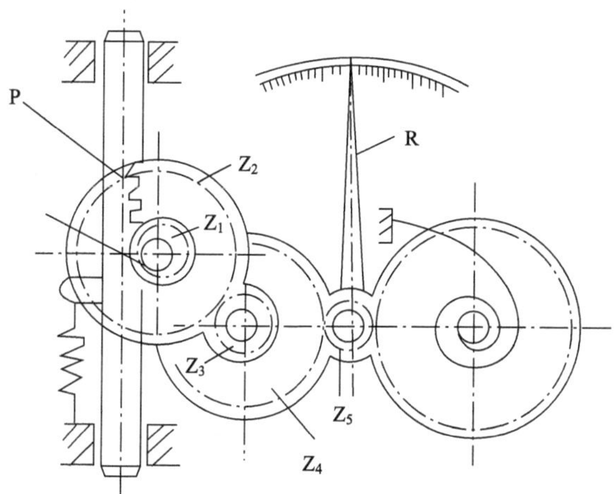

P: 带齿条的测杆; Z_1~Z_5: 带齿条的测杆

图 6.4.1

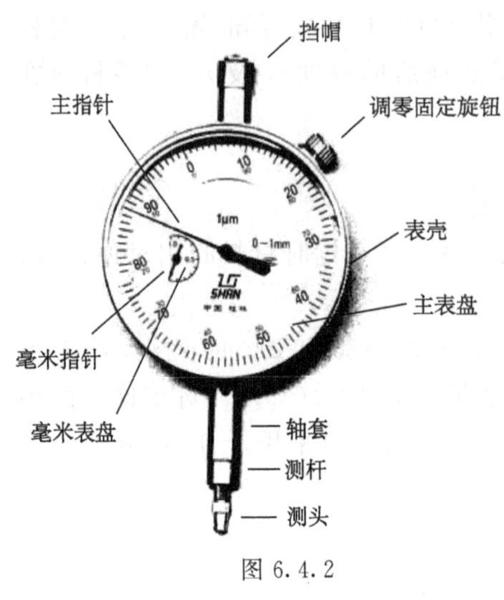

图 6.4.2

千分表的读数方法：本实验中使用的千分表，其测量范围是 0～1mm. 当测杆伸缩 0.1mm 时，主指针转动一周，且毫米指针转动一小格，而表盘被分成了 100 个小格，所以主指针可以精确到 0.1mm 的 1/100，即 0.001mm，可以估读到 0.0001mm，即

千分表读数 = 毫米表盘读数 $+\frac{1}{1000}\times$主表盘读数（单位：mm），（毫米表盘读数不需要估读，主表盘读数需要估读）. 例如：图 6.4.3 中千分表读数为 $0.2+\frac{1}{1000}\times 59.8=0.2598\text{mm}$

［实验内容］

(1) 开机预热 10 分钟，将仪器面板上（风扇接口 、加热输出 、传感器接口）与测量装置连接，将待测材料放入加热器中、装上千分尺，调节装置后面顶头螺丝适中.

图 6.4.3

(2) PID 调节:(请参考感应式落球法测液体黏度系数实验中说明),调节 PID 控温表,设置 SV:在表面板上按一下 (SET)按键,SV 表头的温度显示个位将会闪烁;按面板上的“▲”或“▼”键调整设置个位的温度;在按面板上按一下 (SET)按键即可,SV 表头的温度显示个位将会闪烁,再按“<”键使表头的温度显示十位闪烁,按面板上的“▲”或“▼”键调整设置十位的温度;用同样方法还可设置百位的温度.调好 SV 所需设定的温度后,再按一下(SET)按键即可完成设置.将加热开关选择自动加热,待 30 秒后,仪器开始加热,控温表即可自动控制温度(注意:调节不同温度的值,设定参照步骤按上面进行调节).

(3) 测量:当加热盘温度恒定在设定温度 50.0℃,读出千分表数值 L_1,当温度分别为 55.0℃,60.0℃,65.0℃,70.0℃,75.0℃,80.0℃,85.0℃,90.0℃,95.0℃时,分别记下千分表读数 $L_2,L_3,L_4,L_5,L_6,L_7,L_8,L_9,L_{10},\cdots,L_n$.

(4) 用逐差法求出 5℃时金属棒的平均伸长量,由(6.4.2)式即可求出金属棒在(50℃,95℃)温区内的线胀系数.

[数据处理]

根据 $\Delta L=\alpha L_0\Delta t$,由表 1 数据用线性回归法或作图法求出 ΔL_i-ΔT_I 直线的斜率 K,已知固体样品长度 $L_0=$ 500mm,则可求出固体线膨胀系数 $\alpha=K/L_0$.

t/℃	50	55	60	65	70	75	80	85	90	95
L_n										
ΔL										
$\alpha=\dfrac{\Delta L}{L(t_2-t_1)}$										

[思考题]

(1) 该实验的误差来源主要有哪些?

(2) 如何利用逐差法来处理数据?

(3) 利用千分表读数时应注意哪些问题,如何消除误差?

6.5　悬丝耦合弯曲共振法测量金属材料的杨氏模量

杨氏模量是工程材料的一个重要物理参数,它标志着材料抵抗弹性形变的能力.在物理实验中所用的测量方法是“静态拉伸法”,采用这种方法由于拉伸时载荷大,加载速度慢,存有弛豫过程,它不能真实地反映材料内部结构的变化,对脆性材料无法用这种方法测量,也不能测量在不同温度时的杨氏模量.而弯曲共振法因其适用不同的材料和不同的温度范围,实验结果稳定误差小,而广泛采用此测量方法.其测量方法规定为悬丝耦合弯曲共振法,即常称为动态悬挂法.

[实验目的]

(1) 用悬丝耦合弯曲共振法测定金属材料杨氏模量.

(2) 设计性扩展实验.

[实验原理]

用悬丝耦合弯曲共振法测定金属材料杨氏模量的基本方法是:将一根截面均匀的试样(圆棒或矩形棒)用两根细丝悬挂在两只传感器(即换能器,I 激振,II 拾振)下面,在试样两端自由的条件下,由激振信号通过激振传感器做自由振动,并由拾振传感器检测出试样共振时的共振频率,再测出试样的几何尺寸,密度等参数,即可求得试样材料的杨氏模量.根据理论推导得

$$E=1.6067\frac{l^3m}{d^4}f^2 \quad (\text{圆形截面棒}) \qquad E=0.9464\frac{l^3m}{bh^3}f^2 \quad (\text{矩形截面棒})$$

式中,l 为棒长,d 为圆形棒的直径,b 和 h 分别矩形棒的宽度和高度,m 为棒的质量,f 为试样共振频率.

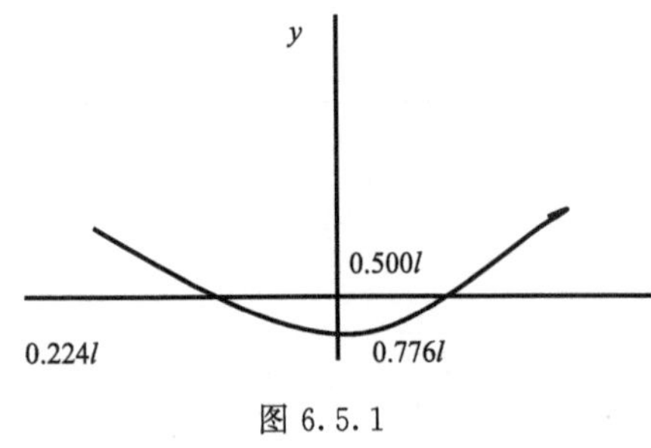

图 6.5.1

如果在实验中测定了试样在不同温度时的固有频率 f,即可计算出试样在不同温度时的杨氏模量 E.在国际单位制中杨氏模量的单位为 $\mathrm{N\cdot m^{-2}}$.

值得注意的是,在推导以上两个公式时是根据最低级次(基频)的对称性振动的波形推导出的.从图 6.5.1 可见,试样在基频振动时,存在两个节点,分别在 $0.224l$ 和 $0.776l$ 处.显然节点是不振动的,实验时悬丝不能吊挂在节点上.

[实验仪器]

本实验主要是测量试样的共振频率.为了测出该频率,可采用如图 6.5.2 所示

装置.

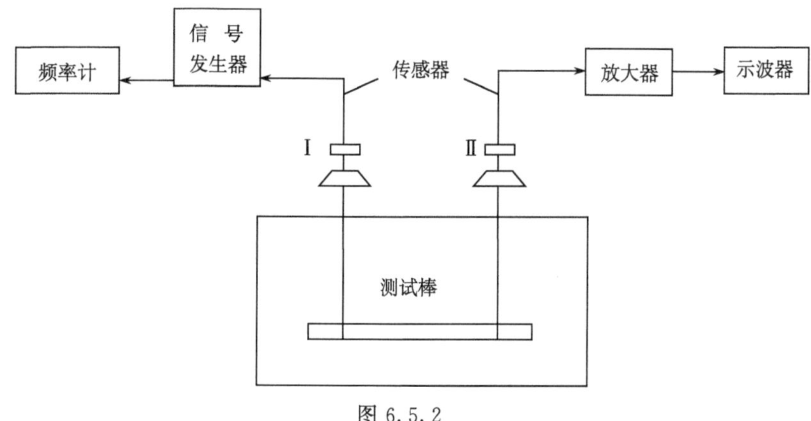

图 6.5.2

由信号发生器输出的等幅正弦波信号,加在传感器 I(激振)上,通过传感器 I 把电信号转变成机械振动,再由悬线把机械振动传给传感器 II(拾振),这时机械振动又转变成电信号.该信号放大后送到示波器中显示.

当信号发生器的输出频率不等于试样的共振频率时,试样不发生共振,示波器上几乎没有信号波形或波形很小.当频率相等时,试样发生共振,示波器上波形突然增大,读出此时的频率,该频率就是试样的共振频率,根据公式即可计算出试样的杨氏模量.

[实验内容]

(1) 测定试样的长度 l,直径 d 和质量 m.

(2) 在室温下铜的杨氏模量为 $1.2\times10^{11}\ \mathrm{N\cdot m^{-2}}$,先估算出共振频率 f,以便寻找共振点.因试样共振状态的建立需要有一个过程,且共振峰十分尖锐,因此在共振点附近调节信号频率时须十分缓慢地进行.

[思考题]

(1) 用什么规格的仪器测量试样的长度 l,直径 d,质量 m 和共振频率 f.

(2) 估算实验误差,可从以下几个方面考虑:

① 仪器误差.

② 悬挂点偏离节点引进的误差.

设计性扩展实验

［实验目的］

(1) 根据李萨如图型法判定试样的共振频率 f.

(2) 根据实验原理,要使试样自由振动就应把悬丝吊扎在试样的节点上,但这样做不能激发和拾取试样的振动.请用"处延测量法"准确测定悬线吊扎在试样节点上时的共振频率,并修正实验结果.

［实验仪器］

NJG-YM-II 型信号发生器的前面板如图 6.5.3、图 6.5.4 所示.

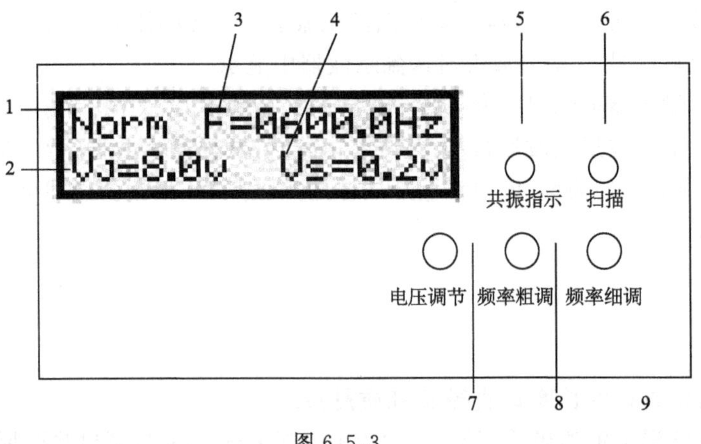

图 6.5.3

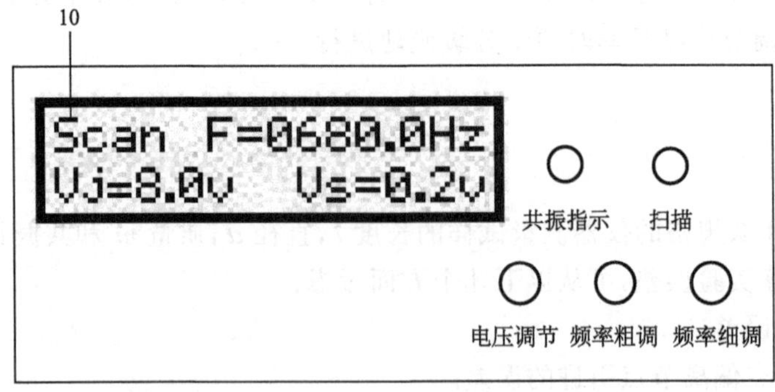

图 6.5.4

1Norm:仪器工作在手动状态; 2.激振电压显示;3.激振频率显示;4.拾振电压显示;5.共振指示灯,共振时指示灯闪烁;6.扫描按键:按下此按钮仪器在 Norm 和 Scan 两种工作状态下转换;7.激振电压调节:调节此旋钮使 V_j 在(0 ~ 8V)间变换.8.频率粗调:激振频率最小调整单位为 10Hz;9.频率细调:激振频率最小调整单位为 0.1Hz;10. Scan:仪器工作在扫描状态.

前面板图中的表头部分:电压是液晶显示,由旋钮 7 调节,其电压调节范围为 0~8V;频率显示也为液晶显示,分别为旋钮 8 和 9 进行配合调节,其频率调节范围为 20~1500Hz.

本信号发生器频率范围较窄,本仪器中频率细调达 0.1Hz,对于共振峰十分尖锐的,本实验是最适用的.

NJG-YM-II 型信号发生器的后面板如图 6.5.5 所示:1.电源开关;2.电源插座;3.激振输入;4.拾振输入;5.拾振输出; 6.激振输出.

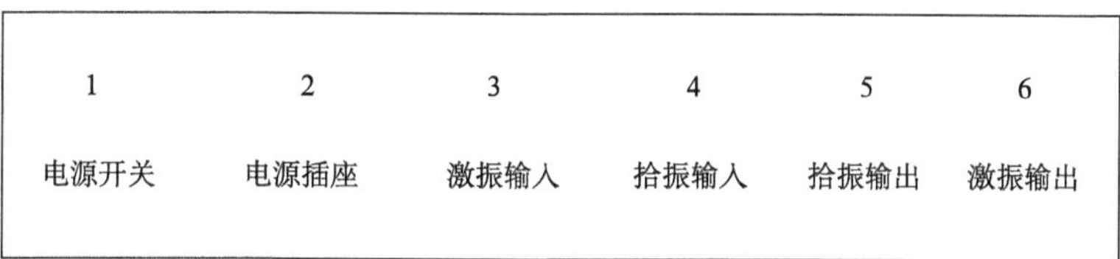

图 6.5.5

[技术指标]

①测试台、拾振器输出灵敏度>10mA(激振电压 8V,试样共振时);②激振电压范围:0~8V;③拾振电压范围:0~5V;④频率范围:20Hz~1500Hz;⑤频率粗调:10Hz;⑥频率细调:0.1Hz;⑦电压、频率显示方式:液晶显示;⑧整机综合误差(<1%).

[实验内容]

(1) 接通电源,连接示波器.

(2) 调节激振电压调节旋钮,使 V_j 为 8.0V,将频率细调旋钮逆时针旋为最小状态(此时频率显示的最后两位应该为 0).

(3) 调整频率粗调旋钮,使频率显示为参考频率值(如 600Hz).

(4) 按下扫描按钮(此时状态由 Norm 变为 Scan)等待扫描结果.

(5) 当波形出现最大值时,记下此时的频率值,按下扫描按钮(此时状态由

Scan 变为 Norm)，在所记下的频率值附近调节频率细调，找到最佳波形.

(6) 记下此时的频率值，即共振点的频率值，当谐振电压大于 3V 时，共振指示动作.

关于试样的几何尺寸在推导计算公式的过程中，没有考虑试样任一截面两侧的剪切作用和试样在振动过程中的回转作用.显然这只有在试样的直径和长度之比(径长比)趋于零时才能满足，精确测量时应对试样不同的径长比作出修正.令

$$E_0 = KE$$

式中，E 为未经修正的杨氏模量，E_0为修正后的杨氏模量，K 为修正系数.K 值填入表 6.5.1.

表 6.5.1

径长$\frac{d}{l}$	0.01	0.02	0.03	0.04	0.05	0.06
修正系数 K	1.001	1.002	1.005	1.008	1.014	1.019

实验时一般可取径长比为 0.03～ 0.04 的试样，径长比过小，会因试样易于变形而使实验结果误差变大，对同一材料不同径长比的试样，经修正后可以获得稳定的实验结果.

关于悬丝的材料和直径推荐的几种悬丝做实验，对某一试样在相同温度时测得的结果填入表 6.5.2.

表 6.5.2

悬丝材料	棉线	Φ0.07 铜丝	Φ0.06 镍铬丝
共振频率/Hz	899.0	899.1	899.3

可见对不同材料的悬丝，共振频率差值不大(0.03%)，但悬丝越硬，共振频率越大.

用同种材料不同直径的悬丝做实验，对同一试样在相同温度时测得的结果如表 6.5.3 所示.

表 6.5.3

铜丝直径/mm	0.07	0.12	0.24	0.46
共振频率/Hz	899.1	899.1	899.3	899.5

可见悬丝的直径越粗，共振频率越大.这与上述的悬丝越硬，共振频率越大是一致的.因此，如果实验时的温度不太高，悬丝的刚度能承受时，悬丝尽量用得细些、软些.

关于悬丝吊扎点的位置，已简单述及了试样作基频对称型振动时，存在两个节点，节点是不振动的.必须偏离节点，悬挂点偏离节点越远，可以检测到的共振信号越强，但试样受外力的作用也越大，由此产生的系统误差越大.为了消除误差，可采用内插测量法测出，如果悬丝吊扎在试样节点上时，试样的共振频率.具体的测量方法可以逐步改变悬丝吊扎点的位置，逐点测出试样的共振频率 f.设试样端面至吊扎点的距离为 x，以 $\frac{x}{l}$ 作横坐标，共振频率 f 为纵坐标作图，如图 6.5.6 所示.

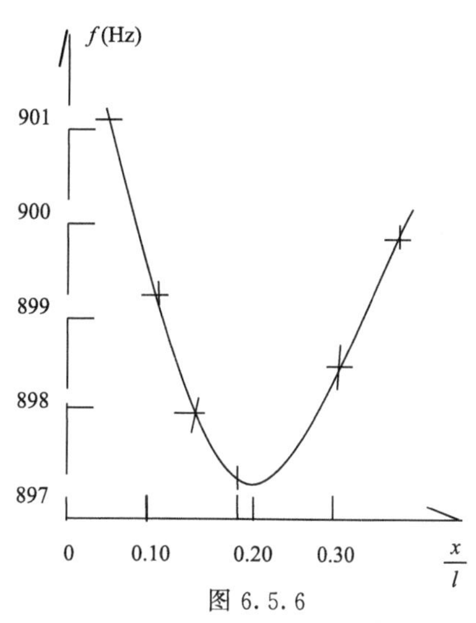

图 6.5.6

从图内插求出吊扎点在试样节点（$\frac{x}{l}$=0.224 处）时的共振频率 f（图标 f=897.2Hz），实验数据如下：

X/mm	7.5	15.0	22.5	30.0	37.5	45.0	52.5
$\frac{x}{l}$	0.05	0.10	0.15	0.20	0.25	0.30	0.35
f/Hz	901.4	899.4	898.0	897.3	897.4	898.5	900.0
激振电压/V	0.2	0.3	0.4	2	3	0.4	0.3

关于真假共振峰的判别方法.

① 共振频率预估法：实验前先用理论公式估算出共振频率的大致范围，然后进行细致的测量，对于分辨真假共振峰十分有效.

② 峰宽判别法：真正的共振峰的峰宽十分尖锐，尤其在室温时，只要改变激振信号频率±0.1Hz，即可判断出试样是否处于最佳共振状态.

③ 撤耦判别法：如果将试样用手托起，撤去激振信号通过试样耦合给拾振传感的通道.如果是干扰信号，尤其是当激振信号过强时，直接通过空气或测振台传递给拾振传感器，则示波器上显示的波形不变.

④ 其他尚有衰减判别法：突然去掉激振信号，共振峰应有一个衰减过程，而干扰信号没有.实验者可运用已有的物理学知识和实验技能，设法进行判别.

6.6　单臂电桥法测微安表内阻

[使用部件]

电源、电阻箱、变阻箱器、微安表头、开关、导线等.

提示:参考惠斯通电桥使用原理.如何设计电路才能使流过待测臂的电流为微安数量级.

[设计内容]

设计一个测量微安表内阻的电路.

6.7　测定电流计内阻 R_g 和电流计灵敏度 S_i

[使用部件]

UJ31 型电压计、ZX21 电阻箱两块、标准电阻一块、开关一个、干电池一节、电流计一块.

[设计内容]

参考 UJ31 型电压计使用方法,设计电路并计算出电流计内阻 R_g 公式,已知电流计灵敏度 $S_i=\frac{\theta}{I_g}$,θ 为电流计光标的偏转格数的毫米表示.

6.8　电子和场设计

[实验目的]

(1) 电子在横向匀强电场作用下的运动——电子束的电偏转.

(2) 电子在纵向不均匀电场下的运动——电子束的电聚焦.

(3) 电子在横向磁场作用下的运动——电子束的磁偏转.

(4) 电子在纵向磁场作用下的运动——验证洛伦兹力.

(5) 电子射线的磁聚焦和电子荷质比的测定.

[实验原理]

本实验采用 8SJ 系列示波管，结构示意如图 6.8.1 所示.

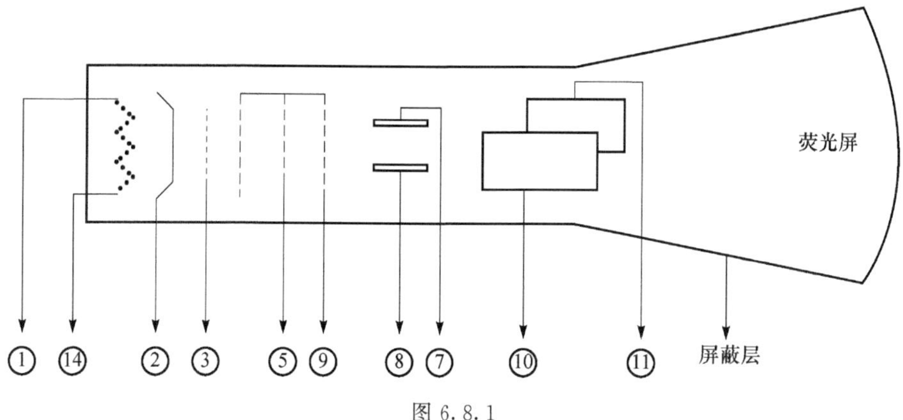

图 6.8.1

1. 14→热丝 H；2. 阴极 K；3. 栅极 G(调制极)；5. 第二阳极；7. 水平偏转板 Y_1；8. 水平偏转板 Y_2；9. 第一、三阳极；10. 垂直偏转板 X_1；11. 垂直偏转板 X_2

电子束实验部分可进行下面五项实验：

1. 电子在横向电场作用下的运动——电子束的电偏转

掌握示波器的内部构造(图 6.8.1)和电子束在不同电场作用下加速和偏转的工作原理，熟悉示波管各电极与电源的连接、加速电压的调节、电子束强度及聚焦的控制方法等.在几个不同加速电压 U_A 下，分别测量电子束在横向电场作用下偏转量 X、Y 与偏转电压 U_{dx}、U_{dy} 大小之间的变化关系(图 6.8.2).

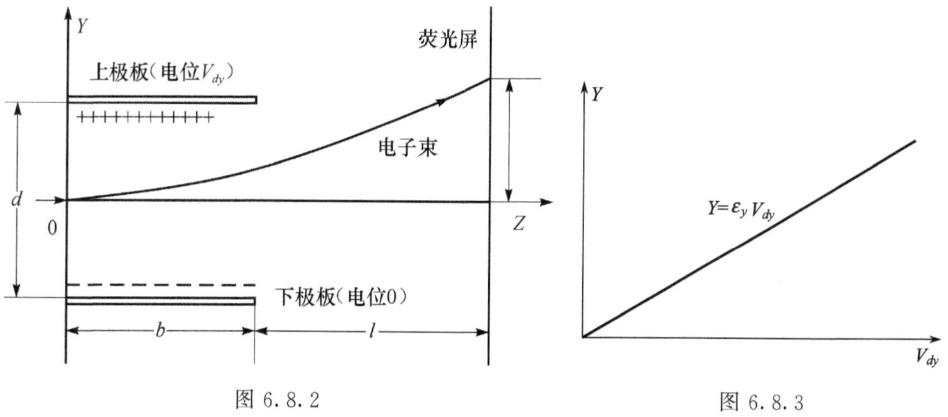

图 6.8.2　　　　图 6.8.3

电子束的偏转量随横向电场大小成线性变化关系(图 6.8.3),直线的斜率 ε_X、ε_Y 表示电偏转灵敏度的大小.直线的斜率随加速电压 U_A 的大小而变,说明偏转灵敏度与电子的动能大小有关,由此可计算出示波管的“电偏常数”Ke,一个与示波管内部的几何参数有关的量.

2. 电子在纵向不均匀电场下的运动——电子束的电聚焦

在实验中,要求进一步了解电子枪中电子束聚焦的工作原理.可以比较详细的介绍静电透镜的工作原理(图 6.8.4).这里作为电子在不均匀电场作用下运动的一个实例提出分析,加深了对现象规律的了解.

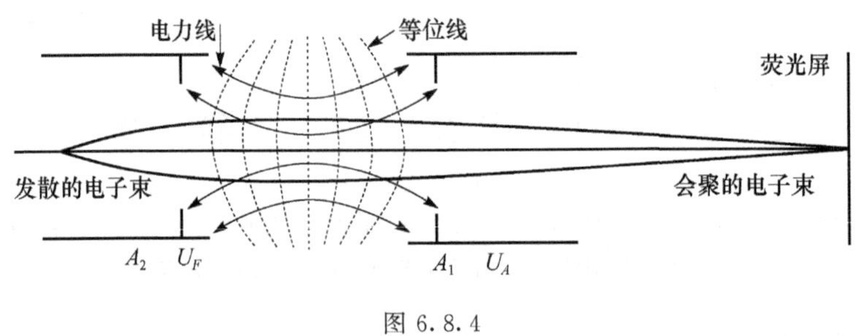

图 6.8.4

从与几何光学之间的可知,引出电子透镜折射率的概念,可导出电子透镜的透镜方程.电子透镜可以对电子束聚焦,也可以对发射电子成像,电子显微镜就是根据这个原理制成的,所以电子显微镜的分辨能力比光学显微镜大的多.

实验中找到电子枪的加速电压 U_A 和聚焦电压 U_F 之间有两种不同的组合,使电子束在荧光屏上聚焦,与理论相符.本实验在这理论的基础上,要求学生分别找出这两个不同的聚焦条件,测定有关电压参数,以检验理论分析结果的正确性.

3. 电子在横向磁场作用下的运动——电子束的磁偏转

首先掌握磁偏转的原理(图 6.8.5),第一部分是与静电偏转电压对比做的,要求测定在几个不同加速电压 U_A 之下,电子束的磁偏转量 Y_m 与产生横向磁场的励磁电流 I_m 之间的变化关系.

实验结果表明,在加速电压 U_A 一定的条件下,偏转量与励磁电流成线性关系(图 6.8.6),但直线的斜率即磁偏转灵敏度 δ 随加速电压 U_A 的变化规律是不同的.

静电偏转灵敏度 ε 与加速电压 U_A 成反比,磁偏转灵敏度 δ 与加速电压 U_A 的

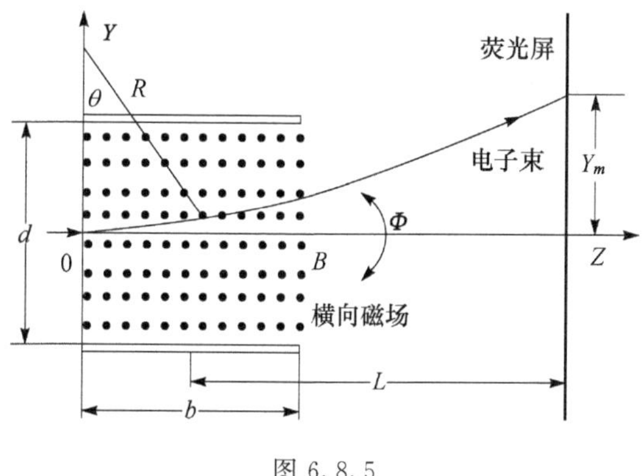

图 6.8.5

平方根成反比.

第二部分内容，分析地球磁场对电子束运动的影响，并通过实验进行观察研究.

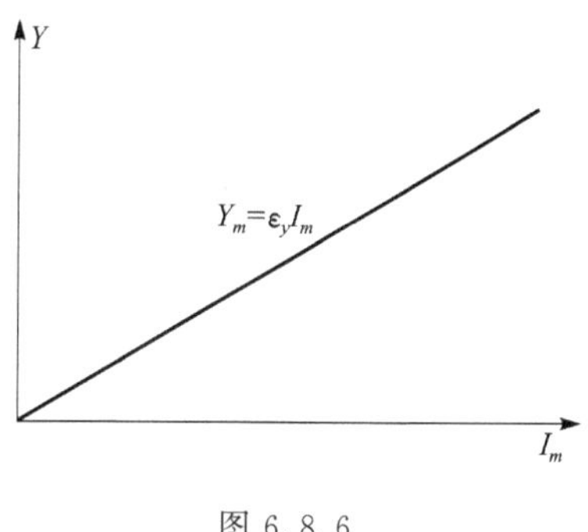

图 6.8.6

不加任何偏转电场或磁场，当改变加速电压，荧光屏上亮点位置也会随之改变，产生这一现象的原因之一就是地球磁场.将整个仪器旋转 360°，可找到光点偏转量最高位置和最低位置，记下电子束偏转量的变化情况，确定当地地磁场的方向，与罗盘指示的方向进行比较，计算出地磁场水平分量的大小，并可与手册上的数据进行比较.(地磁：垂直分量 $Z=0.358\mathrm{G}$，水平分量 $H=0.338\mathrm{G}$ 地区需要修改)

4. 电子在纵向磁场作用下的运动——验证洛伦兹力

在纵向磁场作用下，若电子只有轴向速度 $V_{/\!/}$ 而没有径向速度 $V_{\perp}$，它将不受磁场作用沿直线运动.若电子的径向速度 $V_{\perp}$ 不为零，在洛伦兹力作用下，它在从电子枪到荧光屏的运动过程中将做螺旋运动(图 6.8.7).利用洛伦兹力公式和圆周运动公式可导出：

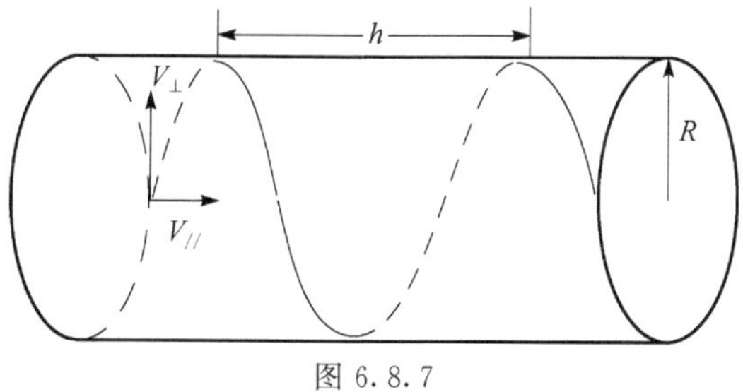

图 6.8.7

电子的回旋半径：$R=mV_{\perp}/eB$　(6.8.1)

电子的回旋周期：$T=2\pi m/eB$　(6.8.2)

电子运动的螺距：$h=T\ V_{/\!/}=2\pi mV_{/\!/}/Eb$　(6.8.3)

根据理论分析，R 与磁场大小 B 成反比.电子束在荧光屏上光点的位置(直角坐标系的 X、Y 或极坐标的 r、θ)会随纵向磁场 B 的大小而改变，其轨迹为螺线形(图 6.8.8)，可以通过实验进行验证.

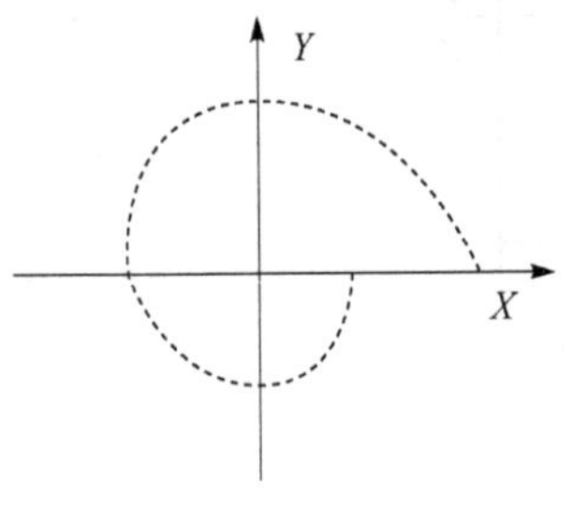

图 6.8.8

5. 电子射线的磁聚焦和电子荷质比的测定

在纵向磁场作用下，电子从电子枪发射出来以后，将做螺旋运动.在初始时刻，各电子的运动方向不一致，即它们的径向速度 $V_{\perp}$ 是不一样的.虽然它们的初始轴向速度也是不一样的，但它们的螺距是相等的，也就是经过一个周期后，同时从电子枪发射出来但运动方向不同的电子，又交汇在同一点(图 6.8.9)，这就是磁聚焦作用.而且每经过一个周期(一个螺距)有一个聚焦点.

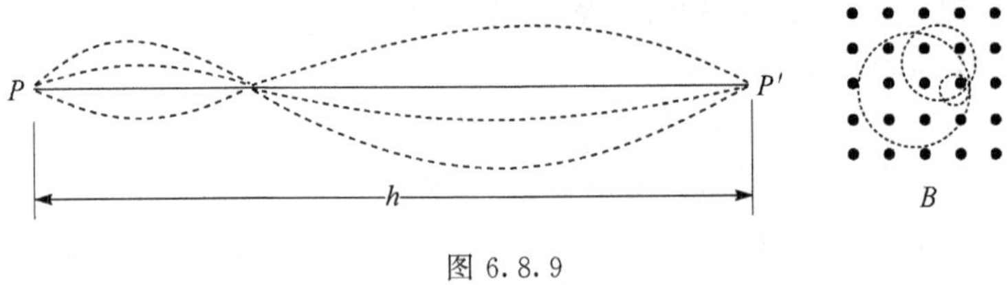

图 6.8.9

通过调整磁场的 B 来改变螺距 h，可使电子枪出口到荧光屏的距离 L 为 h 的整数倍，就可观察到多次磁聚焦现象.

利用磁聚焦现象可以测定电子的荷质比.第一次聚焦时，有

$$L=h=2\pi mV_{/\!/}/eB \tag{6.8.4}$$

而 $V_{/\!/}^2=2eU_A/m$，代入上式得

$$\frac{e}{m}=8\pi 2U_A/L^2B^2=\frac{8\pi^2U_A}{L^2B^2}=\frac{8\pi^2U_A}{L^2\left(\frac{\mu_0NI}{\sqrt{l^2+D^2}}\right)^2} \tag{6.8.5}$$

$\mu_0=4\pi\times10^{-7}\ \mathrm{H/m}$，$N$ 为螺线管线圈总匝数，L 为电子束交叉点到荧光屏的距离(8SJ 示波管参数 L 为 0.190m)，U_A 为加速电压，I 为电子束聚焦电流，l 为螺线管的长度(单位：米)，D 为螺线管的直径(单位：米).故上式可改为

$$\frac{e}{m}=\frac{8\pi^2 U_A}{L^2\left(\frac{\mu_0 NI}{\sqrt{l^2+D^2}}\right)^2}=\frac{(l^2+D^2)}{2\times 10^{-14}N^2h^2}\cdot\frac{U}{I^2} \tag{6.8.6}$$

测量出加速电压 U_A 和磁场 B(根据螺线管电流 I 来算出磁场强度 B),由式(6.8.6)算出电子的荷质比“e/m”(标准值:$e/m=1.759\times 1011\text{C/kg}$).

[实验仪器]

技术参数:

(1) 示波管:水平偏转因数:28.6～40V/cm,垂直偏转因数:19.2～26.3V/cm.

(2) 示波管磁聚焦螺线管线圈的参数:螺线管长度:200mm,内径:90mm,外径:100mm,线圈匝数≈2000T.

电子和场实验仪面板功能简介

示波管插座

仪器控制面板介绍(图 6.8.10)

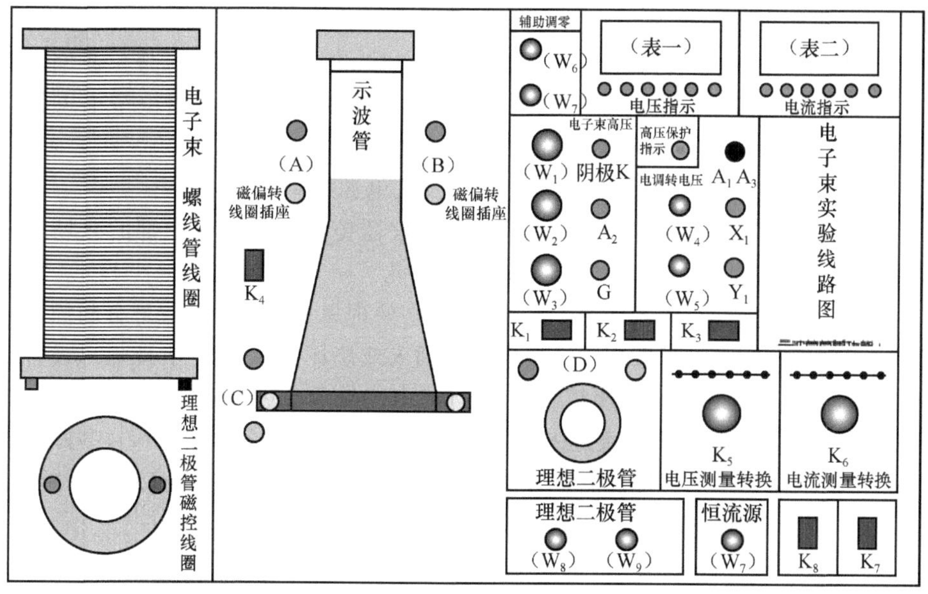

图 6.8.10

(1) 仪器主机机箱左侧:放置“电子束-螺线管线圈”和“理想二极管-磁控线圈”.

(2) 仪器控制面板左侧:电子束实验-示波管部分.

包含：实验示波管；示波管插座；示波管坐标板；磁偏转线圈插座(A、B)；I_M 励磁电流输出插座(C)；磁场换向开关(K_4)和金属电子逸出功测定实验原理图等.

(3) 仪器控制面板中上部：示波管电路控制部分.

包含：示波管——X、Y 偏转辅助调零电位器(W_6)、(W_7)；加速电极电压控制电位器(W_1)；聚焦电极电压控制电位器(W_2)；栅极电压控制电位器(W_3)；X_1 偏转板电压控制电位器(W_4)；偏转板电压控制电位器(W_5)；

示波管电极输出端接口：阴极 K；第二阳极 A_2；栅极 G；第一、三阳极 A_1、A_3(GND)；偏转板 X_1；偏转板 Y_1；高压保护指示灯泡(如果示波管供电负高压压发生故障，此指示灯亮).

(4) 仪器控制面板中部：开关转换部分.

① 电子示波管和理想二极管工作转换开关 K_1，当按下"—"时，进行电子束实验，示波管工作；当按下"O"时，进行金属电子逸出功测定实验，理想二极管工作.

② 电子束实验中的电聚焦和电子荷质比转换开关 K_2，当按下"—"时，示波管可以进行电聚集实验，可通过调节示波管控制电位器(W_1)、(W_2)进行电聚焦实验；当按下"O"时，示波管的聚焦电极和加速电极短路，即 A_1、A_2、A_3 短路，此时，可以进行电子束的磁聚焦实验，示波管的电聚焦实验将无法进行.

③ 电子束的点线转换开关 K_3，当按下"—"时，进行电子束的点聚焦或偏转实验；当按下"O"时，电子束的 X_1 偏转板接入约 20V 交流信号，此时电子束点将变成电子束射线，可以进行电子束线的磁场聚焦或偏转实验.

(5) 仪器控制面板中下部：理想二极管及其电源控制部分.

包含：I_M 磁控线圈插座，其磁场方向通过仪器控制面板左侧中部的磁场换向开关 K_4 来转换，通过连接导线，接磁控线圈插孔.

理想二极管插座，插入理想二极管时，务必使理想二极管的凸起部分与插座的槽口方向一致，否则将导致理想二极管无法插入或烧坏理想二极管.理想二极管灯丝电流调节电位器(W_8)，多圈精密调节，灯丝电流显示通过电流转换开关 K_6 选择至 I_f 挡，在表二上显示其电流值.理想二极管阳极电压调节电位器(W_8)，多圈精密调节，阳极电压显示通过电压转换开关 K_5 选择至 U_a 挡，在表一上显示其电压值.

(6) 仪器控制面板右中部：实验数据显示部分.

① 表一，电压显示，分别显示示波管加速电压 V_A、示波管聚焦电压 V_F、示波管栅极电压 V_G、示波管 X_1 偏转板电压 U_{dx}、示波管 Y_1 偏转板电压 U_{dy}、理想二极管阳极电压 U_a.其下方为指示发光管，防止波段开关 K_5 挡位错位.

② 表二，电流显示，分别显示电子束磁偏转电流 I_m、励磁电流 I_M、理想二极管灯丝电流 I_f、理想二极管阳极电流 I_a.其下方为指示发光管，防止波段开关 K_6 挡位错位.

(7) 仪器控制面板右中部：电子束实验示波管工作电路原理图部分和示波管

管脚功能说明部分.

(8) 仪器控制面板右下部包含：

① 电压测量转换开关：分为示波管加速电压 V_A、示波管聚焦电压 V_F、示波管栅极电压 V_G、示波管 X_1 偏转板电压 U_{dx}、示波管 Y_1 偏转板电压 U_{dy}、理想二极管阳极电压 U_a 共六挡，通过表一显示各电压值.

② 电流测量转换开关：分为空挡、电子束磁偏转电流 I_m、励磁电流 I_M、理想二极管灯丝电流 I_f、理想二极管阳极电流 I_a、空挡共六挡，通过表二显示各电流值.

③ 恒流源电流调节电位器(W_7)，多圈精密调节，控制电流电子束磁偏转电流 I_m、励磁电流 I_M，通过表二显示其电流值.

④ 电源开关 K_7，控制电子束实验电源和表一、表二工作电源.

⑤ 电源开关 K_8，控制励磁恒流源和理想二极管实验电源.

[实验内容]

(1)电子在横向电场作用下的运动(电偏转)

① 接通仪器的右下角电源开关"K_7"，此时电源开关"K_7"指示灯亮，仪器面板中部的"电子示波管、理想二极管"转换开关"K_1"置于"电子示波管"一侧.

② 将聚焦选择开关"K_2"置于"电聚焦"一侧.

③ 将点线转换开关"K_3"置于"点 POINT"一侧.

④ 将电压转换测量开关"K_5"置"V_G"挡，调节栅极电压电位器"W_3"，将栅压调至 0V.

⑤ 将电压转换测量开关"K_5"置"V_{dx}"挡，调节电偏转 X_1 电压电位器"W_4"，使表 6.8.1 显示 0.0；将电压转换测量开关"K_5"置"V_{dy}"挡，调节电偏转 Y_1 电压电位器"K_5"，使表一显示 0.0.

⑥ 将 X、Y 偏转板辅助调零电位器"W_6"、"W_7"调至合适位置，使电子束光点位置显示在示波管坐标板中部，调节栅极电压电位器"W_3"(辉度控制)，使光点不要太亮，以免烧坏荧光物质.

⑦ 将电压转换测量开关"K_5"置"V_A"挡，调节加速电压 V_A 电位器"W_1"，选择适当的加速电压 V_A(根据实验要求进行选择)，调节聚焦电压 V_F 电位器"W_2"，调节栅极电压电位器"W_3"(辉度控制)，使示波管屏上光点聚成一个细点，光点不要太亮.

⑧ 将点线转换开关"K_3"置于"线 V_X"一侧，轻轻转动示波管管身，使电子束线与示波管坐标板刻度盘的 X 轴保持平行，再将点线转换开关"K_3"置于"点 POINT"一侧.

⑨ 调节 X、Y 偏转板辅助调零电位器"W_6"、"W_7"，使光点位置在坐标板刻度盘中心位置，通过"表 6.8.1"，记录此时的加速电压 V_A 值.

⑩ 将电压转换测量开关“K_5”置“V_{dX}”挡，调节电偏转 X_1 电压电位器“W_4”，使光点依次平移至−30、−25、−20、−15、−10、−5、0、5、10、15、20、25、30(mm)，分别记录各个位置的相应 V_{dx}值，将数据记入表 6.8.1～表 6.8.4，根据测得的数据，计算不同加速电压时电偏转量.

表 6.8.1 加速电压 V_A＝____ V

D(mm)	−30	−25	−20	−15	−10	−5	0	5	10	15	20	25	30
V_{dX}(V)													

表 6.8.2 加速电压 V_A＝____ V

D(mm)	−30	−25	−20	−15	−10	−5	0	5	10	15	20	25	30
V_{dX}(V)													

表 6.8.3 加速电压 V_A＝____ V

D(mm)	−30	−25	−20	−15	−10	−5	0	5	10	15	20	25	30
V_{dX}(V)													

表 6.8.4 加速电压 V_A＝____ V

D(mm)	−30	−25	−20	−15	−10	−5	0	5	10	15	20	25	30
V_{dX}(V)													

⑪ 将电压转换测量开关“K_5”置“V_{dy}”挡，调节电偏转 X_1 电压电位器“W_5”，使光点依次垂直移至−30、−25、−20、−15、−10、−5、0、5、10、15、20、25、30(mm)，分别记录各个位置的相应 V_{dy} 值，将数据记入表 6.8.5～表 6.8.8，根据测得的数据，计算不同加速电压时电偏转量.

表 6.8.5 加速电压 V_A＝____ V

D(mm)	−30	−25	−20	−15	−10	−5	0	5	10	15	20	25	30
V_{dy}(V)													

表 6.8.6 加速电压 V_A＝____ V

D(mm)	−30	−25	−20	−15	−10	−5	0	5	10	15	20	25	30
V_{dy}(V)													

表 6.8.7 加速电压 V_A＝____ V

D(mm)	−30	−25	−20	−15	−10	−5	0	5	10	15	20	25	30
V_{dy}(V)													

表 6.8.8　加速电压 V_A = ____ V

D(mm)	−30	−25	−20	−15	−10	−5	0	5	10	15	20	25	30
V_{dy}(V)													

【提示】测量不同加速电压"V_A"时(至少两组)的 D-V_{dX} 直线时(加速电压"V_A"和 X 偏转电压"V_{dX}"从仪器面板上的"电压显示"数字表中分别读出,D 从坐标板刻度盘上读出),每改变一组加速电压"V_A",对应的聚焦电压"V_F"和栅极电压"V_G"也要相应进行调整,保证发射到荧光屏上的电子束为一个细点,同时需要调节 X、Y 偏转板辅助调零电位器"W_6"、"W_7",使 $V_{dx}=V_{dy}=0.0$V 时的光点调置在坐标板刻度盘.

⑫ 根据测得的数据,绘制曲线,计算不同加速电压时电偏转量.

(2) 电子在纵向不均匀电场作用下的运动(电聚焦)

① 调节适当的加速电压"V_A"和聚焦电压"V_F",使示波管屏上光点聚成一个细点.

② 记录此时的加速电压"V_A".

③ 记录此时的聚焦电压"V_F".

④ 改变加速电压"V_A"和聚焦电压"V_F",再使示波管屏上光点聚成一个细点,记录此时的加速电压"V_A"和聚焦电压"V_F",算出聚焦条件

$$G=\frac{U_{A_1K}}{U_{A_2K}}=\frac{V_A}{V_F}\approx \text{常数}$$

⑤ 将数据记入表 6.8.9

表 6.8.9　电子束的电聚焦数据

	第 1 组	第 2 组	第 3 组	第 4 组	第 5 组	第 6 组	第 7 组	第 8 组
V_A(V)								
V_F(V)								
G								

⑥ 由于 $V_A>V_F$,因此 $G>1$,这样的聚焦称为正向聚焦;若 $V_A<V_F$,即 $G<1$,V_A 与 V_F 调节适当也可以聚焦,称为反向聚焦.

(3) 电子在横向磁场作用下的运动(磁偏转)

① 接通仪器的右下角电源开关"K_7",此时开关指示灯亮,将仪器面板中部的"电子示波管、理想二极管"转换开关"K_1"置于"电子示波管"一侧.

② 将聚焦选择开关"K_2"置于"电聚焦"一侧.

③ 将点线转换开关"K_3"置于"点 POINT"一侧.

④ 将电压转换测量开关"K_5"置"V_G"挡,调节栅极电压电位器"W_3",将栅压

调至 0V.

⑤ 将电压转换测量开关“K_5”置“V_{dx}”挡，调节电偏转 X_1 电压电位器“W_4”，使表 6.8.5 显示 0.0；将电压转换测量开关“K_5”置“V_{dy}”挡，调节电偏转 Y_1 电压电位器“W_5”，使“表一”显示 0.0.

⑥ 将 X、Y 偏转板辅助调零电位器“W_6”、“W_7”调至合适位置，使电子束光点位置显示在示波管坐标板中部，调节栅极电压电位器“W_3”(辉度控制)，使光点不要太亮，以免烧坏荧光物质.

⑦ 将电压转换测量开关“K5”置“V_A”挡，调节加速电压 V_A 电位器“W_1”，选择适当的加速电压 V_A(根据实验要求进行选择)，调节聚焦电压 V_F 电位器“W_2”，调节栅极电压电位器“W_3”(辉度控制)，使示波管屏上光点聚成一个细点，光点不要太亮.

⑧ 将点线转换开关“K_3”置于“线 V_X”一侧，轻轻转动示波管管身，使电子束线与示波管坐标板刻度盘的 X 轴保持平行，再将点线转换开关“K_3”置于“点 POINT”一侧.

⑨ 调节 X、Y 偏转板辅助调零电位器“W_6”、“W_7”，使光点位置在坐标板刻度盘中心位置，通过“表一”，记录此时的加速电压 V_A 值.

⑩ 取下仪器机箱上盖螺栓上的两只磁偏转线圈，并使之面对面分别插入“磁偏转线圈”插孔“A”和“B”.如果两只磁偏转线圈的方向不对，将导致磁场抵消，使磁偏转实验无法正常进行.

⑪ 将仪器控制面板右下角的恒流源电流调节电位器“W_7”逆时针旋转到底.

⑫ 接通仪器控制面板右下角的“恒流源”开关“K_8”，此时电源开关“K_8”指示灯亮.

⑬ 将电流转换测量开关“K_6”置“I_m”挡，调节仪器控制面板右下角的恒流源电流调节电位器“W_7”，使光点依次垂直移至−30、−25、−20、−15、−10、−5、0、5、10、15、20、25、30(mm)，分别记录各个位置的相应 V_{dx} 值，将数据记入下表，根据测得的数据，计算不同加速电压时磁偏转量.

【提示】改变仪器面板左侧中部的“换向”开关，即可将流过磁偏转线圈 A 和 B 的电流换向.测量不同加速电压“V_A”时(至少两组)的 D-I_m 直线时(加速电压“V_A”和磁偏转电流“I_m”从仪器面板上的表一、表二中分别读出，D 从坐标板刻度盘上读出)，每改变一组加速电压“V_A”，对应的聚焦电压“V_F”和栅极电压“V_G”也要相应进行调整，保证发射到荧光屏上的电子束为一个细点，同时需要调节 X、Y 偏转板辅助调零电位器“W_6”、“W_7”，使 $V_{dx}=V_{dy}=0.0$V 时的光点调置在坐标板刻度盘.数据填入表 6.8.10～表 6.8.13.

表 6.8.10　加速电压 V_A = ________ V

D(mm)	−30	−25	−20	−15	−10	−5	0	5	10	15	20	25	30
V_{dy}(V)													

表 6.8.11　加速电压 V_A =________ V

D(mm)	−30	−25	−20	−15	−10	−5	0	5	10	15	20	25	30
V_{dy}(V)													

表 6.8.12　加速电压 V_A =________ V

D(mm)	−30	−25	−20	−15	−10	−5	0	5	10	15	20	25	30
V_{dy}(V)													

表 6.8.13　加速电压 V_A =________ V

D(mm)	−30	−25	−20	−15	−10	−5	0	5	10	15	20	25	30
I_m(mA)													

(4) 电子在纵向磁场作用下的运动(螺旋运动,磁聚焦)

① 关闭仪器控制面板右下角的"恒流源"开关"K_8",此时电源开关"K_8"指示灯灭.将仪器控制面板右下角的恒流源电流调节电位器"W_7"逆时针旋转到底.

② 拔下磁偏转线圈,并固定在仪器机箱上盖螺栓上,松开坐标板的螺丝,取下坐标板.

③ 取出磁聚焦线圈,并抬起示波管管身,将磁聚焦线圈缓缓套入示波管,使示波管基本在磁聚焦线圈的轴向中心位置.将红黑两根连接导线线接上磁聚焦线圈插座,导线的另一端与仪器控制面板左下方的 I_M 励磁电流输出插座(C)相连接.

④ 将仪器控制面板中部的"电子示波管、理想二极管"转换开关"K_1"置于"电子示波管"一侧.

⑤ 将聚焦选择开关"K_2"置于"电子荷质比"一侧.此时示波管的 A_1、A_2、A_3 三个电极将连接在一起,示波管将无法进行电聚焦.

⑥ 将点线转换开关"K_3"置于"点 POINT"一侧["线 V_X"一侧为线聚焦].

⑦ 将"电压测量转换"开关"K_5"置于"V_A"挡,将"电流测量转换"开关"K_6"置于"I_M"挡.

⑧ 调节电偏转 X_1 电压电位器"W_4",将光点拉开偏离中心.

⑨ 接通仪器控制面板右下角的"恒流源"开关"K_8",此时电源开关"K_8"指示灯亮.

⑩ 将"恒流源电流调节"电位器"W_7"逆时针旋到底,此时"电流显示"I_M 为"0.000",然后顺时针缓慢调节"恒流源电流调节"电位器"W_7",记录相应的电流值"I_M",同时描下不同"I_M"时的光点轨迹,记录光点聚焦时的聚焦电流 I_M,测几个特殊角的"I_M"值,测量从 A_2 到屏的距离,代入公式计算荷质比"e/m".

⑪ 将仪器面板中部的聚焦选择开关"点线"置于"线"($V_{x\sim}$)一侧,即在 X 轴

上加上交流电压，此时光点为一条细线，改变励磁电流“I_M”，观察其散焦和聚焦现象.

【提示】励磁聚焦电流 I_M，最好即可将流过磁偏转线圈 A 和 B 的电流换向.

测量不同加速电压“V_A”时（至少两组）的 D-I_m 直线时（加速电压“V_A”和磁偏转电流“I_m”从仪器面板上的表一、表二中分别读出，D 从坐标板刻度盘上读出），每改变一组加速电压“V_A”，对应的聚焦电压“V_F”和栅极电压“V_G”也要相应进行调整，保证发射到荧光屏上的电子束为一个细点，同时需要调节 X、Y 偏转板辅助调零电位器“W_6”、“W_7”，使 $V_{dx}=V_{dy}=0.0V$ 时的光点调置在坐标板刻度盘.

用纵向磁场聚焦法测定电子荷质比，按公式(6)计算，(螺线管线圈的参数见螺线管铭牌)数据记录表 6.8.14、表 6.8.15.

表 6.8.14　电子束的点聚焦

加速电压 U_A(V)	850		900		950		1000		1050		1100	
聚焦电流 I(A)	B+	B−	B+	B−	B+	B−	B+	B−	B+	B−	B+	B−
$\bar{I}$												
e/m(×10^{11}C/kg)												
$\overline{e/m}$												
实验误差												

表 6.8.15　电子束的线聚焦

加速电压 U_A(V)	850		900		950		1000		1050		1100	
聚焦电流 I(A)	B+	B−	B+	B−	B+	B−	B+	B−	B+	B−	B+	B−
$\bar{I}$												
e/m(×10^{11}C/kg)												
$\overline{e/m}$												
实验误差												

(5) 电子在径向磁场和轴向磁场作用下的运动(磁控法，测定电子荷质比)

① 关闭仪器控制面板右下角的“电源”开关“K_7”，此时电源开关“K_7”指示灯灭.关闭仪器控制面板右下角的“恒流源”开关“K_8”，此时电源开关“K_8”指示灯灭.

② 将仪器控制面板右下角的恒流源电流调节电位器"K_7"逆时针旋转到底.

将仪器控制面板右下角的理想二极管灯丝电流 I_F 调节电位器"W_8"逆时针旋转到底.将仪器控制面板右下角的理想二极管板压 U_a 调节电位器"W_9"逆时针旋转到底.

③ 将仪器控制面板中部的"电子示波管、理想二极管"转换开关"K_1"置于"理想二极管"一侧.

④ 将"电压测量转换"开关"K_5"置于"U_a"挡,将"电流测量转换"开关"K_6"置于"I_F"挡.

⑤ 根据理想二极管的管脚的槽口方向,将理想二极管插入仪器的理想二极管插座.

⑥ 将理想二极管磁控线圈套入理想二极管上,保证磁控线圈与仪器面板平行.将仪器面板上的 I_M 磁控线圈插孔(D)通过导线分别与测控线圈的红黑插孔连接.

⑦ 接通电源开关"K_7"、"K_8",此时电源开关"K_7"、"K_8"指示灯亮.

⑧ 调节理想二极管灯丝电流 I_F 调节电位器"W_8",使"I_F"达到实验要求的数据(如 0.700A),灯丝通电流后预热 5 分钟.将"电流测量转换"开关"K_6"置于"I_a"档,调节理想二极管板压 U_a 调节电位器"W_9",使 $U_a=1.0V$.

⑨ 调节恒流源电流调节电位器"W_7",记录与"I_M"对应的阳极电流"I_a"的值.

⑩ 调节理想二极管板压 U_a 调节电位器"W_9",使 $U_a=2V$ 改变 I_M,记录与"I_M"对应的阳极电流"I_a"的值.分别使 $U_a=3V、4V、5V、6V、7V$,重复步骤⑨,记录相应的数据.

⑪ 将所记录的数据填入表格,进行数据处理.

【A】磁控法:通过理论计算

$$\frac{e}{m}=\frac{8U_a}{(r_2^2-r_1^2)B_c^2}\approx\frac{8U_a}{r_2^2B_c^2}$$

式中的 r_2 和 r_1 分别为阳极和阴极的半径,B_C 为理想二极管阳极电流"断流"时螺线管的临界磁感应强度,可按以下公式计算:$B_C=u_0nI_C$(磁控线圈的参数见铭牌)

【B】伏-安特性法

表 6.8.16

U_a(V)	1.00	2.00	3.00	4.00	5.00	6.00	7.00
$U_a^{\frac{3}{2}}(V^{\frac{3}{2}})$	1.00	2.83	5.20	8.00	11.20	14.70	18.50
$I_a(10^{-6}A)$							

按表 6.8.16 数据作出的 I_a-$U_a^{\frac{3}{2}}$ 图像,从图求得直线斜率 K

参考值($K=5.19\times10^{-5}A\cdot V^{-\frac{3}{2}}$)

电子荷质比：$\dfrac{e}{m}=\dfrac{1}{2}\left(K\dfrac{r}{L}\dfrac{1}{\varepsilon_0}\dfrac{9}{8\pi}\right)^2$

公认值 $\dfrac{e}{m}=1.76\times10^{11}\mathrm{C\cdot kg^{-1}}$

理论值与实验值百分误差 $E=$____%

6.9 自组迈克耳孙干涉仪——空气折射率测量

迈克耳孙干涉仪利用分振幅法获得双光束干涉，可以精确测量到 10^{-4} mm 数量级的微小长度变化.迈克耳孙干涉仪已在科技领域得到广泛的应用，本实验让学生自行设计干涉仪光路，测量空气的折射率.

[实验目的]

(1) 设计迈克耳孙干涉仪光路.

(2) 写出设计及实验步骤.

(3) 测量空气的折射率.

[实验原理]

提示:迈克耳孙干涉仪工作原理请参考实验 4.6.本实验要求在常温和常压下进行.迈克耳孙干涉仪测量空气折射率的光路如图 6.9.1 所示.气室内气压的改变量 Δp 与气体折射率的改变量 Δn 成正比关系，如将气室内的压强减小 Δp 时，引起干涉圆环“陷入”或“冒出”N 条时，则空气折射率的改变量为

$$\Delta n=\frac{N\lambda}{2L} \tag{6.9.1}$$

根据洛伦兹公式及理想气体状态方程可得到理论公式为

$$\frac{n-1}{p}=\frac{\Delta n}{\Delta p}$$

$$n=1+\frac{\Delta n}{\Delta p}p \tag{6.9.2}$$

将式(6.9.1)代入式(6.9.2)得在常压下压强为 p 时的空气折射率的表达式

$$n=1+\frac{N\lambda}{2L}\cdot\frac{p}{\Delta p} \tag{6.9.3}$$

式中，L 为气室长度.

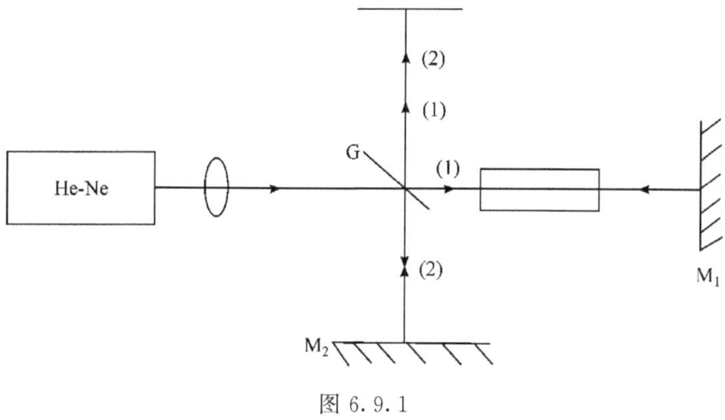

图 6.9.1

[实验仪器]

仪器如图 6.9.2 所示.

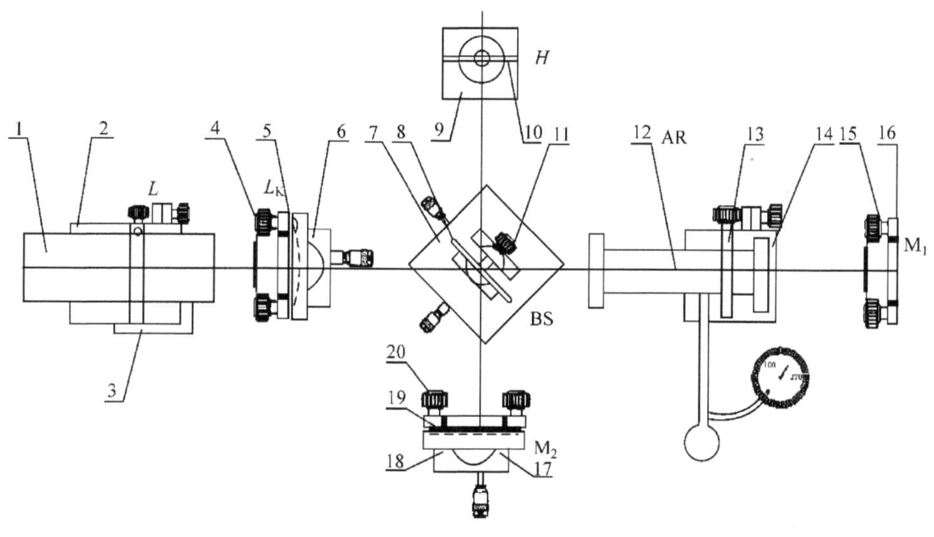

图 6.9.2

1. He-Ne 激光器 L；2. 通用底座(SZ-04)；3. 二维架(SZ-07)；4. 二维架(SZ-07)；5. 扩束镜 BE；6. 升降调整座(SZ-03)；7. 三维平移底座(SZ-01)；8. 分束器 BS；9. 通用底座(SZ-04)；10. 白屏；11. 干版架(SZ-12)；12. 气室 AR；13. 光栅转台(SZ-10)；14. 二维平移底座(SZ-02)；15. 二维架(SZ-07)；16. 平面镜 M_1；17. 二维平移底座(SZ-02)；18. 二维平移底座(SZ-02)；19. 平面镜 M_2；20. 二维架(SZ-07)

设计要求：

(1) 在光学平台上建立直角坐标系，将光学仪器夹好，靠拢，调等高.

(2) 调节激光光束平行于台面，使仪器合理布置处于坐标轴上(暂不用扩束镜).

(3) 调节反射镜 M_1 和 M_2 的倾角，使屏上两组最强的亮点重合为止.

(4) 加入扩束镜，再经过微调反射镜 M_1、M_2，使屏上出现一组干涉条纹.

(5) 将气室放入反射镜 M_1 光路中，如在屏上看不到干涉条纹，请仔细调整，直到出现干涉条纹.

(6) 反复紧握橡皮球向气室充气，至压力表读数为 30kPa 为止，记为 Δp.

(7) 缓慢松开气阀放气，同时数下干涉条纹变化数 N，至表针回零为止.

(8) 根据公式(6.9.3)计算空气折射率，式中激光波长 632.8nm，气室长度 $L=20.00\text{cm}$，p 为室内大气压，可从实验室的气压计读出.

(9) 缓慢松开气阀，记录气压分别由 30kPa 至 20kPa、20kPa 至 10kPa、10kPa 至 0kPa 变化时的干涉条纹变化数 N，分别填入表 6.9.1 中.

表 6.9.1

气压表读数/mmHg												
气压分数读数/mmHg												
干涉条纹数 N												
平均条纹 $\overline{N}$												
空气折射率 n_{tp}												
平均空气折射率 $\overline{n}_{tp}$												

[思考题]

(1) 实验过程中，光学平台振动对干涉有何影响?

(2) 实验中缓慢放气时，条纹有可能冒出或陷入，为什么? 当气室内气压与外界压强一致时，放置气室的光路的光程与另一光路的光程是大还是小呢?

6.10　光电设计及创新应用性实验

光电技术是光学、电子学及计算机科学知识的高度集中，是跨学科的边缘技术，光电检测技术是光电技术的核心和重要组成部分.光电检测具有非接触、实时和高精度等特点，光电探测器可将一定的光辐射转换为电信号，再经过信号处理，实现测量目的.

GCGDCX-B 型光电技术创新实训平台，对光电器件应用设计而开发的，提供多种光电器件的应用模块、设计模块、以及设计中所需要的电子元器件,并配备有各种电源接口.学生通过所提供的实验模块进行设计,提高学生动手动脑能力及创新意识.

6.10.1 光照度计测量光照度

[实验目的]

(1) 光照度计测量光照度.

(2) 光照度计设计.

[实验原理]

光照度是光度计量的主要参数之一,而光度计量是光学计量最基本的部分.光度量是限于人眼能够见到的一部分辐射量,是通过人眼的视觉效果去衡量的,人眼的视觉效果对各种波长是不同的,通常用 $V(\lambda)$ 表示,定义为人眼视觉函数或光谱光视效率.因此,光照度不是一个纯粹的物理量,而是一个与人眼视觉有关的生理、心理物理量.

光照度是单位面积上接收的光通量,因而可以导出:由一个发光强度 I 的点光源,在相距 L 处的平面上产生的光照度与这个光源的发光强度成正比,与距离的平方成反比,即

$$E = I/L^2$$

式中,E 为光照度,单位为 lx;I 为光源发光强度,单位为 cd;L 为距离,单位为 m.

光照度计是用来测量照度的仪器,它的结构原理如图 6.10.1 所示.

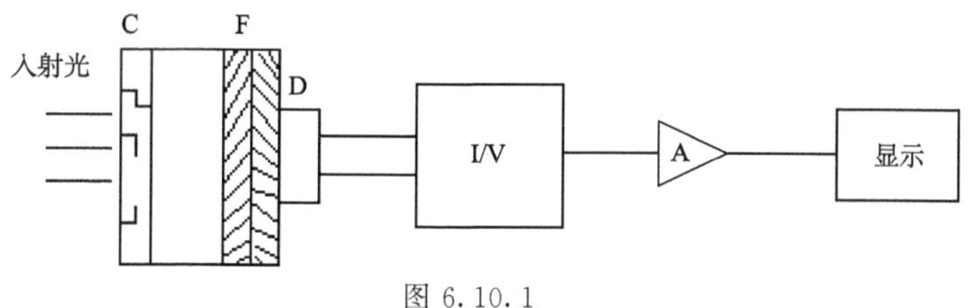

图 6.10.1

图中 D 为光探测器,典型的硅光探测器的相对光谱响应曲线如图 6.10.2;C 为余弦校正器,在光照度测量中,被测面上的光不可能都来自垂直方向,因此照度计必须进行余弦修正,使光探测器不同角度上的光度响应满足余弦关系.余弦校正器使用的是一种漫透射材料,当入射光不论以什么角度射在漫透射材料上时,光

探测器接收到的始终是漫射光.余弦校正器的透光性要好;F 为 $V(\lambda)$校正器,在光照度测量中,除了希望光探测器有较高的灵敏度、较低的噪声、较宽的线性范围和较快的响应时间等外,还要求相对光谱响应符合光谱视觉曲线(图 6.10.3)函数 $V(\lambda)$,而通常光探测器的光谱响应度与之相差甚远,因此需要进行 $V(\lambda)$匹配.匹配基本上都是通过给光探测器加适当的滤光片($V(\lambda)$)来实现的,满足条件的滤光片往往需要不同型号和厚度的几片颜色玻璃组合来实现匹配.当 D 接收到通过 C 和 F 的光辐射时,所产生的光电信号,首先经过 I/V 变换,然后经过运算放大器 A 放大,最后在显示器上显示出相应的信号定标后就是照度值.

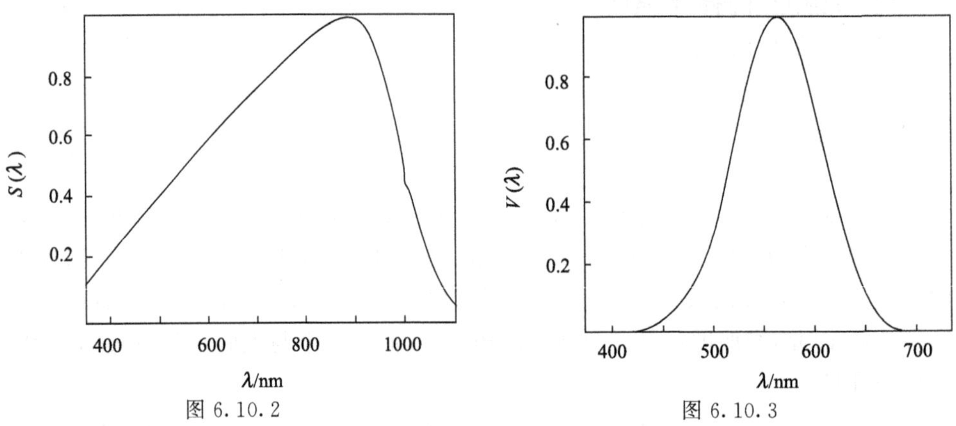

图 6.10.2　　图 6.10.3

照度计测量的误差因素有如下几个.

(1) 照度计相对光谱响应度与 $V(\lambda)$的偏离引起的误差.

(2) 接收器线性:接收器的响应度在整个指定输出范围内为常数.

(3) 疲劳特性:疲劳是照度计在恒定的工作条件下,由投射照度引起的响应度可逆暂时的变化.

(4) 照度计的方向性响应.

(5) 由于量程改变产生的误差:这个误差是照度计的开关从一个量程变到邻近量程所产生的系统误差.

(6) 温度依赖性:温度依赖性是用环境温度对照度头绝对响应度和相对光谱响应度的影响来表征.

(7) 偏振依赖性:照度计的输出信号还依赖于光源的偏振状态.

(8) 照度头接收面受非均匀照明的影响.

[注意事项]

(1) 不得扳动面板上面元器件,以免造成电路损坏,导致实验仪不能正常工作.

(2) 说明:输入"+""－"为探头输入端,输出"+" "－"为照度计输出电压测试点.

(3) X1、X10、X100 开关为放大倍数切换开关.

[实验仪器]

光电创新实验仪主机箱、光照度计和光功率计设计模块、照度计探头、连接线、万用表.

[实验内容]

(1) 照度计探头红黑插座对应接到实验模块上输入端"+" "－".

(2) 万用表红黑表笔对应接到实验模块上输出端"+" "－".

(3) 放大倍数切换开关拨至 X1 挡,向上拨.

(4) 打开电源开关,观察万用表指示数值.

(5) 改变不同光照度和放大倍数,观察万用表指示数值变化.

(6) 关闭电源.

[设计电路图]

光照度计电路原理(图 6.10.4)如下:

U1 对光电池输出电流进行 I/V 变换,将光电流转换为电压,K1 为挡位切换开关.U2 对输出电压进行放大,调节 RP1 阻值大小可以给便放大倍数,5 脚对应电位器为调零电位器.

[思考题]

分析放大电路芯片选用条件.

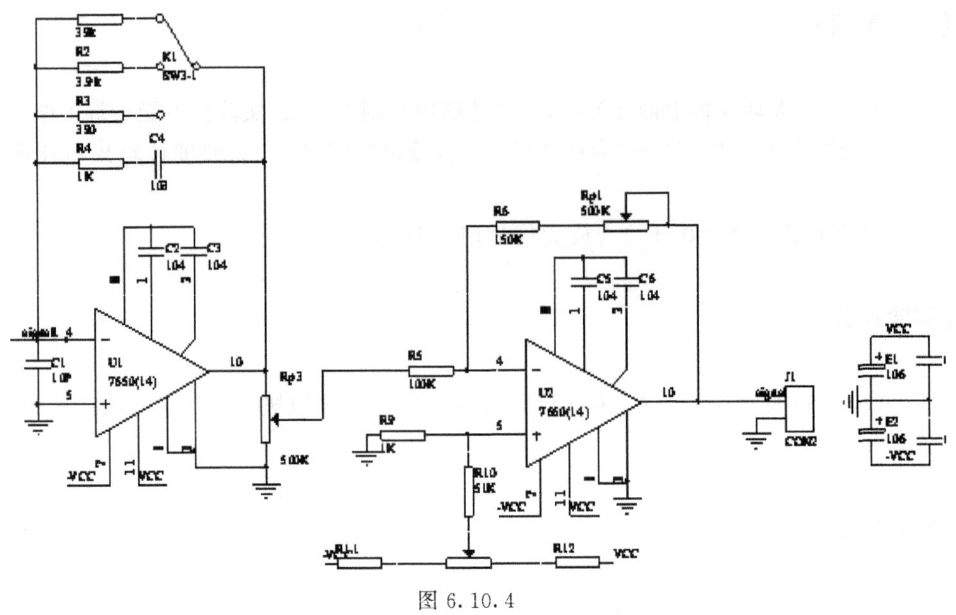

图 6.10.4

6.10.2　光功率计测量光照度

[实验目的]

(1) 光功率计测量光照度.

(2) 光功率计的设计.

[实验原理]

光功率是光在单位时间内所做的功.光功率单位常用毫瓦(mW)和分贝(dB)表示,其中两者的关系为:1mW=0dB,换算关系为 dB $=10\lg(A/B)$.而小于 1mW 的分贝为负值.

使用分贝(dB)做单位主要有三大好处:

(1) 数值变小,读写方便.电子系统的总放大倍数常常是几千、几万甚至几十万,一架收音机从天线收到的信号至送入喇叭放音输出,一共要放大 2 万倍左右,用分贝表示先取对数,数值就小得多.

(2) 运算方便,放大器级联时,总的放大倍数是各级相乘.用分贝做单位时,总增益就是相加.若某功放前级是 100 倍(20dB),后级是 20 倍(13dB),那么总功率放大倍数是 100×20=2000 倍,总增益为 20dB+13dB=33dB.

(3) 符合听感,估算方便.人听到声音的响度是与功率的相对增长呈正相关的.例如,当电功率从 0.1W 增长到 1.1W 时,听到的声音就响了很多;而从 1W 增强到 2W 时,响度就差不太多;再从 10W 增强到 11W 时,没有人能听出响度的差别来.如果用功率的绝对值表示都是 1W,而用增益表示分别为 10.4dB,3dB 和 0.4dB,这就能比较一致地反映出人耳听到的响度差别了.在 Hi-Fi 功放上的音量旋钮刻度都是标的分贝,改变音量时直观些.

[注意事项]

(1) 不得扳动面板上面元器件,以免造成电路损坏,导致实验仪不能正常工作.

(2) 说明:输入"+""-"为探头输入端、输出"+""-"为照度计输出电压测试点.

(3) X1、X10、X100 开关为放大倍数切换开关.

[实验仪器]

光电创新实验仪主机箱、光照度计和光功率计设计模块、功率计探头、连接线、万用表.

[实验内容]

(1) 功率计探头红黑插座对应接到实验模块上输入端"+""-".

(2) 万用表红黑表笔对应接到实验模块上输出端"+""-".

(3) 放大倍数切换开关拨至 X1 挡,向上拨.

(4) 打开电源开关,观察万用表指示数值.

(5) 改变不同光照度和放大倍数,观察万用表指示数值变化.

(6) 关闭电源.

[设计电路图]

光功率计电路原理如图 6.10.5 所示.

U1 对光电池输出电流进行 I/V 变换,将光电流转换为电压,K1 为挡位切换

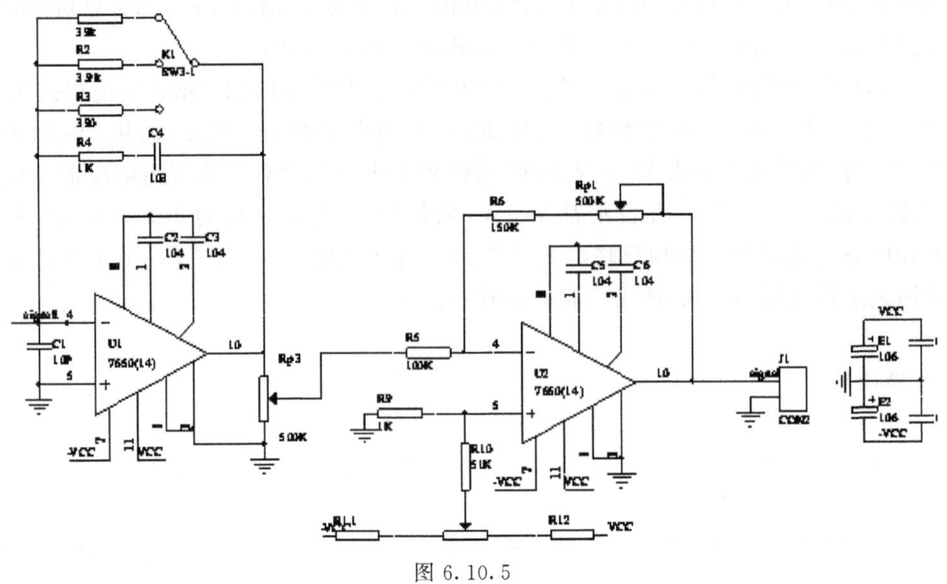

图 6.10.5

开关.U2 对输出电压进行放大,调节 RP1 阻值大小可以给便放大倍数,5 脚对应电位器为调零电位器.

[思考题]

分析放大电路芯片选用条件.

6.10.3 光电传感器的特性测量

[实验目的]

(1) 光电传感器的特性测量.
(2) 光电传感器的应用.
(3) 光电传感器的设计.

[实验原理]

本实验的光电测距传感器是应用三角测量原理.红外线发射器按照一定的角度发射红外线,当遇到物体以后,光束会反射回来,三角测量原理如图 6.10.6 所示.反射回来的红外线被 CCD 检测器检测到以后,会获得一个偏移值 L,利用三角关系,在知道了发射角度 α,偏移距 L,中心矩 X,以及滤镜的焦距 f 以后,传感器到物体的距离 D 就可以通过几何关系计算出来了.

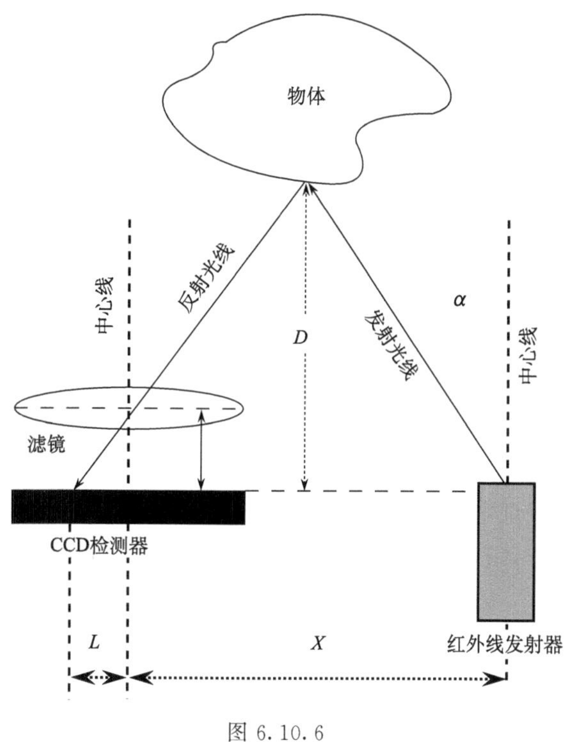

图 6.10.6

当 D 的距离足够近的时候,L 值会相当大,超过 CCD 的探测范围,这时,虽然物体很近,但是传感器反而看不到了.当物体距离 D 很大时,L 值就会很小.这时 CCD 检测器能否分辨得出这个很小的 L 值成为关键,也就是说 CCD 的分辨率决定能不能获得足够精确的 L 值.要检测越是远的物体,CCD 的分辨率要求就越高.

本实验采用的光电测距传感器的输出是非线性的.每个型号的输出曲线都不同.所以,在实际使用前,最好能对所使用的传感器进行一下校正.对每个型号的传感器创建一张曲线图,以便在实际使用中获得真实有效的测量数据.Sharp GP2YOA21 的传感器输出曲线如图 6.10.7.

[注意事项]

(1) 当万用表用作电流测试时应先用大量程,然后逐级调小到合适的量程,以免烧坏电流挡.

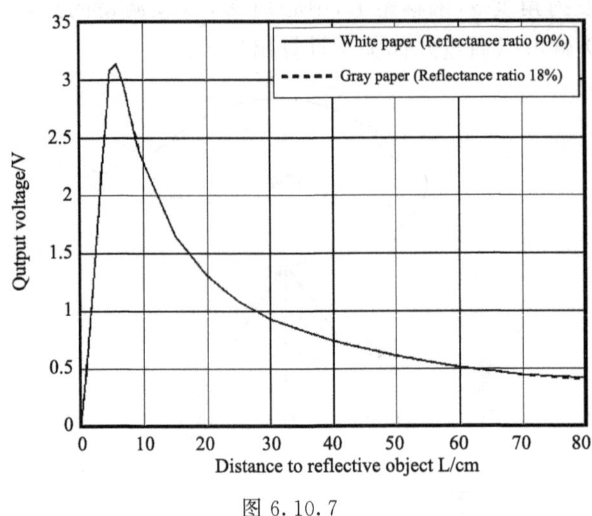

图 6.10.7

(2) 连线之前保证电源关闭.

(3) 实验过程中,请勿遮挡光电测距传感器与白屏之间的光路,以保证光能正常反回.

[实验仪器]

光电创新实验平台主机、光电测距系统设计模块、导轨及底座、光电测距传感器及其组件、白屏、万用表、连接线.

[实验内容]

光电测距系统设计模块是光电创新平台当中的一个模块,具体实验内容及步骤如下:

(1) 光电测距传感器的组装实验.

光电测距实验由主机箱、光电测距模块、导轨与滑块组件、光电测距传感器以及白屏五大部分组成,首先认识这些部件,然后学会如何组装.

(2) 光电传感器的特性测量.

在完成第(1)步的实验内容后,开始进行光电传感器的特性测量实验,首先打开主机电源开关,然后按下电源显示部分的按键开关,查看电源指示灯是否点亮.若没点亮,请检查电源线路是否正常;若点亮,用万用表测量传感器输出信号 Vout,并逐步改变白屏与光电测距传感器的距离,将所测得数据记录在表 6.10.1 中.

表 6.10.1

距离/cm	2	6	10	20	30	40	50	60	70	80
输出/V										

(3) 光电测距传感器的应用.

光电测距传感器可以用作超过距离限制报警.在本实验中有两路比较器电路，阈值测试点分别为 J4 和 J5.通过实验 2 的测试,可以知道光电测距传感器在各个位置的输出大小,比如说 20cm 处传感器输出为 1.3V,40cm 处传感器输出为 0.75V,可以通过调节 W1、W2 来改变比较器的电压阈值使 J4 输出为 1.3V、J5 输出为 0.75V,改变白屏与光电测距传感器的距离,观察 D1 与 D4 的发光变化.改变阈值,重复上述步骤,观察 D1 与 D4 的变化,总结传感器与比较器的应用特性.

[设计电路图]

根据传感器的特性,自行搭建应用电路,实现超限报警功能.如图 6.10.8 所示,光电测距传感器信号经过电压跟随器输出,将这个信号作为两路比较器的输入,通过设定比较器的参考电压来改变比较器输出的结果.

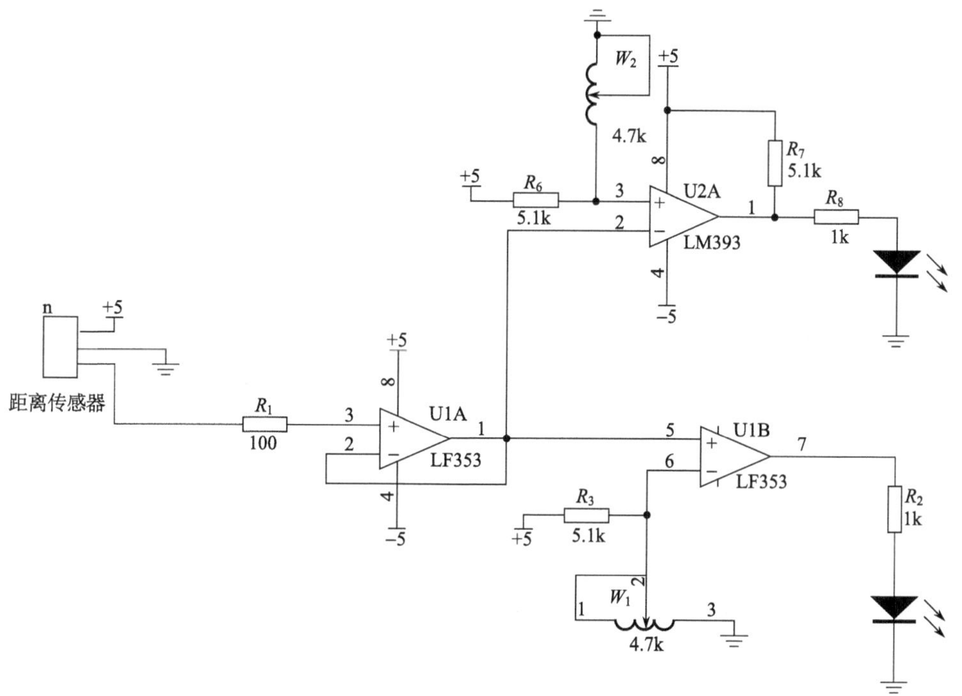

图 6.10.8

[思考题]

(1) 本实验中光电测距传感器的测距原理是什么?

(2) 本实验中光电测距传感器的理想工作区间是什么?

6.11 光电探测设计实验

GCGDTC-B型光电探测原理综合实验仪,是光电检测器件特性测试的实验仪,主要研究光电检测器件的基本特性,如光电特性、伏安特性、光谱特性、时间响应特性等.如光敏电阻、光电二极管、光电三极管等,可以让学生对整个实验系统的光通路一目了然,增强学生对系统的理解,可供学生配合其他元件自己动手,提高学生动手动脑能力.

6.11.1 光敏电阻特性测试

[实验目的]

(1) 光敏电阻的暗电阻、暗电流测试.

(2) 光敏电阻的亮电阻、亮电流测试.

(3) 光敏电阻的伏安特性测试.

(4) 光敏电阻的光电特性测试.

(5) 光敏电阻的光谱特性测试.

(6) 光敏电阻的时间响应特性测试.

(7) 光控开关设计.

[实验原理]

1. 光敏电阻的结构与工作原理

光敏电阻又称光导管,它几乎都是用半导体材料制成的光电器件.光敏电阻没有极性,纯粹是一个电阻器件,使用时既可加直流电压,也可以加交流电压.无光照时,光敏电阻值(暗电阻)很大,电路中电流(暗电流)很小.当光敏电阻受到一定波长范围的光照时,它的阻值(亮电阻)急剧减小,电路中电流迅速增大. 一般希望暗电阻越大越好,亮电阻越小越好, 此时光敏电阻的灵敏度高.实际上光敏电阻的暗电阻值一般在兆欧量级,亮电阻值在几千欧以下.

光敏电阻的结构很简单，图 6.11.1(a)为金属封装的硫化镉光敏电阻的结构图.在玻璃底板上均匀地涂上一层薄薄的半导体物质，称为光导层.半导体的两端装有金属电极，金属电极与引出线端相连接，光敏电阻就通过引出线端接入电路.为了防止周围介质的影响，在半导体光敏层上覆盖了一层漆膜，漆膜的成分应使它在光敏层最敏感的波长范围内透射率最大.

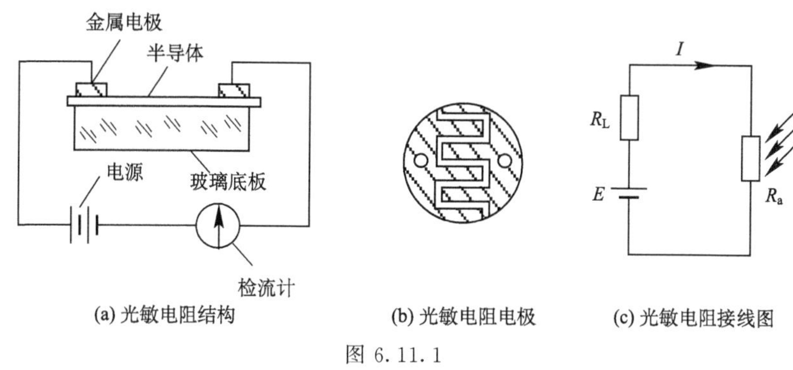

图 6.11.1

为了提高灵敏度，光敏电阻的电极一般采用梳状图案，如图 6.11.1(b)所示.图 6.11.1(c)为光敏电阻的接线图.

2. 光敏电阻的主要参数

(1) 暗电阻：光敏电阻在不受光照射时的阻值称为暗电阻，此时流过的电流称为暗电流.

(2) 亮电阻：光敏电阻在受光照射时的电阻称为亮电阻，此时流过的电流称为亮电流.

(3) 光电流：亮电流与暗电流之差称为光电流.

3. 光敏电阻的基本特性

(1) 伏安特性：在一定光照度下，流过光敏电阻的电流与光敏电阻两端的电压的关系称为光敏电阻的伏安特性.光敏电阻在一定的电压范围内，其 I-U 曲线为直线，硫化镉光敏电阻的伏安特性如图 6.11.2 所示.

(2) 光照特性：光敏电阻的光照特性是描述光电流 I 和光照强度之间的关系，不同材料的光照特性是不同的，绝大多数光敏电阻光照特性是非线性的，如图 6.11.3 所示.

(3) 光谱特性：光敏电阻对入射光的光谱具有选择作用，即光敏电阻对不同波长的入射光有不同的灵敏度.光敏电阻的相对光灵敏度与入射波长的关系称为光敏电阻的光谱特性，亦称为光谱响应.几种不同材料光敏电阻的光谱特性(图6.11.4).对应于不同波长，光敏电阻的灵敏度是不同的，而且不同材料的光敏电阻光谱响应曲线也不同.

(4)时间特性:光敏电阻的光电流不能随着光强改变而立刻变化，即光敏电阻产生的光电流有一定的惰性，这种惰性通常用时间常数表示.大多数的光敏电阻时间常数都较大，这是它的缺点之一.不同材料的光敏电阻具有不同的时间常数(毫秒数量级)，而光敏电阻的频率特性各不相同如图6.11.5所示.

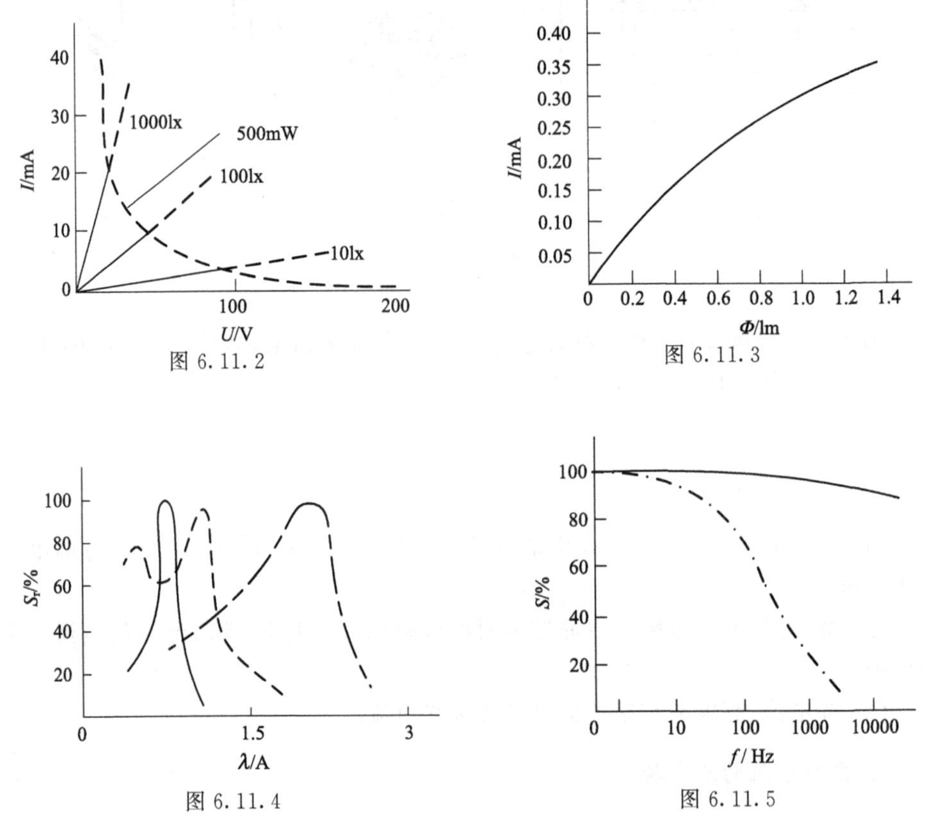

图 6.11.2

图 6.11.3

图 6.11.4

图 6.11.5

[注意事项]

(1) 实验之前，请仔细阅读光电探测综合实验仪说明，弄清实验箱各部分的功能及拨位开关的意义.

(2) 当电压表和电流表显示为"1_"说明超过量程，应更换为合适量程.

(3) 连线之前保证电源关闭.

(4) 实验过程中,请勿同时拨开两种或两种以上的光源开关,这样会造成实验所测试的数据不准确.

[实验仪器]

光电探测综合实验仪、光通路组件、光敏电阻及封装组件、光照度计、2#迭插头对(红色,50cm)、2#迭插头对(黑色,50cm).

[实验内容]

1. 光敏电阻的暗电阻、暗电流测试

(1) 将光敏电阻完全置入黑暗环境中(将光敏电阻装入光通路组件,不通电即完全黑暗),使用万用表测试光敏电阻引脚输出端,即可得到光敏电阻的暗电阻 $R_{暗}$.

(2) 组装好光通路组件,将照度计与照度计探头输出正负极对应相连(红为正极,黑为负极),将光源调制单元 J4 与光通路组件光源接口使用彩排数据线相连.

(3)将将三掷开关 BM2 拨到“静态”,将拨位开关 S1,S2,S3,S4,S5,S6,S7 均拨下.

(4) 将直流电源 2 正负极与电压表头对应相连,打开电源,将直流电流调到 12V,关闭电源,拆除导线.

(5) 按照光敏电阻暗电流测试电路(图 6.11.6)连接电路图,R_L 取 $R_{L20}=10\text{M}\Omega$.

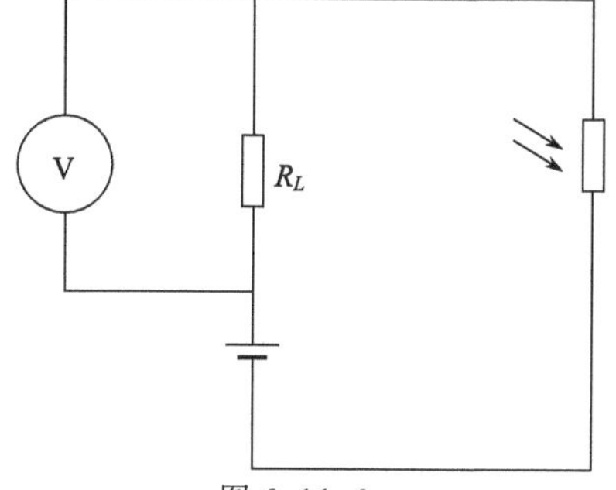

图 6.11.6

(6) 打开电源,记录电压表的读数,使用欧姆定理 $I=U/R$ 得出支路中的电流值 $I_{暗}$(注:在测量光敏电阻的暗电流时,应先将光敏电阻置于黑暗环境中 30min 以上,否则电压表的读数会较长时间后才能稳定).

2. 光敏电阻的亮电阻、亮电流测试

(1) 组装好光通路组件,将照度计与照度计探头输出正负极对应相连(红为正极,黑为负极),将光源调制单元 J4 与光通路组件光源接口使用彩排数据线相连.

(2) 将将三掷开关 BM2 拨到“静态”,将拨位开关 S1 拨上,S2,S3,S4,S5,S6,S7 均拨下.

(3) 打开电源,缓慢调节光照度调节电位器,直到光照为 300lx(约为环境光

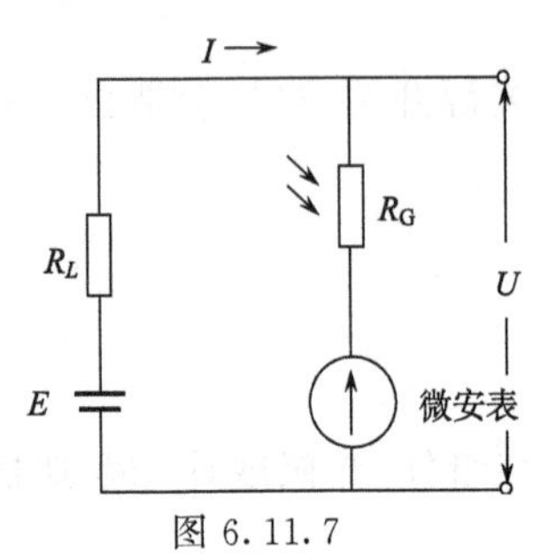

图 6.11.7

照)，使用万用表测试光敏电阻引脚输出端，即可得到光敏电阻的亮电阻 $R_{亮}$.

(4) 将直流电源两极与电压表两端相连，调节直流电源 2V 到 12V，关闭电源.

(5) 按图 6.11.7 连接电路图，R_L 取 $R_{L8}=5.1\text{k}\Omega$.

(6) 打开电源，记录此时电流表的读数，即为光敏电阻在 300lx 的亮电流 $I_{亮}$.

(7) 亮电阻与暗电阻之差即为光电阻，$R_{光}=R_{暗}-R_{亮}$，光电阻越大，灵敏度越高.

(8) 亮电流与暗电流之差即为光电流，$I_{光}=I_{亮}-I_{暗}$，光电流越大，灵敏度越高.

(9) 实验完成，关闭电源，拆除各导线.

3. 光敏电阻伏安特性测试

光敏电阻伏安特性即为光敏电阻两端所加的电压与光电流之间的关系.

(1) 组装好光通路组件，将照度计照度计探头输出正负极对应相连(红为正极，黑为负极)，将光源调制单元 J4 与光通路组件光源接口使用彩排数据线相连.

(2) 将三掷开关 BM2 拨到“静态”，将拨位开关 S1 拨上，S2，S3，S4，S5，S6，S7 均拨下.

(3) 按照图 6.11.7 连接电路图，直流电源选用电源 2，R_L 取 $R_{L4}=510\Omega$，直流电源电位器调至最小.

(4) 打开电源，将光照度设置为 200lx 不变，调节电源电压，分别测得电压表显示为 0V、2V、4V、6V、8V、10V 时的光电流填入表 6.11.1.

(5) 按照上述步骤(4)，改变光源的光照度为 400lx，分别测得偏压为 0V、2V、4V、6V、8V、10V 时的光电流并填入表 6.11.1.

表 6.11.1

偏压	0V	2V	4V	6V	8V	10V
光电流 I/200lx						
光电流 II/400lx						

(6) 根据表中所测得的数据，在同一坐标轴中做出 V-I 曲线，并进行分析比较.

(7) 实验完成，关闭电源，拆除各导线.

4. 光敏电阻的光电特性测试

在一定的电压作用下，光敏电阻的光电流与光照度的关系称为光电特性.

(1) 组装好光通路组件，将照度计与照度计探头输出正负极对应相连(红为正极，黑为负极)，将光源调制单元 J4 与光通路组件光源接口用彩排数据线相连.

(2) 将三掷开关 BM2 拨到“静态”，将拨位开关 S1 拨上，S2，S3，S4，S5，S6，S7 均拨下.

(3) 按照图 6.11.7 连接电路图，R_L 取 $R_{L2}=100$ 欧.

(4) 打开电源，将电压设置为 8V 不变，调节光照度电位器，依次测试出光照度在 100lx、200lx、300lx、400lx、500lx、600lx、700lx、800lx、900lx 时的光电流填入表 6.11.2.

表 6.11.2

光照度/lx	100	200	300	400	500	600	700	800	900
电压 U									
光电流 I									
光电阻/U/I									

(5) 根据测试所得到数据，描出光敏电阻的光电特性曲线.

5. 光敏电阻的光谱特性测试

用不同的材料制成的光敏电阻有着不同的光谱特性，当不同波长的入射光照到光敏电阻的光敏面上，光敏电阻就有不同的灵敏度.

(1) 组装好光通路组件，将照度计与照度计探头输出正负极对应相连(红为正极，黑为负极)，将光源调制单元 J4 与光通路组件光源接口用彩排数据线相连.

(2) 将将三掷开关 BM2 拨到“静态”，将拨位开关 S1 拨上，S2，S4，S3，S5，S6，S7 均拨下.

(3) 打开电源，缓慢调节光照度调节电位器到最大，将 S2，S3，S4，S5，S6，S7 依次拨上后拨下，记录照度计所测数据，并将最小值“E”为参考(注意：请不要同时将两个拨位开关拨上).

(4)S2 拨上，缓慢调节电位器直到照度计显示为 E，使用万用表测试光敏电阻的输出端，将测试所得的数据填入表 6.11.3，再将 S2 拨下.

(5) 依次将 S3、S4、S5、S6、S7 拨上后拨下，分别测试出橙光，黄光，绿光，蓝光，紫光在光照度 E 下时光敏电阻的阻值，填入表 6.11.3.

表 6.11.3

波长/nm	红(630)	橙(605)	黄(585)	绿(520)	蓝(460)	紫(400)
光电阻						

(6) 根据所测试得到的数据,做出光敏电阻的光谱特性曲线(注:不同的光敏电阻曲线略有不同,属正常现象,峰值在蓝光附近).

(7) 实验完成,关闭电源,拆除各导线.

6. 光敏电阻时间特性测试

(1) 组装好光通路组件,将照度计与照度计探头输出正负极对应相连(红为正极,黑为负极),将光源调制单元 J4 与光通路组件光源接口用彩排数据线相连.

(2) 将三掷开关 BM2 拨到"脉冲",将拨位开关 S1 拨上,S2,S3,S4,S5,S6,S7 均拨下.

(3) 打开电源,将直流电源 2 调到 6V,关闭电源.

(4) 如图 6.11.7 连接电路图,R_L 取 $R_{L10}=10\text{k}\Omega$,示波器的测试点应为光敏电阻两端,为了测试方便,可把示波器的测试点用迭插头对引至信号测试区的 TP1 和 TP2.

(5) 打开电源,白光对应的发光二极管亮,其余的发光二极管不亮.缓慢调节直流电源电位器,用示波器的第一通道接 TP 和 GND(即为输入的脉冲光信号),用示波器的第二通道接 TP2 和 TP1.

(6) 观察示波器两个通道信号的变化,并作出实验记录(描绘出两个通道的 U-T 曲线).

(7) 缓慢增大输入脉冲的信号宽度,观察示波器两个通道信号的变化,并作出实验记录(描绘出两个通道的 U-T 曲线),拆去导线,关闭电源.

7. 光控开关设计

实验仪器:光电创新实验仪主机、光控开关实验模块、连接线、万用表

[实验内容]

(1) 光敏电阻输出端金色插座对应接到"IN"端金色插座,"OUT"端对应接到继电器正负端.

(2) 打开电源开关,用万用表测量 V_{lm} 端电压,用手遮挡光敏电阻,分别记下明、暗时 V_{lm} 电压.

(3) 调节阈值电压使 V_{yz} 值在明暗电压值之间.

(4) 用手遮挡光敏电阻,观察指示灯指示状况.

[设计电路图]

光控开关原理(图 6.11.8)如下,IN1 和 CON1 为光敏电阻输入端.U8 为运算放大器,型号为 OP07,此运算放大器构成比较器电路.当 3 脚电压高于 2 脚电压时输出高电平,三极管 Q4 截止继电器不吸合,发光二极管不发光.反之 2 脚输出低电平,三极管 Q4 导通,继电器得电导通,发光二极管发光.

[思考题]

分析光敏电阻应用场合.

6.11.2　光电二极管特性测试

[实验目的]

(1) 光电二极管暗电流测试.
(2) 光电二极管光电流测试.
(3) 光电二极管光照特性.
(4) 光电二极管伏安特性测试.
(5) 光电二极管光电特性测试实验.

[实验原理]

光电二极管的结构和普通二极管相似,只是它的 PN 结装在管壳顶部,光线通过透镜制成的窗口,可以集中照射在 PN 结上,光电二极管其结构示意图及符号如图 6.11.9(a)所示,光敏二极管在电路中通常处于反向偏置状态,基本电路如图 6.11.9(b)所示.

当 PN 结加反向电压时,反向电流的大小取决于 P 区和 N 区中少数载流子的浓度,无光照时 P 区中少数载流子(电子)和 N 区中的少数载流子(空穴)都很少,因此反向电流很小.但是当光照射 PN 结时,只要光子能量 $h\nu$ 大于材料的禁带宽度,就会在 PN 结及其附近产生光生电子—空穴对,从而使 P 区和 N 区少数载流子浓度大大增加,它们在外加反向电压和 PN 结内电场作用下定向运动,分别在两个方向上渡越 PN 结,使反向电流明显增大.如果入射光的照度改变,光生电子—

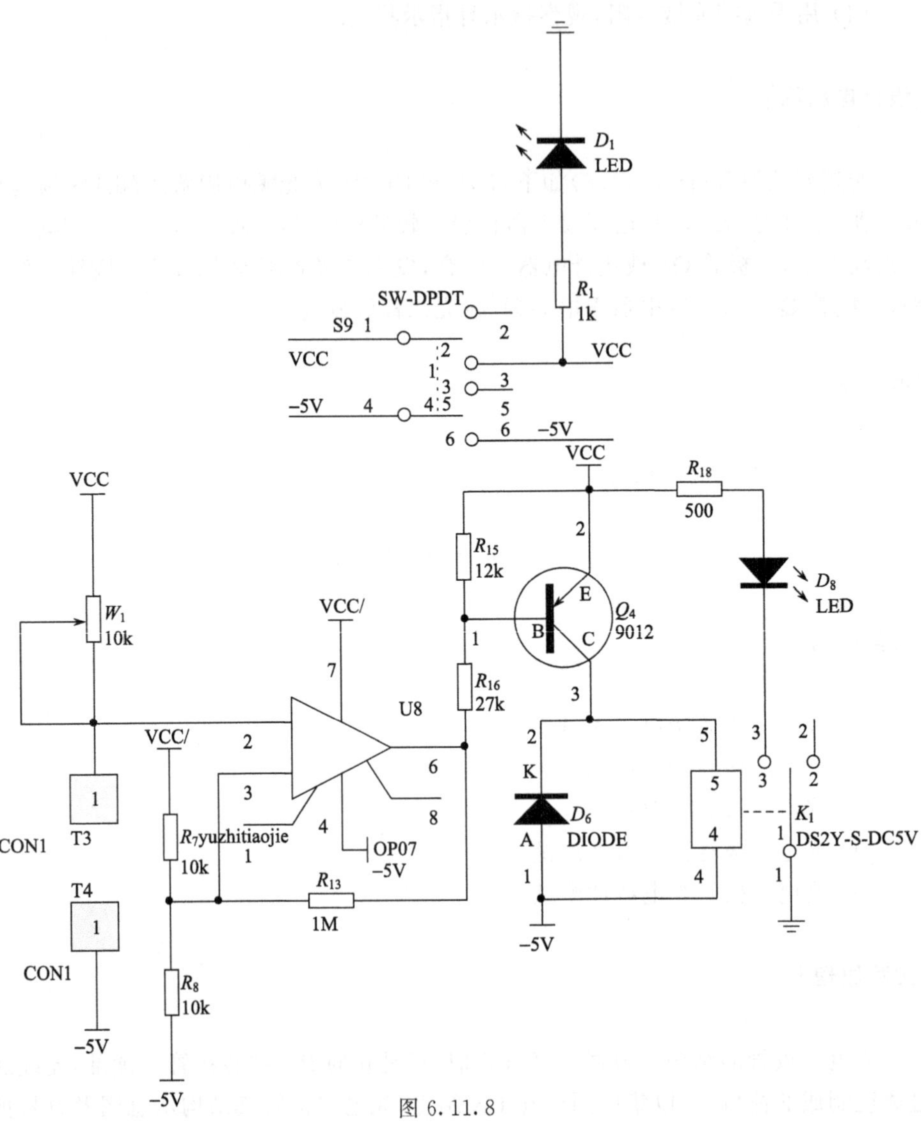

图 6.11.8

空穴对的浓度将相应变动，通过外电路的光电流强度也会随之变动，光敏二极管就把光信号转换成了电信号.

［注意事项］

（1）实验之前，请仔细阅读光电探测综合实验仪说明，弄清实验箱各部分的功能及拨位开关的意义.

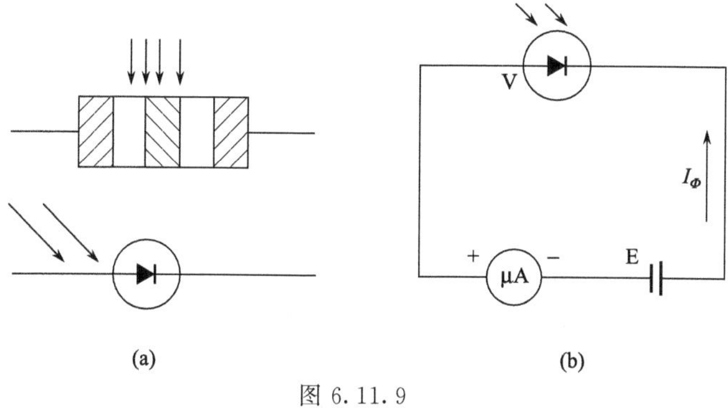

图 6.11.9

(2) 当电压表和电流表显示为“1_”是说明超过量程，应更换为合适量程.

(3) 连线之前保证电源关闭.

(4) 实验过程中，请勿同时拨开两种或两种以上的光源开关，这样会造成实验所测试的数据不准确.

[实验仪器]

光电探测综合实验仪、光通路组件、光照度计、光电二极管及封装组件、2＃迭插头对(红色，50cm)、2＃迭插头对(黑色，50cm)、示波器.

[实验内容]

1. 光电二极管暗电流测试

光电二极管和光电三极管的暗电流非常小，只有 μA 数量级.实验操作过程中，对电流表的要求较高，本实验采用电路中串联大电阻的方法，将图 6.11.10 中的 R_L 改为 20MΩ，再利用欧姆定律计算出支路中的电流即为所测器件的暗电流.

$$I_{暗}=V/R_L$$

由光电探测原理综合实验箱可知：

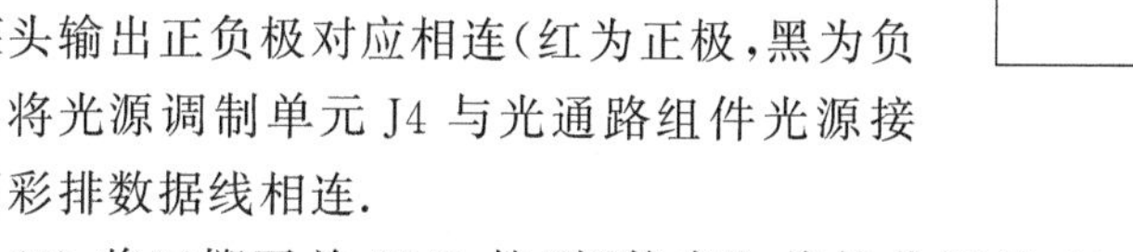

图 6.11.10

(1) 组装好光通路组件，将照度计与照度计探头输出正负极对应相连(红为正极，黑为负极)，将光源调制单元 J4 与光通路组件光源接口用彩排数据线相连.

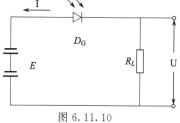

(2) 将三掷开关 BM2 拨到“静态”，将拨位开关 S1，S2，S3，S4，S5，S6，S7 均

拨下.

(3)“光照度调节”调到最小,连接好光照度计,直流电源调至最小,打开照度计,此时照度计的读数应为零.

(4) 选用直流电源 2,将电压表直接与电源两端相连,打开电源调节直流电源电位器,使得电压输出为 15V(注意:在下面的实验操作中请不要动电源调节电位器,以保证直流电源输出电压不变),关闭电源.

(5) 按图 6.11.10 所示的电路连接电路图,负载 R_L 选择 $R_{L21}=20\text{M}\Omega$.

(6) 打开电源开关,等电压表读数稳定后测得负载电阻 R_L 上的压降 $V_{暗}$,则暗电流

$I_{暗}=V_{暗}/R_L$.所得的暗电流即为偏置电压在 15V 时的暗电流(注:在测试暗电流时,应先将光电器件置于黑暗环境中 30 分钟以上,否则测试过程中电压表需一段时间后才可稳定).

(7) 实验完毕,直流电源电位器调至最小,关闭电源,拆除所有连线.

2. 光电二极管光电流测试

实验装置原理图如图 6.11.11 所示.

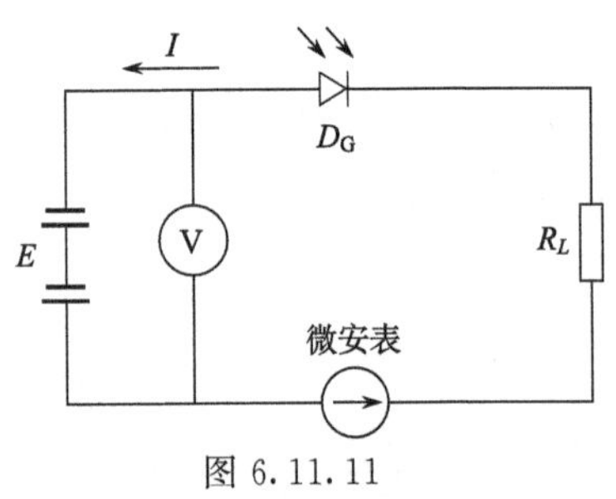

图 6.11.11

由光电探测原理综合实验箱可知:

(1) 组装好光通路组件,将照度计与照度计探头输出正负极对应相连(红为正极,黑为负极),将光源调制单元 J4 与光通路组件光源接口用彩排数据线相连.

(2) 将将三掷开关 BM2 拨到“静态”,将拨位开关 S1 拨上,S2,S3,S4,S5,S6,S7 均拨下.

(3) 按图 6.11.11 连接电路图,直流电源选择电源 2,R_L 取 $R_{L6}=1\text{k}\Omega$.

(4) 打开电源,缓慢调节光照度调节电位器,直到光照为 300lx(约为环境光照),缓慢调节直流电源 2 直至电压表显示为 6V,请出此时电流表的读数,即为光电二极管在偏压 6V,光照 300lx 时的光电流.

(5) 实验完毕,将光照度调至最小,直流电源调至最小,关闭电源,拆除所有连线.

3. 光电二极管光照特性

由光电探测原理综合实验箱可知:实验装置原理框图如图 6.11.11 所示.

(1) 组装好光通路组件,将照度计与照度计探头输出正负极对应相连(红为正极,黑为负极),将光源调制单元 J4 与光通路组件光源接口用彩排数据线

相连.

(2) 将三掷开关 BM2 拨到“静态”,将拨位开关 S1 拨上,S2,S3,S4,S5,S6,S7 均拨下.

(3) 按图 6.11.12 所示的电路连接电路图,直流电源选择电源 2,负载 R_L 选择 $R_{L6}=1\text{k}\Omega$.

(4) 将“光照度调节”旋钮逆时针调至最小值.打开电源,调节直流电源 2 电位器,直到显示值为 8V 左右,顺时针调节该旋钮,增大光照度值,分别记下不同照度下对应的光生电流值,填入表 6.11.4.

表 6.11.4

光照度/lx	0	100	300	500	700	900
光生电流/μA						

若电流表或照度计显示为“1_”时说明超出量程,应改为合适的量程再测试.

(5) 将“光照度调节”旋钮逆时针调节到最小值位置后关闭电源.

(6) 将以上连接的电路中改为如图 6.11.12 连接(即零偏压).

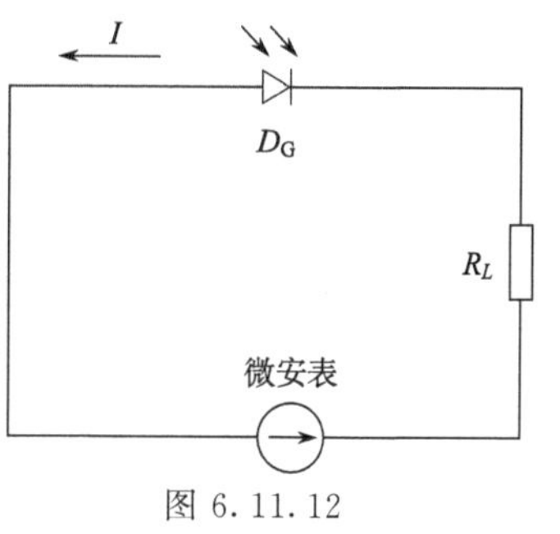

图 6.11.12

(7) 打开电源,顺时针调节光照度旋钮,增大光照度值,分别记下不同照度下对应的光生电流值,填入表 6.11.5.

表 6.11.5

光照度/lx	0	100	300	500	700	900
光生电流/μA						

若电流表或照度计显示为“1_”时说明超出量程,应改为合适的量程再测试.

(8) 根据上面两表中实验数据,在同一坐标轴中作出两条曲线,并进行比较.

(9) 实验完毕,将光照度调至最小,直流电源调至最小,关闭电源,拆除所有连线.

4. 光电二极管伏安特性

实验装置原理框图如图 6.11.11 所示,由光电探测原理综合实验箱可知:

(1) 组装好光通路组件,将照度计与照度计探头输出正负极对应相连(红为正极,黑为负极),将光源调制单元 J4 与光通路组件光源接口用彩排数据线相连.

(2) 将三掷开关 BM2 拨到“静态”,将拨位开关 S1 拨上,S2,S3,S4,S5,S6,S7 均拨下.

(3) 按图 6.11.11 所示的电路连接电路图,电源选择直流电源 2,负载 R_L 选择 $R_{L7}=2k\Omega$.

(4) 打开电源,顺时针调节照度调节旋钮,使照度值为 500lx,保持光照度不变(注意:直流电源不可调至高于 20V,以免烧坏光电二极管),调节直流电源 2 电位器,记录反向偏压为 0V、2V,4V、6V、8V、10V、12V 时的电流表读数,填入表 6.11.6:

表 6.11.6

偏压/V	0	−2	−4	−6	−8	−10	−12
光生电流/μA							

(5) 根据上述实验结果,作出 500lx 照度下的光电二极管伏安特性曲线.

(6) 重复上述步骤.分别测量光电二极管在 300lx 和 800lx 照度下,不同偏压下的光生电流值,在同一坐标轴作出伏安特性曲线,并进行比较.

(7) 实验完毕,将光照度调至最小,直流电源调至最小,关闭电源,拆除所有连线.

6.11.3　光电三极管特性测试

[实验目的]

(1) 光电三极管光电流测试.

(2) 光电三极管光照特性测试.

(3) 光电三极管伏安特性测试.

(4) 光电三极管时间特性测试.

[实验原理]

光电三极管与光电二极管的工作原理基本相同,工作原理都是基于内光电效应,和光敏电阻的差别仅在于光线照射在半导体 PN 结上,PN 结参与了光电转换过程.

光敏三极管有两个 PN 结,因而可以获得电流增益,它比光敏二极管具有更高的灵敏度.光电三极管结构及等效电路其结构如图 6.11.13(a)所示.

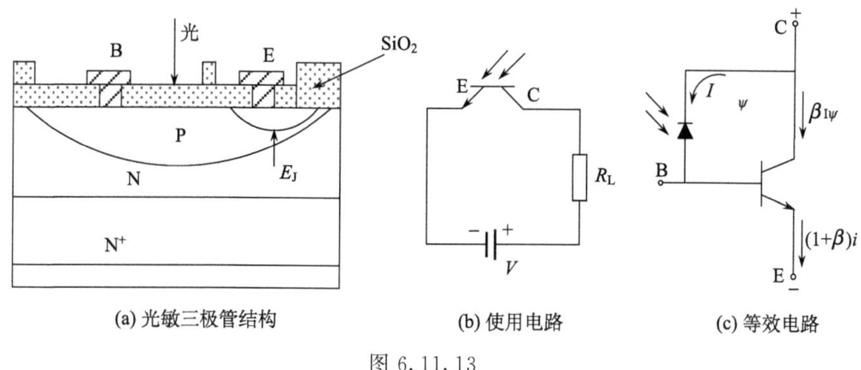

(a) 光敏三极管结构　(b) 使用电路　(c) 等效电路

图 6.11.13

当光敏三极管按图 6.11.13(b)所示的电路连接时，它的集电结反向偏置，发射结正向偏置，无光照时仅有很小的穿透电流流过，当光线通过透明窗口照射集电结时，将使流过集电结的反向电流增大，这就造成基区中正电荷的空穴的积累，发射区中的多数载流子(电子)将大量注人基区，由于基区很薄，只有一小部分从发射区注入的电子与基区的空穴复合，而大部分电子将穿过基区流向与电源正极相接的集电极，形成集电极电流.它使集电极电流是原始光电流的$(1+\beta)$倍.这时集电极电流将随入射光照度的改变而更加明显地变化.

利用了晶体三极管的电流放大作用，用 Ge 或 Si 单晶体制造 NPN 或 PNP 型光敏三极管.其结构使用电路及等效电路如图 6.11.13(c)所示.

光敏三极管可以等效一个光电二极管与另一个一般晶体管基极和集电极并联：集电极－基极产生的电流，输入到三极管的基极再放大.不同之处是，集电极电流(光电流)由集电结上产生的 iφ 控制.集电极起双重作用：把光信号变成电信号起光电二极管作用；使光电流再放大起一般三极管的集电结作用.一般光敏三极管只引出 E、C 两个电极，体积小，光电特性是非线性的，广泛应用于光电自动控制作光电开关应用.

[注意事项]

(1) 实验之前，请仔细阅读光电探测综合实验仪说明，弄清实验箱各部分的功能及拨位开关的意义.

(2) 当电压表和电流表显示为“1_”说明超过量程，应更换为合适量程.

(3) 连线之前保证电源关闭.

(4) 实验过程中，请勿同时拨开两种或两种以上的光源开关，这样会造成实验所测试的数据不准确.

[实验仪器]

光电探测综合实验仪、光通路组件、光照度计、光电三极管及封装组件、2#迭插头对(红色,50cm)、2#迭插头对(黑色,50cm)、示波器.

[实验内容]

1. 光电三极管光电流测试

由光电探测原理综合实验箱可知:

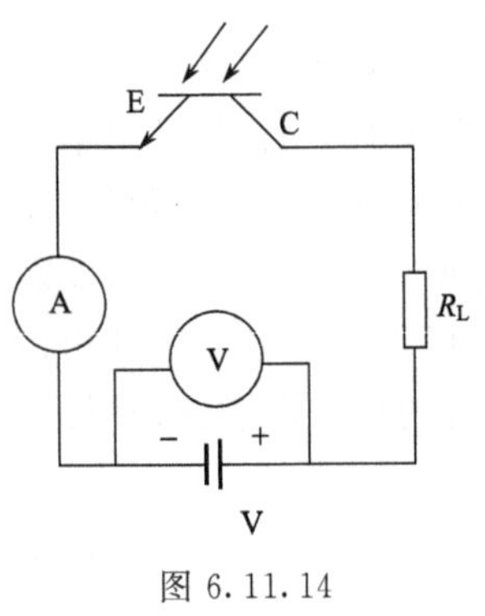

图 6.11.14

(1) 组装好光通路组件,将照度计与照度计探头输出正负极对应相连(红为正极,黑为负极),将光源调制单元 J4 与光通路组件光源接口使用彩排数据线相连.

(2) 将将三掷开关 BM2 拨到"静态",将拨位开关 S1 拨上,S2,S3,S4,S5,S6,S7 均拨下.

(3) 按图 6.11.14 连接电路图,直流电源选用电源 2,R_L 取 $R_{L6}=1k\Omega$,光电三极管 C 极对应组件上红色护套插座,E 极对应组件上黑色护套插座.

(4) 打开电源,缓慢调节光照度调节电位器,直到光照为 300lx(约为环境光照),缓慢调节直流电源 2 到电压表显示为 6V,读出此时电流表的读数,即为光电二极管在偏压 6V,光照 300lx 时的光电流.

(5) 实验完毕,将光照度调至最小,直流电源调至最小,关闭电源,拆除所有连线.

2. 光电三极管光照特性测试

由光电探测原理综合实验箱可知:

(1) 组装好光通路组件,将照度计与照度计探头输出正负极对应相连(红为正极,黑为负极),将光源调制单元 J4 与光通路组件光源接口用彩排数据线相连.

(2) 将三掷开关 BM2 拨到"静态",将拨位开关 S1 拨上,S2,S3,S4,S5,S6,S7 均拨下.

(3) 按图 6.11.14 所示的电路连接电路图,电源选用直流电源 2,负载 R_L 选择 $R_{L6}=1k\Omega$.

(4) 将"光照度调节"旋钮逆时针调节至最小值位置.打开电源,调节直流电源电位器,直到显示值为 6V 左右,顺时针调节该旋钮,增大光照度值,分别记下不同照度下对应的光生电流值，填入表 6.11.7.

表 6.11.7

光照度/lx(6V)	0	100	300	500	700	900
光生电流/μA						

若电流表或照度计显示为“1_”时说明超出量程，应改为合适的量程再测试.

(5) 调节直流调节电位器到 10V 左右，重复述步骤(4)，改变光照度值，将测试的电流值填入表 6.11.8.

表 6.11.8

光照度/lx(10V)	0	100	300	500	700	900
光生电流/μA						

(6) 根据所上面所测试的两组数据，在同一坐标轴中描绘光照特性曲线并进行分析.

(7) 实验完毕，将光照度调至最小，直流电源调至最小，关闭电源，拆除所有连线.

3. 光电三极管伏安特性测试

实验装置原理框图如图 6.11.14 所示：

(1) 组装好光通路组件，将照度计与光照度计探头输出正负极对应相连(红为正极，黑为负极)，将光源调制单元 J4 与光通路组件光源接口用彩排数据线相连.

(2) 将三掷开关 BM2 拨到“静态”，将拨位开关 S1 拨上，S2，S3，S4，S5，S6，S7 均拨下.

(3) 按图 6.11.14 所示的电路连接电路图，电源选择直流电源 2，负载 R_L 选择 $R_{L7}=2\text{k}\Omega$.

(4) 打开电源顺时针调节照度调节旋钮，使照度值为 200Lx，保持光照度不变，调节电源电压电位器，使反向偏压为 0V、1V、2V，4V、6V、8V、10V、12V 时的电流表读数(注意：直流电流不可调至高于 30V，以免烧坏光电三极管)，填入表 6.11.9.

表 6.11.9

偏压/V(200lx)	0	1	2	4	6	8	10	12
光生电流/μA								

(5) 根据上述实验结果，作出 200lx 照度下的光电二极管伏安特性曲线.

(6) 重复上述步骤.分别测量光电三极管在 100lx 和 500lx 照度下,不同偏压下的光生电流值,在同一坐标轴作出伏安特性曲线.并进行比较.

(7) 实验完毕,将光照度调至最小,直流电源调至最小,关闭电源,拆除所有连线.

4. 光电三极管时间响应特性测试

由光电探测原理综合实验箱可知:

(1) 组装好光通路组件,将照度计与照度计探头输出正负极对应相连(红为正极,黑为负极),将光源调制单元 J4 与光通路组件光源接口用彩排数据线相连.

(2) 将三掷开关 BM2 拨到“脉冲”,将拨位开关 S1 拨上,S2,S3,S4,S5,S6,S7 均拨下.

(3) 按图 6.11.14 所示的电路连接电路图,负载 R_L 选择 $R_{L6}=1\text{k}\Omega$.

(4) 示波器的测试点应为光电三极管的 CE 两端,为了测试方便,可把测试点使用迭插头对引至信号测试区的 TP1 和 TP2.

(5) 打开电源,白光对应的发光二极管亮,其余的发光二极管不亮.用示波器的第一通道与接 TP 和 GND(即为输入的脉冲光信号),用示波器的第二通道接 TP2 和 TP1.

(6) 观察示波器两个通道信号,缓慢调节直流电源电位器直到示波器上观察到信号清晰为止,并作出实验记录(描绘出两个通道波形).

(7) 缓慢调节脉冲宽度调节,增大输入信号的脉冲宽度,观察示波器两个通道信号的变化,并作出实验记录(描绘出两个通道的波形)并进行分析.

(8) 实验完毕,关闭电源,拆除导线.

6.12　光纤压力传感器测压力

本实验重点研究传导型光纤位移传感器的工作原理及其应用电路设计.在传导型光纤压力传感器中,光纤本身作为信号的传输线,利用压力-电-光-光-电的转换来实现压力的测量.

[实验目的]

(1) 传导型光纤压力传感光学系统组装调试.

(2) 发光二极管驱动及探测器接收.

(3) 传导型光纤压力传感器测压力原理.

［实验原理］

光纤压力传感器装置系统框如图 6.12.1 所示.

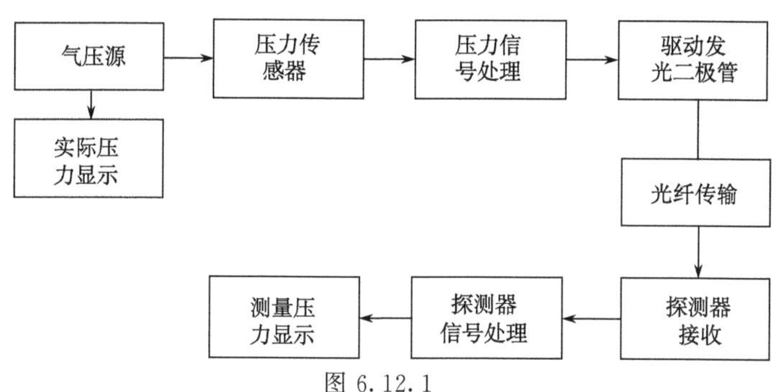

图 6.12.1

光纤压力传感器是一种传光型的复合型光纤传感器.在此光纤本身作为信号的传输线,在实验过程中实现了压力-电-光-光-电的转换.使用压电式传感器,压电式传感器主要是利用某些非金属晶体的压电式效应.压电效应的基本特点,在机械应力或压力的作用下,表面极化电荷增加.将这个变化引入到测量电路,通过光电转换则光信号强弱的变化就反映了所受压力的变化.

［注意事项］

(1) 不得随意摇动和插拔面板上元器件和芯片,以免造成仪器不能正常工作.
(2) 光纤传感器弯曲半径不得小于 3cm,以免折断.
(3) 在使用过程中,出现任何异常情况,必须立即关机断电以确保安全.

［实验仪器］

光纤压力传感器实验仪 1 台、气压计 1 个、气压源 1 套、光纤 1 根、2＃选插头对若干、光源:高亮度白光 LED,直径 5mm、探测器:高灵敏度光敏三极管、光纤:光纤芯直径 Φ1、气压源气压范围:0～20kPa、气压表:GB3053、电压表、电流表.

［实验内容］

(1) 实验测试点说明:发射、收接口为光纤插入口;“引压口”为气压接入口.

(2) 传导型光纤压力传感光学系统组装调试.

① 空气压缩机输出口接气袋输入端,气袋输出端通过三通一端接气压表,另一端接入主机箱引压口.

② 将主机箱上的输出“Uo”、“⊥”和电压表的“+”、“−”相连,“mA”上下两个插孔按颜色对电流表的“+”、“−” 输入插孔.

③ 打开主机箱电源,再打开气压电源开关.调节气压为(气压表监测气压大小),观察电压表变化情况,分析原理,系统组装完成.

④ 关闭电源.

(3) 发光二极管驱动及探测器接收.

① 安装气压源装置以及步骤连线.

② 打开主机箱电源,再打开气压电源开关.取出发射端光纤,观察发光二极管发光,发光二极管发出的光很耀眼,不要用眼直视.慢慢插入发射端光纤至底,插入过程中观察电压表变化,并分析变化原因.根据实验仪面板上探测器接收电路图示分析探测器工作原理.

③ 关闭电源.

(4) 导型光纤压力传感器测压力原理.

① 空气压缩机输出口接气袋输入端,气袋输出端通过三通一端接气压表,另一端接入主机箱引压口.

② 将主机箱上的输出“Uo”、“⊥”和电压表的“+”、“−”相连,“mA”上下两个插孔按颜色对电流表的“+”、“−” 输入插孔.

③ 打开主机箱电源,再打开气压电源开关.

a.调节气压为 20kPa(气压表监测气压大小),待指针稳定后调节 WP2 使电流表显示值为 8mA.

b.调节转子流量计旋钮设置气压为 4kPa,待指针稳定后调节 WP1 使电流表显示值为 4mA.

c.重复步骤 a、b,气压在 4～20kPa 之间变化时,电流表能在 4～8mA 之间变化.

注:该过程为定标过程,最大电流 8mA 和最小电流 4mA 并不绝对限制,但要保证最大电流不得超过 20mA,最小电流要保证发光器件能够正常发光.

(5) 气压从 7kPa 开始,根据表 6.12.1,记录主机箱电压表读数(待气压表指针稳定后再读数),填入表 6.12.1,并根据实验数据作特性曲线.

(6) 实验测试点说明:发射、收接口为光纤插入口;“引压口”为气压接入口.

表 6.12.1

压力/kPa	7	8	9	10	12	14	16	18
U/V								

[思考题]

根据你的理解光纤压力传感的核心是什么?

6.13　菲涅耳双棱镜干涉

[使用部件]

如图 6.13.1 所示,见各部件介绍.

[设计内容]

(1) 参照图 6.13.1 沿米尺安置各器件,使钠黄光通过透镜 L_1 会聚在狭缝上.双棱镜的棱脊与狭缝须平行地置于 L_1 和测微目镜 L_2 的光轴上,以获得清晰的干涉条纹.

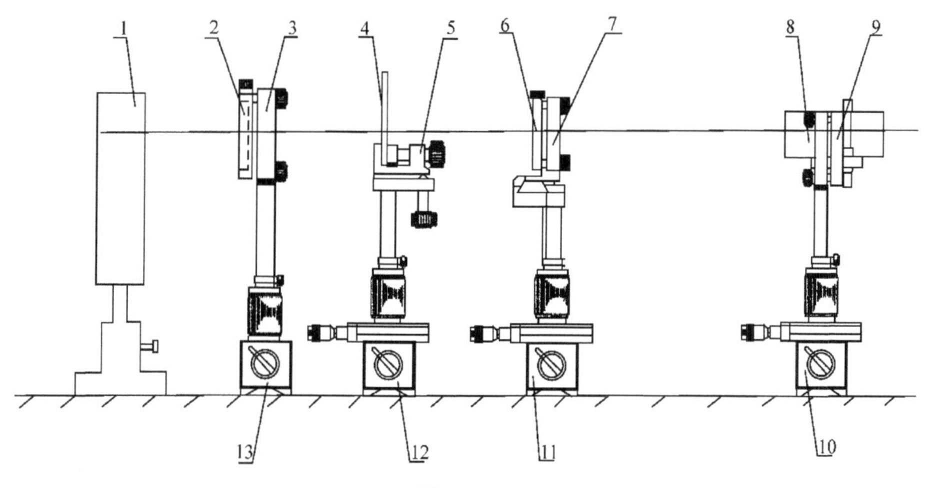

图 6.13.1

1. 钠灯;2. 透镜 L_1($f'=50$mm);3. 二维架(SZ-07);4. 可调狭缝;5. 二维干版架(SZ-18);6. 双棱镜;7. 三维调节架(SZ-16);8. 测微目镜;9. 光源二维架(SZ-19);10. 二维平移底座(SZ-02);11. 三维平移底座(SZ-01);12. 二维平移底座(SZ-02);13. 升降调整座(SZ-03);另备凸透镜($f'=190$mm)及架、座若干

(2) 测微目镜测量干涉条纹间距 Δx(可连续测定 11 个条纹位置,用逐差法计算出 5 个 Δx 取平均),并测出狭缝至目镜分划板的距离 l.

(3) 保持狭缝和双棱镜位置不动,在双棱镜后用凸透镜在测微目镜分划板上成一虚光源的放大实像，并测得间距 d'，再根据成像公式算出两虚光源间距 d.

(4) 根据公式计算钠黄光波长

$$\lambda=\frac{d}{l}\Delta x$$

6.14 杨氏双缝干涉

[使用部件]

如图 6.14.1 所示，见各部件介绍.

[设计内容]

(1) 参考图 6.14.1 安排实验光路，狭缝要铅直，并与双缝和测微目镜分划板的毫米尺刻线平行.双缝与目镜距离适当，以获得适于观测的干涉条纹.

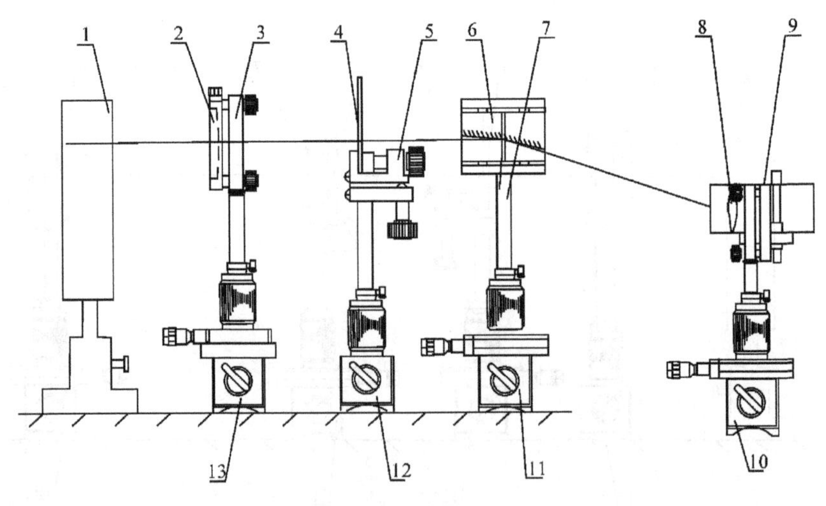

图 6.14.1

1. 钠灯(加圆孔光阑)；2. 透镜($f'=50$mm)；3. 二维架(SZ-07)；4. 可调狭缝(SZ-07)；5. 干版架(SZ-12)；6. 双缝(在多缝板上)；7. 二维干版架(SZ-18)；8. 测微目镜；9. 光源二维架(SZ-19)；10. 二维平移底座(SZ-02)；11. 三维平移底座(SZ-01)；12. 二维平移底座(SZ-02)；13. 升降调整座(SZ-03)

(2) 用测微目镜测量干涉条纹的间距 Δx，用米尺测量双缝至目镜焦面的距离 l，用显微镜测量双缝的间距 d，根据 $\Delta x=\frac{l}{d}$计算钠黄光的波长 λ.

6.15　劳埃德镜干涉

[使用部件]

如图 6.15.1 所示,见各部件介绍.

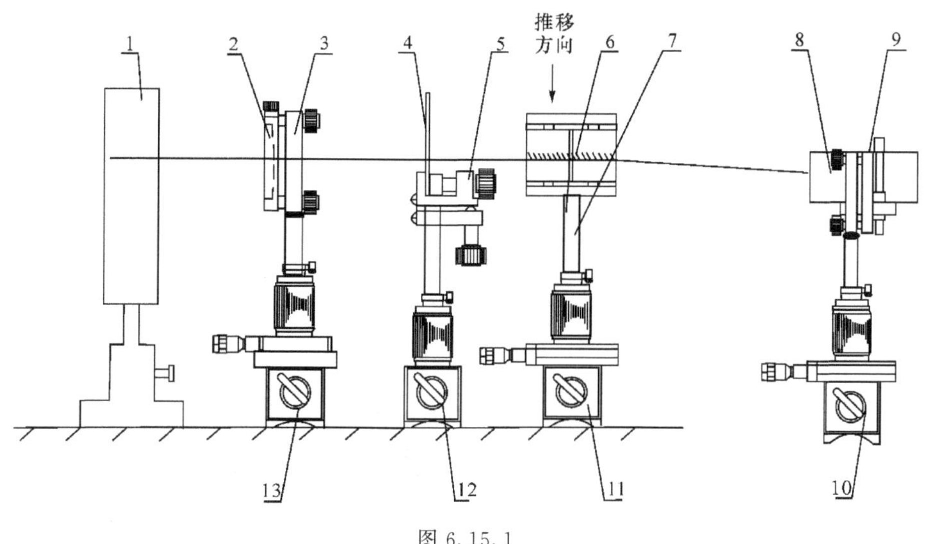

图 6.15.1

1. 钠灯(加圆孔光阑);2. 透镜($f'=50$mm);3. 二维架(SZ-07);4. 可调狭缝;5. 二维干版架(SZ-18);6-7. 劳埃德镜及支架;8. 测微目镜;9. 光源二维架(SZ-19);10. 二维平移底座(SZ-02);11. 三维平移底座(SZ-01);12. 升降调整座(SZ-03);13. 二维平移底座(SZ-02)

[设计内容]

(1) 使钠光光束经透镜会聚到狭缝上,通过狭缝部分光束掠入射劳埃德镜,被镜面反射,另一部分直接与反射光会合发生干涉,用测微目镜接收干涉条纹,同时调节缝宽、入射角及镜面与铅直狭缝的平行,以改善条纹的清晰度.

(2) 用实验 6.13 的方法测出条纹间距 Δx,狭缝与其虚光源的距离 d 以及狭缝与目镜分划板的距离 l,根据公式

$$\lambda=\frac{d}{l}\Delta x$$

计算钠黄光波长.

6.16 夫琅禾费圆孔衍射

[使用部件]

如图 6.16.1 所示,见各部件介绍.

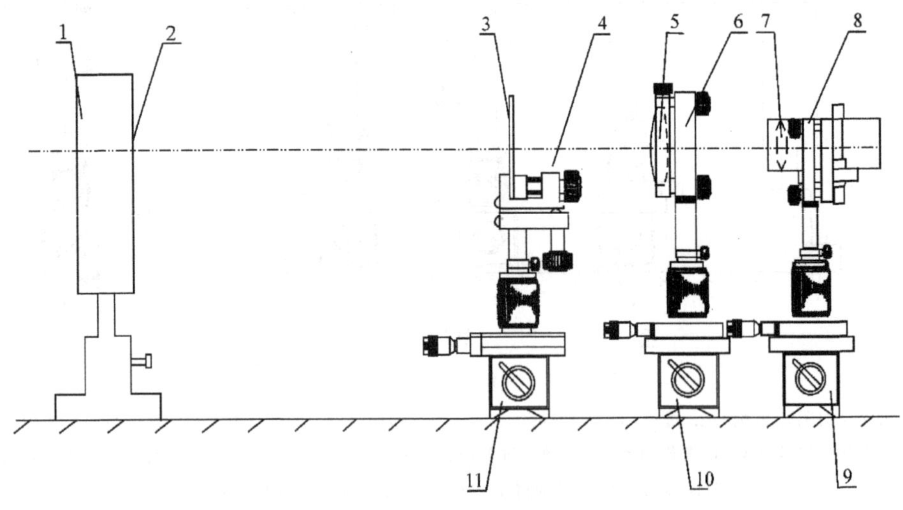

图 6.16.1

1. 钠灯;2. 小孔(ϕ1mm);3. 衍射孔(ϕ0.2～0.5mm);4. 二维干版架(SZ-18);5. 透镜($f'=70$mm);6. x 轴旋转二维架(SZ-06);7. 测微目镜;8. 光源二维架(SZ-19);9. 三维平移底座(SZ-01);10. 二维平移底座(SZ-02);11. 二维平移底座(SZ-02)

[设计内容]

(1) 参照图 6.16.1 沿平台米尺安排各器件,调节共轴,获得衍射图样.

(2) 在黑暗环境用测微目镜测量艾里斑的直径 d,据已知波长($\lambda=589.3$nm)、衍射小孔直径 D 和物镜焦距 f',可验证公式 $d=2.44\dfrac{f'}{D}\lambda$.

6.17 菲涅耳单缝衍射

[使用部件]

如图 6.17.1 所示,见各部件介绍.

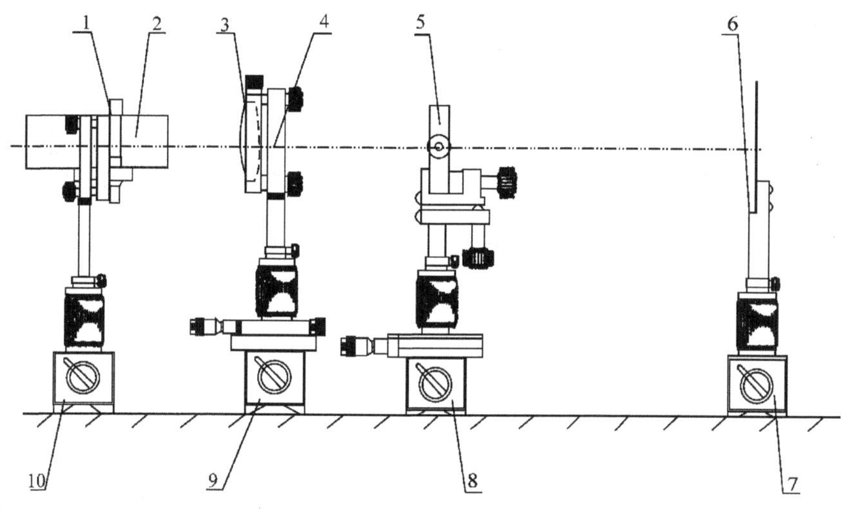

图 6.17.1

1. 光源二维架(SZ-19);2. He-Ne 激光器;3. 扩束器($f'=6.2$mm);4. 二维架;5. 可调狭缝;6. 白屏(SZ-13);7. 升降调整座(SZ-03);8. 三维平移底座(SZ-01);9. 二维平移底座(SZ-02);10. 升降调整座(SZ-03)

[设计内容]

使激光通过扩束器(造成非远场条件)照射到狭缝上,用白屏接收衍射条纹.在缓慢、连续地将狭缝由很窄变到很宽的同时,注意屏上的衍射图样,可观察到与理论分析一致,由近似夫琅禾费单缝衍射逐渐变化成各种菲涅耳单缝衍射,最后形成两个对称的直边衍射的现象.

6.18 光栅衍射

[使用部件]

仪器各部件介绍和光路图如图 6.18.1 和图 6.18.2 所示.

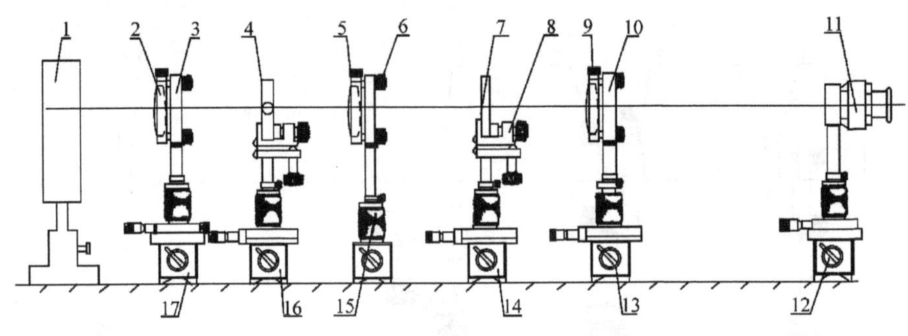

图 6.18.1

1. 汞灯;2. 透镜 $L_1(f'=50\text{mm})$;3. 二维架(SZ-07);4. 可调狭缝;5. 透镜 $L_2(f'=190\text{mm})$;6. 二维架(SZ-07);7. 光栅($d=1/20\text{mm}$);8. 二维干版架(SZ-18);9. 透镜 $L_3(f'=225\text{mm})$;10. 二维架(SZ-07);11. 测微目镜及支架;12. 三维平移底座(SZ-01);13. 二维平移底座(SZ-02);14. 二维平移底座(SZ-02);15. 升降调整座(SZ-03);16、17. 二维平移底座(SZ-02)

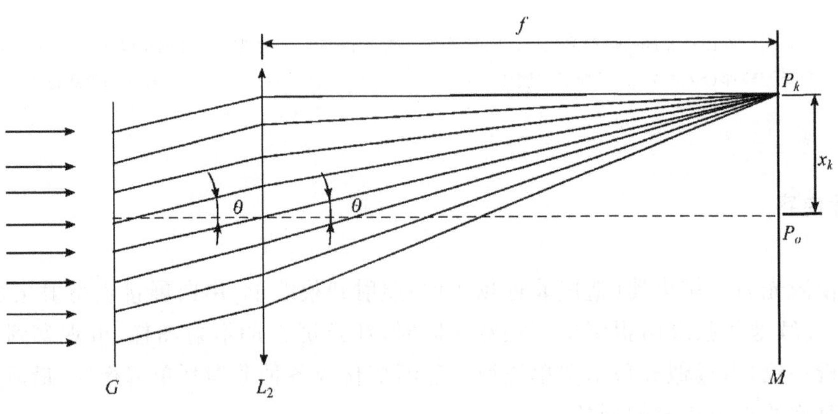

图 6.18.2

[设计内容]

(1) 按图 6.18.1 沿平台米尺安排各器件,调节共轴.

(2) 狭缝须调铅直,并使光栅刻线和测微目镜分划板上的毫米尺刻线与狭缝平行.

(3) 将狭缝调窄,前后移动测微目镜,获得清晰的汞的光栅衍射光谱.

(4) 转动目镜,消除光谱线与分划板间的视差.

(5) 根据光栅方程,衍射的各主极大由下式决定:

$$(a+b)\sin\theta=k\lambda,\quad k=0,\pm1,\pm2,\cdots$$

实际上因 θ 角很小予以放大,可近似地认为

$$(a+b)\frac{x_k}{f}=k\lambda,\quad k=0,\pm1,\pm2,\cdots$$

式中,$(a+b)$是光栅常量;x_k 是某待测谱线位置到零级谱线的距离;f 是物镜 L_2 的焦距;k 是衍射级;λ 是光波波长.

用测微目镜对汞的一级光谱中较强的两条黄线,一条绿线和一条蓝线分别测出 x_{y1},x_{y2},x_G 和 x_B,根据上式即测得各谱线的波长.左右移动测微目镜,也可以利用二级谱线测谱线波长.

(6) 光栅光谱与棱镜光谱的比较:将等边三棱镜放在光栅转台上,替换下二维干版架和光栅,用测微目镜在适当角度找到汞的棱镜光谱,通过观察比较两种光谱的区别.

附　　表

附表 1　基本物理常数、常量表

真空中的光速	$c=2.99792458\mathrm{m}\cdot\mathrm{s}^{-1}$
电子的电荷	$e=1.6021765\times10^{-19}\mathrm{C}$
普朗克常量	$h=6.626069\times10^{-34}\mathrm{J}\cdot\mathrm{s}$
阿伏伽德罗常量	$N_A=6.022141\times10^{23}\mathrm{mol}^{-1}$
原子质量单位	$u=1.6605387\times10^{-27}\mathrm{kg}$
电子的静止质量	$m_e=9.109382\times10^{-31}\mathrm{kg}$
电子的比荷	$e/m_e=1.7588201\times10^{11}\mathrm{C}\cdot\mathrm{kg}^{-1}$
法拉第常量	$F=9.648456\times10^{1}\mathrm{C}\cdot\mathrm{mol}^{-1}$
热功当量常量	$J=4.186\mathrm{J}\cdot\mathrm{cal}^{-1}$
氢原子的里德伯常量	$R_H=1.096776\times10^{7}\mathrm{m}^{-1}$
摩尔气体常量	$R=8.31441\mathrm{J}\cdot\mathrm{mol}^{-1}\cdot\mathrm{K}^{-1}$
玻尔兹曼常量	$k=1.380662\times10^{-23}\mathrm{J}\cdot\mathrm{K}^{-1}$
洛喜密德常量	$n=2.68719\times10^{25}\mathrm{m}^{-3}$
库仑常量	$e^2/4\pi\varepsilon_0=14.42\mathrm{eV}\cdot\mathrm{Å}$
万用引力常量	$G=6.6720\times10^{-11}\mathrm{N}\cdot\mathrm{m}^2\cdot\mathrm{kg}^{-2}$
标准大气压	$p_0=101325\mathrm{Pa}$
空气压强温度系数	$\alpha_P=3.659\times10^{-3}\mathrm{K}$
冰点的绝对温度	$T_0=273.15\mathrm{K}$
玻璃材料体膨胀系数	$\beta=2.6\times10^{-5}\mathrm{K}$
标准状态下声音在空气中的速度	$v_{声}=331.46\mathrm{m}\cdot\mathrm{s}^{-1}$
标准状态下干燥空气的密度	$\rho_{空气}=1.293\mathrm{kg}\cdot\mathrm{m}^{-3}$
标准状态下水银的密度	$\rho_{水银}=13595.04\mathrm{kg}\cdot\mathrm{m}^{-3}$
标准状态下理想气体的摩尔体积	$V_m=22.41383\times10^{-3}\mathrm{m}^3\cdot\mathrm{mol}^{-1}$
真空的介电常数(电容率)	$\varepsilon_0=8.854188\times10^{-12}\mathrm{F}\cdot\mathrm{m}^{-1}$
真空的磁导率	$\mu_0=12.566371\times10^{-7}\mathrm{H}\cdot\mathrm{m}^{-1}$
在镉光谱中红外线的波长	$\lambda_{Cd}=643.84696\times10^{-9}\mathrm{m}$

附表 2　在海平面上不同纬度处的重力加速度

纬度 φ/度	$g/(m\cdot s^{-2})$	纬度 φ/度	$g/(m\cdot s^{-2})$
0	9.78049	50	9.81079
5	9.78088	55	9.81515
10	9.78024	60	9.81924
15	9.78394	65	9.82294
20	9.78652	70	9.82614
25	9.78969	75	9.82873
30	9.79338	80	9.83065
40	9.80180	85	9.83182
45	9.80629	90	9.83221

附表 2 中的数值是根据公式：$g=9.78049(1+0.005288\sin^2\varphi-0.000006\sin^2 2\varphi)$算出，其中 φ 为纬度.淄博地区 $g_{标}=9.79878m/s^{-2}$.

附表 3　20℃时某些金属的弹性模量(杨氏模量)

金属	杨氏模量	
	GPa	Pa
铝	70.00～71.00	$7.000\times10^{10}\sim7.100\times10^{10}$
钨	415.0	4.150×10^{11}
铁	190.0～210.0	$1.900\times10^{11}\sim2.100\times10^{11}$
铜	105.0～130.0	$1.050\times10^{11}\sim1.300\times10^{11}$
金	79.00	7.900×10^{10}
银	70.00～82.00	$7.000\times10^{10}\sim8.200\times10^{10}$
锌	800.0	8.000×10^{10}
镍	205.0	2.050×10^{11}
铬	240.0～250.0	$2.400\times10^{11}\sim2.500\times10^{11}$
合金钢	210.0～220.0	$2.100\times10^{11}\sim2.200\times10^{11}$
碳　钢	200.0～210.0	$2.000\times10^{11}\sim2.100\times10^{11}$
康　铜	163.0	1.630×10^{11}

杨氏弹性模量的值根据材料的结构、化学成分及加工制造方法有关，因此在某些情况下，Y 的值可能根据表中所列的平均值不同.

附表 4 水的表面张力与温度的关系

温度/℃	表面张力/(×10^{-3} N·m^{-1})	温度/℃	表面张力/(×10^{-3} N·m^{-1})	温度/℃	表面张力/(×10^{-3} N·m^{-1})	温度/℃	表面张力/(×10^{-3} N·m^{-1})
0	75.61	13	73.77	20	72.76	40	69.56
5	74.90	14	73.64	21	72.60	50	67.90
6	74.76	15	73.49	22	72.45	60	66.18
8	74.48	16	73.34	23	72.27	70	64.41
10	74.20	17	73.20	24	72.11	80	62.60
11	74.08	18	73.15	25	71.97	90	60.74
12	73.92	19	72.88	30	71.16	100	58.85

附表 5 液体的比热容

液体	温度/℃	比热容	
		×10^3 J·kg^{-1}·K^{-1}	×10^3 cal·kg^{-1}·K^{-1}
乙醇	0	2.30	0.55
	20	2.47	0.59
甲醇	0	2.43	0.58
	20	2.47	0.59
乙醚	20	2.34	0.56
水	0	4.220	1.009
变压器油	0～100	1.88	0.45
汽油	10	1.42	0.34
	50	2.09	0.50
水银	0	0.1465	0.0350
	20	0.1390	0.0332

附表 6 固体的比热容

物质	温度/℃	比热容	
		×10^3 cal·kg^{-1}·K^{-1}	×10^3 J·kg^{-1}·K^{-1}
铝	20	0.214	0.895
铜	20	0.092	0.385
铂	20	0.032	0.134
铁	20	0.115	0.481
铅	20	0.0306	0.130
镍	20	0.115	0.481
银	20	0.056	0.234
钠	20	0.107	0.447
冰	−40～0	0.43	1.797

附表 7　固体的线膨胀系数

物质	温度或温度范围/℃	$\alpha/(\times 10^{-6}K^{-1})$
铝	0～100	23.8
铜	0～100	17.1
铁	0～100	12.2
金	0～100	14.3
银	0～100	19.6
铅	0～100	29.2
锌	0～100	32
铂	0～100	9.1
钨	0～100	4.5
石英玻璃	20～200	0.56
窗玻璃	20～200	9.5
花岗石	20	6～9
瓷　器	20～200	3.4～4.1

附表 8　水的沸点随压强变化的参考值

沸点/℃	压强/($\times 10^5$Pa)	沸点/℃	压强/($\times 10^5$Pa)	沸点/℃	压强/($\times 10^5$Pa)
100.0	1.013	90.8	0.723	81.6	0.505
99.6	0.999	90.4	0.712	81.2	0.497
99.2	0.985	90.0	0.701	80.8	0.489
98.8	0.971	89.6	0.690	80.4	0.481
98.4	0.957	89.2	0.680	80.0	0.474
98.0	0.943	88.8	0.670	79.6	0.466
97.6	0.929	88.4	0.659	79.2	0.458
97.2	0.916	88.0	0.649	78.8	0.451
96.8	0.903	87.6	0.640	78.4	0.444
96.4	0.890	87.2	0.630	78.0	0.436
96.0	0.877	86.8	0.620	77.6	0.429
95.6	0.864	86.4	0.610	77.2	0.422
95.2	0.851	86.0	0.601	76.8	0.415
94.8	0.839	85.6	0.592	76.4	0.409
94.4	0.827	85.2	0.583	76.0	0.402
94.0	0.814	84.8	0.573	75.6	0.395
93.6	0.802	84.4	0.565	75.2	0.389
93.2	0.791	84.0	0.556	74.8	0.382
92.8	0.779	83.6	0.547	74.4	0.376
92.4	0.767	83.2	0.538	74.0	0.370
92.0	0.756	82.8	0.530	73.6	0.363
91.6	0.745	82.4	0.522	73.2	0.357
91.2	0.734	82.0	0.513	72.8	0.351

续表

沸点/℃	压强/(×10^5Pa)	沸点/℃	压强/(×10^5Pa)	沸点/℃	压强/(×10^5Pa)
72.4	0.345	64.8	0.248	57.2	0.175
72.0	0.339	64.4	0.243	56.8	0.171
71.6	0.334	64.0	0.239	56.4	0.168
71.2	0.328	63.6	0.235	56.0	0.165
70.8	0.322	63.2	0.231	55.6	0.162
70.4	0.317	62.8	0.226	55.2	0.159
70.0	0.312	62.4	0.222	54.8	0.156
69.6	0.306	62.0	0.218	54.4	0.153
69.2	0.301	61.6	0.214	54.0	0.150
68.8	0.296	61.2	0.210	53.6	0.147
68.4	0.291	60.8	0.207	53.2	0.144
68.0	0.286	60.4	0.203	52.8	0.141
67.6	0.281	60.0	0.199	52.4	0.139
67.2	0.276	59.6	0.195	52.0	0.136
66.8	0.271	59.2	0.192	51.6	0.133
66.4	0.266	58.8	0.188	51.2	0.131
66.0	0.261	58.4	0.185	50.8	0.128
65.6	0.257	58.0	0.181	50.4	0.126
65.2	0.252	57.6	0.178	50.0	0.123

附表 9　不同温度下干燥空气中的声速

温度/℃	V/(m/s)	温度/℃	V/(m/s)	温度/℃	V/(m/s)	温度/℃	V/(m/s)
0	331.450	10.5	337.760	20.5	343.663	30.5	349.465
1.0	332.050	11.0	338.058	21.0	343.955	31.0	349.573
1.5	332.359	11.5	338.355	21.5	344.247	31.5	350.040
2.0	332.661	12.0	338.652	22.0	344.539	32.0	350.327
2.5	332.963	12.5	338.949	22.5	344.830	32.5	350.614
3.0	33.265	13.0	339.246	23.0	345.123	33.0	350.901
3.5	333.567	13.5	339.542	23.5	345.414	33.5	351.187
4.0	333.868	14.0	339.838	24.0	345.705	34.0	351.474
4.5	334.169	14.5	340.134	24.5	345.995	34.5	351.760
5.0	334.470	15.0	340.429	25.0	346.286	35.0	352.040
5.5	334.770	15.5	340.724	25.5	346.576	35.5	352.331
6.0	335.071	16.0	341.019	26.0	346.866	36.0	352.616
6.5	335.370	16.5	341.314	26.5	347.516	36.5	352.901
7.0	335.670	17.0	341.609	27.0	347.445	37.0	353.186
7.5	335.970	17.5	341.903	27.5	347.735	37.5	353.470
8.0	336.269	18.0	342.197	28.0	348.024	38.0	353.755
8.5	336.568	18.5	342.490	28.5	348.313	38.5	354.039
9.0	336.866	19.0	342.784	29.0	348.601	39.0	354.323
9.5	337.165	19.5	343.077	29.5	348.889	39.5	354.606
10.0	337.463	20.0	343.370	30.0	349.177	40.0	354.890

附表 10　某些金属合金的电阻率及其温度系数

金属或合金	电阻率/(μΩ·m)	温度系数/K^{-1}
铝	0.028	42×10^{-4}
铜	0.0172	43×10^{-4}
银	0.016	40×10^{-4}
金	0.024	40×10^{-4}
铁	0.098	60×10^{-4}
铅	0.205	37×10^{-4}
铂	0.105	39×10^{-4}
钨	0.055	48×10^{-4}
锌	0.059	42×10^{-4}
水银	0.958	10×10^{-4}
康铜	0.47～0.51	$(-0.04\sim0.01)\times10^{-3}$

附表 11　几种标准温差电偶

温差电偶名称	100℃时的电动势 $\mathscr{E}$/mV	使用温度 t/℃
铜-康铜	4.26	−200～300
镍铬-康铜	6.95	−200～800
镍铬-镍硅	4.1	1200
铂铑-铂	0.643	1600
镍铬-镍铝	4.15	0～1300

附表 12　铜-康铜热电偶分度表

温度/℃	热电势/mV									
	0	1	2	3	4	5	6	7	8	9
−10	−0.383	−0.421	−0.458	−0.496	−0.534	−0.571	−0.608	−0.646	−0.683	−0.720
−0	0.000	−0.039	−0.077	−0.116	−0.154	−0.193	−0.231	−0.269	−0.307	−0.345
0	0.000	0.039	0.078	0.117	0.156	0.195	0.234	0.273	0.312	0.351
10	0.391	0.430	0.470	0.510	0.549	0.589	0.629	0.669	0.709	0.749
20	0.789	0.830	0.870	0.911	0.951	0.992	1.032	1.073	1.114	1.155
30	1.196	1.237	1.279	1.320	1.361	1.403	1.444	1.486	1.528	1.569
40	1.611	1.653	1.695	1.738	1.780	1.882	1.865	1.907	1.950	1.992
50	2.035	2.078	2.121	2.164	2.207	2.250	2.294	2.337	2.380	2.424
60	2.467	2.511	2.555	2.599	2.643	2.687	2.731	2.775	2.819	2.864
70	2.908	2.953	2.997	3.042	3.087	3.131	3.176	3.221	3.266	3.312

续表

温度/℃	热电势/mV									
	0	1	2	3	4	5	6	7	8	9
80	3.357	3.402	3.447	3.493	3.538	3.584	3.630	3.676	3.721	3.767
90	3.813	3.859	3.906	3.952	3.998	4.044	4.091	4.137	4.184	4.231
100	4.277	4.324	4.371	4.418	4.465	4.512	4.559	4. 607	4.654	4.701
110	4.749	4.796	4.844	4.891	4.939	4.987	5.035	5.083	5.131	5.179
120	5.227	5.275	5.324	5.372	5.420	5.469	5.517	5.566	5.615	5.663
130	5.712	5.761	5.810	5.859	5.908	5.957	6.007	6.056	6.105	6.155
140	6.204	6.254	6.303	6.353	6.403	6.452	6.502	6.552	6.602	6.652
150	6.702	6.753	6.803	6.853	6.903	6.954	7.004	7.055	7.106	7.156
160	7.207	7.258	7.309	7.360	7.411	7.462	7.513	7.564	7.615	7.666
170	7.718	7.769	7.821	7.872	7.924	7.975	8.027	8.079	8.131	8.183
180	8.235	8.287	8.339	8.391	8.443	8.495	8.548	8.600	8.652	8.705
190	8.757	8.810	8.863	8.915	8.968	9.024	9.074	9.127	9.180	9.233

附表 13　常用光源的谱线波长

元素	λ/nm	元素	λ/nm
氢(H)	656.28H_α　红		638.30　橙
	486.13H_β　绿		626.65　橙
	434.05H_γ　蓝		621.73　橙
	410.17H_δ　蓝紫		614.31　橙
	397.01H_ε　蓝紫		588.19　黄
	388.90H_ξ　紫外		585.25　黄
氦(He)	706.52　红	钠(Na)	589.592(D_1)黄 (589.3)
	667.82　红		588.995(D_2)黄 (589.3)
	587.56(D_3)　黄	汞(Hg)	623.44　橙
	501.57　绿		579.07　黄
	492.19　绿蓝		576.96　黄
	471.31　蓝		546.07　绿
	447.15　蓝		491.60　绿蓝
	402.62　蓝紫		435.83　蓝
	388.87　蓝紫		435.83　蓝
			407.78　蓝紫
氖(Ne)	650.65　红		404.66　蓝紫
	640.23　橙	激光(He-Ne)	632.8　橙红

附表 14　几种常用激光器的主要谱线波长

氦氖激光/nm	632.8
氦镉激光/nm	441.6　325.0
氩离子激光/nm	528.7　514.5　501.7　496.5　488.0　476.5　472.7　465.8　457.9　454.5　437.1
红宝石激光/nm	694.3　693.4　510.0　360.0
Nd 玻璃激光/μm	1.35　1.34　1.32　1.06　0.91
CO_2 激光/μm	10.6

附表 15　常温下某些物质相对于空气的折射率

物质 \ 波长	H_α 线 656.3nm	D 线 589.3nm	H_β 线 486.1nm
水(18℃)	1.3314	1.3332	1.3373
乙醇(18℃)	1.3609	1.3625	1.3665
三硫化碳(18℃)	1.6199	1.6291	1.6541
窗玻璃(轻)	1.5127	1.5153	1.5214
窗玻璃(重)	1.6126	1.6152	1.6213
方解石(寻常光)	1.6545	1.6585	1.6679
方解石(非常光)	1.4846	1.4864	1.4908
水晶(寻常光)	1.5418	1.5442	1.5496
水晶(非常光)	1.5509	1.5533	1.5589

附表 16　一毫米厚石英片的旋光率

$t=20℃$

波长/nm	344.1	372.6	404.7	435.9	491.6	508.6	589.3	656.3	670.8
旋光率 ρ	70.59	58.86	43.54	41.54	31.98	29.72	21.72	17.32	16.54

附表 17　光在有机物中偏振面的旋转

旋光物质,溶剂,浓度	波长/nm	ρ_s	旋光物质,溶剂,浓度	波长/nm	ρ_s
葡萄糖+水 $C=5.5(t=20℃)$	447.0	96.62	酒石酸+水 $C=28.62(t=18℃)$	350.0	−16.8
	479.0	83.88		400.0	−6.0
	508.0	73.61		450.0	+6.6
	535.0	65.35		500.0	+7.5
	589.0	52.76		550.0	+8.4
	656.0	41.89		589.0	+9.82
蔗糖+水 $C=26(t=20℃)$	404.0	152.8	樟脑+水 $C=34.70(t=19℃)$	350.0	378.3
	435.8	128.8		400.0	158.6
	480.0	103.05		450.0	109.8
	520.9	86.80		500.0	81.7
	589.3	66.52		550.0	62.0
	670.8	50.45		589.0	52.4

附表 18　常用材料的导热系数

物质	温度/K	导热系数/(×10⁻²m⁻¹·K⁻¹)	物质	温度/K	导热系数/(×10⁻²m⁻¹·K⁻¹)
空气	300	2.60	黄铜	273	1.20
甘油	273	2.90	铜	273	4.00
乙醇	293	1.70	不锈钢	273	0.14
石油	293	1.50	玻璃	273	0.01
银	273	4.18	橡胶	298	0.16
铝	273	2.38	木材	300	0.04～0.35

附表 19　Cu-50 铜电阻的电阻-温度特性

$\alpha=0.004280/℃$

温度/℃	0	1	2	3	4	5	6	7	8	9
	电阻值/Ω									
−50	39.24									
−40	41.40	41.18	40.97	40.75	40.54	40.32	40.10	39.89	39.67	39.46
−30	43.55	43.34	43.12	42.91	42.69	42.48	42.27	42.05	41.83	41.61
−20	45.70	45.49	45.27	45.06	44.84	44.63	44.41	42.20	43.98	43.77
−10	47.85	47.64	47.42	47.21	46.99	46.78	46.56	46.35	46.13	45.92
−0	50.00	49.78	49.57	49.35	49.14	48.92	48.71	48.50	48.28	48.07
0	50.00	50.21	50.43	50.64	50.86	51.07	51.28	51.50	51.81	51.93
10	52.14	52.36	52.57	52.78	53.00	53.21	53.43	53.64	53.86	54.07
20	54.28	54.50	54.71	54.92	55.14	55.35	55.57	55.78	56.00	56.21
30	56.42	56.64	56.85	57.07	57.28	57.49	57.71	57.92	58.14	58.35
40	58.56	58.78	58.99	59.20	59.42	59.63	59.85	60.06	60.27	60.49
50	60.70	60.92	61.13	61.34	61.56	61.77	51.93	62.20	62.41	62.63
60	62.84	63.05	63.27	63.48	63.70	63.91	64.12	64.34	64.55	64.76
70	64.98	65.19	65.41	65.62	65.83	66.05	66.26	66.48	66.69	66.90
80	67.12	67.33	67.54	67.76	67.97	68.19	68.40	68.62	66.83	69.04
90	69.26	69.47	69.68	69.90	70.11	70.33	70.54	70.76	70.97	71.18
100	71.40	71.61	71.83	72.04	72.25	72.47	72.68	72.90	73.11	73.33
110	73.54	73.75	73.97	74.18	74.40	74.61	74.83	75.04	75.26	75.47
120	75.68									

附表 20　蓖麻油黏度系数

温度/℃	η/(Pa·s)
10	2.420
20	0.986
30	0.451
40	0.231

参 考 文 献

陈守川.1995.大学物理实验教程.杭州:浙江大学出版社
丁慎训等.2002.物理实验教程.北京:清华大学出版社
杜义林.2002.大学实验物理教程.合肥:中国科学技术大学出版社
国家技术监督局.1992.测量误差及数据处理(试行).中华人民共和国国家计量技术规范(JJG1027—91,1992年10月1日实施)
贾玉润等.1987.大学物理实验.上海:复旦大学出版社
林抒等.1983.普通物理实验.北京:人民教育出版社
凌邦国等.2003.大学物理实验.苏州:苏州大学出版社
吕斯骅等.2002.基础物理实验.北京:北京大学出版社
王希义.1998.大学物理实验.西安:陕西科学技术出版社
杨述武.2000.普通物理实验.北京:高等教育出版社
袁长坤.2004.物理量测量.北京:科学出版社
袁长坤等.1996.物理实验教程.济南:山东大学出版社
曾金根.2002.大学物理实验教程.上海:同济大学出版社
周殿清.2002.大学物理实验.武汉:武汉大学出版社